钱伯初手稿
LECTURES OF BOCHU QIAN

量子力学

Quantum Mechanics

钱伯初 著

蘭州大學出版社

图书在版编目（C I P）数据

量子力学 / 钱伯初著 ; 杨心婷整理. -- 兰州 : 兰州大学出版社, 2021.8
ISBN 978-7-311-06041-1

Ⅰ. ①量… Ⅱ. ①钱… ②杨… Ⅲ. ①量子力学 Ⅳ. ①O413.1

中国版本图书馆CIP数据核字(2021)第154634号

选题创意 杨心婷 李永春
责任编辑 雷鸿昌 张 萍
封面设计 马吉庆

书 名 量子力学
作 者 钱伯初 著
杨心婷 整理
出版发行 兰州大学出版社 (地址:兰州市天水南路222号 730000)
电 话 0931-8912613(总编办公室) 0931-8617156(营销中心)
0931-8914298(读者服务部)
网 址 http://press.lzu.edu.cn
电子信箱 press@lzu.edu.cn
印 刷 陕西天丰印务有限公司
开 本 965 mm×635 mm 1/8
印 张 39(插页2)
字 数 154千
版 次 2021年8月第1版
印 次 2021年8月第1次印刷
书 号 ISBN 978-7-311-06041-1
定 价 500.00元

钱伯初

(1933—2014)

Qian Bochu

钱伯初，江苏无锡人。1950年考入清华大学物理系；1952年全国高等院校院系调整后转入北京大学物理系学习；1953年9月提前攻读北京大学理论物理专业硕士研究生，师从杨立铭先生；1956年1月留校任教；1957年响应国家支援西北建设号召，调至当时人才紧缺的兰州大学工作。荣获“2003年全国高校教学名师奖”，以及“宝钢教育奖”“国家级优秀教学成果奖”“甘肃省教学成果奖”等奖项。

作为“中国量子力学三剑客”之一的物理学家，钱先生将大半生的光阴都倾注在了讲台上。先后讲授过力学、热学、电磁学、原子物理学、量子力学、数学物理方法、高等数学等课程。在“最难讲的”量子力学讲台，他一站就是57年，且常讲常新，总有新内容、新方法。正如他在《我的教书生涯》一文中写道：“量子力学诞生至今，历经80年实践检验，基本原理也保持不变。但是，讲好一门课，靠照本宣科是绝对不行的，还必须有刻苦深入的教学研究工作。”他身体力行，2004年，他主讲的量子力学课程，被评为国家级精品课程。此外，由他主编并在高等教育出版社出版的《量子力学》，与曾谨言教授合著的《量子力学习题精选与剖析》《量子力学基本原理和计算方法》等教材，多年来一直是高等院校物理学专业的重要教材，在国内量子力学教学领域享有盛誉。

兰州大学“双一流”建设引导专项文化传承与创新资助项目
兰州大学物理科学与技术学院事业发展基金

序

Preface

知悉老友钱伯初先生多年心血手稿倏将付梓，感慨怀念之余，颇觉欣慰。谨言何幸，得与钱先生相识相知，逾一甲子。先生每赴京，必光临寒舍。陋室之中，常与先生切磋叙旧。时至今日，忆起先生音貌，唏嘘不已。钱先生宁静淡泊，格物致知，授业传道，是吾辈翘楚楷模。

感谢兰州大学安排，得窥书稿原貌。先生手稿，一笔一画，工整认真，一图一式，足见匠心。行字之间，可窥先生琢磨治学之心血。后人瞻仰，必有感悟裨益。手稿弥足珍贵，望兰州大学郑重保留，长传后世。

浏览之余，量子力学百年艰辛，历历在目。吾辈之人，多经困顿之惑，领悟之难。而斟酌化悟之后，授之于后学晚辈，亦属不易。钱先生精研探索，常有妙法。谨言与钱先生同道同业，偶有小得。能与先生参研讨论，共勉同进，惺惺相惜，实为此生之幸。

先生不幸先谨言而去。吾辈之人，已亡将亡，俱往矣。后学之进，必超吾辈。然钱先生严于治学，心无旁骛，奉献教育，堪为后世师表。手稿传世，对后辈晚学，必有激励。

敬作简序，悲恸缅怀。

曾谨言

庚子年夏

目录

Contents

量子力学讲义(中)

量子力学讲义(下)

手稿中有几小节使用了相同的节号(如§49、§51、§54和§55),编者加了#和*来加以区分。加#的小节内容在其他小节有被覆盖,但侧重点、详略处理及讲法有些许不同,原则上跳过这几小节也不会影响内容的完整性。加*的小节是对应章节内容的拓展和补充。第七章作者所列目录与手稿的实际顺序不同,我们可以按照这两种不同的逻辑顺序来理解这一章节的内容。如此,出版目录与手稿实际顺序保持一致。

量子力学讲义（1960年春）

目錄

第四章 表象理论基础

第五章 电子的自旋

第六章 定态微扰论及其应用

第七章 原子和分子

第八章 量子跃迁的理论及其应用

量子力学讲义（上）

（初稿）

钱伯初 编

兰州大学物理系
理论物理教研组

1960

第一章 早期的量子论及其实验基础

§1. 光的量子性

(一) 黑体辐射和普朗克量子假设

在黑体辐射(热辐射)的问题上，经典物理首次遭受了严重的失败。普朗克为解释黑体辐射的能量分布而提出的量子假设，是近代量子理论的发端。

在一定温度下，物体的分子、原子作不规则的热运动(振动)，因而具有一定的能量。原子、分子都是由带电的微粒(电子、原子核)组成的，当它们振动时，将向周围空间辐射出电磁波(光)，同时因能量的消耗而降低其温度。反之，如物体吸收电磁波(光)，获得能量，则温度升高。设有一个金属匣子(例如炼钢炉)，中间是"空"的，即只有电磁场存在。实验表明，如保持匣壁在一定的温度T，则匣和空腔中的电磁场很快就达到平衡，因而电磁场亦具有同样的温度T。电磁场可以看做一个力学系统，它具有各种频率的电磁振动(电磁波)，因此应该具有一定的能量。瑞利的计算表明，在被匣壁包围的体积V中，频率在ν和$\nu+d\nu$间的电磁振动的数目为

$$dN = V\frac{8\pi}{c^3}\nu^2 d\nu \tag{1}$$

根据经典统计物理中的能量均分定理，在热平衡时，每一种独立的振动将具有平均能量kT(k是玻尔兹曼常数)，因此，在单位体积中，振动频率在ν和$\nu+d\nu$间的电磁能等于：

$$\rho_\nu d\nu = kT\cdot\frac{8\pi}{c^3}\nu^2 d\nu \tag{2}$$

(2)式称为瑞利-金斯公式，这是根据经典物理求得的热辐射的能量分布的公式。

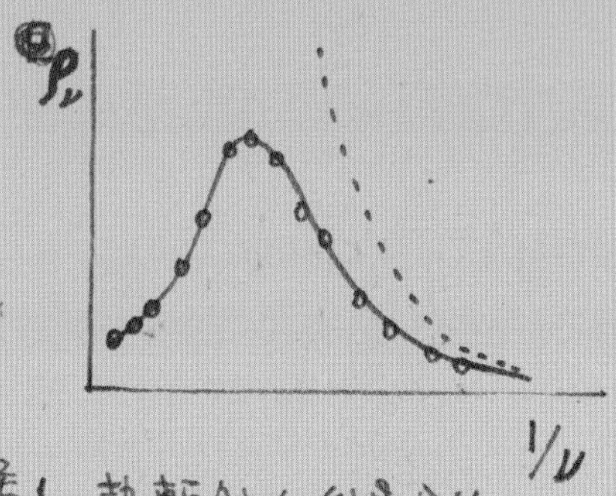

图1，热辐射的能量分布
其中虚线表示瑞利-金斯公式
实线表示普朗克公式

关于黑体辐射光谱的实验结果表明，瑞利-金斯公式只是在低频（长波）范围内才是正确的。在高频范围（紫外区）内，虽然相应的电磁振动是存在的，但是其能量比瑞利-金斯公式所预示的要小得多。而且，由瑞利-金斯公式可以引导到极其荒谬的结论，即电磁场的总能量为无限大：

$$u=\int_0^\infty \rho_\nu d\nu = \frac{8\pi}{c^3}kT\int_0^\infty \nu^2 d\nu = \infty$$

这暴露出经典物理的一个严重缺点，一般称为"发散困难"。

在高频范围，维恩曾经得到一个和实验符合的半经验公式：

$$\rho_\nu d\nu = h\nu e^{-h\nu/kT}\cdot\frac{8\pi}{c^3}\nu^2 d\nu \qquad (3)$$

普朗克综合(2)，(3)二式，并仔细分析了实验结果，得到对于所有频率均与实验一致的普朗克公式：

$$\rho_\nu d\nu = \frac{h\nu}{e^{h\nu/kT}-1}\frac{8\pi}{c^3}\nu^2 d\nu \qquad (4)$$

其中h是一个普适常数，和温度，频率以及器壁材料的性质均无关，称为普朗克常数，根据各种测定，其数值为

$$h=(6.62517\pm0.00023)\times10^{-27}\text{ 尔格·秒}$$

由普朗克公式(4)可见，在同一个温度T，各种不同频率的电磁振动，其能量是不同的。频率为ν的振动其平均能量为

$$\boxed{\bar{\varepsilon}=\frac{\rho_\nu d\nu}{dN}=\frac{h\nu}{e^{h\nu/kT}-1}} \qquad (5)$$

当$h\nu \ll kT$时，$\bar{\varepsilon}\to kT$，就得到瑞利-金斯公式(2)，当$h\nu \gg kT$时，$\bar{\varepsilon}\to h\nu e^{-h\nu/kT}$，得到维恩公式。

又，因为$\nu\to\infty$时，ρ_ν很快地趋于0，因此电磁场的总能量是

有限的。事实上，　　　　2.

$$u=\int_0^\infty \rho_\nu d\nu=\frac{8\pi}{c^3}\int_0^\infty \frac{h\nu^3}{e^{h\nu/kT}-1}d\nu=1.08\,\frac{48\pi k^4}{c^3h^3}T^4 \qquad (6)$$

注意 u 和 T^4 成比例，这正是斯忒藩—玻尔兹曼定律。

应该有一个新的理论，它可以避免"发散困难"，并且导出正确的普朗克公式。我们看到，避免"发散困难"的关键在于使高频率振动不易获得能量。如果能量可以连续变化，则有能量均分定理，从而引致错误的瑞利—金斯公式。经过周详的研究，普朗克发现，为了得到正确的(4)式，必须假定各种振动的能量是不连续的，频率为 ν 的振动，其能量只能取某一个基本量的整数倍。

$$\boxed{\varepsilon=0,\ h\nu,\ 2h\nu,\ \cdots} \qquad (7)$$

亦即，各种振动的能量都有自己的最小单位 $h\nu$，能量发生变化时，必须一下子变化一个单位。这称为普朗克的量子假设。

根据量子假设(7)可以导出普朗克公式(4)，这将在统计物理课程中讲到。在这里我们着重说明普朗克的量子假设为什么可以克服"发散困难"。电磁振动和腔壁分子之间，以及各个电磁振动彼此之间，由于互相作用而发生能量的传递。对于 $h\nu_1 \ll kT$ 的低频振动，能量单位 $h\nu_1$ 很小，能量的变化近似地可以当作是连续的，这时能量均分定理仍然适用，因此低频振动的平均能量等于 kT。如果这个低频振动和 $h\nu_2 \gg kT$ 的高频振动互相作用，则因后者能量的单位 $h\nu_2$ 比前者的全部能量 kT 还大，因此高频振动不能从低频振动处得到能量，而只能失去能量。这样就导致高频振动的停滞。实际上参与热平衡的，只是低频率的振动，它们的数目是有限的，因此总能量也是有限的。

普朗克的量子假设是一个巨大的革新，它假定能量必须不连续地、跳跃式地变化，这是和经典物理的概念根本抵触的。经典物理建立在宏观现象的基础上。宏观现象的一个明显特点就是连续性。物体的运动軌跡是連續的，速度，动量，能量等々，都是連續变化的。电磁波是由带电粒子輻射出来的，因此其能量也是連續变化的，等々。普朗克的量子假設既然成功地克服了黑体輻射问题中的發散困难，得到和实驗完全符合的结论，這說明它具有深刻的含义，反映了微观现象的本质。可是，由于对经典物理迷信过甚，普朗克本人却没有能够认识到他的量子假說的巨大意义。~~(而且後想取消)~~ 首先认识到普朗克量子假設的深刻含义的是近代最伟大的物理学家，相对论的創立者 愛因斯坦。

(二) 光电效应和愛因斯坦的光量子理论

金屬表面受到紫外光的照射，能够發射出电子来，這就是所謂光电效应。初看起来，经典物理似乎也能够解释这现象，光(电磁波)以其周期性变化的电磁場作用于电子，引起电子作强迫振动，等积聚了足够的能量后，就逸出金屬。由此可以設想，当光开始照射以后，需要相当的時间（计算表明，这个时间可以長达 n 分钟），才能有电子發射出来，而且光电子的动能决定于入射光的强度(因为光波中电磁場的强度决定于光的强度)。

苏联科学家斯托列托夫等，曾对光电效应進行周詳的研究，确定了以下

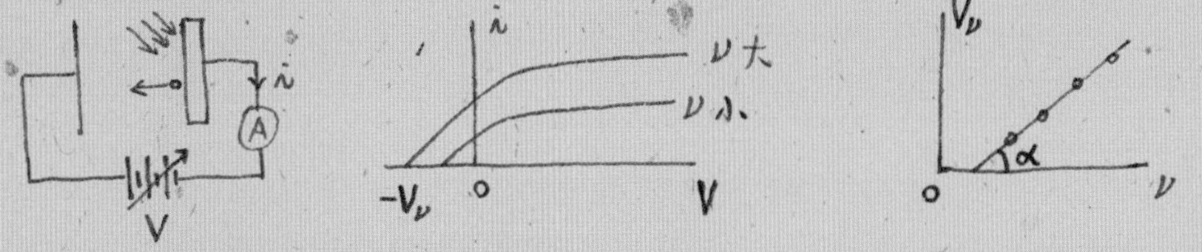

圖2 光电效应 左：实驗装置的示意圖。中：电流和加速(阻挡)电压的关係
右：遏止电压和入射光频率的关係

的规律：首先，光一照到金屬上，立即产生光电子，几乎不需要時间(不超过 10^{-9} 秒)。其次，光电子的动能(数值上等于 eV_0，V_0 为遏止电压)与入射光的强度无关，

3.

而决定于光的频率 ν（V_0和 ν 成直线关系），光电流的大小则和光的强度成比例。最后，如果入射光的频率太小，则不管其强度如何，均不产生光电子。

显然，这些规律是无法根据经典物理的理论来解释的。

爱因斯坦为了解释光电效应的各项规律，创立了光量子的理论。他认为应该这样来理解普朗克的量子假设：电磁波（即光）不仅能量是量子化的，而且在传播上也是量子化的，亦即，光是由一个一个的光量子组成的，频率为 ν 的光，光量子的能量是 $h\nu$。作为传播上的单位，光量子不仅具有一定的能量，而且应该具有一定的动量。光子的速度应该就是光速 c，根据相对论，粒子的能量和质量由关系式 $E=mc^2$ 联系，因此光子的质量（这里指的是运动质量，光子的静止质量为 0）$m=h\nu/c^2$，光子的动量 $p=mc=h\nu/c=h/\lambda$，λ 是波长。总起来说，

光子的能量等于 $h\nu$
光子的动量等于 h/λ

(8)

或者，引入角频率 $\omega=2\pi\nu$，波矢量 $\vec{k}$（$\vec{k}$ 的方向为光的传播方向，其大小等于 $k=\omega/c=2\pi/\lambda$）和重新定义的普朗克常数 $\hbar=h/2\pi$，则

光子的能量等于 $\hbar\omega$
光子的动量等于 $\hbar\vec{k}$

(9)

爱因斯坦的光量子理论有巨大的历史意义。当时物理学正处于动荡的时期，唯物论和唯心论的斗争非常激烈，有些唯心论者怀疑在微观过程中能量是不守恒的，进而认为微观过程并无客观的规律，甚至宣扬电子有"自由意志"这样的谬论。爱因斯坦认为，能量守恒定律作为物理学的一条基本定律，对于微观过程仍旧是适用的，当光和原子、分子互相作用，发生能量动量的交换时，光子必须一整个地被吸收或产生，而光的能量和动量则守恒。

根据上述观点，爱因斯坦简单而明确地解释了光电效应的各项规

律：金属中的电子受到光的作用，如果电子吸收一个光子，从而获得足够的能量，则就可以逸出金属表面。电子吸收光量子的过程，当然是跃变式地进行的，因此不需要时间。电子吸收光子后，就获得光子的全部能量，這能量减去逸出金属表面所需要的能量（脱出功 χ），就是光电子的动能：

$$h\nu - \chi = \frac{1}{2}mv^2 = eV_0 \qquad (10)$$

這就是光电效应的爱因斯坦公式。显然，如果光的频率太小，$h\nu < \chi$，则电子即使吸收了光子，也无法逸出金属，這就没有光电子產生。

由(10)式可见，遏止电压 V_0 的确和光的频率 ν 成直线关係（图2右），而且，根据直线的斜率可以确定普朗克常数 h：

$$\tan\alpha = \frac{dV_0}{d\nu} = \frac{h}{e}, \qquad h = e\tan\alpha$$

密立根曾以精确的实验证实了爱因斯坦公式(10)，同时证实了 h 与金属的性质无关，是普适常数，并的确等于由黑体辐射的测量所确定的数值。我国物理学家叶企孙在光电效应方面曾做过有价值的工作，对普朗克常数 h 做过精确的测定。

（三）康普顿效应.

光电子逸出金属时，和金属发生了动量交换，因此光电效应只是证实了微观过程中能量守恒，没有证实动量守恒。如果光子和自由电子碰撞，就可以判明微观过程中动量是否守恒。

轻元素的原子中，电子和原子核结合得很松，如果用能量比较大的光子（X光，γ射线）去照射，则这些电子就可以认为是自由电子。

光子和自由电子碰撞，设碰撞后光子动量为 $\hbar\vec{k}'$，能量 $\hbar\omega'$，电子动量 $\vec{p}'$，速度 v，碰撞前光子能量 $\hbar\omega$，动量 $\hbar\vec{k}$，电子静止，静止质量 m，则根

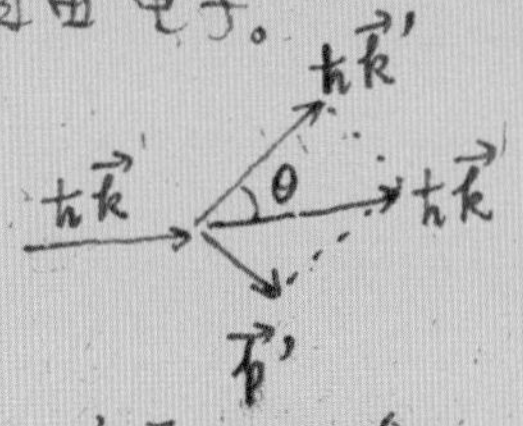

图3. 康普顿散射.

根据能量、动量守恒定律，有：

$$\left.\begin{aligned}\hbar\omega + mc^2 &= \hbar\omega' + mc^2\Big/\sqrt{1-\frac{v^2}{c^2}}\\ \hbar\vec{k} &= \hbar\vec{k}' + \vec{p}', \quad p' = mv\Big/\sqrt{1-\frac{v^2}{c^2}}\end{aligned}\right\} \qquad (11)$$

（这里应用了相对论的能量、动量公式，因为反冲电子的速度有可能接近光速）

以 λ 和 λ' 表示入射光和散射光的波长（$\lambda=\frac{2\pi}{k}$，$\lambda'=\frac{2\pi}{k'}$），由(11)式经过一定的运算后，求得

$$\boxed{\Delta\lambda = \lambda'-\lambda = \frac{2h}{mc}\sin^2\frac{\theta}{2}} = \frac{h}{mc}(1-\cos\theta) \qquad (12)$$

其中 θ 为光的散射角（见图3）。量 $\frac{h}{mc} = 0.024\times10^{-8}$ cm 称为康普顿波长，是量子场论中的重要常数。

(12)式指出，散射光的波长将比入射光的波长长，波长的改变决定于散射角度，而和入射光波长无关。实验的测定完全证实了(12)式，由此证实了微观过程中的能量守恒和动量守恒定律。

康普顿效应实验的主要部分是我国物理学家吴有训完成的。

（四）光的本质

光电效应和康普顿效应证明了光具有量子化的结构（即光似乎是由一群粒子（光子）所组成）。可是，光在传播过程中的干涉现象和衍射现象等可置疑地表明光具有波动的性质。那么，光的本质到底是什么呢？我们认为：光是波动和粒子的统一，光既有波动性，又有粒子性（量子性），在传播过程中，波动性表现是主要的，和实物发生作用时（光的吸收和辐射）粒子性表现是主要的。简单来，可以这样理解：光在结构上像一群粒子，而在运动时，则像一个波。

以后将讲到，这种粒子-波动的二重性，不仅为光所具有，而且亦为一切基本粒子所具有。

§2. 原子的核模型.

長期以来，人们以为原子是构成物质的最小单位，是不可分割的。十九世纪末发现电子以后，才明确原子是一个复杂的电的系统，其中有正电荷，也有负电荷。负电荷的携带者就是电子。正电荷的携带者问题却長时期未能解决，电子在原子中的实际运动情况也不知道。历史上曾经提出过二种原子结构的模型。第一种是汤姆生提出的模型，认为在原子的整个体积中，均匀地分布着某种正电荷，而电子则浸在其中，正负电荷间的库仑吸引力将它们维持在一起。在正常状况下，由于受到各向同性的吸引力，电子位于原子的中心。如果受到某种外界扰动，电子稍微离开了平衡位置，则简单的计算表明，电子受到一个和位移成正比的吸引力，因而将在平衡位置附近作简谐振动。这时电子将辐射出电磁波，随着能量的消耗，其振动将趋于停止，而恢复到正常状态。这个模型虽能解释原子的稳定性，但却带有明显的人为性质，在这模型中正负电荷的性质是截然不同的，负电荷以粒子单个（电子）的状态存在，而正电荷则是一种连续的分布，~~其性质未有任何说明~~ 而且，为了说明在正电荷的互相排斥下原子为什么不致分散，必须假设存在一种非电磁的吸力，将正电荷维持在一起。

第二种原子结构的模型是卢瑟福提出的核模型，认为原子中心有一个很小的带正电的核，而电子则在原子核的吸引力作用之下围绕着核转动，正如行星绕太阳旋转一样。~~电子和原子核之间的库仑吸引力则恰好……~~ α粒子被原子散射的实验證明了这模型是正确的。[註：α粒子是由放射性元素的原子中放射出来的一种带正电荷的高速粒子，经过研究，判明它就是氦的原子核，电荷为2e]

设以α粒子射向原子核（电荷Ze，Z为该元素的原子序数即原子中的电子数），由于受到原子核的库仑排斥力，α粒子的軌迹为一双曲线。设以M和v表示α粒子的质量和初速度，ρ表示瞄准距离，θ表示軌道的偏转角（见图4），

| §2 原子的核模型

这些的计算表明，偏转角θ和瞄准距离ρ之间有下列关系：

$$\mathrm{ctg}\frac{\theta}{2}=\frac{MV^2}{2Ze^2}\rho \qquad (1)$$

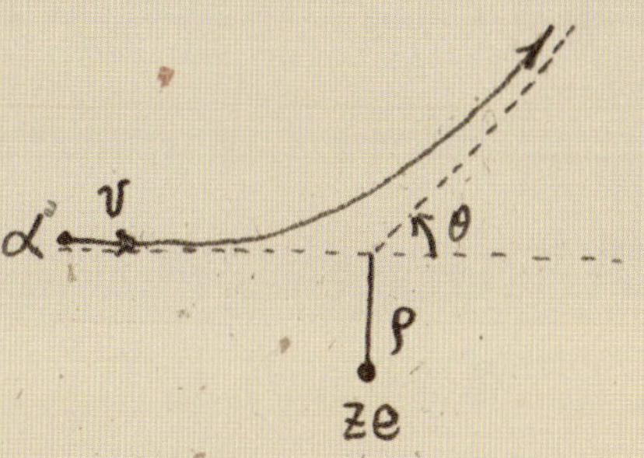

图4. α粒子被原子核散射

以N表示每秒通过每cm²的入射α粒子数，n表示每cm²中的原子核数，dN表示每秒散射到立体角 $d\Omega=2\pi\sin\theta\,d\theta$ 中去的α粒子数，dσ表示散射有效截面，则

$$d\sigma=2\pi\rho\,d\rho=\left(\frac{Ze^2}{MV^2}\right)^2\frac{d\Omega}{\sin^4\frac{\theta}{2}} \qquad (2)$$

$$dN=Nn\,d\sigma=nN\left(\frac{Ze^2}{MV^2}\right)^2\frac{d\Omega}{\sin^4\frac{\theta}{2}} \qquad (3)$$

(3)式指出，散射到各个不同角度的α粒子数随着偏转角θ的增大而迅速减少。在一定的实验条件之下，

$$dN\sin^4\frac{\theta}{2}=常数. \qquad (4)$$

实际的观测完全证实了这个结论。下表所列是α粒子被金箔散射的实验数据：

表1. α粒子和金箔的散射

偏转角θ(度)	$1/\sin^4\frac{\theta}{2}$	dN	$dN\sin^4\frac{\theta}{2}$
150	1.15	33.1	28.8
135	1.38	43.0	31.2
120	1.79	51.9	29.0
105	2.53	69.5	27.5
75	7.25	211	29.1
60	16.0	477	29.8
45	46.6	1435	30.8
30	223	7800	35.0
15	3445	132000	38.4

由表1可见，尽管 $\sin^4\frac{\theta}{2}$ 变化达数千倍，但 $dN\sin^4\frac{\theta}{2}$ 基本上保持不变。

当偏转角 $\theta=150^\circ$ 时，瞄准距离 ρ 的数量级为 10^{-12}—10^{-13} cm，由此可见，库仑定律在不小于 10^{-12} cm 的范围内可以适用，而原子核的线度则小于 10^{-12} cm，这和原子的线度 10^{-8} cm 比较起来，是一个很小的数值。~~因此，近似地看，原子核可以当作一个质点看~~。因此，可以说，α粒子散射实验证明了原子的核模型是正确的。

虽然如此，经典物理并不能完全解决原子结构的问题。集中暴露出经典物理在这方面的缺陷的，是原子光谱。

§3. 氢原子光谱

在很高的温度下（几千度），原子能够发光。每种元素都有自己的光谱，例如钠发出波长为 5890 Å 的黄光和其他一系列波长的光，水银发出波长为 2537 Å 的紫外光和其他一系列的光。根据光谱的分析可以鉴别某种元素的存在与否。

原子光谱显示出明显的规律性。1885年巴尔末在氢原子光谱中的可见和近紫外部分，发现一个光谱线系，其中各光谱线的波长可以用下列公式表示：

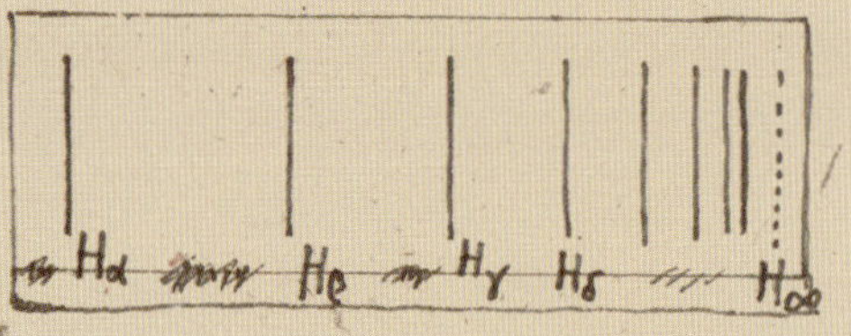

图5. 氢原子光谱的巴尔末系

$$\lambda=\lambda_0\frac{n^2}{n^2-4},\quad n=3,4,5,\cdots \qquad (1)$$

其中 λ_0 为常数，等于 3646.13 Å。这个公式的可靠程度可由表2看出，表中的"计算值"就是根据(1)式求得的。

表2

6.

表2. 巴尔末系的波长

n	譜线记号	计算值	观测值(Å)
3	H_α	6562.80	6562.81
4	H_β	4861.38	4861.33
5	H_γ	4340.51	4340.47
6	H_δ	4101.78	4101.74

通常用波数$\tilde{\nu}$(1 cm内波長的个数，$\tilde{\nu}=\frac{1}{\lambda}$)較方便。這时(1)式可以寫成：

$$\tilde{\nu}=R\left(\frac{1}{4}-\frac{1}{n^2}\right)=R\left(\frac{1}{2^2}-\frac{1}{n^2}\right),\quad n=3,4,5,\cdots \tag{3}$$

這称为巴尔末公式。其中$R=\frac{4}{\lambda_0}$称为黎德堡常数，這是原子物理学的基本常数之一。根据测定，黎德堡常数的数值是：

$$R_H=109677.58\ \text{cm}^{-1}$$

在氢原子光谱中，还發現了一系列其他的光谱线系，完全由类似的公式表示：

远紫外部分：赖曼系，$\tilde{\nu}=R\left(\frac{1}{1^2}-\frac{1}{n^2}\right),\ n=2,3,\cdots$

红外部分：帕邢系，$\tilde{\nu}=R\left(\frac{1}{3^2}-\frac{1}{n^2}\right),\ n=4,5,\cdots$

布喇开系 $\tilde{\nu}=R'\left(\frac{1}{4^2}-\frac{1}{n^2}\right),\ n=5,6,\cdots$

逢德系 $\tilde{\nu}=R\left(\frac{1}{5^2}-\frac{1}{n^2}\right),\ n=6,7,\cdots$

易見，所有各个光谱线系，可以用一个统一的公式表示出来：

$$\tilde{\nu}=R\left(\frac{1}{n_1^2}-\frac{1}{n_2^2}\right) \tag{4}$$

這称为广义的巴尔末公式。每一个光谱线系，相当于一个固定的n_1值($n_1=1,2,3,4,5$)，而n_2則可取数值$n_1+1,\ n_1+2,\cdots\cdots$

(4)式指出，每一条光谱线的波数$\tilde{\nu}$可由二个项的差来表示。如果

我们用

$$T(n)=\frac{R}{n^2}\quad n=1,2,3,\cdots \tag{5}$$

来表示这样的项（称为光谱项），则 (4) 式可以写成：

$$\tilde{\nu}=T(n_1)-T(n_2) \tag{6}$$

黎德堡发现，对于碱金属的光谱，谱线的波数也可以用类似的公式表示，不过光谱项的形式略有不同：

$$T(n)=\frac{R}{(n+\alpha)^2} \tag{7}$$

其中 α 为某个改正数。不同的光谱项，α 的值不同。

由 (6) 式表示出来的规律，称为"并合原则"，在历史上这纯粹是一个经验规则。在下一节我们将说明，并合原则包含着极其深刻的含义，它是和原子内部运动的特殊量子规律联系着的。

应该指出，上述原子光谱的规律和经典物理学有着尖锐的矛盾。在§2中已说明，α 粒子散射实验证明原子的核模型是正确的，根据核模型，原子中电子绕原子核作周期运动（其轨道为圆或椭圆）。而根据经典电动力学，以一定的频率 ν_0 作周期运动的电子，将辐射出频率为 ν_0 的整倍数（$\nu=\nu_0, 2\nu_0, 3\nu_0, \cdots$）的光，据此，各条光谱线之间将是等距离的。而实际情况不是这样（见图5）。其次，当电子辐射光时，它的能量将逐渐减少，因而运转的周期将逐渐加快，轨道的半径逐渐缩小，而最后将落到原子核上（正如人造卫星最后将落到地球上一样），应该辐射出频率连续变化的光谱而且据此，原子应该是不稳定的，只能存在一个短暂的时间（据计算，数量级为 10^{-8} 秒）。然而实际上，我们得到的是线状的光谱线，而且各种元素的原子都有一个稳定的正常状态。由此可见，在原子领域内，经典物理学是不适用的（顶多只是部分地适用）。在原子领域内的微观过程，遵守着和宏观过程迥然不同的规律。首先十分明确地提出这一点的，是玻尔。

§3 氢原子光谱

§4. 玻尔的量子理论

玻尔認為，经典物理在解释原子光谱時所遇到的困难，和在黑体輻射问题上遇到的困难，性质相同。普朗克為了解释黑体輻射的能量分佈，曾假定简谐振动(物质分子的或电磁场的)的能量只能取不連續的数值：$\varepsilon = h\nu, 2h\nu, \cdots$。而根据爱因斯坦的理论，光是由一份一份的光量子组成的，光量子具有能量 $h\nu$，当原子或分子吸收和輻射光時，光量子只能整个地被吸收或放出，而使能量守恒。易見，若原子初始的能量為 E_2，则当它放出光子 $h\nu$ 后，能量将是 $E_1 = E_2 - h\nu$。原子光谱的频率只有某些确定的数值这事实表明原子只能取某些不連續的能量。因此，玻尔(1913年)提出他的量子理论如下：

1. 原子存在一系列的穩定状态(简称定态)，其能量取不連續的数值：

$$E = E_1, E_2, E_3, \cdots E_n, \cdots \tag{1}$$

当原子处于某个定态時，不輻射电磁波。

2. 从一个定态到另一个定态的过渡只能跳跃式地進行，若在这跃迁过程中原子吸收或發射电磁輻射(光)，则光的频率由下列"频率規则"决定：

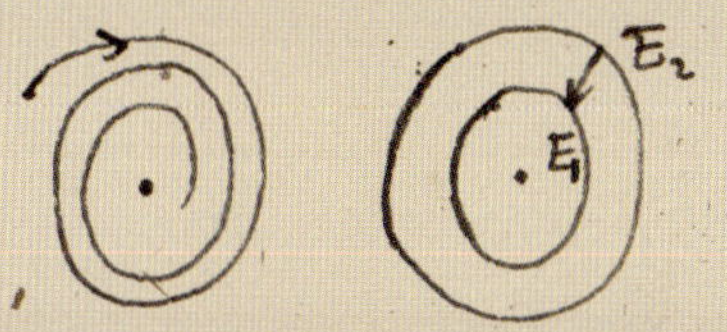

图6. 原子内部状态的變化.
左：经典理论　右：玻尔理论

$$\nu = \frac{1}{h}(E_2 - E_1) \tag{2}$$

其中 h 為普朗克常数.

如果将(2)式中的频率 ν 換成波数 $\tilde{\nu}$，则有：

$$\tilde{\nu} = \frac{1}{\lambda} = \frac{\nu}{c} = \frac{1}{hc}(E_2 - E_1) \tag{3}$$

和§3 (6)式比較，易見：

$$T(n) = -\frac{E_n}{hc} \tag{4}$$

由此可知，光谱项和原子的(能级)定态能量有直接联系，二者只相差一个常数 hc。而并合原则的物理意义则是：每一条光谱线对应于原子在二个能级之间的过渡（从各个较高的能级到同一个低能级的跃迁所发出的光组成一个系，见右上的能级图）。如果从原子（或分子）光谱的分析，求得了全部的光谱项，则也就知道了原子（或分子）的全部定态能量。原子的定态（特别是能量最低的所谓"基态"）能量是可以直接加以测定的。如果玻尔的理论是正确的，则原子定态能量的直接测定应该和由光谱数据的分析所求得的一致。弗兰克－赫兹的实验肯定了这一点（见§5）。

为了从理论上求得氢原子的定态能量，玻尔和索末菲推广了普朗克的量子假设。一个作简谐振动的粒子，其能量为

$$E=\frac{p^2}{2m}+\frac{k}{2}x^2=\frac{p^2}{2m}+2\pi^2m\nu^2x^2$$

以 q 表示坐标 x，并令 $a=\sqrt{2mE}$　$b=\sqrt{\frac{E}{2\pi^2m\nu^2}}$，则

$$\frac{p^2}{a^2}+\frac{q^2}{b^2}=1$$

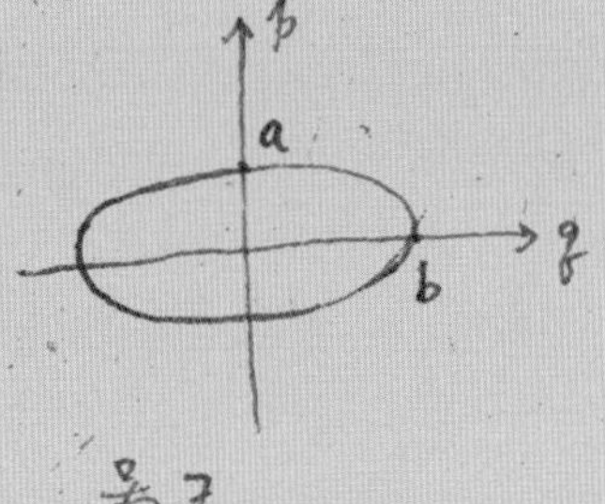

图7.

这是椭圆的方程式，所以简谐振子的运动可由相空间中的一个椭圆来表示。设我们对于简谐振子的一个周期，计算积分 $\oint p\,dq$，则由图7可见，积分的数值等于椭圆的面积：

$$\oint p\,dq=\pi ab=\frac{E}{\nu}$$

根据普朗克量子假设，$E=nh\nu$，因此

$$\boxed{\oint p\,dq=nh,\quad n=1,2,3,\cdots}\qquad(5)$$

§4　玻尔的量子理论

积分 $\oint p\,dq$ 称为作用量，(5)式表明~~作~~作用量必须取普朗克常数 h 的整数倍。

（唯象未辨）玻尔认为，量子化条件(5)不仅对于简谐振子成立，而且对于任何一个~~[illegible]~~作周期运动的体系也普遍成立，不过 q 和 p 应该了解为广义坐标和广义动量。

我们来把量子化条件(5)应用到氢原子问题上去，看看能得出什么结论。

~~为了简单起见，考虑电子作圆周运动的情形。电子在原子核的吸引力之下作圆周运动，设轨道半径为 a，原子核电荷为 Ze（对于氢原子，$Z=1$），如图8所示。取平面极坐标 (r,φ)，电子作圆周运动时，r 不变 $(r=a)$，因此应该取 $q=\varphi$，相应的广义动量 $p=p_\varphi$~~

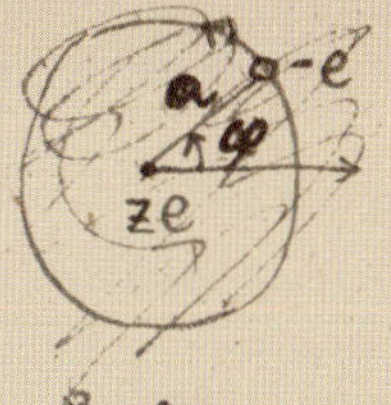

图8

电子（电荷 $-e$，质量 m）在原子核（电荷 Ze，对于氢原子，$Z=1$）的库仑吸引力之下运动，其轨道为一椭圆或圆，原子核处于椭圆的一个焦点上。设采用平面极坐标 (r,φ)，则电子的动能和势能为：

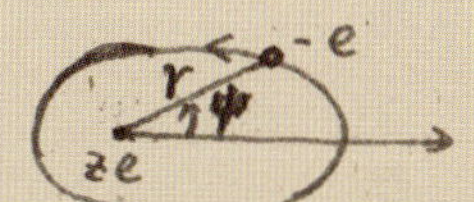

图8

$$T=\frac{p^2}{2m}=\frac{m}{2}\left(\dot r^2+r^2\dot\varphi^2\right) \tag{6}$$

$$U=U(r)=-\frac{Ze^2}{r} \tag{7}$$

总能

$$E=T+U=\frac{m}{2}\left(\dot r^2+r^2\dot\varphi^2\right)-\frac{Ze^2}{r} \tag{8}$$

拉格朗日函数为

$$L=T-U=\frac{m}{2}\left(\dot r^2+r^2\dot\varphi^2\right)+\frac{Ze^2}{r} \tag{9}$$

取广义坐标 $q=\varphi$，则相应的广义动量 $p_\varphi=\frac{\partial L}{\partial\dot\varphi}=mr^2\dot\varphi$，是电子的动量矩。由于 φ 是循环坐标，因此 p_φ 是守恒量。根据量子化条件(5)，得到：

$$\oint p\,dq=\oint p_\varphi\,d\varphi=p_\varphi\int_0^{2\pi}d\varphi=2\pi p_\varphi=nh$$

$$\boxed{p_\varphi=n\frac{h}{2\pi}=n\hbar} \tag{10}$$

适合于任何中心力场

即只有动量矩等于 $\hbar$ 的整数倍的轨道才是可以实现的。

下面我们来求能量 E，为了简单起见，考虑电子沿圆形轨道运动的情形。设圆形轨道的半径为 a，则 $r=a$，为常数，$\dot r=0$。这时，

~~总能 E 可以写成：~~

动能 T 可以写成

$$T=\frac{1}{2}mr^2\dot{\varphi}^2=\frac{p_\varphi^2}{2mr^2}=\frac{p_\varphi^2}{2ma^2} \qquad (11)$$

而势能 $U=-\frac{Ze^2}{a}$ (12)

根据维里定理，动能和势能的平均值有下列关係：

$$\langle T\rangle=-\frac{1}{2}\langle U\rangle \qquad (13)$$

在現在所考慮的情形下，T 和 U 是常数，因此

$$T=-\frac{1}{2}U \qquad (14)$$

而總能 $E=T+U=\frac{1}{2}U=-\frac{Ze^2}{2a}$ (15)

或：$E=T+U=T-2T=-T=-\frac{p_\varphi^2}{2ma^2}$

利用(10)式，得 $E=-\frac{n^2\hbar^2}{2ma^2}$，和(15)式比較，得：

$$a=\frac{n^2\hbar^2}{mZe^2} \qquad n=1,2,3,\cdots \qquad (16)$$

代入(15)式，得：

$$\boxed{E=E_n=-\frac{mZ^2e^4}{2n^2\hbar^2}} \qquad (17)$$

(16)和(17)式是氫原子的定态的軌道半径和能量的表示式，這正是我们所要计算的结果。

下面我们来把根据玻尔量子理论所求得的结果和原子光譜的實驗数据比較一下。把(17)式代入(4)式，并令 Z=1 我们就得到光譜项的理論值：

$$T(n)=\frac{me^4}{4\pi n^2\hbar^3c} \qquad (18)$$

根据 §3 (5)式，得到黎德堡常数的表示式：

$$\boxed{R=R_\infty=\frac{me^4}{4\pi c\hbar^3}=\frac{2\pi^2me^4}{ch^3}} \qquad (19)$$

這樣我们看到，黎德堡常数可以用另外一些普遍常数表示出来。如果以 m, e, c 和 ħ 的数值代入(19)式，則求得 R 的理论值：

$$R_\infty=109737.3\ \text{cm}^{-1} \qquad (20)$$

這和實驗值 $R_H=109677.58\ \text{cm}^{-1}$ 符合得很好。事实上，理论和实驗的符合还可以更好一些，因为在(19)式的推导中，我们假定了原子核

是不动的，亦即我们视原子核的质量为∞。事实上，原子核（质子）只有有限的质量，因此，在（19）式中应该用电子的折合质量 μ 代替电子的质量 m。设质子质量为 M_p，则 9

$$\mu=\frac{mM_p}{m+M_p},\quad \frac{\mu}{m}=\frac{M_p}{m+M_p}=0.999455$$

黎德堡常数 R_H 的理论值为

$$R_H=R_\infty\frac{\mu}{m}=109677.5$$

这和实验值完全符合。

黎德堡常数和原子核质量有关的事实，曾被应用到氢的重同位素的发现。重氢的原子核係由一个质子和一个中子组成，其质量约为质子质量的2倍。由于黎德堡常数的不同，氢（H）和重氢（D）的光谱线将略有差别。（见表3）从实验上观测到了这个差别，从而证实了重氢的存在。~~所列是赖曼系中头三条光谱线的波长~~。

表3. 氢和重氢的赖曼系的波长.

n	λ_D (Å)	λ_H (Å)	$\Delta\lambda$（计算）	$\Delta\lambda$（观测）
2	1215.664	1215.334	0.330	0.330
3	1025.718	1025.439	0.279	0.279
4	972.535	972.269	0.264	0.266

最后，还可以指出，根据玻尔理论所求得的原子半径也是和实验符合的。在正常状态下，原子处于能量最低的"基态"，即量子数 n=1 的状态，这时，电子的轨道半径〔见（16）式〕称为"玻尔半径"：

$$a_1=\frac{\hbar^2}{me^2}=0.5292\ \text{Å} \qquad (21)$$

这和实验上所知道的原子的大小是符合的。~~氢原子基态的能量为~~

~~$E_1=-\frac{e^2}{2a_1}=-13.527\ eV$ （22）~~

~~这就是氢原子的电离能~~

利用玻尔半径 a_1，氢原子的能级可以写成：

$$E_n = -\frac{e^2}{2a_1}\frac{1}{n^2} \qquad (22)$$

基态能量 $E_1 = -\frac{e^2}{2a_1} = -13.527$ eV，$|E_1|$是氢原子的电离能。

§5. 原子能级的实验测定

玻尔关于原子只能存在于一系列能量为不连续的状态的假定曾在弗兰克-赫兹的实验中得到直接的证实。这实验的基本要点是：用一束缓慢的电子去冲击某一种元素的原子，结果發现，当电子的能量小於某一临界值时，电子和原子的碰撞是完全彈性的，电子在碰撞前后能量并无损失；当电子能量超过某一临界值时，發生非彈性碰撞，电子失掉其能量并把它交给原子，于是原子过渡到另一个能量較高的状态。这表明，原子的二个定态之间的能量差具有确定的数值。

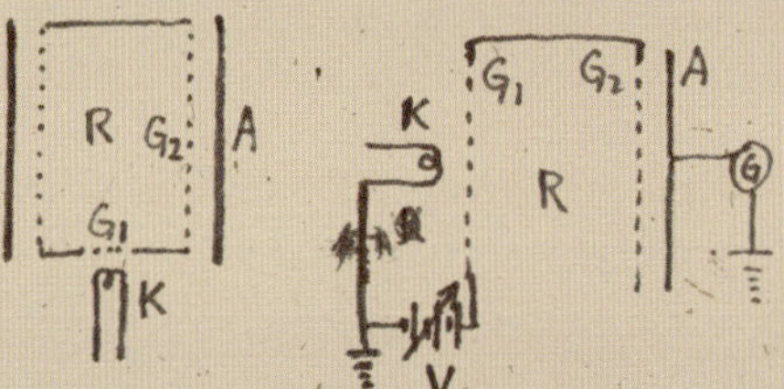

图9 弗兰克-赫兹实验

左：简图。 右：示意图。

实验的装置如图9所示，从热阴极K發射出来的电子被栅网G_1（充电至某一正电压V）所加速，通过G_1后电子獲得能量eV，進入没有电场的空间R，在其中和一定元素的原子（气体）發生碰撞，然后通过栅网G_2而落到金属筒（板极）A上。A的电压比G_2略低(0.2 V)，因此，在碰撞后失去全部能量的电子将被栅网G_2篩去，而不能到达A。到达A的电子数可以通过电流计指示出来。~~电流和加速电压V的关係如图所示，~~当和电子發生碰撞的是水银蒸气时，加速电压V和电流的关係如图10所示。当加速电压从零逐渐增大时，电流上升，和普通真空管的伏安特性曲线一样。~~当电压未达到4.9伏时~~这时电子和原子的碰撞是彈性的。当电压V达到4.9伏时，电流突然下降，

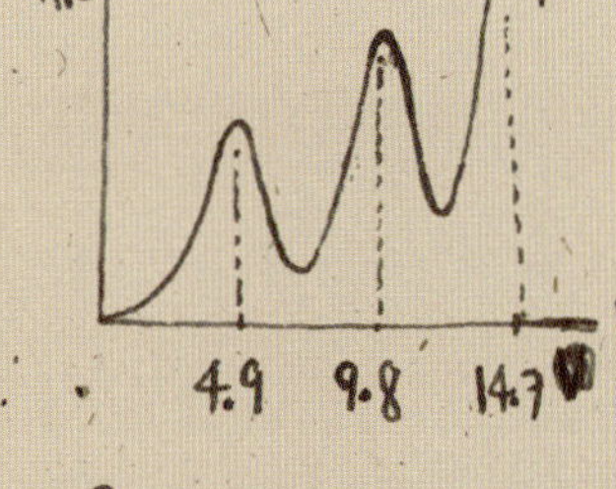

图10

10

這表明电子和水银原子发生了非弹性碰撞，电子在碰撞中把它的全部能量交给了原子，这种电子将被栅极G_2拦去，不能到达板极A。加速电压V继续上升时，电流又重新开始上升，這是因为电子在非弹性碰撞中失去了一部分能量(4.9V)后，仍有足够的剩余能量，足以克服G_2和A间的减速电场而达到A。当电压V等於$2\times4.9=9.8$伏时，电子有可能在空间R中发生二次非弹性碰撞而失去其全部能量，因此电流再度下降。

這樣，我们看出4.9 eV的能量对于水银原子具有特殊的意义，比4.9 eV少的能量它们不能接受，而比4.9 eV多的能量它们不能全部接受，而只能接受其中的4.9 eV（这从电流的第二次下降发生在9.8 V可以看出）。因此，4.9 eV等于水银原子的第一激发态和基态的能量差。

实验方法的进一步改善可以测出原子的全部能级，所得结果和由光谱分析所得的结果一致。

根据玻尔的理论，当原子从激发态E_2回复到基态E_1时，将放出一个单色光的光量子：

$$E_2-E_1=h\nu=\frac{hc}{\lambda}$$

对于水银，$\lambda=\frac{hc}{E_2-E_1}\cong\frac{6.6\times10^{-27}\times3\times10^{10}}{4.9\times1.6\times10^{-12}}\approx2.5\times10^{-5}\,\text{cm}=2500\,\text{Å}$

如果玻尔理论是正确的，则受到能量为4.9 eV的电子的冲击的水银蒸气应该发出一条（而且只有一条）光谱线，其波长$\lambda\approx2500$ Å。实验的确发现了一条紫外线，$\lambda=2537$ Å.

也可以不用电子而用$\lambda=2537$ Å的单色光来激发水银原子。吸收了这种单色光的水银原子将达到激发状态，当从激发态回复到基态时，将辐射出一条同样波长的光谱线，这样的光谱线称为共振线。测定共振线的波长可以求得激发态和基态的能量差。

对于其他的元素，也有类似的现象。

最后，我们指出，将上述这一类实验的装置略加改善，也可以测得原子的

电离能 在空间R中安置另一个热阴极F，把栅极G₂和板极A连起来，并维持A和F有一定的电势差。当热阴极F的温度升高时，F和A间的热电子流（通过电流计G测定）将上升，最后达一极限，因为这时在F周围形成空间电荷，阻止电子从F中继续发射。（图11）

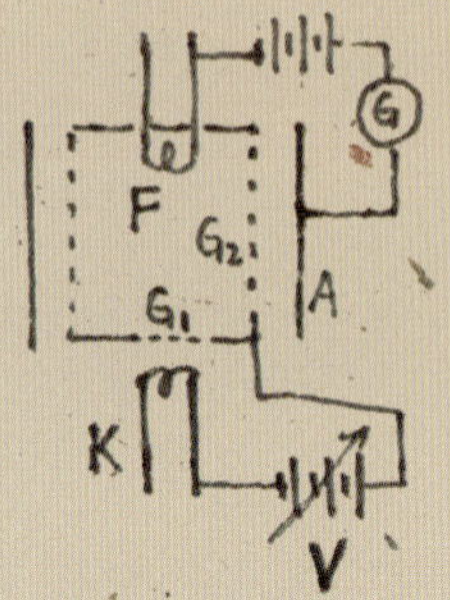

图11

设从热阴极K发射出的电子被电势V加速后，具有足够的能量，当它和栅极间的气体原子碰撞时，能够使原子电离，那末，由于正离子（电离了的原子）的出现，将抵消一部分空间电荷，这时，F和A之间的热电子流J将突然上升。图12是对于氖气所获到的曲线，在21伏处，电流突然上升，这表明氖原子的电离能是21 eV。用这个方法可以求得各种元素的电离能（见表4）

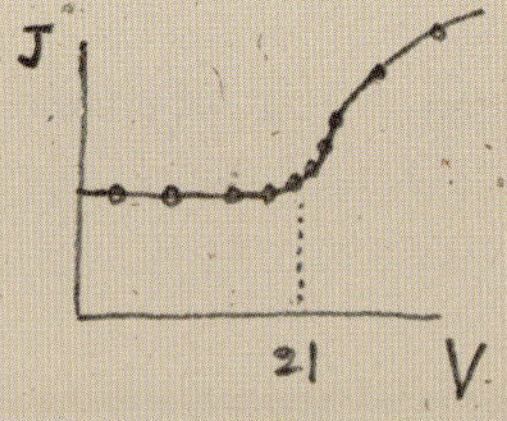

图12

表4 元素的电离能量

原子序数	1	2	3	4	5	6	7	8	9	10	11	12	13
元素	H	He	Li	Be	B	C	N	O	F	Ne	Na	Mg	Al
电离能(eV)	13.539	24.45	5.371	9.50	8.34	11.217	14.474	13.565	18.6	21.482	5.116	7.61	5.96

14	15	16	17	18	19	20	21	22	23	24	25	26	27	28
Si	P	S	Cl	Ar	K	Ca	Sc	Ti	V	Cr	Mn	Fe	Co	Ni
7.39	10.3	10.31	12.96	15.70	4.32	6.09	6.57	6.81	6.76	6.74	7.40	7.83	7.81	7.61

由表可见，碱金属（Li, Na, K）（化学性质最活泼的）的电离能取极小值，而化学惰性气体（He, Ne, Ar）的电离能取极大值。这个事情的解释将在以后讲到

最后，我们注意到，氢原子电离能的实验值15.539 eV和玻尔的理论值13.527十分一致。

~~总起来，可以认为，玻尔的量子理论是有实验根据的，它反映了原子~~

§5 原子能级的实验测定

11

§6 椭圆軌道．空间量子化

在§4中我们研究了氢原子中电子取圆形軌道的情形。现在我们来研究当电子沿椭圆軌道运动时，其能量和角动量的量子化情况。

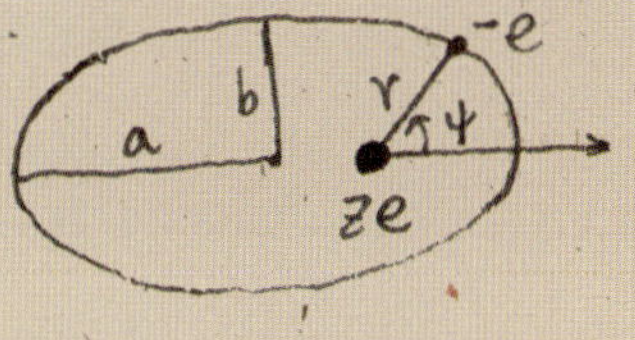

图13、椭圆軌道

根据力学的计算，这时原子核处于椭圆的一个焦点上，半長轴a，半短轴b，偏心ε，周期τ，能量E和角动量矩M之间有下列关係：

$$b = a\sqrt{1-\varepsilon^2} \tag{1}$$

$$a = \frac{\alpha}{2|E|}, \quad \alpha = ze^2 \tag{2}$$

$$1-\varepsilon^2 = \frac{M^2}{m\alpha a} = \frac{M^2}{mze^2 a} \tag{3}$$

$$\tau = \pi\alpha\sqrt{\frac{m}{2|E|^3}} = \pi ze^2\sqrt{\frac{m}{2|E|^3}} \tag{4}$$

另外，在平面极坐标(r,ψ)中电子的动能和广义动量为：

$$T = \frac{1}{2}m(\dot{r}^2 + r^2\dot{\psi}^2) \tag{5}$$

$$p_\psi = M = mr^2\dot{\psi} \tag{6}$$

$$p_r = m\dot{r} \tag{7}$$

为了求得量子化能量，我们利用量子化条件$\oint p\,dq = n\hbar$，在现在的情况下，是二个自由度问题，量子化条件可以写成：

$$\oint p_r\,dr = n_r\hbar, \quad n_r = 0,1,2,\cdots \tag{8}$$

$$\oint p_\psi\,d\psi = l\hbar, \quad l = 1,2,\cdots \tag{9}$$

~~（l就是§4中的n_ψ，为了方便，改成l）~~

我们将(5)式乘dt，则得

$$T\,dt = \frac{1}{2}m(\dot{r}\,dr + r^2\dot{\psi}\,d\psi) = \frac{1}{2}(p_r\,dr + p_\psi\,d\psi)$$

如对一个周期积分，则得

$$\oint T\,dt = \frac{1}{2}\left[\oint p_r\,dr + \oint p_\psi\,d\psi\right] = \frac{1}{2}(n_r + l)\hbar$$

上式左端等于周期 τ 乘动能的平均值，而在开普勒运动中，动能平均值和位能绝对值相等，故得：

$$\tau|E| = \frac{1}{2}(n_r + l)\hbar$$

利用(4)式消去 τ，则得

$$E = -\frac{mZ^2e^4}{2\hbar^2(n_r+l)^2}$$

量子数 n_r 和 l 都是整数，如令

$$\boxed{n = n_r + l} \qquad (10)$$

则位能可以用一个量子数 n（称为主量子数）表示出来：

$$E_n = -\frac{mZ^2e^4}{2\hbar^2 n^2}, \quad n = 1, 2, \cdots \qquad (11)$$

这和§4的结果一样。

如仍引入玻尔半径

$$a_1 = \frac{\hbar^2}{me^2} = 0.5292\ \text{Å} \qquad (12)$$

则

$$\boxed{E_n = -\frac{e^2}{2a_1}\cdot\frac{Z^2}{n^2}, \quad n = 1, 2, \cdots} \qquad (13)$$

将(13)代入(2)，得到半长轴的公式：

$$\boxed{a = n^2\frac{a_1}{Z}} \qquad (14)$$

根据角动量守恒定理和量子化条件(9)，角动量的数值为：

$$M = p_\psi = l\hbar, \quad l = 1, 2, \cdots \qquad (15)$$

将(14),(15)代入(3)式，得

$$1 - \varepsilon^2 = \frac{l^2}{n^2} \qquad (16)$$

由(1)式，得到半短轴的公式：

$$b = nl\frac{a_1}{Z} \qquad (17)$$

12

当 $n_r=0$ 时，$l=n$，$\varepsilon=0$，$b=a$，椭圆变成圆，这里得到的结果就变成§4中的结果。

总起来说，主量子数 n 决定能量和椭圆的半长轴，凡长轴相同的轨道，能量相同。而量子数 n_r 则决定轨道的形状（因此 n_r 称为径向量子数），n_r 愈大，轨道愈扁，n_r 愈小，轨道愈圆，$n_r=0$ 时，轨道为圆形。$n_r=n$ 时，$l=0$，$M=0$，这时椭圆轨道应该退化为直线，~~电子将和原子核相碰~~，这个轨道应该予以摒弃，因为电子将和原子核发生碰撞。同一个 n 的值，可以有 n 组 n_r 和 l 的值（$n=n_r+l$），亦即同一个能量，可以有若干种（n 种）不同形状的轨道，这种情况，称为"简併化"或"退化"。图14画出了 $n=1,2,3$ 的轨道（不成比例）

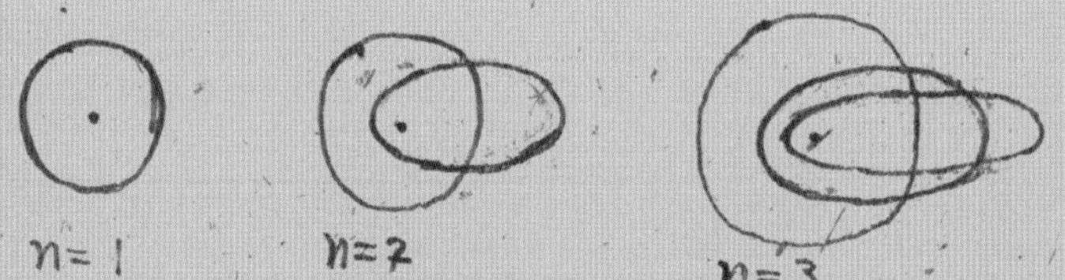

图14. 玻尔的电子轨道。

以上我们只考虑了电子轨道的不同形状，现在我们来进一步考虑轨道平面在空间的方位。

电子在空间的位置可用球坐标的三个变数 r, θ, φ 表示出来（图15）

~~r, θ, φ 和直角坐标 x, y, z 间的变换关系是~~

在球坐标中，势能和广义动量为：

$$T=\frac{m}{2}\left(\dot{r}^2+r^2\dot{\theta}^2+r^2\sin^2\theta\,\dot{\varphi}^2\right) \qquad (18)$$

$$U=-\frac{Ze^2}{r} \qquad (19)$$

$$p_r=m\dot{r} \qquad (20)$$

$$p_\theta=mr^2\dot{\theta} \qquad (21)$$

$$p_\varphi=mr^2\sin^2\theta\,\dot{\varphi} \qquad (22)$$

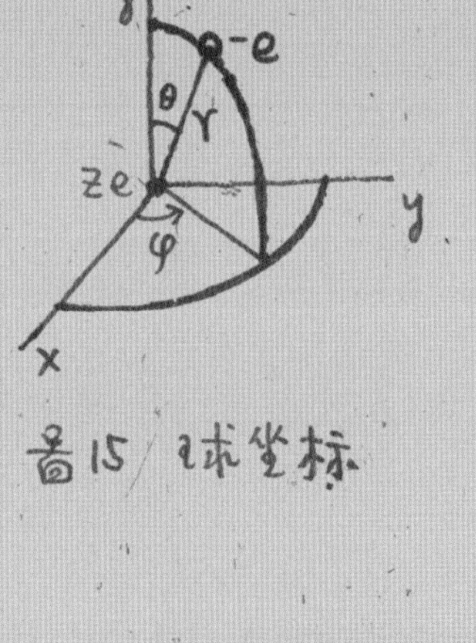

图15 球坐标

量子化条件可以写成：

$$\oint p_r \, dr = n_r h \qquad (23)$$

$$\oint p_\theta \, d\theta = n_\theta h \qquad (24)$$

$$\oint p_\varphi \, d\varphi = n_\varphi h \qquad (25)$$

重复上面的运算，求得

$$E_n = -\frac{e^2}{2a_1}\frac{Z^2}{n^2} \qquad (26)$$

其中 $$n = n_r + n_\theta + n_\varphi \qquad (27)$$

比较(10)和(27)式，知

$$l = n_\theta + n_\varphi \qquad (28)$$

我们注意，角 φ 是循环坐标，因此 p_φ 是守恒量，事实上，$p_\varphi = m(r\sin\theta)^2\dot{\varphi}$ 是角动量在 z 轴上的投影 M_z（见图16），因此(25)式~~可以写~~成实际上就是 M_z 的量子化条件，

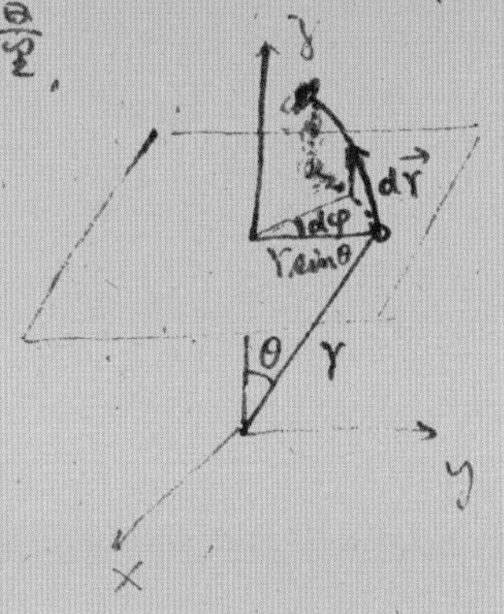

图16.

$$\oint p_\varphi d\varphi = \oint M_z d\varphi = \pm 2\pi M_z = n_\varphi h,$$

如令 $n_\varphi \equiv |m|$（m可正可负），则得：

$$M_z = m\hbar \qquad m = 0, \pm 1, \pm 2, \cdots \qquad (29)$$

这就是角动量的投影的量子化数值。

设轨道平面的法线方向（也就是角动量 $\vec{M}$ 的方向）和 z 轴的夹角为 α（图17），则

$$M_z = M\cos\alpha$$

由(29)和(15)可知，$\cos\alpha$ 并不能取任意的

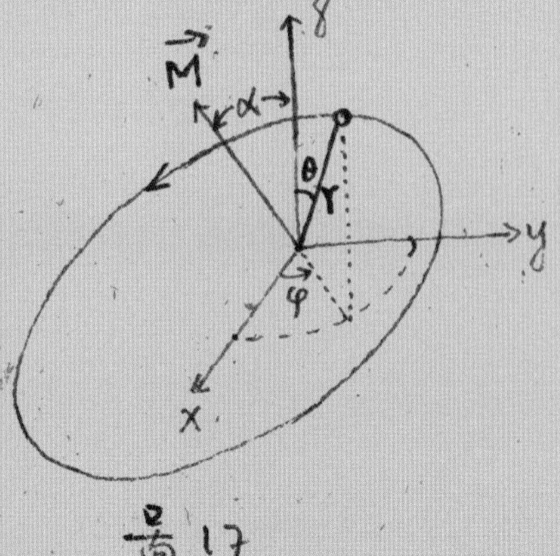

图17

13

数值，而只能取某些特殊的数值：

$$\cos\alpha = \frac{M_z}{M} = \frac{m\hbar}{l\hbar} = \frac{m}{l} \qquad (30)$$

$$l=1,2,\cdots \qquad m=0,\pm1,\pm2,\cdots\pm l$$

(30)式表明~~轨道平面~~角动量在空间~~只能取某些特殊方向~~的可能取向，这称为空间量子化

对于角动量M的一个确定的数值 $l\hbar$，M_z 共可取 $2l+1$ 个数值，如图18所示。

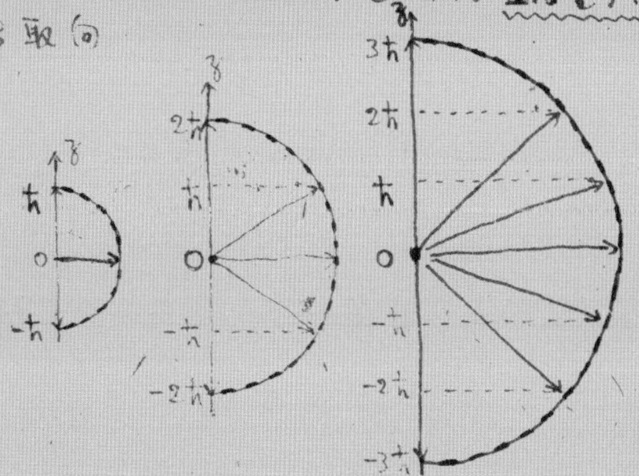

图18. 角动量在空间的取向.

最后，我们来研究原子的磁矩。

根据电动力学，运动着的电子正如电流一样，能在周围空间里产生磁场，并能受外界磁场的作用。就产生磁场和受磁场作用这一点讲，一个沿闭合轨道运动的电子相当于一个闭合的电流回路，电流为

$$i = \frac{1}{c}\frac{-e}{\tau}$$

[这里 $-e$ 是电子电荷，取CGSE单位，i 取CGSM单位]

而一个面积为A的电流回路，相当于一个磁矩(图19)：

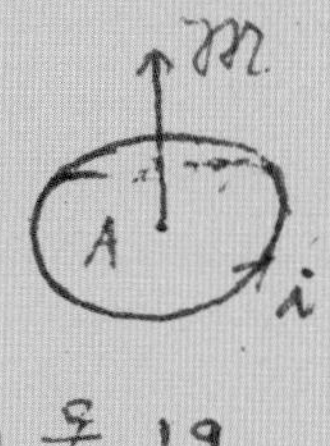

$$\mathfrak{M} = iA$$

按此，电子沿闭合轨道运动而产生的磁矩为(参看图13)： 图19

$$\mathfrak{M} = -\frac{1}{c}\frac{e}{\tau}A = -\frac{1}{c}\frac{e}{\tau}\oint\frac{1}{2}r^2 d\varphi = -\frac{e}{2c\tau}\oint r^2\dot{\varphi}\,dt$$

$$= -\frac{e}{2c\tau}\frac{M}{m}\tau = -\frac{e}{2mc}M$$

或：

$$\boxed{\vec{\mathfrak{M}} = -\frac{e}{2mc}\vec{M}} \qquad (31)$$

如取二者在z轴上的投影，则有

$$\boxed{\mathfrak{M}_z = -\frac{e}{2mc}M_z} \qquad (32)$$

角动量是量子化的因此磁矩(原子的)也是量子化的。由(15),(29)式,易得:

$$\mathfrak{M} = \frac{e\hbar}{2mc} l \qquad (33)$$

$$\boxed{\mathfrak{M}_z = -\frac{e\hbar}{2mc} \cdot m} \qquad (34)$$

上式表明,原子的磁矩只能取一个基本量

$$\mathfrak{M}_0 = \frac{e\hbar}{2mc} \approx 0.918 \times 10^{-20} \text{尔格/高斯}$$

的整倍数,$\mathfrak{M}_0$称为玻尔磁子。m则称为磁量子数。

通常z轴是由某种物理条件来确定的。当存在外磁场时,一般取磁场方向和z轴重合,则(34)式表示原子的磁矩在磁场方向的投影只可能取玻尔磁子的整数倍;有不少实验证实了这個结论,这些实验我们将在以后讲到。

總结一下,当电子沿椭圆軌道运动时,有下列结果:

1. 角动量: $M = l\hbar, \quad l = 1, 2, \cdots n.$

   $M_z = m\hbar, \quad m = 0, \pm 1, \cdots, \pm l$

2. 磁矩: $\vec{\mathfrak{M}} = -\frac{e}{2mc}\vec{M}.$

   $\mathfrak{M}_z = -m\mathfrak{M}_0$

3. 軌道的法线和磁场(z轴)的夹角(亦即角动量或磁矩和磁场的夹角)α:

   $\cos\alpha = \frac{m}{l}$

4. 能量 $E_n = -\frac{e^2}{2a_1}\frac{Z^2}{n^2}, \quad n = n_r + l = 1, 2, \cdots$

5. 半長軸 $a = n^2 \frac{a_1}{Z}$

   偏心率ε: $1 - \varepsilon^2 = \frac{l^2}{n^2}$

6. 电子在原子内运动的状态可以通过三个量子数 n, l, m(或 n, n_r, m)来表达,主量子数 n 决定能量和半長軸,角量子数 l 决定角动量的大小和軌道形状;磁量子数 m 决定軌道的空间取向,角动量和磁矩在磁场方向的投影。

§6 椭圆轨道、空间量子化

§7. 分子光譜

分子光譜比原子光譜要复雜得多，相应的理论也是這样。本节只讨论双原子分子，這是最簡單的，同时也是在实验和理论上研究得比較详尽的分子。

原子為什么能夠結合成分子，這問題不是經典力学甚至也不是玻尔的量子论所能回答的。分子構造的严格理论，必須建立在量子力学的基礎上。但如果以承认分子的存在作為出發点，則利用一些簡單的模型也能说明分子的某些性质。

二个原子A,B構成分子時，原子核之間保持一个適当的平衡距離 r_0（圖20）当偏離了這个距離時，原子就要受到一个使它恢复原狀的力。因此，原子間相互作用的勢能 $U(r)$ 將如圖21所示。在 $r=r_0$ 處，作用勢 $U(r)$ 具有極小值。r_0 稱為分子的鍵長，数量级為 10^{-8} cm。

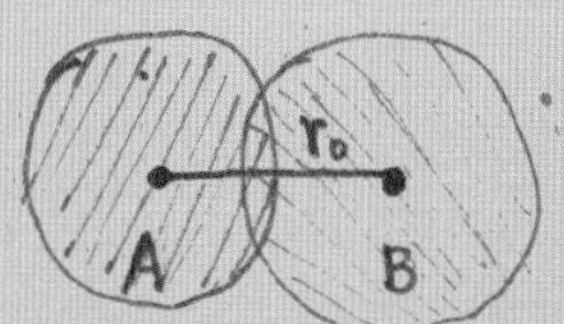

圖20 双原子分子

在平衡距離附近，作用勢可以寫成：

$$U(r)=U(r_0)+\frac{1}{2}k(r-r_0)^2 \qquad (1)$$

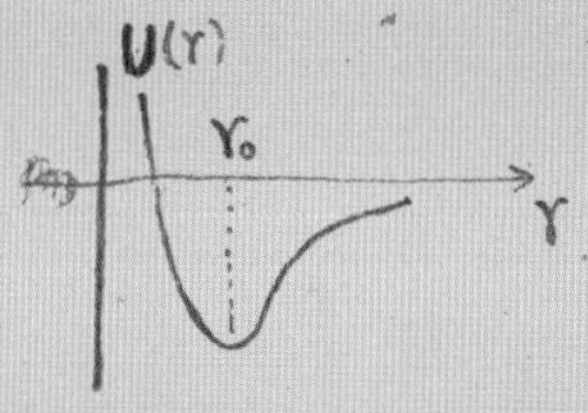

圖21 双原子分子的勢能曲线

相应的力為彈性力，在它的作用下，原子將在平衡位置附近作簡谐振动。和分子的振动相应的光譜在近红外區域，波長為几个微米（10^{-4}cm）

其次，整个分子可以轉动。和分子的轉动相应的光譜在远红外區域，波長為几十到几百微米。

最后，如果光譜的產生牽涉到分子的电子狀态的改变（价电子由一个能级跃迁到另一能级），則波長在可见或紫外區域。

实际上，這三种情况常常一起發生，而且互相影响，因此造成了分子光譜的极為复雜的情況。

下面分开几种情况来讨论。

(一). 转动光谱

首先来研究分子的转动. 作为初步的近似,视分子为刚性转子。~~对转动能为~~ 设转动角速度为 ω, 则转动能为:

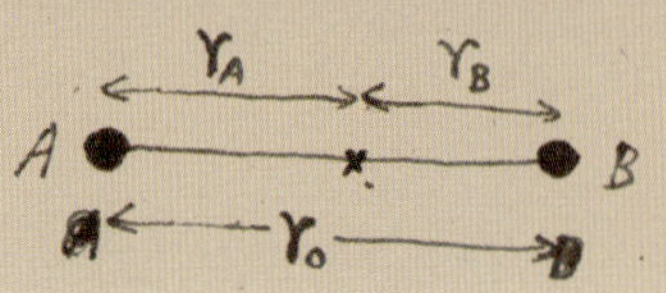

图22

$$E=\frac{1}{2}m_A(\omega r_A)^2+\frac{1}{2}m_B(\omega r_B)^2$$

r_A 和 r_B 是原子核 A 和 B 离开质心的距离, $r_A=\frac{m_B}{m_A+m_B}r_0$, $r_B=\frac{m_A}{m_A+m_B}r_0$, (见图22)

代入E中, 得

$$E=\frac{1}{2}\frac{m_A m_B}{m_A+m_B}\omega^2 r_0^2=\frac{1}{2}I\omega^2 \qquad (2)$$

其中 $I=\mu r_0^2$ 为转动惯量. $\mu=\frac{m_A m_B}{m_A+m_B}$ 为折合质量.

但 $I\omega$ 是角动量 M, 因此

$$E=\frac{M^2}{2I} \qquad (3)$$

根据§6, 角动量M只能等于 $\hbar$ 的整数倍, $M=l\hbar$, $M^2=l^2\hbar^2$, 因此,

$$E=\frac{\hbar^2}{2I}l^2, \quad l=0,1,2,\cdots$$

量子力学的严格计算表明, M^2 应该取下列数值:

$$M^2=l(l+1)\hbar^2, \quad l=0,1,2,\cdots \qquad (4)$$

因此分子的转动能级为:

$$\boxed{E_l=\frac{\hbar^2}{2I}l(l+1), \quad l=0,1,2,\cdots} \qquad (5)$$

量子力学中证明, 只有转动量子数 l 相差 ±1 的状态间才能彼此相过渡。因此,纯粹由于分子转动状态的改变而产生的光谱的波数为:

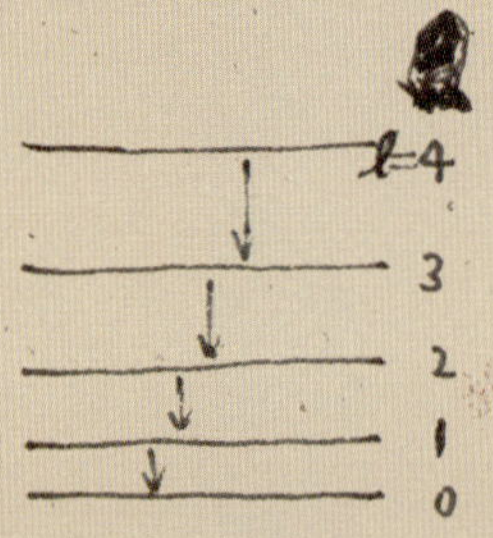

图23. 分子的转动能级

$$\tilde{\nu}=\frac{1}{\lambda}=\frac{1}{hc}(E_l-E_{l-1})=\frac{\hbar^2}{2Ihc}2l$$

令 ~~$B=\frac{\hbar}{4\pi cI}$~~, $B=\frac{\hbar}{4\pi cI}=\frac{\hbar^2}{2Ihc}$ (6)

则 $\boxed{\tilde{\nu}=2Bl, \quad l=1,2,\cdots}$ (7)

(6)式表示，分子的轉動光譜是一系列（按 波數 或頻率來說）等距離的綫。這和實驗上發現的情况是符合的，如表5所示。

表5 HCl的轉動光譜

l	$\tilde{\nu}$(觀測值) 單位cm^{-1}	$\Delta\tilde{\nu}$	$\tilde{\nu}$(計算值)
4	83.03		82.72
5	…		
6	124.30		124.08
7	145.03	20.73	144.76
8	165.51	20.48	165.44
9	185.86	20.35	186.12
10	206.38	20.52	206.80
11	226.50	20.12	227.48

由表5中 $\tilde{\nu}$ 的計算值是根據(7)式求得的，$B=10.34\ \mathrm{cm}^{-1}$，再由(6)式，求得HCl分子的轉動慣量 $I=2.71\times10^{-40}$ 克-cm^2，而HCl分子的折合質量 $\mu=1.63\times10^{-24}$ 克，則由 $I=\mu r_0^2$ 求得鍵長 $r_0=1.29$ Å。這和其他測定所得的結果是一致的。近年來由于微波技術的進步，轉動光譜的研究已成為測定分子鍵長的重要方法。

〔註：由表5可見，計算值和觀測值尚有相當歧異，這是因為我們把分子當作剛性轉子的緣故。如果考慮到由于轉動而引起分子的拉長，則相當的計算表明，(5)式和(7)式應該~~用下式代替~~，改為：

~~$\tilde{\nu}=2Bl$~~

$$E_l = hcBl(l+1) - hcDl^2(l+1)^2 \qquad (5')$$

$$\tilde{\nu} = 2Bl - 4Dl^3 \qquad (7')$$

D為某于常數，與分子的結構有關。這時，計算值和觀測值可以符合得很好〕

（二）振动光谱和振转光谱

分子在平衡距离附近振动，振动频率 $\nu_0=\frac{1}{2\pi}\sqrt{\frac{k}{\mu}}$，角频率 $\omega_0=\sqrt{\frac{k}{\mu}}$，$k$ 为弹性力常数[见(1)式]，μ 为折合质量。振动能级，按普朗克假设，为 $nh\nu_0$，而量子力学的结果是：

$$E_n=\left(n+\frac{1}{2}\right)h\nu_0=\left(n+\frac{1}{2}\right)\hbar\omega_0,\quad n=0,1,2,\cdots \qquad (8)$$

$\frac{1}{2}\hbar\omega_0$ 称为零点能，它表示分子的振动永远不会停止。

量子力学指出，只有振动量子数 n 相差为 1 的二个状态间，才可以互相过渡（这称为选择定则，写成 $\Delta n=\pm1$）。这样，伴随着分子振动状态的改变，将只发出一条频率为 ν_0 的光谱线，其波数为

$$\tilde{\nu}=\frac{1}{\lambda}=\frac{\nu_0}{c}=\frac{1}{2\pi c}\sqrt{\frac{k}{\mu}} \qquad (9)$$

事实上，分子中二个原子间的作用力并非严格的弹性力（见图21）。振动能级的比较准确的结果是

$$E_n=\left(n+\frac{1}{2}\right)a-\left(n+\frac{1}{2}\right)^2 b \qquad (10)$$

$$a\approx h\nu_0,\quad b\ll a$$

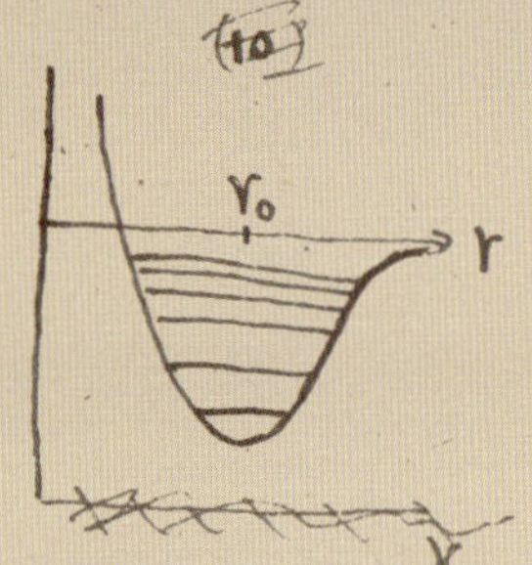

图24 分子的振动能级

量子数 n 比较小时，第二项可以忽略，这时能级间几乎是等距离的。随着 n 的增大，能级升高，能级也愈来愈密，如图24所示。

在(10)式成立时，选择定则 $\Delta n=\pm1$ 被破坏，$\Delta n=\pm2,\pm3,\cdots$ 的过渡也成为可能。这时，光谱的频率由下式表示：

$$\nu=\frac{E_n-E_{n'}}{h}=(n-n')\nu_0-\frac{b}{h}\left[\left(n+\frac{1}{2}\right)^2-\left(n'+\frac{1}{2}\right)^2\right] \qquad (11)$$

如果 b 项可以忽略，则

$$\nu\approx(n-n')\nu_0=\nu_0,\ 2\nu_0,\ 3\nu_0,\ \cdots \qquad (12)$$

即分子的振动光谱近似地是由"基音" ν_0 和"泛音" $2\nu_0, 3\nu_0, \cdots$ 组成。例如，对于 CO 分子，和"基音" ν_0 相应的谱线，波长为 4.67μ，由(12)式求得

和泛音 $2\nu_0$, $3\nu_0$ 相应的谱线波长为 2.33 和 1.56 μ，实际测得的数值为 2.35 和 1.58 μ

分子的振动能级间的距离是几电子伏特。

实际上，振动和转动是同时存在的。

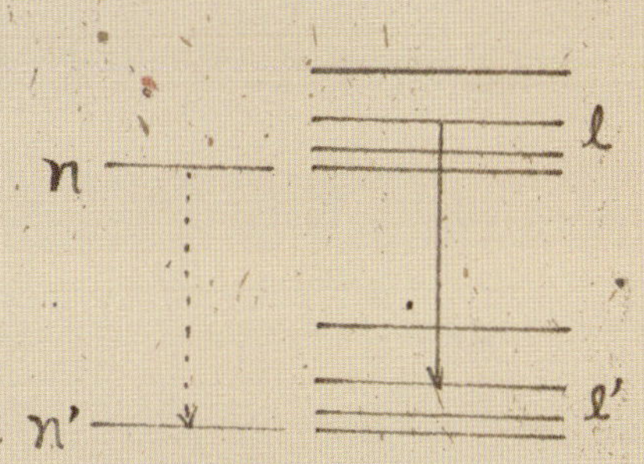

图25. 分子的振转能级

对于一个振动状态，可以有许多种不同的转动状态。振动状态发生变化时，常伴随着转动状态的变化(图25)，由此而产生的光谱称为"振转光谱"。其波数为

$$\tilde{\nu} = \frac{1}{hc}\left[E_n + E_l - (E_{n'} + E_{l'})\right] \qquad (13)$$

转动量子数的选择定则仍为：

$$\Delta l = l - l' = \pm 1 \qquad (14)$$

对于二个一定的振动状态 n 和 n'，如令

$$\frac{E_n - E_{n'}}{hc} = \tilde{\nu}_{nn'} \qquad (15)$$

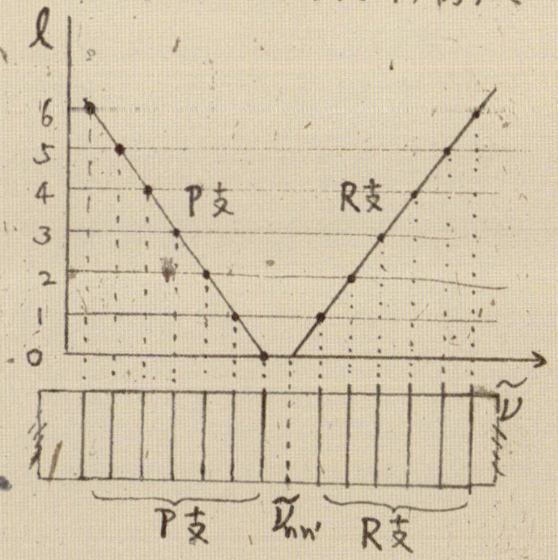

图26. 振转光谱的图解

则得：

$$\tilde{\nu} = \tilde{\nu}_{nn'} + \begin{cases} \frac{1}{hc}(E_l - E_{l-1}), & l' = l-1 \\ \frac{1}{hc}(E_l - E_{l+1}), & l' = l+1 \end{cases}$$

或：

$\tilde{\nu} = \tilde{\nu}_{nn'} + 2Bl$, $(l' = l-1)$, $l = 1, 2, 3 \cdots$	(R支)	(16)
$\tilde{\nu} = \tilde{\nu}_{nn'} - 2B(l+1)$, $(l' = l+1)$, $l = 0, 1, 2, \cdots$	(P支)	(17)

这样，和二个一定的振动状态间的跃迁相应的是一组光谱线(称为振动光谱的转动(粗)结构或精细结构)，它们又可以按照 $l' = l-1$ 和 $l' = l+1$ 而分成二个分支，前者称R支，后者称P支。由图26可见，P支和R支之间有一个空缺，它和 $\tilde{\nu}_{nn'}$ 相应对，亦即和 $\Delta l = 0$ 对应，这违反选择定则，所以相应的谱线是没有的。

测量振转光谱谱线的间距离，也可以求出分子的转动惯量，从而求得分子的键长。

(三). 电子光带

在可见光和紫外光区域，分子的光谱极其复杂。下图是CO分子的发射光谱：

图27. CO分子的发射光谱.

各种分子光谱，只有下列共同规律：许多谱线聚在一起，在一个方向上谱线极为密集，以至形成一个光带，在带的另一端，谱线分布較稀；若干个带形成一个带组，而这种组可以有几个。简言之，分子光谱由若干个光带组成，而每一個带中又包括许多光谱线。因此分子光谱常称为"带光谱"。

分子的振动和轉动能级較低，相应的谱线在红外区域，已如上述。可见和紫外区域的谱线，和分子中的电子状态的改变有关。分子中电子状态的能量和原子中电子状态的能量具有同样的数量级，因此当分子的电子状态发生变化时（价电子由一个軌道跳到另一个軌道），发出的光谱线在可见光和紫外光的范围。二个电子状态间的过渡对应一个带组.

每一种电子状态，决定一条势能曲线(图28)，因此对于每一种电子状态，可以有一系列不同的振动状态。而对于每一种振动状态，又有一系列轉动状态。以 E_e, E_e' 表示电子状态的能量。当分子从电子能级 E_e，振动能级 E_n，轉动能级 E_l 跃迁到电子能级 E_e'，振动能级 $E_{n'}$，轉动能级 $E_{l'}$ 时，发出的光谱线的波数为

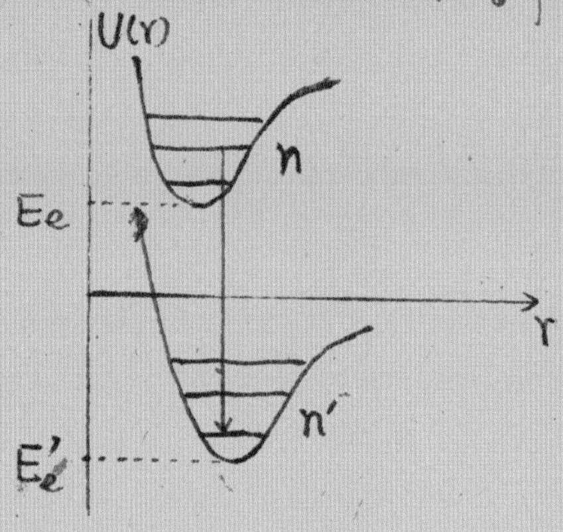

图28 双原子分子的电子能级和振动能级.

$$\tilde{\nu}=\frac{1}{hc}\left[(E_e+E_n+E_l)-(E_e'+E_{n'}+E_{l'})\right] \quad (18)$$

对于同样的电子状态($E_e=E_e'$)，则(18)式变成(13)式，相应的光谱就是上面已经讨论过的振轉光谱。对于不同的电子状态($E_e\neq E_e'$)，轉动量子数的选择

定则是：

$$\Delta l = l - l' = 0, \pm 1 \qquad (19)$$

令 $$\tilde{\nu}_{e,v} = \frac{1}{hc}(E_e - E_e' + E_n - E_{n'}) \qquad (20)$$

则每一个 $\tilde{\nu}_{e,v}$ 的值代表一个光带，这光带中的谱线可以按照转动量子数分成三个分支：

P支，$l'=l+1$，　Q支，$l'=l$　R支，$l'=l-1$

下面我们来求P,Q,R这三个分支的波数的公式。为此，需要把(5)式代入(18)式。但是我们应该注意到：对于不同的电子状态，原子间的距离r_0是不同的，因此常数B也不同。根据(5)式，

$$E_l = hcB\, l(l+1)$$
$$E_{l'} = hcB'\, l'(l'+1) \qquad (21)$$

代入(18)式，求得：

$$\tilde{\nu} = \tilde{\nu}_{e,v} + B\, l(l+1) - B'\, l'(l'+1), \quad l'-l = 0, \pm 1$$

经过简单运算后，得：

P支，$l'=l+1$，$\tilde{\nu} = \tilde{\nu}_{e,v} + (B-B')(l+1)^2 - (B+B')(l+1)$，$l=0,1,2,\cdots$　(22)

Q支，$l'=l$，$\tilde{\nu} = \tilde{\nu}_{e,v} + (B-B')l^2 + (B-B')l$，$l=1,2,\cdots$　(23)

R支，$l'=l-1$，$\tilde{\nu} = \tilde{\nu}_{e,v} + (B-B')l^2 + (B+B')l$，$l=1,2,\cdots$　(24)

[Q支中 $l \neq 0$，这是因为 $l=l'=0$ 的过渡是被禁止的]

当我们作 $\tilde{\nu}-l$ 曲线，则得到三条抛物线如图29所示。

和振转光谱不同，现在P,Q,R支的谱线是互相重叠交错的。在P支(B>B')或R支(B<B')转弯的地方，谱线特别密集，形成光带的"带头"。

图29

B>B'时，带头在频率小的一端，B<B'时，带头在频率大的一端。较轻的分子，转动惯量小，B和B'大，光带中谱线分布较稀，较重的分子，转动惯量大，B和B'小，光带中谱线较密。

由于带光谱比较复杂，故研究分子结构时一般多利用转动光谱或振转光谱。

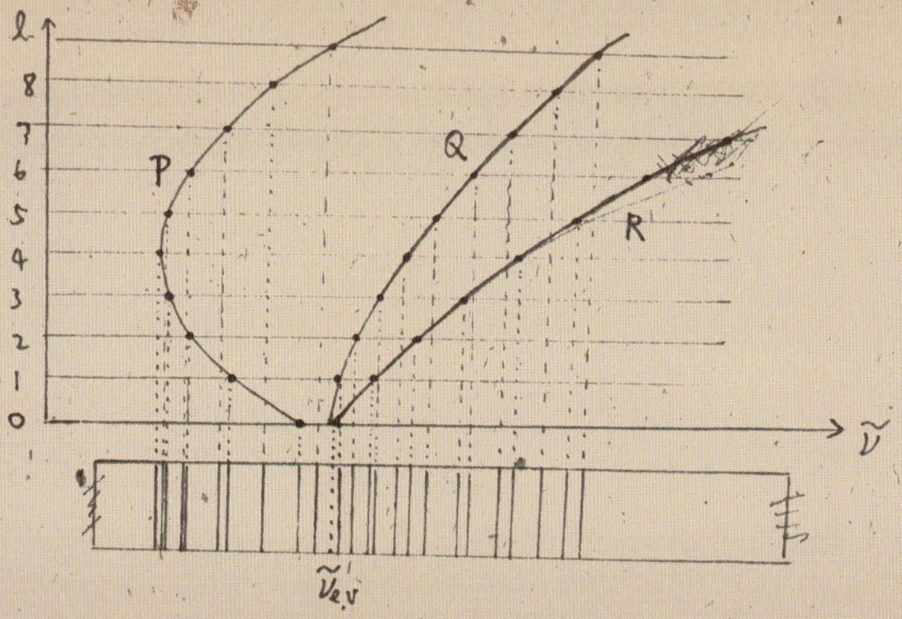

图29. 电子光带的P，Q，R支的图解。（B>B′）

（四）分子的离解能

使分子从正常状态过渡到离解状态（分子→二个独立的原子）所需要的能量，称为离解能。从分子的吸收光谱可以求得分子的离解能。

用包含各种波长的光源照射分子，则分子将吸收其中某几种光而从正常状态过渡到激发状态，被吸收的光子能量等于分子的激发状态和正常状态的能量差。~~若分子吸收了能量足够大的光子~~，如被吸收的光子能量足够大，则可以导致分子的离解，这时光子的能量一方面使分子离解而同时使离解后的二个原子得到动能。分子中原子的转动和振动，都是周期运动其能量是量子化的；而独立的原子的运动（平移）是非周期性的，能量可以连续变化。由此可见，分子的吸收光谱将包含一个不连续的部分（吸收带）和一个连续的部分，如图30所示，两者有明显的界限，设想

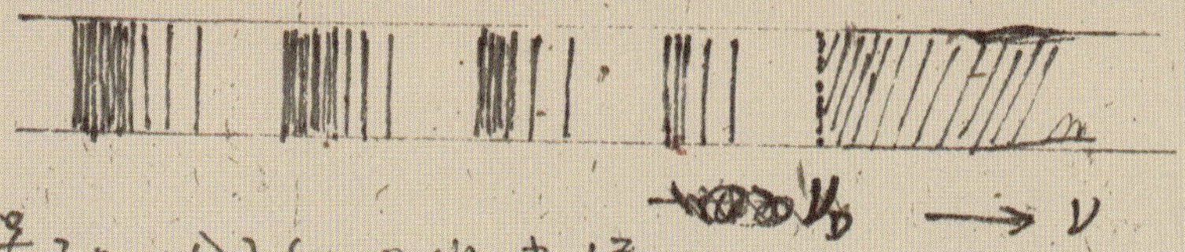

图30. 分子的吸收光谱

应的波数为 $\tilde{\nu}_D$，则分子的离解能为：

$$D = hc\,\tilde{\nu}_D \tag{25}$$

根据光谱测定，分子的离解能为几个电子伏特，相当于每克分子几万卡（例如 NaCl 底离），这和用热化学方法测得的数值是符合的。

H_2 5.8. 4.38 eV.

结語　在这一章里，以玻尔理论为中心，我们讨论了一些（但还非全部）重要的量子现象及其理论解释。玻尔理论在物理学的发展中占有重要的地位，它明确地指出了经典物理学对于微观过程是不适用的，微观过程遵守着一些特殊的量子规律，表现为各种量子化现象（不连续现象）。为了系统地阐明微观过程的量子规律，必须冲破经典物理学的范围，建立完整的、严格的量子理论，而玻尔理论则是从经典理论过渡到严格的量子理论的桥梁。在玻尔理论的策动下，开展了一系列的实验工作（光谱的研究，原子能级的测定，等等），得到了许多成就。

随着对微观现象的深入研究，玻尔理论的缺点也就逐渐暴露出来。首先，玻尔理论只适用于最简单的系统，它不能说明多电子原子（甚至是只有二个电子的氦原子）的构造，也不能理解分子的形成。其次，各种元素的光谱，都存在着双重或多重结构（例如钠的黄色D线实际上是二条光谱线，波长为5896和5890Å），对此，玻尔理论是无能为力的。为了解释光谱的多重结构，必须假设电子存在自旋（自转），并广泛地引用量子力学的理论。最后甚至对于最简单的氢原子，玻尔理论也只能计算光谱线的波长，而不能计算光谱线的强度，要计算强度，必须假定经典理论和量子理论之间有某种对应关系（对应原理），而归根到底仍按照经典电动力学来计算。

产生这些缺点的根本原因在于玻尔理论不是一贯的量子理论。玻尔虽然提出了原子能量的量子化，但自他解决这个问题的方法并不正确，他主要依据的是仍经典力学，同时又不协调地附加上量子化条件。因此，玻尔理论具有很大的局限性，是不自洽的。应该从根本上放弃经典理论，才能建立起完整的量子理论。

复习思考题

1. 普朗克量子假设为什么能够克服黑体辐射问题的"发散困难"？
2. 根据光量子的概念解释光电效应。
3. 如何理解"光是粒子—波动的统一体"？
4. 从卢瑟福的α粒子散射实验得到什么结论？有何根据？
5. 经典物理学在理解原子光谱和原子构造方面有何困难？
6. 玻尔理论和经典物理学有何矛盾？玻尔理论的要点。
7. 并合原则和光谱项的物理意义。
8. 通过分子光谱的研究可以知道分子的哪些性质？
9. 说明分子的转动光谱和振转光谱的形成和特点。
10. 说出下列各量的数量级：

普朗克常数h，玻尔半径a_1，黎德堡常数R，原子的电离能。

第二章 量子力学的基本原理.

量子力学又称波动力学，它是建立在基本粒子具有波动性的事实的基础上的。由於以后将经常遇到用波动的概念，因此我们先来温习一下波动过程的基本特点。

§8 关于波动过程的若干基本概念

~~我们不来研究某种特殊的波动，而来研究各种波动的共同规律。~~

从最简单的情况—单色平面波开始。取波的传播方向为x轴，则单色平面波可由下式表示：

$$w(x,t)=A\cos(kx-\omega t) \qquad (1)$$

这里w是某种物理量(例如电磁波中的电场强度)，k，ω是常数，它们的意义可以从下面的讨论看出来。常数A称为振幅。

w是时间t的周期函数，其周期τ由下式决定：

$$w(x,t+\tau)=w(x,t) \qquad (2)$$

将(1)式代入(2)式，易得

$$\tau=\frac{2\pi}{\omega} \qquad (3)$$

周期的倒数称为频率，以ν表示，则

$$\nu=\frac{1}{\tau}=\frac{\omega}{2\pi},\quad \omega=2\pi\nu \qquad (4)$$

ω称为角频率，也时也简称为频率.

w也是坐标x的周期函数，~~对于某一个确定的时刻~~，其周期λ称为波长。

$$w(x+\lambda,t)=w(x,t) \qquad (5)$$

由(1)易得

$$\lambda=\frac{2\pi}{k},\quad k=\frac{2\pi}{\lambda} \qquad (6)$$

λ的倒数称为波数，以 $\tilde{\nu}$ 表示，$\tilde{\nu}=k/2\pi$。k 也简称波数。

在(1)式中，$(kx-\omega t)$ 称为平面波 W 的"相"(或周相)。在某一个时刻，凡是相具有同样的数值的各点，组成一个"等相面"，对于沿 x 轴传播的平面波，显然等相面是垂直 x 轴的平面。~~设在 t_0 时，通过 x_0 点的等相面上各点的相等于 α，即 $kx_0-\omega t_0=\alpha$，~~
相保持某一个数值的等相面将随着时间的进展而向前移动，其速度(相速度) u 可由下式决定：

$$kx-\omega t=\text{常数}$$

由此求得：

$$\text{相速度}\quad u=\frac{dx}{dt}=\frac{\omega}{k} \qquad (7)$$

由(4),(5),(6)式可知，相速度等于波长乘频率：

$$u=\lambda\nu \qquad (8)$$

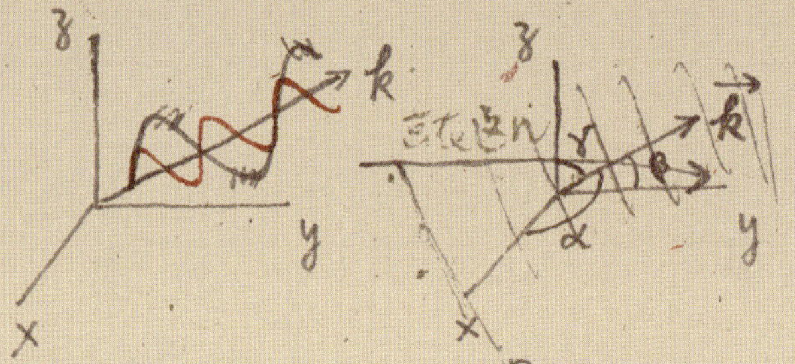

图31

设平面波的传播方向不和 x 轴重合，而与坐标轴成 α,β,γ 角(图31)，这时，我们可先选定一个新的坐标系 $(x'y'z')$，使 x' 轴和传播方向重合，则这个平面波可以表示成

$$W=A\cos(kx'-\omega t),$$

换回到原来的坐标系 (xyz) 中，由于

$$x'=x\cos\alpha+y\cos\beta+z\cos\gamma,$$

我们得到：

$$W=A\cos[k(x\cos\alpha+y\cos\beta+z\cos\gamma)-\omega t] \qquad (9)$$

如果定义波矢量 $\vec{k}$ 如下，$\vec{k}$ 的方向和波的传播方向一致，$\vec{k}$ 的绝对值为 $k(=2\pi/\lambda)$，则(9)式可以写成：

$$W(\vec{r},t)=A\cos(\vec{k}\cdot\vec{r}-\omega t) \qquad (10)$$

~~这是(1)式的推广。由(1)式和(10)式表示的波，只是传播方向不同，其他方面都~~

§8 关于波动过程的若干基本概念

现在，等相面由下式决定：

$$\vec{k}\cdot\vec{r}-\omega t=\text{常数}$$

亦即等相面是和波矢量$\vec{k}$垂直的平面，或者，反过来说，等相面的法线方向是波的传播方向。

由(1)式和(10)式表示的波，只是传播方向不同，其他方面都是相同的，因此，关系式(3)，(4)(6)(7)(8)仍然成立。

为了运算方便，常采用波的复数表示法，沿x轴传播的平面波表示成

$$\psi=Ae^{i(kx-\omega t)} \qquad (11)$$

沿$\vec{k}$方向传播的波平面表示成：

$$\boxed{\psi=Ae^{i(\vec{k}\cdot\vec{r}-\omega t)}} \qquad (12)$$

由于指数函数的周期性质和三角函数的是一样的，因此用复数表示法同样可以表达出波动过程的全部特征。当然，这样做的时候，我们所讨论的那个（以波的方式传播的）物理量不再是由ψ，而是由ψ的实数部分来表示。ψ称为"波函数"，它描述波动过程的全部特征（参照下面的讨论）。

振幅A的绝对值平方称为平面波的强度，在复数表示法中，波的强度可以简单地写成：

$$\text{波的强度}=|A|^2=|\psi|^2 \qquad (13)$$

注意，相因子$e^{i(\vec{k}\cdot\vec{r}-\omega t)}$的绝对值等于1。

严格的单色平面波必须是时间和空间上的一个无限过程（因为各个时刻在空间各处波的强度是一样的），而实际的波动都是局限于某个空间区域和时间间隔中的，因此，单色平面波只是实际情形的近似，抽象。一个真实的波常包含各种频率的振动，亦即它是由许多单色平面波组成的。作为一个例子，我们来讨论一个由频率彼此接近的平面波所组成的"波群"的性质，为了明确和简单起见，假定组成波群的各平面波均沿x轴传播，它们的平均频率ν_0（波数k_0），频率的分布范围$2\Delta\nu$（波数范围$2\Delta k$），则表示这个波群的波函数可以写成：

$$\psi=\int_{k_0-\Delta k}^{k_0+\Delta k} C(k)\,e^{i(kx-\omega t)}\,dk \qquad (14)$$

频率ω一般是波数k的函数，如果Δk很小，我们可以将ω展开成$k-k_0$的幂级数而仅取前n2项：

$$\omega=\omega(k)=\omega(k_0)+(k-k_0)\left.\frac{d\omega}{dk}\right|_{k=k_0}+\frac{(k-k_0)^2}{2!}\left.\frac{d^2\omega}{dk^2}\right|_{k=k_0}+\cdots \tag{15}$$

以ω_0表示$\omega(k_0)$，g表示$\left.\frac{d\omega}{dk}\right|_{k=k_0}$，并略去$(k-k_0)^2$以上各项，则

$$\omega=\omega_0+g(k-k_0) \tag{16}$$

另外，在Δk很小的情况下，各个平面波的振幅$C(k)$可以认为是常数，以$C(k_0)$表示。这样一来，

$$\psi=C(k_0)e^{i(k_0x-\omega_0t)}\int_{k_0-\Delta k}^{k_0+\Delta k}e^{i(k-k_0)(x-gt)}dk$$

$$=C(k_0)e^{i(k_0x-\omega_0t)}\left[e^{i\Delta k(x-gt)}-e^{-i\Delta k(x-gt)}\right]/(x-gt)i$$

$$=2C(k_0)\frac{\sin\Delta k(x-gt)}{x-gt}e^{i(k_0x-\omega_0t)}$$

令

$$A(x,t)=2C(k_0)\frac{\sin\Delta k(x-gt)}{x-gt} \tag{17}$$

则

$$\psi=A(x,t)e^{i(k_0x-\omega_0t)} \tag{18}$$

(18)式表示一个调幅的近单色波，其振幅$A(x,t)$的变化情况如图32所示。振幅最大的地方（亦即波的强度最大的地方）称为波群中心。显然，波群中心是在$x=gt$处，由此可见，波群中心将以一定的速度（群速度）向前移动，这也就是整个波群的运动速度，我们称之为"群速度"

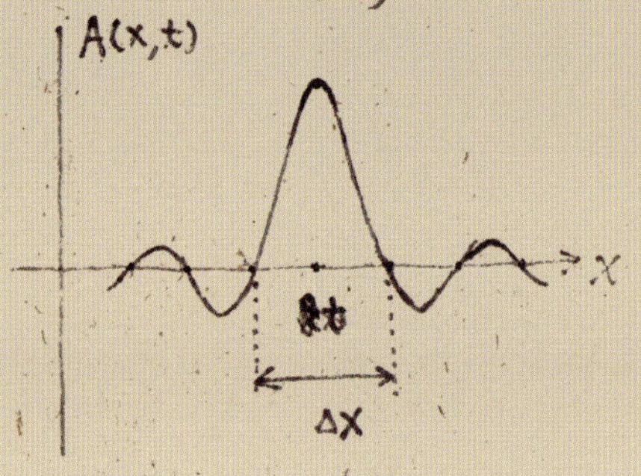

图32.

$$群速度=g=\left.\frac{d\omega}{dk}\right|_{k=k_0} \tag{19}$$

注意，群速度是对整个波群的运动而言的，而相速度则是对于每一个平面波而言的，波群中包含各种频率的波，因此并无统一的相速度。在我们现在所讨论的情况下，由于各个波的频率相差不大，可以认为它们的相速度$u=\frac{\omega_0}{k_0}$，但这和群速度一般讲并不相等。由于实际的波都是一个波群，因此能够测量到的都是群速度。对于各种测量方法的分析指出，相速度是无法测量的。

由图32可见，在远离波群中心的地方，振幅迅速减少，因此可以认为整个波群的范围是有限的，我们用波群宽度Δx来表示这个范围，定性地，

我们定义 Δx 为在波群中心附近二点间的距离，在那二点波的强度取第一个极小值，如图32所示。于是，根据(17)式，我们有：

$$\Delta k \Delta x = 2\pi \qquad (20)$$

这是波群的一个最重要的性质。为了组成一个范围有限的波群（例如无线电讯号），就需要其中包含各种（而不是一种）频率的波，频率的范围越窄，波群越宽，反之，亦然，如我们限制波群的范围，则频率就必然会有某种分布，而不十分确定。(20)式则表示这二个互相矛盾的因素的统一。~~(20)式表明，波群宽度 Δx 由波群的频率分布决定，而与时间无关，亦即波群并不扩散~~。

(17)式表明，离波群中心的距离为某个确定数值的地点（即 $x-gt=$ 常数）振幅保持不变，这意味着在运动过程中，波群的形状不变，即没有色散现象。但是这只在(16)式成立的（在 ω 和 k 是线性关系的条件下）条件下才有的结论，如果必须计及(15)式中的 $\frac{d^2\omega}{dk^2}$ 项，则计算指出，这时波群将逐渐散开，亦即产生色散现象。在真空中传播的光波，相速度与频率无关，恒等于 c，

$$\lambda\nu = c \qquad (21)$$

由此求得

$$\omega = 2\pi\nu = 2\pi c/\lambda = ck$$

，即 ω 和 k 为线性关系，这时，没有色散现象，而且

$$\text{群速度} = \frac{d\omega}{dk} = c = \text{相速度} \qquad (22)$$

因此，称 c 为光速。光在介质中传播时，相速度和频率有关，ω 和 k 不再是严格的线性关系，这就产生色散现象。

§9 德布洛依的假设

我们对于光的认识过程，经历了三个阶段，最初，由于只观察到宏观的光学现象（光的直线进行，反射，折射，等等），人们认为光是一种微粒；后来，光的干涉和衍射现象表明光具有波动的性质；而最后，由于发现了光的量子性，我们对于光的认识是，光具有粒子-波动二象性，粒子的图象和波动的图

象都只是描述了光的本质的一个方面。1924年，德布洛依认为，这种粒子波动二重性不仅为光所具有，而且也应该为电子（以及其他"粒子"）所具有，电子除了具有已经为人们所发现的粒子性质以外，还应该具有尚未被发现的波动性质。德布洛依提出这个假设的理由和历史背景如下。（以后我们将称之为德布洛依波）

十九世纪二十年代，哈密顿发现，几何光学和力学这二种不同性质的现象，它们的基本规律可以用数学上完全相同的形式表达出来。几何光学的各种反射折射定律，可以归结为最小光程原理（费马原理）：

$$\delta\int n(x,y,z)\,ds=0 \qquad (1)$$

这里积分是沿着光线进行，ds是光线的线元，如图33所示。n是折射率，δ表示变分。

图33

而力学的基本定律（牛顿定律）可以用最小作用原理表达出来，它的一种变分形式（所谓莫培督原理）是：

$$\delta\int p\,ds=0 \qquad (2)$$

这里积分是沿着粒子的路径进行。p是粒子的动量。在势场中运动的粒子，其动量为

$$p=\sqrt{2m[E-U(x,y,z)]} \qquad (3)$$

可见，粒子在势场$U(x,y,z)$中的运动，和光在非均匀介质中的运动完全相似。光学中的折射率$n(x,y,z)$相当于力学中的$\sqrt{2m[E-U(x,y,z)]}$。

对于（比波长大得多的）大范围内的光学现象，可以根据粒子的图象（几何光学），也可以根据波动的图象（波动光学）来说明。对于（和波长差不多大小）小范围内的干涉衍射等现象，粒子图象（几何光学）就不适用，而必须应用波动图象（波动光学）。几何光学是波动光学的极限情形。

对于电子，它在宏观范围内的运动表现出明显的粒子性，因此应用了

粒子的图象，即认为电子的运动遵守经典力学（粒子的力学）。可是，正如我们在第一章中所已经知道的，经典力学并不能解释原子范围内的现象，特别是原子的稳定性和原子定态能级的存在。因此，德布洛依设想，电子，正如光一样，也具有波动的性质，在原子范围内，电子的运动遵守着一种新的规律——波动力学，经典力学应该是波动力学的宏观极限，正如几何光学是波动光学的宏观极限一样。两者关系如下：

波动光学	～	波动力学
↓		↓
几何光学	～	经典力学

对于光，在波动图象中，我们有光波的波长 λ 和频率 ν，在粒子的图象中，我们有光子的动量 p 和能量 E，这二种图象由下列关系联系起来：

$$E = h\nu = \hbar\omega,\quad \omega = 2\pi\nu \tag{4}$$

$$p = \frac{h}{\lambda} = \hbar k,\quad k = 2\pi/\lambda \tag{5}$$

德布洛依认为，这二个关系式不仅对于光成立，而且对于其他物质粒子也同样成立，即我们原来以为它仅仅具有粒子性质的东西电子（以及其他"粒子"），实际上还具有未被发现的波动性质，这二方面的性质通过(4)式和(5)式联系。例如，对于一个自由运动的电子，在粒子图象中，由一个具有能量 E，动量 $\vec{p}$ 的粒子来描述，在波动图象中，则由一个角频率 ω，波矢量 $\vec{k}$ 的平面波来描述：

$$\psi = A e^{i(\vec{k}\cdot\vec{r} - \omega t)} \tag{6}$$

利用(4)和(5)式，也可将(6)式写成：

$$\psi = A e^{i(\vec{p}\cdot\vec{r} - Et)/\hbar} \tag{7}$$

在粒子图象中，如果电子的速度为 $\vec{v}$，则动量和能量为：

$$\vec{p} = m\vec{v} \tag{8}$$

$$E = \frac{1}{2}mv^2 = \frac{p^2}{2m} \tag{9}$$

(自然,这是在 $v \ll c$ 的情况,如果速度接近光速,则就要考虑到相对论修正。一般,在这个课程里不考虑这种情况)

在波动图象中,波的相速和群速度为,

$$\text{相速度}\quad u=\frac{\omega}{k}=\frac{E}{p}=\frac{p}{2m}=\frac{1}{2}v \qquad (10)$$

$$\boxed{\text{群速度}\quad g=\frac{d\omega}{dk}=\frac{dE}{dp}=\frac{p}{m}=v} \qquad (11)$$

即,德布洛依波的群速度(而不是相速度)等于粒子的速度。

德布洛依假设的意义,还可以由以下的讨论而得到进一步的认识。在玻尔量子理论中,为了计算原子的能级,需要引入一个量子化条件

$$\oint p\,dq = nh \qquad (12)$$

量子化条件的引入,是和整个经典力学的概念抵触的。现在我们来看看在波动图象中,这个量子化条件的含义是什么。

长度为S的弦振动(作弹性),由于波的干涉作用,只有能够形成驻波的弹性波才能够存在,其条件为

$$\frac{S}{\lambda}=n,\quad n=1,2,3,\cdots \qquad (13)$$

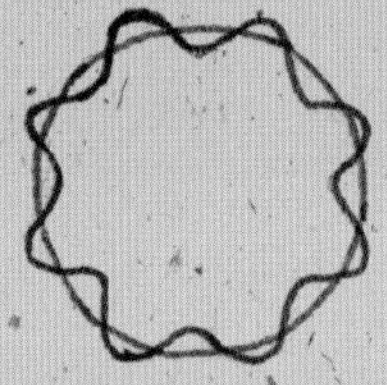

图34. 驻波

如果波是在闭合回路上传播,情况亦一样,只有形成驻波,才能存在(图34)。这时,(13)式应改为:

$$\oint \frac{ds}{\lambda}=n \qquad (14)$$

如果利用(5)式将(14)式换到粒子图像中,则得,

$$\oint p\,ds = nh \qquad (15)$$

但 $p=mv=m\frac{ds}{dt}$, $p\,ds = p\cdot\frac{p}{m}dt = 2T\,dt$,由§6,得

$$\oint p\,ds = 2\oint T\,dt = \oint(p_r\,dr + p_\varphi\,d\varphi)$$

代入(15),即得 $\oint p_r\,dr + \oint p_\varphi\,d\varphi = nh$

而另一方面，由§6 (8),(9)式，量子化条件为：

$$\oint T\,dt = \frac{1}{2}\oint (p_r\,dr + p_\psi\,d\psi) = \frac{1}{2}(n_r + n_\psi)\hbar = \frac{1}{2}n\hbar. \qquad (15)$$

但 $p = mv = m\frac{ds}{dt}$，$T = \frac{1}{2}mv^2 = \frac{m}{2}\frac{ds}{dt}\frac{ds}{dt}$

$$T\,dt = \frac{m}{2}\frac{ds}{dt}\,ds = \frac{1}{2}p\,ds.$$

代入(15)式，即得

$$\oint p\,ds = n\hbar \qquad (16)$$

如果利用(3)式换到波动图象中，则得

$$\oint \frac{ds}{\lambda} = n$$

这正是(14)式。由此可见：量子化条件就是德布洛依波形成驻波的条件，而这正是一切在有限范围内的波动能够稳定存在（形成驻波）的必要条件。

§10 电子衍射实验

上面的讨论表明，德布洛依关于"粒子"具有波动性的假设，虽然在经典力学的基础上是完全无法理解的，但它却能解释对原子问题有重大意义的量子化条件，因而这是一个很有希望的学说。一个科学思想，不管它是多么的合理或者新奇，都应该由实践来作最后的判断。德布洛依假设是否正确，应该通过实验来断定。

暂时，我们还不清楚德布洛依波的性质，但是，不管波动的性质如何，有一种现象却是各种波动所共有的，那就是干涉和衍射现象。我们知道，光的衍射现象只有在光栅条纹间的距离和光的波长接近的情况下才能观察到。对于X光，由于其波长甚短（1 Å左右），就不能用普通的光栅来获得它的衍射图样，在X光的衍射实验中一般是用晶体来充当光栅，因为晶体点阵间的距离数量级正好是1Å。如果我们想通过衍射实验来证实电子的波动性，应该採用怎么样的"光栅"呢？为此，首先要估计德布洛依波长的数量级。

设电子的能量为V个电子伏特（E=eV），则

$$E=\frac{1}{2}mv^2=\frac{eV}{300}\ \text{尔格}$$

$$\lambda=\frac{h}{p}=\frac{h}{mv}=\frac{h}{\sqrt{2mE}}=\frac{h}{\sqrt{me}}\sqrt{\frac{150}{V}}\ \text{厘米}$$

如代入h, m, e的数值，则得：

$$\lambda\approx\sqrt{\frac{150}{V}}\ \text{Å}\approx\frac{12.25}{\sqrt{V}}\ \text{Å} \qquad (1)$$

这样，我们看到能量为几百电子伏特的电子，其德布洛依波长的数量级为1Å，因此，电子的衍射实验都採用晶体光栅。

波长为λ的平面波从晶面上反射时，从二相邻晶面上反射的波的光程差等于波长的整数倍，亦即掠射角θ必须满足下列条件（伍利夫-布喇格公式）：

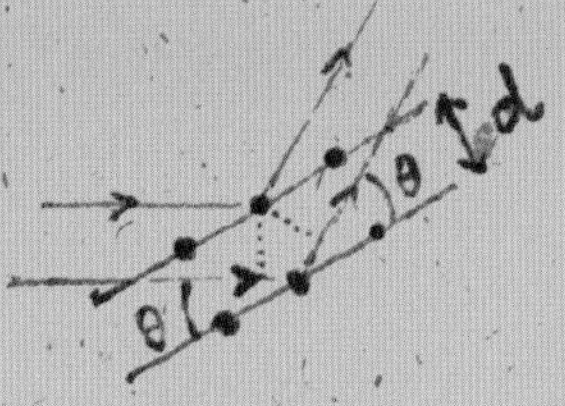

图35.

$$2d\sin\theta=n\lambda,\quad n=1,2,\cdots \qquad (2)$$

才能得到干涉反射（图35）。d为晶面间距离（点阵常数）。

如以一束被一定电压V加速了的电子（在波动图象中相当于一个平面波）射向金属箔，由于金属箔中的晶体是杂乱地排列，其中必有一些晶体适合(2)式的要求，从而在和入射方向成2θ角的方向上得到衍射波的极大，由于装置的轴对称性，在屏上出现的衍射图样（即衍射波第一级极大的地点）将是一个圆环，如图36所示。环的半径由下式决定：

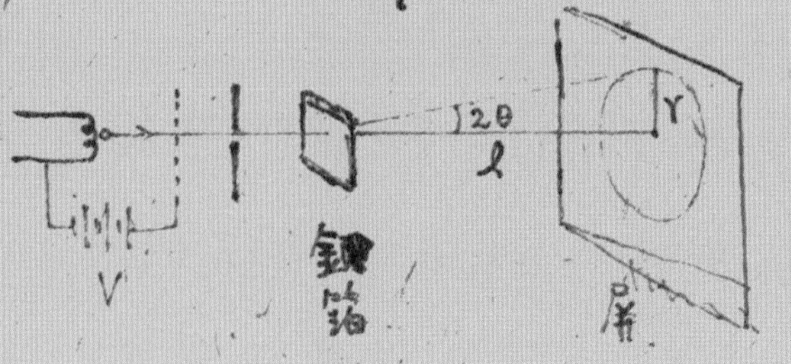

图36. 电子衍射实验简图.

$$\tan 2\theta = \frac{r}{l}$$

如果加速电压很大（几万伏），以至于 $\lambda \ll d$，则 $\theta \ll 1$，这时

$$\frac{r}{l} \doteq 2\theta \doteq \frac{\lambda}{d} \quad (n=1)$$

但 $\lambda \propto 1/\sqrt{V}$，〔(1)式〕 故衍射环半径和加速电压将有下列关係。

$$r\sqrt{V} = 常数 \qquad (3)$$

改变加速电压 V，在屏上出现的衍射图形将是一些同心的圆环。对衍射环半径测量的结果和(3)式符合，如下表所列：

表 6. 电子被金箔的衍射数据

V (伏)	r (cm)	$r\sqrt{V}$
24600	2.50	392
31800	2.15	383
39400	2.0	397
45600	1.86	397
~~[illegible]~~	~~1.63~~	~~380~~

因此，电子衍射实验不容置疑地证实了德布洛依关于电子具有波动性的假设。以后又曾进行了原子，分子和中子的衍射实验，所得的结果亦与德布洛依的公式完全符合。总之，实验证实了粒子—波动的二重性的确是为一切物质"粒子"所具有的普遍性质，而联系这二种性质的则是德布洛依公式 $p = h/\lambda$ 和 $E = h\nu$。

在电子的波动性已经完全肯定以后，我们可以利用电子的晶体衍射来测定晶体的点阵常数。这种电子射线分析方法所得的结果在精确度上并不亚于X射线分析，而在应用上则有时还更方便些(因为控制电子射线的波长比较容易)。

§11. 德布洛依波的统计解释.

电子的波动性虽然得到了实验的证实，但是由于机械观点（形而上学）的影响，人们并没有立刻认识到它的确切含义。例如，曾设想电子的波动性是由于电子的集体运动，互相影响而产生的，就如空气分子的集体运动造成声波一样。实验否定了这种想法。实验表明，如果维持一定的加速电压，而改变电子束的强度，则屏上衍射环的半径不变，而亮度则相应地改变。这表明，德布洛依波的波长和电子的多少无关，而取决于每个电子的动量。至于空气中的声波，我们知道，其波长是和空气的密度，亦即和每单位体积中空气分子的多少有关系的。也曾经设想，德布洛依波是某种弹性介质的振动，而电子则是这种介质在极小的空间区域内集中的结果，亦即认为电子是某种波群。但是波群在运动过程中（特别是在遇到反射的时候）是要扩散或分散的，而电子却总是一整个地出现的。因此这种想法也是不对的。

那么，德布洛依波和电子的运动到底是什么关系呢？电子衍射实验的进一步研究给出了这个问题的答案。实验发现，当电子束强度减弱时，衍射图形不变，而亮度则相应地减弱；当电子束很弱（相当于电子一个一个地入射）时，衍射环消失，而在环的位置上出现一些分散的亮点（表明电子到达那儿）；~~就某一个电子来说，它在屏上出现的位置是不规则的，但统计地说，电子在屏上各处出现的机会~~ 这些亮点累积起来，构成原来的衍射图形。由此可以得出下列结论：

1. 衍射环的出现表明电子具有波动性；
2. 衍射环的形成是许多电子同时在屏上出现的结果；
3. 各个电子互相独立地运动，波动性是为每一个电子所具有的；
4. 衍射波的强度和电子出现的几率成比例。（衍射环是衍射波的强度为极大的地方）

重复地说，电子衍射实验告诉我们以下的结论：电子具有波动性，波的强度代表电子出现的几率。这就是德布洛依波的统计解释。

§11 德布洛依波的统计解释

在§8中已经说明，一个波的全部性质可以通过波函数 $\psi(x,y,z,t)$ 来描述，而 $|\psi|^2$ 等于波的强度，因此，波函数 ψ 的基本物理意义是

$$|\psi(x,y,z,t)|^2 \propto \text{在时刻} t\text{，在}(x,y,z)\text{处发现电子的机率。}$$

或者，

$$|\psi(x,y,z,t)|^2 dV = \text{在时刻} t\text{，在体积元} dV \text{中发现电子的机率} \qquad (1)$$

在整个空间发现电子的机会应该等于1，因此，波函数 ψ 应该满足下列"归格化条件"

$$\int |\psi|^2 dV = 1 \qquad (2)$$

这里的积分应该了解为三重积分，积分区域遍及整个空间（$-\infty<x<\infty$，$-\infty<y<\infty$，$-\infty<z<\infty$）

在以后各节中我们将说明，根据波函数 $\psi(x,y,z,t)$ 不但可以求得电子在空间各处出现的机率，而且可以求得有关电子运动的其他情况。在做这一步之前，我们先来说明如何求得波函数 ψ 本身。

§12. 薛丁格方程

电子在一定物理条件下的运动，称为一个"状态"，简称"态"。在宏观领域中，质点的状态可以通过其轨迹 $\vec{r}(t)$ 来描述，知道了轨迹，就可以知道质点的全部运动情况〔例如速度 $\vec{v}=\dot{\vec{r}}$，动量 $\vec{p}=m\dot{\vec{r}}$〕，因此可以认为轨迹 $\vec{r}(t)$ 就是宏观领域中状态的描述。轨迹由牛顿方程确定：

$$m\ddot{\vec{r}}(t) = -\nabla U(\vec{r})$$

这是经典力学的基本方程，是一切力学问题的出发点。

在微观领域内，经典力学是不适用的。电子的行为和宏观的质点并不一样，在微观范围内电子的运动必须根据波动的图象才能解释（正如光在小范围内的运动必须根据波动光学才能解释一样）。因此，电子的运动

状态不是由轨迹 $\vec{r}(t)$ 来描述，而是由波函数 $\psi(\vec{r},t)$ 来描述，它描写德布洛依波的全部性质，亦即描述电子运动的全部性质。

波动过程都遵守一定的波动方程。现在我们就来建立这个波动方程。我们先来看看描述电子的自由运动的单色平面波

$$\psi(\vec{r},t) = A e^{i\vec{p}\cdot\vec{r}/\hbar} e^{-iEt/\hbar} \qquad (1)$$

遵守什么样的微分方程。容易验明，

$$\vec{\nabla}\psi \equiv \mathrm{grad}\,\psi = \frac{i}{\hbar}\vec{p}\,\psi \qquad (2)$$

$$\nabla^2\psi \equiv \vec{\nabla}\cdot\vec{\nabla}\psi = \left(\frac{i}{\hbar}\right)^2 p^2\psi = -\frac{p^2}{\hbar^2}\psi \qquad (3)$$

$$\frac{\partial}{\partial t}\psi = -\frac{i}{\hbar}E\psi \qquad (4)$$

(3)式实际上是波函数的空间部分所满足的方程。

~~(5)式不是我们所要寻找的方程，因为在方程中出现状态的能量E，如果用它作为波动方程，则各种不同的状态将有不同的波动方程了。(6)式没有这个缺点，因此可以作为波动方程。~~

我们来把(3)式和(4)式推广到普遍的情况。

设想电子在原子核的吸引下运动，这时它的运动不是自由的，相应的德布洛依波就不再是平面波，波函数 $\psi(\vec{r},t)$ 将表现为复杂的形式。如果我们考虑能量一定（值数为E）的状态，亦即频率一定的波，则其波函数将取下列形式：

$$\psi(\vec{r},t) = \psi(\vec{r})e^{-i\omega t} = \psi(\vec{r})e^{-iEt/\hbar} \qquad (5)$$

$\psi(\vec{r})$ 是某个$(x,y,z$的$)$函数。

定态波函数(5)的时间部分和平面波(1)是一样的，因此(4)式仍然成立。定态波函数的空间部分("空间波函数") $\psi(\vec{r})$ 应该如何决定呢？我们认为(假定) $\psi(\vec{r})$ 应该由(3)式决定。但是在外力作用下，电子的动量是不确定的，它被势场所决定：

$$\frac{p^2}{2m}=E-U(\vec{r}) \tag{6}$$

[在氢原子问题中，$U(\vec{r})=-\frac{Ze^2}{r}$] 将(6)代入(3)，得到：

$$-\frac{\hbar^2}{2m}\nabla^2\psi(\vec{r})+U(\vec{r})\psi(\vec{r})=E\psi(\vec{r}) \tag{7}$$

这个方程反映了外界势场对于电子运动的影响，我们将认为它是决定电子的定态波函数(的空间部分)的方程式，它在历史上是薛丁格首先提出来的，因此称为定态薛丁格方程。

如果在(7)式中各项右边乘上因子 $e^{-iEt/\hbar}$，则得：

$$-\frac{\hbar^2}{2m}\nabla^2\psi(\vec{r},t)+U(\vec{r})\psi(\vec{r},t)=E\psi(\vec{r},t)$$

利用(4)式，可以写成：

$$i\hbar\frac{\partial}{\partial t}\psi(\vec{r},t)=-\frac{\hbar^2}{2m}\nabla^2\psi(\vec{r},t)+U(\vec{r})\psi(\vec{r},t) \tag{8}$$

这是一个包含时间和空间变数的微分方程，由于它形式上不能含能量E，我们认为它有着更大的适用范围，即，(8)式不仅适用于定态，而且适用于在势场 $U(\vec{r})$ 作用下电子的任何运动状态。(8)式称为薛丁格方程，它是量子力学(波动力学)的基本方程，正如牛顿方程是经典力学的基本方程一样。#

容易发生这样一个疑问：作为量子力学的基本方程的薛丁格方程，为什么是时间t的一级偏微分方程而不是二级偏微分方程？这可以说明如下：根据因果律的一般要求，如果知道了运动系统(电子)所受的外界作用，知道了运动规律，那么，根据某个时刻 $t=t_0$ 的初始状态，应该可以求得以后的状态。波函数 ψ 既然是状态的完全描述，则知道了

某一个时刻($t=t_0$)的波函数 $\psi(\vec{r},t_0)$，应该可以求出以后的波函数 $\psi(\vec{r},t)$ 来；如果波动方程是 t 的一级微分方程[如(8)式]，这是做得到的；如果波动方程是 t 的二级微分方程，就做不到这一点[那时为了解波动方程，必须知道二个初始条件：$\psi(\vec{r},t_0)$ 和 $\left.\frac{\partial\psi}{\partial t}\right|_{t_0}$]。可以附带说明的是，如果只採用波动的实数表示法(见§8)，则我们就不能建立起只包含 t 的一级微商的波动方程，这正是我们一定要採取波动的复数表示法的原因。

薛丁格方程的另一个重要性质是，它保证电子在整个空间出现的几率不随时间变化，亦即保证粒子数守恒，如下。

(8)式二端从左边乘波函数的复共轭 ψ^*，则得：

$$i\hbar\psi^*\frac{\partial\psi}{\partial t} = -\frac{\hbar^2}{2m}\psi^*\nabla^2\psi + \psi^* U\psi$$

取(8)式的复共轭方程，再从左边乘 ψ，则得：

$$-i\hbar\psi\frac{\partial\psi^*}{\partial t} = -\frac{\hbar^2}{2m}\psi\nabla^2\psi^* + \psi U\psi^*$$

相减，即得：

$$i\hbar\left(\psi^*\frac{\partial\psi}{\partial t}+\psi\frac{\partial\psi^*}{\partial t}\right) = -\frac{\hbar^2}{2m}\left(\psi^*\nabla^2\psi-\psi\nabla^2\psi^*\right)$$

上式左端等于 $i\hbar\frac{\partial}{\partial t}(\psi^*\psi)$，右端等于 $-\frac{\hbar^2}{2m}\mathrm{div}(\psi^*\vec{\nabla}\psi-\psi\vec{\nabla}\psi^*)$，

$$\therefore \quad \frac{\partial}{\partial t}(\psi^*\psi)+\mathrm{div}\left[\frac{-i\hbar}{2m}\left(\psi^*\vec{\nabla}\psi-\psi\vec{\nabla}\psi^*\right)\right]=0 \qquad (9)$$

这正是流体力学中的连续方程的形式。如果引入

几率密度 $\omega(\vec{r},t)=\psi^*(\vec{r},t)\,\psi(\vec{r},t)$ (10)

几率流密度 $\vec{K}(\vec{r},t)=\frac{-i\hbar}{2m}\left(\psi^*\vec{\nabla}\psi-\psi\vec{\nabla}\psi^*\right)$ (11)

则(9)式可以写成和流体力学的连续方程完全类似的形式：

$$\frac{\partial\omega}{\partial t}+\mathrm{div}\,\vec{K}=0 \qquad (12)$$

如果(9)式中各项均乘以电子的电荷 $-e$，并令

$$\rho = -e\psi^*\psi \tag{13}$$

$$\vec{j} = \frac{i\hbar e}{2m}\left(\psi^*\nabla\psi - \psi\nabla\psi^*\right) \tag{14}$$

则连续方程可以写成：

$$\frac{\partial\rho}{\partial t} + \mathrm{div}\,\vec{j} = 0 \tag{15}$$

根据ψ的物理意义，ρ是由于电子的运动而造成的电荷密度，则 $\vec{j}$ 的物理意义是电流密度。这样，如果求得了原子中电子的波函数，就可以求得原子中的电荷和电流的分布情况。

如将(15)式对某个空间区域积分，则得：

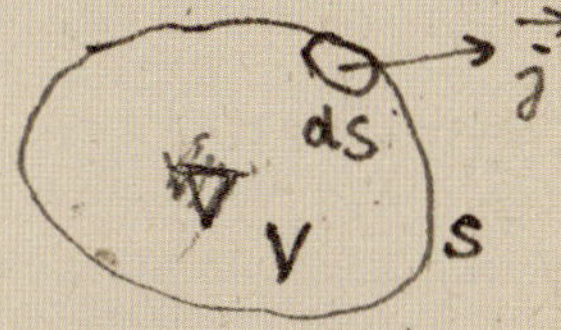

图37

$$\frac{\partial}{\partial t}\int_V \rho\, dv = -\int_V \mathrm{div}\,\vec{j}\, dv = -\int_S j_n\, dS \tag{16}$$

如果体积V是整个空间区域，则在面S（无限远）上 $\psi=0$（其意义是处于束缚态中的电子，在远离原子核的地点出现的几率很小），因而 $j_n=0$〔见(14)式，j_n 是 $\vec{j}$ 在面的法线方向的投影〕，于是：

$$\frac{\partial}{\partial t}\iiint_{-\infty}^{\infty} \psi^*\psi\, dv = 0 \tag{17}$$

这表示电子在空间出现的总几率守恒，这正是我们所要证明的。

注意，薛丁格方程(8)是ψ的线性方程，如果ψ是(8)式的解，则 $c\psi$ 亦为解，c是任意常数。这样，只要适当地选择常数c，就可以使波函数满足规格化条件 $\int\psi^*\psi\, dv=1$，而(17)式告诉我们，如果波函数 $\psi(\vec{r},t)$ 在某个时刻已经规格化，则它以后亦将永远是规格化的，虽然ψ本身会起变化。

~~七注：连续方程的意义可以简单说明如下：~~

最后，我们注意，如果波函数 ψ 是实函数，则电流密度 $\vec{j}=0$。又，对于定态，$\psi=\psi(\vec{r})e^{-iEt/\hbar}$，电荷密度，电流密度均与时间无关。如果 $\psi(\vec{r})$ 是实函数，则电流密度 $\vec{j}=0$。由此可见，描写带电粒子的波函数，在原则上应该是复数。

§13. 平均值公式。~~证明~~

在§11中已经说明，在一定物理条件下运动的电子（状态 $\psi(\vec{r},t)$），其位置是不确定的，在时刻 t，电子的位置处于体积元 dv 中的几率是 $|\psi(\vec{r},t)|^2dv$。在某些问题中，需要知道电子的平均位置。根据几率的一般原理，平均位置的值显然由下式决定：

$$\left.\begin{aligned}\overline{x}&=\int x|\psi|^2dv=\int x\psi^*\psi\,dv\\ \overline{y}&=\int y\psi^*\psi\,dv,\quad \overline{z}=\int z\psi^*\psi\,dv\end{aligned}\right\}\quad(1)$$

对于任何位置的函数（例如势能 $U(\vec{r})$），平均值等于：

$$\overline{F(\vec{r})}=\int F(\vec{r})\psi^*\psi\,dv\quad(2)$$

现在来研究电子的动量。动量一定的电子，其波函数为（平面波）：

$$\psi=c\,e^{i(\vec{k}\cdot\vec{r}-\omega t)}=c\,e^{i(\vec{p}\cdot\vec{r}-Et)/\hbar}\quad(3)$$

c 是振幅（常数）。

对于电子的一般状态，波函数为各种平面波的叠加（波群）：

$$\psi(\vec{r},t)=\iiint_{-\infty}^{\infty}c(\vec{p},t)\,e^{i(\vec{p}\cdot\vec{r}-Et)/\hbar}d^3p\quad(4)$$

因此，其动量是不确定的（因为波群没有确定的波长）。电子的动量等于 $\vec{p}$ 的几率和在整个波群中平面波 $c(\vec{p},t)e^{i(\vec{p}\cdot\vec{r}-Et)/\hbar}$ 的相对强度成比例，

亦即和 $|C(\vec{p},t)|^2$ 成比例。 如令 ~~$\varphi(\vec{p},t)=$~~

$$\varphi(\vec{p},t) = \hbar^{3/2} C(\vec{p},t)\, e^{-iEt/\hbar}$$

（$\hbar^{3/2}$ 的作用是为了简化运算），则 (4) 式可写成

$$\psi(\vec{r},t) = \frac{1}{\hbar^{3/2}} \iiint_{-\infty}^{\infty} \varphi(\vec{p},t)\, e^{i\vec{p}\cdot\vec{r}/\hbar}\, d^3p \qquad (5)$$

这时，$|\varphi(\vec{p},t)|^2$ 代表电子的动量等于 $\vec{p}$ 的几率。

~~如果只知道波函数 $\psi(\vec{r},t)$，如何计算动量的几率呢？~~

根据富利叶变换公式，(5) 式正是 $\psi(\vec{r},t)$ 的富利叶分解，则

$$\varphi(\vec{p},t) = \frac{1}{\hbar^{3/2}} \iiint_{-\infty}^{\infty} \psi(\vec{r},t)\, e^{-i\vec{p}\cdot\vec{r}/\hbar}\, dV \qquad (6)$$

知道了 ψ，根据 (6) 式就可以求得 $\varphi(\vec{p},t)$。容易証明，和 ψ 一样，φ 也满足规格化条件[註一]：

$$\iiint_{-\infty}^{\infty} \varphi^*(\vec{p},t)\, \varphi(\vec{p},t)\, d^3p = 1 \qquad (7)$$

因此 $\varphi(\vec{p},t)$ 代表动量的绝对几率，即：

$$\varphi^*(\vec{p},t)\,\varphi(\vec{p},t)\, d^3p = \text{电子的动量在 } \vec{p}\text{—}\vec{p}+d^3p \text{ 间的几率} \qquad (8)$$

而动量的平均值为：

$$\bar{p}_x = \iiint_{-\infty}^{\infty} p_x\, \varphi^*(\vec{p},t)\, \varphi(\vec{p},t)\, d^3p \qquad (9)$$

~~根据我们对于波函数的了解，波函数 ψ 是状态的完全描述，知道了 ψ，就可以求得一切的结果，则 $\bar{p}_x$ 应该也可以由 ψ ……~~

我们来研究一下，能否找到一个公式，根据它可以直接从波函数 ψ 来计算动量的平均值（而不要经过 (6) 式的变换）。这很容易办到，只要从 (9) 式中消去 φ，代之以 ψ 就行。经过一定的运算，得到下面的结果[註二]

$$\bar{p}_x = \int \psi^*(\vec{r},t)\left(-i\hbar\frac{\partial}{\partial x}\right)\psi(\vec{r},t)\, dV$$

同样地，有，

$$\bar{p}_y = \int \psi^*(\vec{r},t)\left(-i\hbar\frac{\partial}{\partial y}\right)\psi(\vec{r},t)\, dV \qquad (10)$$

$$\bar{p}_z = \int \psi^*(\vec{r},t)\left(-i\hbar\frac{\partial}{\partial z}\right)\psi(\vec{r},t)\, dV$$

注意，公式中 ψ^* 在左，微分运算符在中，ψ 在右，次序不能颠倒。

将(10)式和(1)式、(2)式比较一下，可以看到，它们可以写成统一的形式：

$$\bar{L} = \int \psi^* \hat{L} \psi \, dv \qquad (11)$$

这里 L 是某个力学量，$\hat{L}$ 则是一个相应的运算符，对于坐标或坐标的函数，相应的运算符就是坐标或坐标的函数本身，即：

$$\hat{x} = x, \quad \hat{y} = y, \quad \hat{z} = z,$$

$$\hat{F}(\vec{r}) = F(\vec{r}) \qquad (11)$$

而对应于动量的，却是一个微分运算符：

$$\hat{p}_x = -i\hbar\frac{\partial}{\partial x}, \quad \hat{p}_y = -i\hbar\frac{\partial}{\partial y}, \quad \hat{p}_z = -i\hbar\frac{\partial}{\partial z} \qquad (12)$$

或者，简写为：

$$\hat{\vec{p}} = -i\hbar\nabla \qquad (13)$$

对于一个既与坐标又与动量有关的力学量（例如 $M_z = xp_y - yp_x$），它的平均值如何计算呢？我们假定，平均值公式(11)仍然成立，而相应的运算符则可以根据(11)和(13)式的办法得到，即：

$$L(\vec{r}, \vec{p}) \longrightarrow \hat{L} = L(\vec{r}, -i\hbar\nabla) \qquad (14)$$

各种最重要的力学量，它们的运算符如下：

~~力学量 位置 $\vec{r}$ 动量 $\vec{p}$~~ ~~运算符 $\hat{\vec{r}} = \vec{r}$ $\hat{\vec{p}} = -i\hbar\nabla$~~

势能 $\hat{U} = U(\vec{r})$ (15)

动能 $\hat{T} = \frac{1}{2m}(\hat{p}_x^2 + \hat{p}_y^2 + \hat{p}_z^2) = -\frac{\hbar^2}{2m}\nabla^2 = \frac{1}{2m}\hat{p}^2$ (16)

总能 $\hat{H} = \hat{T} + \hat{U} = \frac{1}{2m}\hat{p}^2 + \hat{U} = -\frac{\hbar^2}{2m}\nabla^2 + U(\vec{r})$ (17)

角动量 $\hat{\vec{M}} = [\hat{\vec{r}} \wedge \hat{\vec{p}}] = -i\hbar[\vec{r} \wedge \nabla]$ (18)

$\hat{M}_x = \hat{y}\hat{p}_z - \hat{z}\hat{p}_y = -i\hbar\left(y\frac{\partial}{\partial z} - z\frac{\partial}{\partial y}\right)$ (19)

$\hat{M}_y = \hat{z}\hat{p}_x - \hat{x}\hat{p}_z = -i\hbar\left(z\frac{\partial}{\partial x} - x\frac{\partial}{\partial z}\right)$ (20)

$$\hat{M}_z = \hat{x}\hat{p}_y - \hat{y}\hat{p}_x = -i\hbar\left(x\frac{\partial}{\partial y} - y\frac{\partial}{\partial x}\right) \quad (21)$$

$$\hat{M}^2 = \hat{M}_x^2 + \hat{M}_y^2 + \hat{M}_z^2 \quad (22)$$

下面我们会讲到，在所有的计算中，力学量 L 便是由它的算符 $\hat{L}$ 来代表的，这是量子力学的一项基本概念。

〔註一〕 (7)式的証明如下：

(6)式取复共轭，得：

$$\varphi^*(\vec{p},t) = \frac{1}{h^{3/2}}\iiint_{-\infty}^{\infty}\psi^*(\vec{r},t)\,e^{+i\vec{p}\cdot\vec{r}/\hbar}\,dv \quad (23)$$

将(6)式改写成：

$$\varphi(\vec{p},t) = \frac{1}{h^{3/2}}\iiint_{-\infty}^{\infty}\psi(\vec{r}',t)\,e^{-i\vec{p}\cdot\vec{r}'/\hbar}\,dv' \quad (24)$$

(23)和(24)相乘，对 $\vec{p}$ 积分，则得：

$$\iiint_{-\infty}^{\infty}\varphi^*(\vec{p},t)\,\varphi(\vec{p},t)\,d^3p$$

$$= \int dv\int dv'\,\psi^*(\vec{r},t)\,\psi(\vec{r}',t)\iiint_{-\infty}^{\infty}e^{i\vec{p}\cdot(\vec{r}-\vec{r}')/\hbar}\,d^3p\,/h^3$$

$$= \int dv\int dv'\,\psi^*(\vec{r},t)\,\psi(\vec{r}',t)\,(2\pi)^3\,\delta\left(\frac{\vec{r}-\vec{r}'}{\hbar}\right)/h^3 \quad \text{〔註三〕}$$

$$= \int dv\int dv'\,\psi^*(\vec{r},t)\,\psi(\vec{r}',t)\,\delta(\vec{r}-\vec{r}')$$

$$= \int dv\,\psi^*(\vec{r},t)\int\psi(\vec{r}',t)\,\delta(\vec{r}-\vec{r}')\,dv'$$

$$= \int dv\,\psi^*(\vec{r},t)\,\psi(\vec{r},t) = 1\,。$$

〔註二〕 (10)式証明如下：

将(23),(24)代入(9)式，得

$$\overline{p_x} = \frac{1}{h^3}\int dv\int dv'\,\psi^*(\vec{r},t)\,\psi(\vec{r}',t)\iiint_{-\infty}^{\infty}p_x\,e^{i\vec{p}\cdot\vec{r}/\hbar}\,e^{-i\vec{p}\cdot\vec{r}'/\hbar}\,d^3p$$

但 $p_x e^{i\vec{p}\cdot\vec{r}/\hbar} = p_x e^{ip_x x/\hbar}e^{i\cdots} = -i\hbar\frac{\partial}{\partial x}e^{i\vec{p}\cdot\vec{r}/\hbar}$,

$$\therefore\ \overline{p_x} = \frac{1}{h^3}\int dv\int dv'\,\psi^*(\vec{r},t)\,\psi(\vec{r}',t)\left(-i\hbar\frac{\partial}{\partial x}\right)\iiint_{-\infty}^{\infty}e^{i\vec{p}\cdot(\vec{r}-\vec{r}')/\hbar}\,d^3p.$$

仿照〔注一〕中的运算，得：

$$\overline{p_x}=\int dv\int dv'\,\psi^*(\vec{r},t)\,\psi(\vec{r}',t)\,(-i\hbar\frac{\partial}{\partial x})\,\delta(\vec{r}-\vec{r}')$$

但 $\psi(\vec{r}',t)$ 与 x 无关，故可移到 $\frac{\partial}{\partial x}$ 右面去，

$$\therefore\ \overline{p_x}=\int dv\,\psi^*(\vec{r},t)\,(-i\hbar\frac{\partial}{\partial x})\int dv'\,\delta(\vec{r}-\vec{r}')\,\psi(\vec{r}',t)$$

$$=\int dv\,\psi^*(\vec{r},t)\,(-i\hbar\frac{\partial}{\partial x})\,\psi(\vec{r},t)$$

这就是所要证明的。从运算的过程可以看出，对于 $(p_x)^n$，有

$$p_x^n e^{\frac{i}{\hbar}\vec{p}\cdot\vec{r}}=(-i\hbar\frac{\partial}{\partial x})^n e^{\frac{i}{\hbar}\vec{p}\cdot\vec{r}}$$

$$\therefore\ \overline{p_x^n}=\int\psi^*(\vec{r},t)\,(-i\hbar\frac{\partial}{\partial x})^n\,\psi(\vec{r},t)\,dv \qquad (25)$$

$\overline{p_y}$ 和 $\overline{p_z}$ 公式的证明是完全类似的。

〔註三〕 這里，我们用了下列 δ-函数的公式：

$$\frac{1}{(2\pi)^3}\iiint_{-\infty}^{\infty}e^{i\vec{k}\cdot\vec{R}}\,d^3k=\delta(\vec{R}),\qquad \vec{R}=\frac{\vec{r}-\vec{r}'}{\hbar}$$

$$\delta\left(\frac{x}{a}\right)=a\,\delta(x),$$

$$\delta\left(\frac{\vec{r}-\vec{r}'}{\hbar}\right)=\delta\left(\frac{x-x'}{\hbar}\right)\delta\left(\frac{y-y'}{\hbar}\right)\delta\left(\frac{z-z'}{\hbar}\right)$$

$$=\hbar\,\delta(x-x')\cdot\hbar\,\delta(y-y')\cdot\hbar\,\delta(z-z')=\hbar^3\,\delta(\vec{r}-\vec{r}')$$

§14. 态叠加原理.

在上一节求动量的平均值公式时，我们把状态 ψ 分解成平面波，這种分解在数学上无疑是可以的（就是富利叶分解），但是，这种分解在物理上是否仍是可以的呢？亦即是否有物理的真实性？這个问题，在电子衍射实验中，具有直观的性质，回答是肯定的，因为，在較远的地点，衍射波的确分解成各种不同动量（即不同波矢量）的平面波，只要测量衍射到各个不同方向去的电子的动量就可以证实这一点。但是，在更多的场合下，这种分解并不具有直观性，例如，电子在原子核的库仑力场中运动时，它的状

态("波")是否也可以看成是各种平面波的叠加呢。关于这个问题,量子力学中有一个基本假定,这就是:

态叠加原理:如果 $\psi_1, \psi_2, \cdots \psi_n, \cdots$ 都是可以实现的状态,则它们的线性叠加 $\psi = \sum_n c_n \psi_n$ (c_n 为常数)也是可以实现的状态;反之,如果一个状态的波函数 ψ 可以写成 $\psi = \sum_n c_n \psi_n$ (c_n 是常数),其中 $\psi_1 \cdots \psi_n \cdots$ 都是可以实现的状态,则可以把状态 ψ 看成由状态 $\psi_1 \cdots \psi_n \cdots$ 叠加而成。(当然,在连续的情况下,求和要代以积分。)

简言之,态叠加原理就是:一个状态可以分解成若干别的状态;几种状态可以合成一个新的状态。

这样看来,将一个状态(波)分解成平面波的叠加,只是普遍的态叠加原理的一个特例。应用态叠加原理的其他例子,以后将陆续讲到。

应该注意态叠加原理和将一个函数分解成一串函数之和的数学方法并不完全等同。如果把波函数 ψ 分解成一串函数之和:$\psi = \sum_n f_n$,而这些函数 f_n 并不代表真实的物理状态,则这个分解就没有物理意义,而只有(如果有的话)运算上的便利。将波函数展开成幂级数:$\psi(x) = \sum a_n x^n$ 就是这样的例子。

§15. 线性算符的运算规则

算符 $\hat{L}$,如果满足下列运算规则,则称为线性算符:

$$\hat{L}(c_1\psi_1 + c_2\psi_2) = c_1\hat{L}\psi_1 + c_2\hat{L}\psi_2 \qquad (1)$$

其中 ψ_1, ψ_2 为二个任意"函数",c_1, c_2 为任意常数。∧为算符记号(在不至于发生误解的情况下,也可以略去不写)。§13 中遇到的算符,显然都是线性算符。

非线性算符的例子是:

平方算符:$\hat{L}\psi = \psi^2$

绝对值算符:$\hat{L}\psi = |\psi|$

这些算符一般不常用。

线性算符的运算规则定义如下：

1. 每一个线性算符都有一类可以受它作用的"函数"，算符作用于函数的结果，得到另一个（或同一个）同一类型的函数。

例如：微分算符作用于数量函数，得到另一个数量函数：

$$\frac{\partial}{\partial x}\sin x=\cos x$$

矩阵（算符）作用于列矢量（"函数"），得到另一个列矢量：

$$\begin{pmatrix}0&1\\1&0\end{pmatrix}\begin{pmatrix}a\\b\end{pmatrix}=\begin{pmatrix}b\\a\end{pmatrix}$$

2. 算符 $\hat{A}$ 和 $\hat{B}$ 的"和"$(\hat{A}+\hat{B})$ 根据下式定义：

$$(\hat{A}+\hat{B})\psi=\hat{A}\psi+\hat{B}\psi \qquad (2)$$

其中 ψ 为任意函数。

由定义可知，$\hat{A}+\hat{B}=\hat{B}+\hat{A}$ （交换律） (3)

3. 算符 $\hat{A}$ 和 $\hat{B}$ 的乘积 $\hat{A}\hat{B}$ 根据下式定义：

$$\hat{A}\hat{B}\psi=\hat{A}(\hat{B}\psi) \qquad (4)$$

例如：

$$\hat{p}_x\hat{p}_y\psi=\left(-i\hbar\frac{\partial}{\partial x}\right)\left(-i\hbar\frac{\partial}{\partial y}\psi\right)=(-i\hbar)^2\frac{\partial^2\psi}{\partial x\partial y}=\left(-i\hbar\frac{\partial}{\partial y}\right)\left(-i\hbar\frac{\partial}{\partial x}\psi\right)=\hat{p}_y\hat{p}_x\psi \qquad (5)$$

$$\hat{p}_x\hat{x}\psi=\left(-i\hbar\frac{\partial}{\partial x}\right)(x\psi)=-i\hbar\psi+x\left(-i\hbar\frac{\partial}{\partial x}\psi\right)=(-i\hbar+\hat{x}\hat{p}_x)\psi \qquad (6)$$

$$\hat{p}_x\hat{y}\psi=\left(-i\hbar\frac{\partial}{\partial x}\right)(y\psi)=y\left(-i\hbar\frac{\partial}{\partial x}\psi\right)=\hat{y}\hat{p}_x\psi \qquad (7)$$

由此可见，~~一般说来~~，在运算过程中，算符的次序是不能任意交换的，一般讲，$\hat{A}\hat{B}\neq\hat{B}\hat{A}$，这一点在实际运算中很易忘掉，必须多加留意。如：

$$(\hat{A}+\hat{B})(\hat{A}-\hat{B})=\hat{A}\hat{A}+\hat{B}\hat{A}-\hat{A}\hat{B}-\hat{B}\hat{B}$$

其中 $\hat{A}\hat{B}$ 和 $\hat{B}\hat{A}$ 一般不能相消。

~~算符的平方定义为：~~

~~$\hat{A}^2=\hat{A}\hat{A}$ (8)~~

§15 线性算符的运算规则

如果 $\hat{A}\hat{B}=\hat{B}\hat{A}$，则称 $\hat{A}$，$\hat{B}$ 二算符对易，如 $\hat{A}\hat{B}=-\hat{B}\hat{A}$，则称 $\hat{A}$，$\hat{B}$ 二算符反对易。算符 $\hat{A}$ 和它自己，总是对易的，因此 $\hat{A}\hat{A}$ 可以写成 $\hat{A}^2$。

由定义(4)可知，~~算符的~~

$$(\hat{A}\hat{B})\hat{C}=\hat{A}(\hat{B}\hat{C})=\hat{A}\hat{B}\hat{C} \quad (结合律) \tag{8}$$

4. 算符 $\hat{L}$ 的复共轭算符 $\hat{L}^*$ 定义为，

$$\hat{L}^*=\hat{L} \text{ 中 } i \text{ 换成 } -i \tag{9}$$

例如，$\hat{x}^*=\hat{x}$，$\left(\frac{\partial}{\partial x}\right)^*=\frac{\partial}{\partial x}$，$i^*=-i$

$$\hat{p}_x^*=\left(-i\hbar\frac{\partial}{\partial x}\right)^*=i\hbar\frac{\partial}{\partial x}=-\hat{p}_x \tag{10}$$

根据定义可知：

$$(\hat{L}^*)^*=\hat{L} \tag{11}$$

$$(\hat{A}\hat{B})^*=\hat{A}^*\hat{B}^*，\quad(\hat{A}+\hat{B})^*=\hat{A}^*+\hat{B}^* \tag{12}$$

5. 算符 $\hat{L}$ 的共轭算符 $\hat{L}^+$ 根据下式定义：

$$\int_{-\infty}^{\infty}\psi_1^*\hat{L}^+\psi_2\,dv=\left(\int_{-\infty}^{\infty}\psi_2^*\hat{L}\psi_1\,dv\right)^* \tag{13}$$

或：

$$\int_{-\infty}^{\infty}\psi_1^*\hat{L}^+\psi_2\,dv=\int_{-\infty}^{\infty}\psi_2\hat{L}^*\psi_1^*\,dv \tag{14}$$

其中 ψ_1，ψ_2 为二个任意函数，但在 $\pm\infty$ 处其值为 0（这是波函数一般所满足的条件）。为了方便，积分的上下限常略去不写。

如果 $\hat{L}=\hat{L}^+$，则称 $\hat{L}$ 为自轭算符（自共轭算符，厄米算符）。

下面我们来求几种最重要的算符的共轭算符。

函数算符 $\hat{F}(\vec{r})$ 的共轭和复共轭显然是一样的（由(13)式可见），即：

$$\hat{F}^+(\vec{r})=\hat{F}^*(\vec{r}) \tag{15}$$

特别是，

$$i^+=i^*=-i \tag{16}$$

对于微分算符，~~其共轭可根据下面的方~~

$$\int_{-\infty}^{\infty}\psi_1^*\left(\frac{\partial}{\partial x}\right)^+\psi_2\,dv \xlongequal{(14)式} \int_{-\infty}^{\infty}\psi_2\left(\frac{\partial}{\partial x}\right)^*\psi_1^*\,dv=\int_{-\infty}^{\infty}\psi_2\frac{\partial}{\partial x}\psi_1^*\,dv$$

$$\xlongequal{分部积分}\int_{-\infty}^{\infty}\psi_2\psi_1^*\Big|_{x=-\infty}^{\infty}dy\,dz-\int_{-\infty}^{\infty}\psi_1^*\frac{\partial}{\partial x}\psi_2\,dv=\int_{-\infty}^{\infty}\psi_1^*\left(-\frac{\partial}{\partial x}\right)\psi_2\,dv.$$

上式对任何 ψ_1,ψ_2 均成立，故得：

$$\left(\frac{\partial}{\partial x}\right)^+ = -\frac{\partial}{\partial x} \qquad (17)$$

可见，$\frac{\partial}{\partial x}$ 是实数算符，却不是自轭算符。~~而动量算符 $\hat p_x$ 却是自轭的~~

下面证明一个重要的定理：$(\hat A\hat B)^+ = \hat B^+\hat A^+$

证：$\int \psi_1^*(\hat A\hat B)^+\psi_2\,dv \overset{(14)式}{=\!=} \int \psi_2(\hat A\hat B)^*\psi_1^*\,dv \overset{(12)式}{=\!=} \int \psi_2\hat A^*\hat B^*\psi_1^*\,dv$

$\overset{(4)式}{=\!=} \int \psi_2\hat A^*(\hat B^*\psi_1^*)\,dv \overset{(14)式}{=\!=} \int (\hat B^*\psi_1^*)\hat A^+\psi_2\,dv$

（这里 $\hat B^*\psi_1^*$ 和 $\hat A^+\psi_2$ 是二个函数，所以可以交换其位置，而成：）

$= \int (\hat A^+\psi_2)\hat B^*\psi_1^*\,dv \overset{(14)式}{=\!=} \int \psi_1^*\hat B^+(\hat A^+\psi_2)\,dv \overset{(4)式}{=\!=} \int \psi_1^*\hat B^+\hat A^+\psi_2\,dv$

$$\therefore\quad (\hat A\hat B)^+ = \hat B^+\hat A^+ \qquad (18)$$

由(18)式易证：

$$(\hat L_1\hat L_2\cdots\hat L_n)^+ = \hat L_n^+\cdots\hat L_2^+\hat L_1^+ \qquad (19)$$

~~又由定义(14)式易见，$(\hat A+\hat B)^+ = \hat A^+ + \hat B^+$~~ ~~(20)~~

~~有了(15)—(20)式，我们就可以求得任何算符的共轭算符。例如~~

~~$(\hat x\hat p_x)^+ = \hat p_x^+\hat x^+ =$~~

~~$\hat p_x^+ = \left(-i\hbar\frac{\partial}{\partial x}\right)^+ = \left(\frac{\partial}{\partial x}\right)^+(-i\hbar)^+ = \left(-\frac{\partial}{\partial x}\right)(i\hbar) = i\hbar\left(-\frac{\partial}{\partial x}\right) = \hat p_x$~~

~~$\hat M_z^+ = (\hat x\hat p_y - \hat y\hat p_x)^+$~~

由定义(14)式易见，

$$(\hat L^+)^+ = \hat L \qquad (20)$$

$$(\hat A+\hat B)^+ = \hat A^+ + \hat B^+ \qquad (21)$$

有了(15)—(21)式，我们可以求得任何算符的共轭算符。例如：

$$\hat p_x^+ = \left(-i\hbar\frac{\partial}{\partial x}\right)^+ = \left(\frac{\partial}{\partial x}\right)^+(-i\hbar)^+ = \left(-\frac{\partial}{\partial x}\right)(i\hbar) = i\hbar\left(-\frac{\partial}{\partial x}\right) = \hat p_x$$

$$\hat M_z^+ = (\hat x\hat p_y - \hat y\hat p_x)^+ = (\hat x\hat p_y)^+ - (\hat y\hat p_x)^+ = \hat p_y\hat x - \hat p_x\hat y,$$

但 $\hat p_x$ 和 $\hat y$ 是可以~~交换~~对易的（见(9)式），$\hat p_y$ 和 $\hat x$ 也可以对易，故得 $\hat M_z^+ = \hat M_z$。可见，$\hat p_x$ 和 $\hat M_z$ 均为自轭算符。容易验明，代表各个力学量的算符，都是自轭算符。这个情况决不是偶然的，因为真实的力学量必须取实数值，

§15 线性算符的运算规则

而自轭算符的平均值一定是实数。[証明如下：如 $\hat{L}^+=\hat{L}$，则

$$\bar{L}=\int\psi^*\hat{L}\psi\,dv=\int\psi^*\hat{L}^+\psi\,dv\overset{(14)式}{=}\int\psi\hat{L}^*\psi^*\,dv$$
$$=\left(\int\psi^*\hat{L}\psi\,dv\right)^*=(\bar{L})^*$$

$\bar{L}=(\bar{L})^*$，这就是说 $\bar{L}$ 是实数]

对于任何非自轭算符 $\hat{L}$，如令

$$\hat{A}=\frac{1}{2}(\hat{L}+\hat{L}^+),\quad B=\frac{1}{2i}(\hat{L}-\hat{L}^+)$$

则 $\hat{L}=\hat{A}+i\hat{B}$，而 $\hat{A},\hat{B}$ 均为自轭算符，因此非自轭算符 $\hat{L}$ 的平均值一般将是复数。

由此可以得出结论如下：代表真实力学量（可观测量）的算符一定是自轭算符。对于自轭算符，(14)式变成：

$$\int\psi_1^*\hat{L}\psi_2\,dv=\int\psi_2\hat{L}^*\psi_1^*\,dv,\quad \hat{L}为自轭算符 \tag{22}$$

由(22)容易证明，自轭算符 $\hat{L}$ 的平方的平均值一定是正的：

$$\overline{L^2}=\int\psi^*\hat{L}^2\psi\,dv=\int|\hat{L}\psi|^2\,dv\geqslant 0 \tag{23}$$

其物理意义是：力学量的平方一定取正值。

又，如 $\hat{L}$ 为非自轭算符，则由(14)式可证：

$$\overline{L^+L}=\int\psi^*\hat{L}^+\hat{L}\psi=\int|\hat{L}\psi|^2\geqslant 0 \tag{24}$$

这个结果在以后用得着。

§16. 海森堡运动方程.

运动系统（电子）的状态由波函数 $\psi(\vec{r},t)$ 描述，波函数由薛丁格方程决定。根据§12.(8)式和§13(17)式，薛丁格方程可以写成：

$$i\hbar\frac{\partial}{\partial t}\psi=\hat{H}\psi \tag{1}$$

其中 $\hat{H}$ 是系统（电子）的哈密顿量（总能量）算符

力学量的平均值公式是：

$$\overline{L}=\int\psi^*\hat{L}\psi\,dv \qquad (2)$$

波函数 ψ 既随时间变化，则一般讲 $\overline{L}$ 亦将随时间变化。现在就来研究 $\overline{L}$ 随时间的变化规律，亦即探求力学量的运动方程。

一般，力学量仅是坐标和动量的函数，为普遍起见，考虑一个显含时间的力学量：$L=L(\vec{r},\vec{p},t)$，则

$$\overline{L}=\int\psi^*(\vec{r},t)\,\hat{L}(\vec{r},\hat{\vec{p}},t)\,\psi(\vec{r},t)\,dv \qquad (3)$$

对 t 微分，则得：

$$i\hbar\frac{d}{dt}\overline{L}=i\hbar\frac{d}{dt}\int\psi^*\hat{L}\psi\,dv=\int i\hbar\frac{\partial}{\partial t}(\psi^*\hat{L}\psi)\,dv$$

$$=\int i\hbar\frac{\partial\psi^*}{\partial t}\hat{L}\psi\,dv+\int\psi^*\,i\hbar\frac{\partial\hat{L}}{\partial t}\psi\,dv+\int\psi^*\hat{L}\,i\hbar\frac{\partial\psi}{\partial t}\,dv$$

其中第二项等于 $i\hbar\frac{\partial\hat{L}}{\partial t}$ 的平均值，我们写做 $i\hbar\overline{\frac{\partial L}{\partial t}}$

第三项，利用薛丁格方程，可以变成 $\int\psi^*\hat{L}\hat{H}\psi\,dv=\overline{LH}$

第一项 $=\int\left(-i\hbar\frac{\partial\psi}{\partial t}\right)^*\hat{L}\psi\,dv=\int(\hat{H}\psi)^*(\hat{L}\psi)\,dv=-\int(\hat{L}\psi)\,\hat{H}^*\psi^*\,dv$

$$=-\int\psi^*\hat{H}(\hat{L}\psi)\,dv=-\overline{HL}$$

这些像不要了。

$$\therefore\quad \frac{d}{dt}\overline{L}=\overline{\frac{\partial L}{\partial t}}+\frac{1}{i\hbar}\overline{(LH-HL)} \qquad (4)$$

如 L 不显含 t，则 (4) 式变成：

$$\frac{d}{dt}\overline{L}=\frac{1}{i\hbar}\overline{(LH-HL)} \qquad (5)$$

如果根据下式定义一个算符 $\frac{\hat{dL}}{dt}$（有时写作 $\frac{d\hat{L}}{dt}$）

$$\overline{\frac{dL}{dt}}=\frac{d}{dt}\overline{L}，\text{（对任何状态）} \qquad (6)$$

则 (4) 式可以写成

$$\overline{\frac{dL}{dt}}=\overline{\frac{\partial L}{\partial t}}+\frac{1}{i\hbar}\overline{(LH-HL)} \qquad (7)$$

§16 海森堡运动方程

上式对任何状态均成立，故等式二端的算符必然相等。即：

$$\frac{d\hat{L}}{dt}=\frac{\partial\hat{L}}{\partial t}+\frac{1}{i\hbar}(\hat{L}\hat{H}-\hat{H}\hat{L}) \qquad (8)$$

~~这称为海森堡运动方程。~~如$\hat{L}$不显含t，则(8)式变成：

$$\boxed{\frac{d\hat{L}}{dt}=\frac{1}{i\hbar}(\hat{L}\hat{H}-\hat{H}\hat{L})} \qquad (9)$$

(8)或(9)式称为海森堡运动方程，它反映力学量随时间变化的规律。

如$\hat{L}$不显含t，而且$\hat{L}$, $\hat{H}$对易（$\hat{L}\hat{H}=\hat{H}\hat{L}$），则$\frac{d\hat{L}}{dt}=0$，（或$\frac{d\bar{L}}{dt}=0$）力学量$L$就是一个守恒量（或称运动积分，运动常数）。故在量子力学中判断一个力学量是否守恒量的标准是：看它的算符$\hat{L}$和哈密顿算符$\hat{H}$是否对易（至于条件$\hat{L}$不显含t，那是一般力学量都满足的）

如果定义量子泊桑括号：

$$[\hat{A},\hat{B}]=\frac{1}{i\hbar}(\hat{A}\hat{B}-\hat{B}\hat{A}) \qquad (10)$$

则(8)式可以写成

$$\frac{d\hat{L}}{dt}=\frac{\partial\hat{L}}{\partial t}+[\hat{L},\hat{H}] \qquad (11)$$

这和经典力学中相应的公式非常相像。

又，根据(9)式易证：

$$\frac{d}{dt}\hat{A}\hat{B}=\frac{d\hat{A}}{dt}\hat{B}+\hat{A}\frac{d\hat{B}}{dt} \qquad (13)$$

$$\frac{d}{dt}(\hat{A}+\hat{B})=\frac{d\hat{A}}{dt}+\frac{d\hat{B}}{dt} \qquad (12)$$

这和一般求导数时所用的公式也很相像，但要注意(13)式中各个量的次序不能任意更换。

§17. 对易关系

量子力学中研究力学量随时间的变化规律，需要计算量子泊桑括号$[\hat{L},\hat{H}]$，而$\hat{H}$常包含许多项目，因此就要计算各种量子泊桑括号。这是

量子力学中的一种基本运算，必须熟练地掌握。下面我们来导出一些最基本的公式（所谓对易关系）

由§15,(5)-(7)式，我们有：

$$\hat{p}_x\hat{p}_y-\hat{p}_y\hat{p}_x=0\,,\ (x,y,z\text{ 輪換}) \qquad (1)$$

$$\hat{x}\hat{p}_y-\hat{p}_y\hat{x}=0\quad (x,y,z\text{ 輪換}) \qquad (2)$$

$$\boxed{\hat{x}\hat{p}_x-\hat{p}_x x=i\hbar}\quad (x,y,z\text{ 輪換}) \qquad (3)$$

這些公式的每一个实际上都代表一组公式，如(2)式中 x,y,z 輪換，可得：

$$\left.\begin{aligned}\hat{y}\hat{p}_z-\hat{p}_z\hat{y}=0\\ \hat{z}\hat{p}_x-\hat{p}_x\hat{z}=0\end{aligned}\right. \qquad (2')$$

以此类推，以后不再逐一说明。

(3)式也可写成

$$\hat{x}\hat{p}_x=\hat{p}_x\hat{x}+i\hbar \qquad (4)$$

则 $\hat{x}\hat{p}_x^2=(\hat{p}_x\hat{x}+i\hbar)\hat{p}_x=\hat{p}_x(\hat{p}_x\hat{x}+i\hbar)+i\hbar\hat{p}_x=\hat{p}_x^2\hat{x}+2i\hbar\hat{p}_x$

$$\therefore\quad \hat{x}\hat{p}_x^2-\hat{p}_x^2\hat{x}=2i\hbar\hat{p}_x \qquad (5)$$

因为 $\hat{p}_y,\hat{p}_z$ 和 $\hat{x}$ 是对易的，所以(5)式也可扩充成：

$$\hat{x}\hat{p}^2-\hat{p}^2x=2i\hbar\hat{p}_x \qquad (6)$$

仿照(3)式的推导，易証：

$$\boxed{\hat{F}(\vec{r})\hat{p}_x-\hat{p}_x\hat{F}(\vec{r})=i\hbar\frac{\partial F}{\partial x}} \qquad (7)$$

角动量在量子力学中占有特别重要的地位，有关角动量的公式如下：

$$\hat{x}\hat{M}_x=\hat{x}(\hat{y}\hat{p}_z-\hat{z}\hat{p}_y)\xlongequal{\text{由(2)式}}(\hat{y}\hat{p}_z-\hat{z}\hat{p}_y)\hat{x}=\hat{M}_x\hat{x}$$

$$\therefore\quad \hat{x}\hat{M}_x-\hat{M}_x\hat{x}=0 \qquad (8)$$

$$\hat{x}\hat{M}_y=\hat{x}(\hat{z}\hat{p}_x-\hat{x}\hat{p}_z)=\hat{z}\hat{x}\hat{p}_x-\hat{x}\hat{p}_z\hat{x}\xlongequal{\text{由(4)式}}\hat{z}\hat{p}_x x+i\hbar\hat{z}-\hat{x}\hat{p}_z\hat{x}$$

即
$$\boxed{\hat{x}\hat{M}_y-\hat{M}_y\hat{x}=i\hbar\hat{z}} \qquad (9)$$

类似地，易证 $\hat{y}\hat{M}_x-\hat{M}_x\hat{y}=-i\hbar\hat{z}$ (10)

~~类似地，易证：~~ $\hat{p}_x \hat{M}_x - \hat{M}_x \hat{p}_x = 0$ (11)

~~$\hat{y} \hat{M}_x - \hat{M}_x \hat{y} = -i\hbar z$~~

$$\hat{p}_x \hat{M}_y - \hat{M}_y \hat{p}_x = i\hbar \hat{p}_z \qquad (12)$$

$$\hat{p}_y \hat{M}_x - \hat{M}_x \hat{p}_y = -i\hbar \hat{p}_z \qquad (13)$$

利用(8)—(13)式，易证

$$\hat{M}_x \hat{M}_y - \hat{M}_y \hat{M}_x = i\hbar \hat{M}_z \qquad (14)$$

这是有名的角动量的对易关系，利用它可以求得角动量的量子化数值。

利用(14)式（和另外二个轮换公式）易证

$$\hat{M}^2 \hat{M}_z - \hat{M}_z \hat{M}^2 = 0 \qquad (15)$$

利用(11)，(12)式，易证

$$\hat{p}^2 \hat{M}_z - \hat{M}_z \hat{p}^2 = 0 \qquad (16)$$

而利用(9)和(10)式，易证

$$\hat{r}^2 \hat{M}_z - \hat{M}_z \hat{r}^2 = 0 \qquad (17)$$

由(16)式易见

$$\hat{p}^2 \hat{M}^2 - \hat{M}^2 \hat{p}^2 = 0 \qquad (18)$$

由(17)式易见 $\hat{r}^2 \hat{M}^2 - \hat{M}^2 \hat{r}^2 = 0$ (19)

利用(7)式，易证

$$\hat{F}(\vec{r}) \hat{M}_x - \hat{M}_x \hat{F}(\vec{r}) = i\hbar \left(y \frac{\partial F}{\partial z} - z \frac{\partial F}{\partial y} \right) \qquad (20)$$

即：$\hat{F}(\vec{r}) \hat{M}_x - \hat{M}_x \hat{F}(\vec{r}) = i\hbar [\vec{r} \wedge \nabla F]_x$ (20′)

容易看到，上面这些公式如果写成泊桑括号的形式，则和经典力学中的公式完全相像。例如：

$[\hat{x}, \hat{p}_x] = 1$ (3′)

$[\hat{M}_x, \hat{M}_y] = \hat{M}_z$ (14′)

§18. 运动方程的具体例子

在势场 $U(\vec{r})$ 中运动的电子，其哈密顿算符为

$$\hat{H}=\frac{1}{2m}\hat{p}^2+\hat{U}(\vec{r}) \qquad (1)$$

则根据海森堡运动方程

$$\frac{d\hat{L}}{dt}=\frac{1}{i\hbar}(\hat{L}\hat{H}-\hat{H}\hat{L}) \qquad (2)$$

可求得各个力学量的运动方程如下：

1. $$\frac{d\hat{x}}{dt}=\frac{1}{i\hbar}(\hat{x}\hat{H}-\hat{H}\hat{x})=\frac{1}{i\hbar}\frac{1}{2m}(\hat{x}\hat{p}^2-\hat{p}^2\hat{x})=\frac{1}{m}\hat{p}_x$$

$$\therefore\quad m\frac{d\hat{x}}{dt}=\hat{p}_x \qquad (3)$$

2. $$\frac{d\hat{p}_x}{dt}=\frac{1}{i\hbar}(\hat{p}_x\hat{H}-\hat{H}\hat{p}_x)=\frac{1}{i\hbar}\left(\hat{p}_x\hat{U}(\vec{r})-\hat{U}(\vec{r})\hat{p}_x\right)=-\frac{\partial U(\vec{r})}{\partial x}$$

$$\therefore\quad \frac{d}{dt}\hat{p}_x=-\frac{\partial U(\vec{r})}{\partial x}=(\text{外力})_x \qquad (4)$$

如作用势 $U(\vec{r})=0$，则 $\frac{d}{dt}\hat{p}_x=0$，动量守恒。

合併(3)，(4)式，可得量子力学中的"牛顿方程"：

$$m\frac{d^2\hat{x}}{dt^2}=-\frac{\partial U(\vec{r})}{\partial x} \qquad (5)$$

取平均值，则得

$$m\frac{d^2\bar{x}}{dt^2}=-\overline{\frac{\partial U}{\partial x}} \qquad (6)$$

3. $$\frac{d}{dt}\hat{M}_x=\frac{1}{i\hbar}(\hat{M}_x\hat{H}-\hat{H}\hat{M}_x)=\frac{1}{i\hbar}\left(\hat{M}_x\hat{U}(\vec{r})-\hat{U}(\vec{r})\hat{M}_x\right)$$

$$=-\left[\vec{r}\wedge\vec{\nabla}U(\vec{r})\right]_x=(\text{外力矩})_x$$

亦即：
$$\frac{d}{dt}\hat{\vec{M}}=-\left[\vec{r}\wedge\vec{\nabla}U(\vec{r})\right]=\text{外力矩} \qquad (7)$$

如 $U=0$ 或 $U=U(r)$（中心势场），则 $\frac{d}{dt}\hat{\vec{M}}=0$，角动量守恒.

§18 运动方程的具体例子

4. 当H不显含t时,

$$\frac{d}{dt}\hat{H}=\frac{\partial\hat{H}}{\partial t}+\frac{i}{\hbar}(\hat{H}\hat{H}-\hat{H}\hat{H})=0,$$

能量守恒。

总起来说,量子力学中的运动方程和经典力学中的运动方程形式完全相似。守恒定理也一样,即:对于电子的自由运动,能量,动量,角动量守恒;对于电子在中心势场中的运动,能量,角动量守恒。

§19. 本征方程.

电子处于某个状态中,其坐标(或其他力学量)并无确定的值,如果测量其坐标,则可测得各种不同的数值。平均值表明测量结果的一个方面,但并不足以表明测量结果的全部特征。除了平均值以外,还需要计算测量结果对于平均值的偏离(偏差)。设在状态ψ中,对力学量$\hat{L}$进行一次测量,则得其值为L,则这一次测量结果对于平均值的偏离是

$$\Delta L=L-\bar{L} \qquad (1)$$

如果直接求ΔL的平均,则 $\overline{\Delta L}=\bar{L}-\bar{L}=0$,并不能说明问题。一般都用平方平均偏离来表明测量结果对于平均值的偏离:

$$\text{平方平均偏离}=\overline{(\Delta L)^2} \qquad (2)$$

根据§15(23)式,平均平方偏离可以写成

$$\overline{(\Delta L)^2}=\int\psi^*(\hat{L}-\bar{L})^2\psi\,dv=\int|(\hat{L}-\bar{L})\psi|^2dv\geqslant 0 \qquad (3)$$

可以提出这样一个问题:是否存在一种状态,在这个状态中,力学量L取确定的数值,因此测量结果的平方平均偏离为0?由(3)式可知,这种状态是存在的,只要波函数ψ满足下列方程:

$$\boxed{\hat{L}\psi=L\psi} \qquad (4)$$

其中L为某个常数,则在这个状态中,力学量$\hat{L}$将取确定的数值L(也就是

平均值$\bar{L}$)。(4)式称为该算符$\hat{L}$的本征方程。[这种方程的具体例子，就是§12中的定态薛定格方程[(7)式]，它实际上可以写成：

$$\hat{H}\psi = E\psi \qquad (5)$$

]

波函数ψ作为一个状态的描述，应该是有限，连续，单值的函数。(这几个条件可以从波函数的统计解释得到了解：$|\psi(x,y,z,t)|^2$代表在(x,y,z)处发现电子的几率，几率必须是有限的，因此ψ必须有限；对于空间一点(x,y,z)几率当然只能取一个值，因此ψ必须是单值函数，而连续则是单值的先决条件。) 在本征方程(4)中，并不是对于任何一个L的数值，都存在有限连续单值的解答ψ，常常是，仅仅对于某些特殊的L的值：

$$L = L_1, L_2, \cdots L_n, \cdots \qquad (6)$$

本征方程才有合乎上述条件的解。这时，我们说力学量$\hat{L}$是量子化的，数值L_1，L_2，…L_n，…称为它的本征值，相应的解答ψ称为标符$\hat{L}$的本征函数。如果对于任何一个L的值，都可求得本征方程的有限，连续，单值的解，则称相应的力学量为非量子化的，或者说，本征值是连续的。

例1：对于动量$\hat{p}_x$，本征方程为：

$$-i\hbar\frac{\partial}{\partial x}\psi = p_x\psi \qquad (7)$$

其解为：

$$\psi = Af(y,z)\,e^{ip_x x/\hbar} \qquad (8)$$

其中A为常数，$f(y,z)$为任意函数。一般常略去这个任意函数，则

$$\psi_{p_x} = \frac{1}{h^{1/2}}e^{ip_x x/\hbar} \qquad (9)$$

当p_x取任何实数值时，ψ均有限，连续，单值。因此，动量是非量子化的，可以取连续的数值：

$$-\infty < p_x < \infty \qquad (10)$$

(9)式正是我们所熟悉的平面波，即动量取一定数值的状态。[$h^{1/2}$是规格化常数，见(38)式]

例2：对于角动量（的投影）$\hat{M}_z$，~~其本征方程为：~~

~~$$-i\hbar\left(x\frac{\partial}{\partial y}-y\frac{\partial}{\partial x}\right)\psi=M_z\psi$$~~

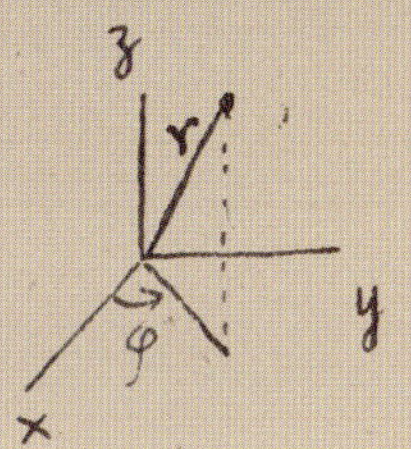

若採用球坐标(r,θ,φ)，则

$$\hat{M}_z = -i\hbar\left(x\frac{\partial}{\partial y}-y\frac{\partial}{\partial x}\right) = -i\hbar\frac{\partial}{\partial\varphi} \quad (11)$$

本征方程为：

$$-i\hbar\frac{\partial}{\partial\varphi}\psi = M_z\psi \quad (12)$$

其解为 $\psi = Af(r,\theta)e^{iM_z\varphi/\hbar}$ (13)

其中A为常数，$f(r,\theta)$为任意函数。若略去$f(r,\theta)$，则

$$\psi = Ae^{iM_z\varphi/\hbar} \quad (14)$$

φ是多值变数，而ψ应该是单值函数，因此

$$\psi(\varphi+2\pi)=\psi(\varphi) \quad (15)$$

将(14)代入(15)，得

$$e^{i2\pi M_z/\hbar}=1$$

其解为：$M_z = m\hbar,\quad m=0,\pm1,\pm2,\cdots$ (16)

将(16)代入(14)，得到本征函数的具体形式：

$$\psi_m(\varphi)=\sqrt{\frac{1}{2\pi}}\,e^{im\varphi} \quad (17)$$

[这里已令$A=1/\sqrt{2\pi}$，以使ψ_m满足归一化条件：

$$\int_0^{2\pi}\psi_m^*\psi_m\,d\varphi = 1 \quad (18)$$]

由此可见，角动量的投影M_z是量子化的，它只能取$\hbar$的整数倍。

注意力学量的量子化（在量子力学中）是完全自然的，而在玻尔量子论中则要依靠量子化条件$\oint p\,dq = nh$.

例3：平面旋转子的哈密顿量算符为[注一]

$$\hat{H} = -\frac{\hbar^2}{2I}\frac{\partial^2}{\partial\varphi^2} = \frac{1}{2I}\hat{M}_z^2 \quad (19)$$

因此 $\hat{M}_z$ 的本征函数 ψ_m [(17)式] 也就是 $\hat{H}$ 的本征函数。$\hat{H}$ 的本征值(能级)为:

$$E_m = \frac{M_z^2}{2I} = \frac{\hbar^2 m^2}{2I}, \quad m=0,\pm1,\pm2,\cdots \qquad (20)$$

我们看到，ψ_m 和 ψ_{-m} 的能量是相同的，亦即，有二个状态属于同一个本征值，这种情况称为简併化(退化)。对于这个具体例子，我们说能级的简併度为2，它的物理意义是，能量的数值仅与角动量的大小有关，而与旋转的方向无关。[根据§12，(5)式，定态波函数为:

$$\psi_m(\varphi,t) = \frac{1}{\sqrt{2\pi}} e^{im\varphi} e^{-iE_m t/\hbar} \qquad (21)$$

这是一个绕z轴转动的"平面波"，它的等相面($m\varphi - E_m t/\hbar$ = 常数)绕z轴作等速旋转，$m>0$ 时，旋转是逆时针的，即向 φ 增加的方向旋转，$m<0$ 时，旋转是顺时针的，即向 φ 减少的方向旋转。]

由上面的三个例子看到，有些力学量的本征值是连续的，有些力学量的本征值则是量子化的。这些连续的或量子化的本征值，它们的物理意义是什么呢？我们认为，对于任何一个力学量，只能够测量到它的本征值。这是一项基本假定，通过它把理论的预言和实验的测量联系起来。实验证实了这项假定的正确性，事实上，当 ψ 是某力学量 $\hat{L}$ 的本征函数时，对 L 的测量结果，的确只得到唯一的值，当 ψ 不是 $\hat{L}$ 的本征函数时，对 L 的测量，并不得到唯一的结果，而得到它的各个本征值。(见第五章，史登-盖拉赫实验)

下面说明一些本征函数的性质。

取力学量 $\hat{L}$ 的二个本征函数 ψ_n 和 ψ_m，相应的本征值以 L_n，L_m 表示，则

$$\hat{L}\psi_n = L_n\psi_n \qquad (22)$$

$$\hat{L}\psi_m = L_m\psi_m \qquad (23)$$

~~前者乘 ψ_m^*，后者取复共轭，再乘 ψ_n，则得:~~

~~$\psi_m^* \hat{L}\psi_n = L_n \psi_m^*\psi_n$~~

~~$\psi_n \hat{L}^*\psi_m^* = L_m \psi_n\psi_m$~~

(22)式从左乘 ψ_m^*，再积分，则得：

$$\int \psi_m^* \hat{L}\psi_n \, dv = L_n \int \psi_m^*\psi_n \, dv$$

令
$$L_{mn} = \int \psi_m^* \hat{L} \psi_n \, dv \qquad (24)$$

则
$$L_{mn} = L_n \int \psi_m^* \psi_n \, dv \qquad (25)$$

(23)式从左乘 ψ_n^*，再积分，则得：

$$\int \psi_n^* \hat{L} \psi_m \, dv = L_m \int \psi_n^* \psi_m \, dv$$

但 $\hat{L}$ 是自轭算符，因此〔看§15(22)式〕

$$\int \psi_m \hat{L}^* \psi_n^* \, dv = L_m \int \psi_n^* \psi_m \, dv$$

取复共轭，则得：

$$L_{mn} = L_m \int \psi_m^* \psi_n \, dv \qquad (26)$$

(25)−(26)，则得：

$$(L_n - L_m)\int \psi_m^* \psi_n \, dv = 0 \qquad (27)$$

如 $L_n \neq L_m$，则

$$\boxed{\int \psi_m^* \psi_n \, dv = 0} \quad m \neq n. \qquad (28)$$

这个性质，称为正交性。故得结论如下：对于同一个自轭算符的二个不同的本征值，相应的本征函数互相正交。

如 $L_n = L_m$（简并化的情形），则(27)式表明，ψ_m 和 ψ_n 可以正交，也可以不正交。但为了运算方便，常将这一组简并化的本征函数加以适当的组合，而得到一组互相正交的本征函数。（注意，组合以后的函数，仍为属于原来的本征值）如(17)式中的 $\psi_m(\varphi)$，作为平面旋转子的本征函数就是已经正交化的本征函数。

一般，每一个自轭算符的全部本征函数，组成一个完全的正交函数系：

$$\psi_1,\ \psi_2,\ \cdots\ \psi_n,\ \cdots$$

[它们每一个都是规格化的，而彼此之间又是互相正交的：

$$\int \psi_m^* \psi_n \, dv = \delta_{mn} \qquad (29)$$]

任何一个波函数（满足~~两样的边界条件~~ 连续有限单值 等条件）ψ 都可以展开成它们的线性叠加：

~~$\psi(\vec{r}) = \sum_n c_n \psi_n(\vec{r})$~~ $$\psi(\vec{r},t) = \sum_n c_n(t)\, \psi_n(\vec{r}) \qquad (30)$$

（这是一项数学性质，在物理上则是态叠加原理的一个重要例子，即：任何一个状态都可以看成是某一个力学量的本征状态的线性叠加。）

系数（"振幅"）c_n 可以利用 ψ_n 们的正交性求得。(30)式二端乘 ψ_m^*，积分，得：

$$\int \psi_m^* \psi \, dv = \sum_n c_n \int \psi_m^* \psi_n \, dv = \sum_n c_n \delta_{mn} = c_m$$

将指标 m 取 1, 2, … n, …，则就得到各个 c_n。总之：

$$c_n = \int \psi_n^* \psi \, dv \qquad (31)$$

~~又，$\int \psi(\vec{r}) \left[\sum_n \psi_n^*(\vec{r}) \psi_n(\vec{r}')\right] dv$~~

再取(30)式的复共轭，并将指标 n 换写成 m，则得

$$\psi^* = \sum_m c_m^* \psi_m^* \qquad (32)$$

和(30)相乘，积分，得：

$$\int \psi^* \psi \, dv = \sum_m \sum_n c_m^* c_n \int \psi_m^* \psi_n \, dv$$

$$= \sum_m \sum_n c_m^* c_n \delta_{mn} = \sum_n c_n^* c_n$$

但波函数 ψ 是规格化的，所以

$$\sum_n c_n^* c_n = \sum_n |c_n|^2 = 1 \qquad (33)$$

这个式子的意义将在下节说明。

另外可以証明[注二]：

$$\sum_n \psi_n^*(\vec{r}') \psi_n(\vec{r}) = \delta(\vec{r} - \vec{r}') \qquad (34)$$

以上是本征值取量子化数值的情形。如本征值 L 是连续的，则(34)应该改写成：

$$\int \psi_L^*(\vec r')\psi_L(\vec r)\,dL=\delta(\vec r-\vec r') \qquad (35)$$

而(30)式改为：

$$\psi(\vec r,t)=\int C_L(t)\,\psi_L(\vec r)\,dL \qquad (36)$$

~~$\psi(\vec r)=\int C_L\,\psi_L(\vec r)\,dL$ (36)~~

~~将(36)式乘 $\psi_{L'}^*(\vec r)$，积分，得：~~

~~$\int \psi_{L'}^*(\vec r)\,\psi(\vec r)\,dv=\int dL$~~

将(35)式乘 $\psi(\vec r',t)$，对 $\vec r'$ 积分，得：

$$\int dL\,\psi_L(\vec r)\int \psi_L^*(\vec r')\,\psi(\vec r',t)\,dv'=\int \psi(\vec r',t)\,\delta(\vec r-\vec r')\,dv'=\psi(\vec r,t)$$

和(36)式比较，知

$$C_L=\int \psi_L^*(\vec r')\,\psi(\vec r',t)\,dv'$$ ~~$=\int \psi_L^*(\vec r)\,\psi(\vec r)\,dv$ (37)~~

即

$$C_L=\int \psi_L^*(\vec r)\,\psi(\vec r,t)\,dv \qquad (37)$$

将(36)式改写成 $\psi(\vec r,t)=\int C_{L'}\,\psi_{L'}(\vec r)\,dL'$ ~~(36)~~

代入(37)中，则得：

$$C_L=\int dL'\,C_{L'}\int \psi_L^*(\vec r)\,\psi_{L'}(\vec r)\,dv$$

但 $C_L=\int dL'\,C_{L'}\,\delta(L-L')$，故知，

$$\int \psi_L^*(\vec r)\,\psi_{L'}(\vec r)\,dv=\delta(L-L') \qquad (38)$$

这是(29)式的推广，是本征值为连续的情况下本征函数的正交规格化条件。

又，由(37),(35)易证明：$\int C_L^* C_L\,dL=\int \psi^*\psi\,dv=1$ (39)

总之，本征值为量子化的情况下的公式可以按照下列规则推广到本征值为连续的情况：

$$\sum_n \cdots \longrightarrow \int \cdots dL$$

$$\delta_{mn} \longrightarrow \delta(L-L')$$

动量的本征函数[见(9)式，那是一维的情况。三维情况下动量的本征函数是：

$$\psi_{\vec p}(\vec r)=\frac{1}{h^{3/2}}e^{i\vec p\cdot\vec r/\hbar} \qquad (40)$$]

和波函数展开成动量的本征函数的叠加[见§13 (5)式]，就是本征值为连续情况下的具体例子。

[註一] 拉普拉斯算符的柱坐标 (r,φ,z) 表达式为：

$$\nabla^2=\frac{\partial^2}{\partial r^2}+\frac{1}{r}\frac{\partial}{\partial r}+\frac{\partial^2}{\partial z^2}+\frac{1}{r^2}\frac{\partial^2}{\partial\varphi^2} \qquad (41)$$

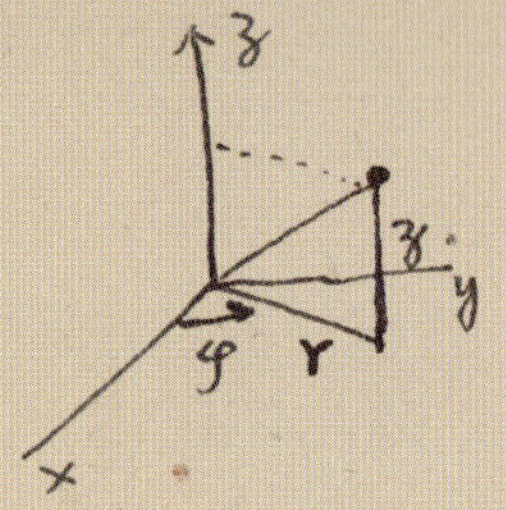

图38. 柱坐标

对于平面旋转子(绕z轴转的)，r, z 均不变化，

$$\nabla^2\to\frac{1}{r^2}\frac{\partial^2}{\partial\varphi^2}$$

$$\hat{H}=-\frac{\hbar^2}{2m}\nabla^2\to-\frac{\hbar^2}{2mr^2}\frac{\partial^2}{\partial\varphi^2}=-\frac{\hbar^2}{2I}\frac{\partial^2}{\partial\varphi^2},$$

$I=mr^2$ 为转动惯量。

[註二] (34)式的证明如下：对于任何函数 ψ，根据(31)式，有：

$$\int\psi(\vec{r}\,')\Big[\sum_n\psi_n^*(\vec{r}\,')\psi_n(\vec{r})\Big]dV'=\sum_n\psi_n(\vec{r})\int\psi(\vec{r}\,')\psi_n^*(\vec{r}\,')\,dV'$$

$$=\sum_n\psi_n(\vec{r})\,c_n\overset{(30)式}{=\!=}\psi(\vec{r}).$$

但 $\int\psi(\vec{r}\,')\delta(\vec{r}-\vec{r}\,')\,dV'=\psi(\vec{r})$，故知

$$\sum_n\psi_n^*(\vec{r}\,')\psi_n(\vec{r})=\delta(\vec{r}-\vec{r}\,') \qquad (34)$$

---

§20. 测量结果的几率分布

根据我们对于本征值的解释，在任何一个状态 ψ 中，测量任何一个力学量 L，结果只能得到它的本征值 $L_1, L_2, \cdots$ 测得 L 的数值等于某一个本征值 L_n 的几率是多少？如何从理论上计算这个几率？下面就来解决这个问题。

首先，求出 $\hat{L}$ 的本征值和本征函数 $\{L_n,\psi_n,\ n=1,2,\cdots\}$，

其次，将给定(已知)的波函数 $\psi(\vec{r},t)$ 展开成这些本征函数的叠加[§19,(30)式]

然后，根据平均值公式，我们有：

$$\bar{L}=\int\psi^*\hat{L}\psi\,dV,$$

§20 测量结果的几率分布

将§19 (30)，(32)式代入上式，得到：

$$\bar{L}=\int\sum_m C_m^*\psi_m^*\hat{L}\sum_n C_n\psi_n\,dv=\sum_m\sum_n C_m^*C_n\int\psi_m^*\hat{L}\psi_n\,dv$$

$$=\sum_m\sum_n C_m^*C_nL_n\int\psi_m^*\psi_n\,dv=\sum_m\sum_n C_m^*C_nL_n\delta_{mn}=\sum_n C_n^*C_nL_n,$$

$$\therefore\quad \boxed{\bar{L}=\sum_n C_n^*C_nL_n}\qquad (1)$$

這个公式有明顯的物理意义：在状态ψ中测量力学量L，结果得到L的数值等于L_n的几率為$C_n^*C_n$，而§19(33)式则表示總几率等于1。

在本征值連續的情况下，(1)式应改成：

$$\bar{L}=\int C_L^*C_L\,L\,dL\qquad (2)$$

而$C_L^*C_L\,dL$等于测得L的数值在L—$L+dL$间隔中的几率。在§13中讨论过的动量~~和坐标~~的几率就是這样的例子。

例：在状态 $\psi=\sqrt{\frac{1}{\pi}}\cos\varphi\, e^{-i\omega t}$ 中测量M_z，求测量结果的几率。

将ψ展开成M_z的本征函数的叠加：

$$\psi=\sqrt{\frac{1}{\pi}}\cos\varphi\, e^{-i\omega t}=\frac{1}{\sqrt{2}}\frac{1}{\sqrt{2\pi}}\left(e^{i\varphi}+e^{-i\varphi}\right)e^{-i\omega t}=\sum_m C_m\psi_m(\varphi)$$

由§19，(17)式知：~~$c_1=\frac{1}{\sqrt{2}}$，$c_2=\frac{1}{\sqrt{2}}$~~

$$c_1=\frac{1}{\sqrt{2}}e^{-i\omega t},\qquad c_{-1}=\frac{1}{\sqrt{2}}e^{-i\omega t},\qquad 其余均為0.$$

(係数C_m也可以根据$C_m=\int_0^{2\pi}\psi_m^*\psi\,d\varphi$求得)

$$c_1^*c_1=\frac{1}{2},\qquad c_{-1}^*c_{-1}=\frac{1}{\sqrt{2}},$$

结论：测得$M_z=\hbar$的几率為$\frac{1}{2}$，$M_z=-\hbar$的几率為$\frac{1}{2}$，M_z等于其他数值的几率為0. M_z的平均值為$\frac{1}{2}\hbar+\frac{1}{2}(-\hbar)=0$.

[M_z的平均值也可以直接计算：

$$\bar{M}_z=\int_0^{2\pi}\psi^*\hat{M}_z\psi\,d\varphi=-\frac{i\hbar}{\pi}\int_0^{2\pi}\cos\varphi\frac{\partial}{\partial\varphi}\cos\varphi\,d\varphi$$

~~$=\frac{i\hbar}{\pi}\int_0^{2\pi}\cos\varphi\sin\varphi\,d\varphi$~~ $$=-\frac{i\hbar}{2\pi}\cos^2\varphi\Big|_0^{2\pi}=0\quad]$$

由上面的讨论可知，本征值和本征函数的用处之一就是可以用来从理论上计算测量结果的几率。

这个理论预言，当然不能由一次测量来证实（或推翻），为了证实它，需要进行许多次重复的测量，即，准备好许多状态相同的运动系统（电子），它们的波函数都是 ψ，一个一个地进行测量，若一共测量 N 次，其中 N_1 次测得 L 等於 L_1，N_2 次测得 L 等於 L_2，…，则 $\frac{N_1}{N}$ 就是测得 L 的数值等于 L_1 的几率，$\frac{N_2}{N}$ 等於测得 L 的数值等于 L_2 的几率，…．而 L 的平均值是：

$$\bar{L}=\sum_n N_n L_n/N=\sum_n \frac{N_n}{N}L_n \qquad (3)$$

把这些测量结果（$\bar{L}$ 是根据测量结果计算出来的）和理论结果（$c_n^* c_n$）比较，就可以检验理论是否正确。

这许多状态相同，而又互不相干的运动系统（电子），称为一个量子统计系综。所有的几率，平均值，测量结果，等等，都应该了解成是对于系综而言的。例如，"在态 ψ 中测得 M_z 等於 ħ 的几率为 $\frac{1}{2}$" 应该了解成：在一个系综（其中每一个电子的状态都是 ψ）中测量 M_z，测量了 N 次，其中 N_1 次测得 M_z 等于 ħ，$\frac{N_1}{N}=\frac{1}{2}$．

注意，经典物理中测量结果的统计分布是由于系综中各个粒子的状态不同而造成的，而量子力学中测量结果的统计分布是由于，对于一个确定的状态，力学量的数值不确定而造成的。

§21. 几个力学量可以同时测量的条件

由上面的讨论可知，一般来说，在某个量子系综中测量某个力学量 L，结果可以测得它的各个本征值。如果系综的状态是 L 的本征状态 ψ_n（本征值 L_n），则测量 L 的结果，得到确定的数值 L_n。

测量的时候，被测量的对象（电子）必然要受到某种作用，因而测量将导致被测量的对象（电子）状态的改变。设系综的状态为 ψ，在此系综中测量力学量 L，其中有 N_1 次测得 L 的数值为 L_1，则在测量以后这 N_1 个电子将处于 L 的本征状态 ψ_1（本征值 L_1）中，以此类推。可见，经过测量，原来的系综被分解为许多亚系综，亚系综的状态是 L 的本征状态。

§21　几个力学量可以同时测量的条件

如果对于某一个电子系综再进行L的测量，则结果将得到确定的数值，即和此电子系综的波函数（$\hat{L}$的本征函数）相应的本征值。如果在此电子系综中进行另一个力学量M的测量，结果如何？结果显然是：如果电子系综的波函数也是$\hat{M}$的本征函数，则测量M的结果，将得到确定的数值；否则，将测得M的各个本征值。

在这个基础上，我们可以来讨论二个力学量L，M是否可以同时测量的问题。如果L，M可以同时测量，则测量以后，电子的状态将是$\hat{L}$的本征状态，同时又是$\hat{M}$的本征状态，或者说，是$\hat{L}$，$\hat{M}$的共同本征状态。以$\psi_{n\alpha}$表示这个状态，L_n，M_α表示相应的本征值，则

$$\hat{L}\psi_{n\alpha}=L_n\psi_{n\alpha} \tag{1}$$

$$\hat{M}\psi_{n\alpha}=M_\alpha\psi_{n\alpha} \tag{2}$$

由(1)，(2)，容易证明：

$$(\hat{L}\hat{M}-\hat{M}\hat{L})\psi_{n\alpha}=0 \tag{3}$$

但任何一个状态，都可以展开成这些本征状态的线性叠加：

$$\psi=\sum_n\sum_\alpha c_{n\alpha}\psi_{n\alpha} \tag{4}$$

由此可得：

$$(\hat{L}\hat{M}-\hat{M}\hat{L})\psi=0$$

亦即：

$$\hat{L}\hat{M}=\hat{M}\hat{L} \tag{5}$$

由此得出结论：如果二个力学量L，M可以同时测量，则它们的算符$\hat{L}$，$\hat{M}$必须互相对易。可以证明（见布洛欣采夫的书，附录Ⅳ），条件(5)也是力学量L，M可以同时测量的充分条件。

重复地说，结论是：如果力学量L，M的算符$\hat{L}$，$\hat{M}$互相对易，则L，M可以同时测量，如果$\hat{L}$，$\hat{M}$不能对易（$\hat{L}\hat{M}\neq\hat{M}\hat{L}$），则L，M在原则上就是不能同时测量的。这个结论当然是经典力学的看法难理解的，但所有的实验都支持这个结论。例如动量的三个分量p_x，p_y，p_z是可以同时测量的（测定平面波的波长和传播方向，也就测定了动量）。而动量p_x和坐标x是不能同时测量的。造成这个情况的原因将在下一节中说明。

作为一个特别重要的例子，我们再来研究一下守恒量的问题。

根据§16的讨论，当 $\hat{L}$，$\hat{H}$ 对易时，L是守恒量。$\hat{L}$，$\hat{H}$ 既然互相对易，则存在共同的本征函数（其具体求法，将在以后各章中讲到），以 $\psi_n(\vec{r})$ 表示之，

$$\hat{H}\psi_n(\vec{r})=E_n\psi_n(\vec{r}) \qquad (6)$$

$$\hat{L}\psi_n(\vec{r})=L_n\psi_n(\vec{r}) \qquad (7)$$

$\psi_n(\vec{r})$ 乘 $e^{-iE_nt/\hbar}$，则成定态波函数：

$$\psi_n(\vec{r},t)=\psi_n(\vec{r})e^{-iE_nt/\hbar} \qquad (8)$$

显然 $\psi_n(\vec{r},t)$ 仍是 $\hat{H}$ 和 $\hat{L}$ 的共同本征函数。因此，在定态中，能量H和某个守恒量将取确定和守恒的值。

定态波函数是适合薛丁格方程

$$i\hbar\frac{\partial}{\partial t}\psi=\hat{H}\psi \qquad (9)$$

的，因此，薛丁格方程的一般解，可以展开成定态波函数的线性叠加：

$$\psi(\vec{r},t)=\sum_n C_n\psi_n(\vec{r},t) \qquad (10)$$

系数 C_n 与时间t无关，是一个常数，它由初始状态决定。[即

如下：$C_n=\int\psi_n^*(\vec{r},t)\psi(\vec{r},t)\,dV$，

由于 C_n 与t无关，可令 $t=0$，则

$$C_n=\int\psi_n^*(\vec{r})\psi(\vec{r},0)\,dV \qquad (11)$$

知道了初始状态 $\psi(\vec{r},0)$，由(11)式就可求得 C_n]

如果在状态 $\psi(\vec{r},t)$ 中测量守恒量L，则测得L等于 L_n 的几率为 $|C_n|^2$，是一个常数，不随时间变化。故守恒量的意义是：在任何状态中（满足薛丁格方程）中，守恒量的测量结果的几率守恒，当然平均值也守恒。

注意：对于非守恒量，其平均值和测量结果的几率都是不守恒的。

量子力学中，任何一个几率的公式，都同时包含 ψ^* 和 ψ，因此，对于定态，任何一种几率都是稳定不变的。[见(8)式，ψ^* 和 ψ 中的时间部分互相抵消。]

§21 几个力学量可以同时测量的条件

§22. 测不准关系

已经屡次说过，电子的行为和我们在日常生活中所遇到的宏观物体迥然不同，电子既不是经典的质点，又不是经典的波，它具有波和粒子的二重性，因此我们只得以波和粒子二种图象来描述电子（和其他微观"粒子"），一方面通过波函数（还有波动方程）来描述电子的运动状态，而另一方面又通过各种力学量（还有运动方程）来说明状态的性质。力学量本是经典力学的概念，来源于宏观物体的运动，当我们把这个概念应用于电子时，它获得了新的内容，其含义已经和经典力学的不完全相同。以坐标和动量为例。

经典力学中的质点，表现出如下的行为：每一个质点均按一定的轨道运动，在任何时刻，质点具有确定的位置和速度，因而具有确定的动量（$p=mv$）。这个性质是如此明显，以至于我们可以用质点的坐标和动量来描述每一时刻质点的运动。不用说，坐标和动量（以及其他力学量）是可以同时测量的。

可是，电子（微观粒子）的行为并不服从经典力学，电子的波动性（这是由电子衍射实验证明了的）不允许我们把电子想像成沿着一定的轨道运动的粒子。当我们说电子的动量具有某个确定数值的时候，根据德布罗依假设，这应该了解成电子是处于由波函数 $\psi=Ae^{i\vec{p}\cdot\vec{r}/\hbar}$ 所定（我们在某一个时刻讨论电子的运动，不管状态随时间的变化问题）表示的状态（平面波）。在这个状态中，电子的位置是完全不确定的（$|\psi|^2=$常数）。反之，如电子的位置完全确定，$\vec{r}=\vec{r}_0$，则状态的波函数是 $\psi=\delta(\vec{r}-\vec{r}_0)$，在这个状态中，电子的动量是完全不确定的。［如将$\psi$展开成平面波的叠加：

$$\psi=\frac{1}{\hbar^{3/2}}\int\varphi(\vec{p})\,e^{i\vec{p}\cdot\vec{r}/\hbar}\,d^3p$$

则

$$\varphi(\vec{p})=\frac{1}{\hbar^{3/2}}\int\delta(\vec{r}-\vec{r}_0)\,e^{-i\vec{p}\cdot\vec{r}/\hbar}\,dv=\frac{1}{\hbar^{3/2}}e^{-i\vec{p}\cdot\vec{r}_0/\hbar}$$

$|\varphi(\vec{p})|^2=\frac{1}{\hbar^3}$，是常数，即动量取各种数值的几率是相等的］电子的位置完全确定时，它的动量完全不确定，这个结论在经典力学中是难于理解的。在经典力学中

粒子的动量是和坐标的变化联系起来的（$\vec{p}=m\dot{\vec{r}}$），因此一电子的坐标越精确，动量也越精确。而在量子力学中，动量不是和坐标，而是和德布罗依波的波长联系起来的（$p=\frac{h}{\lambda}$），因而坐标和动量的同时严格确定就成为不可能，波长严格确定的波，是一个平面波，而平面波是谈不上有什么确定的位置的。一般的波是一个波群，（见§8）波群的位置越确定，即波群宽度 Δx 越小，它的成份就越不确定；成份越确定，波群宽度就越大。这种互相制约的情况由公式

$$\Delta k\,\Delta x \approx 2\pi \qquad (1)$$

表示出来。根据德布罗依公式 $p=\hbar k$，(1)式可以写成：

$$\Delta p_x\,\Delta x \approx \hbar \qquad (2)$$

在§13中已经说明，电子的一般运动状态，相当于一个波群，而(2)式表明，对于电子（和其他微观粒子），并不存在坐标和动量都精确确定的状态。

(2)式虽然是从比较特殊的例子得出的结论，但可以证明[注]，对于电子（和其他微观粒子）的任何状态，坐标和动量的不确定值之间存在下列关系：

$$\Delta p_x\,\Delta x \geq \frac{\hbar}{2} \qquad (3)$$

根据历史上的习惯，这个关系式称为测不准关系。

(3)式中 Δx 是 $[\overline{(\Delta x)^2}]^{1/2}$ 的简写；Δp_x 是 $[\overline{(\Delta p_x)^2}]^{1/2}$ 的简写。

$$\overline{(\Delta x)^2}\;\overline{(\Delta p_x)^2} \geq \frac{\hbar^2}{4} \qquad (3.)$$

y 和 p_y，z 和 p_z 之间亦有类似的关系。

$[\overline{(\Delta x)^2}]^{1/2}$ 可以用来表示坐标的不确定值，如仍以 Δx 表示之，同样，$[\overline{(\Delta p_x)^2}]^{1/2}$ 以 Δp_x 表示之，则(3)式可写成

$$\boxed{\Delta x\,\Delta p_x \geq \frac{\hbar}{2}} \qquad (4)$$

根据历史上的习惯，(4)式（或(2)式）称为测不准关系。

测不准关系反映了微观现象的本质，同时它也指出了经典力学的适用范围。

我们先来说明第一点。实验上发现微观粒子的运动能量和运动范围有密切的关系，范围越小，能量越大，例如原子中的电子，运动范围为 10^{-8} cm，能量为10电子伏特（均指数量级，下同），原子核中的核子，运动范围为 10^{-12} cm，能量为10百万电子伏特（MeV）。另一个有趣的事实是，电子只能存在于原子中，而不能存在于原子核中。

§22 测不准关系

~~百万电子伏特(MeV)~~。这些事实可以用测不准关系来说明，如下：

设有一质量为m的粒子，受到某种作用，而在线度为a的范围内运动（图39），我们来估计其动能。

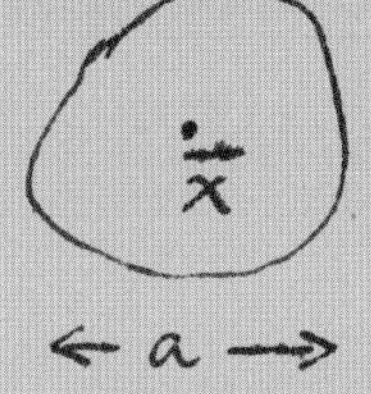

图39.

位置不定值大致上等于$\frac{a}{4}$，即 $\Delta x \sim \frac{a}{4}$. 根据测不准关系(4)，

$$\Delta p_x \geq \frac{\hbar}{2}/\Delta x \sim \frac{2\hbar}{a}, \quad \overline{(\Delta p_x)^2} \geq \frac{4\hbar^2}{a^2}$$

而 $\overline{(\Delta p_x)^2} = \overline{(p_x-\bar{p}_x)^2} = \overline{p_x^2} - (\bar{p}_x)^2$，~~但~~

但 $\bar{p}_x$ 应等于0（否则粒子就不会留在这个范围内），所以

$$\overline{p_x^2} = \overline{(\Delta p_x)^2} \geq \frac{4\hbar^2}{a^3}$$

平均动能 $$T = \frac{1}{2m}\left(\overline{p_x^2}+\overline{p_y^2}+\overline{p_z^2}\right) \geq \frac{6\hbar^2}{ma^2} \qquad (5)$$

由(5)式可见，粒子运动的范围越小，动能越大。对于原子中的电子，$m \sim 9\times10^{-28}$克，$a \sim 2\times10^{-8}$ cm，则由(5)式求得：

$$T \geq \frac{6\times(10^{-27})^2}{9\times10^{-28}\times(2\times10^{-8})^2} \sim 1.7\times10^{-11}\text{尔格} \sim 10\ \text{e.V.}$$

（事实上，氢原子中电子的平均动能是13.5 eV）

对于原子核中的核子，$m \sim 1.67\times10^{-24}$克，$a \sim 5\times10^{-13}$ cm.

$$T \geq \frac{6\times(10^{-27})^2}{1.67\times10^{-24}\times(5\times10^{-13})^2} \sim 14\times10^{-6}\text{尔格} \sim 9\ \text{Mev.}$$

（事实上，原子核中核子的动能约为20 MeV）

又，如原子核中存在电子，则由(5)式求得其平均动能将达10^4 Mev，即一百亿电子伏特，而事实上，从原子核中放射出来的电子（β粒子）能量最大不超过几个Mev，可见~~原子核~~电子并非原子核的组成成员，而是临时产生的（β蜕变：中子→质子＋电子）。事实上，稳定的原子核中是没有电子的。

由此可见，一些复杂的微观现象，可以根据测不准关系得到简明的了解。

测不准关系常常被给以错误的解释，~~下面我们就举一种较典型的错误解释作为~~释。常见的一种说法是：测不准关系限制了同时精确地测定微观粒子的坐标和动量的可能性，因而它表明人们对微观现象的认识有一个限度。按照这种说法，事情似乎是这样：微观粒子就像宏观物体一样，在每一个时刻具有确定的坐标和动量，但是人们无法精确地去测定它们。　不错，我们的确无法同时精确地测定电子的坐标和动量，但是这并不表示认识上的任何限制，而是因为电子根本不具有这种性质。同时具有精确的位置和动量，是宏观物体所具有的性质，电子的运动~~规律和宏观物体并不相同~~遵守波动过程的规律，只是在宏观范围内电子的运动才表现出较明显的粒子性，这时对于电子才可以应用经典力学的概念。由此可见，经典力学的概念对于电子的应用只能是有限度的，而测不准关系就表示这种限度。当应用经典力学时，要求粒子同时具有精确的坐标和动量，而测不准关系指出，粒子并不同时具有精确的坐标和动量，二者都有一个不确定量（Δx和Δp_x），如果在所讨论的问题中Δx和Δp_x都很小，以至可以略去不计，则经典概念就是适用的，如果Δx或Δp_x不能够略去不计，则经典概念就不适用。~~这种看来~~在宏观范围内（例如云雾室中），电子表现为沿着一条轨道运动，实际上，这轨道有一定的粗细（Δx），数量级约为10^{-4} cm，根据测不准关系，$\Delta p\sim\hbar/\Delta x\sim10^{-23}$，而当电子动能为1 eV时，

$$p=\sqrt{2mE}\sim(2\times9\times10^{-28}\times1.6\times10^{-12})^{\frac{1}{2}}\sim5.4\times10^{-20},$$

可见，动量的不定值是可以忽略的，因而经典力学是可以适用的。电子在原子中运动时，由于原子的线大小是10^{-8} cm，Δx至少要小于10^{-9} cm才可以忽略不计，但这样一来，Δp就很大：$\Delta p\sim\hbar/\Delta x\sim10^{-18}$，而当电子动能为10 eV时，$p\sim1.7\times10^{-19}$，$\Delta p>p$，这表明经典力学是不适用的。由此可见，测不准关系并不表示任何认识上的限度，而只是表示经典力学的应用限度。

另一种错误的说法是，微观粒子的运动~~现象~~并不严格地遵循因果律。这种说法的论据如下：在宏观范围内，粒子按严格的轨道运动，每一个时刻有确定的位置

§22　测不准关系

和动量，根据初始状态（$t=t_0$时的位置和动量）可以准确地预测以后任何时刻的状态（位置和动量）；而对于微观粒子的运动就做不到这一点，微观粒子的运动受到测不准关系的限制，位置和动量都只有某种不定值，因而破坏了严格的因果律。这种说法的错误在于以机械的观点去了解粒子的状态和因果律。~~在经典观点看来质点某时刻的状态是由坐标和动量来表述的~~，因果律要求根据某个时刻的初始状态可以预测以后任何时刻的状态。可是，在经典力学和量子力学中，状态的概念是不同的，经典力学中，某时刻质点的状态由坐标和动量来表述，因而因果律的存在要求根据质点的初始位置和初始动量可以预测以后任何时刻的位置和动量。量子力学中，电子的状态不是由它的坐标和动量来表述（因为坐标和动量本身就是不确定的），而是由波函数来描述的，因此因果律的存在要求根据初始时刻（$t=t_0$）的波函数可以计算以后各个时刻的波函数。而薛定格方程正好满足了这个要求。因此，在量子力学中因果律仍是严格成立的，只是表现形式和经典力学中不同。根据波函数可以获得电子运动的全部情况，其丰富程度不是比经典力学少而是比经典力学多。当然量子力学决不是最后的真理，无论在深刻性和广泛性上，它都是有限度的。量子力学建立在微观粒子具有粒子波动二重性的事实基础上，但是并不解答造成这个事实的原因。另外，量子力学也不能解决基本粒子的产生，消灭和相互转化的问题。这些问题的彻底解决有待于实验和理论的进一步发展。（在这些方面已经进行了许多卓有成效的研究工作，但

〔注一〕（3）式的证明如下：

对于一定的状态ψ，自轭算符$\hat{A}$和$\hat{B}$，实数ξ，我们研究下列函数：

$$f(\xi)=\int\psi^*(\hat{A}+i\xi\hat{B})^{\dagger}(\hat{A}+i\xi\hat{B})\psi\,dv \qquad (6)$$

展开来，

$$f(\xi)=\int\psi^*(\hat{A}-i\xi\hat{B})(\hat{A}+i\xi\hat{B})\psi\,dv$$

$$=\overline{A^2}+\overline{B^2}\xi^2+i\,\overline{AB-BA}\,\xi \qquad (7)$$

另外，根据§15，(24)式，f(ξ)可以写成：

$$f(\xi)=\int|(\hat{A}+i\xi\hat{B})\psi|^2\geqslant 0$$

$$\therefore\quad f(\xi)=\overline{B^2}\,\xi^2+i\,\overline{AB-BA}\,\xi+\overline{A^2}\geqslant 0 \qquad (8)$$

~~f(ξ)是ξ的二次式，f(ξ)≥0 表示没有二个ξ的（实数）值~~

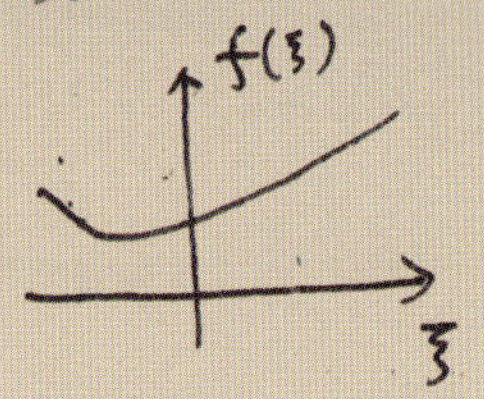

图40

(8)式是对所有实数ξ（$-\infty<\xi<\infty$）都成立的（图40）

因此，必须二次方程式 $f(\xi)=0$ 没有实根，

（或只有实数重根），其条件为：

$$4\,\overline{A^2}\,\overline{B^2}\geqslant\left[i\,\overline{AB-BA}\right]^2 \qquad (9)$$

为令 $\hat{A}=\Delta\hat{L}=\hat{L}-\bar{L}$，$\hat{B}=\Delta\hat{M}=\hat{M}-\bar{M}$，（$\hat{L}$，$\hat{M}$ 为任意二个自耗算符）

则 $\hat{A}\hat{B}-\hat{B}\hat{A}=\hat{L}\hat{M}-\hat{M}\hat{L}$，

$$\therefore\quad 4\,\overline{(\Delta L)^2}\,\overline{(\Delta M)^2}\geqslant\left[i\,\overline{LM-ML}\right]^2 \qquad (10)$$

(9)式和(10)式是对于任何二个力学量，任何状态都成立的，可以了解为广义的测不准关系。为令 $\hat{L}=\hat{x}$，$\hat{M}=\hat{p}_x$，则得

$$4\,\overline{(\Delta x)^2}\,\overline{(\Delta p_x)^2}\geqslant\left[i\,\overline{xp_x-p_xx}\right]^2=\hbar^2$$

即

$$\overline{(\Delta x)^2}\,\overline{(\Delta p_x)^2}\geqslant\frac{\hbar^2}{4} \qquad (3)$$

这是通常所说的测不准关系。

---

§23. 小结

~~在这一章里讲述了微观粒子的~~

1. 微观粒子具有波和粒子的二重性，在一定的场合下（例如在宏观的电场或磁场中），电子的运动表现得像宏观的质点一样，亦即表现出粒子性，而电子衍射实验表明电子的运动遵守波动过程的规律。我们认为，电子的运动，正如光一样，波动性是基本的，而粒子性则是波动性在宏观条件下的

近似表现。这二方面的性质通过德布罗依公式联系起来：

$$p=\frac{h}{\lambda}\qquad(\vec{p}=\hbar\vec{k})\qquad(1)$$

$$E=\hbar\omega\qquad(2)$$

根据德布罗依公式(1)可以得出在原子内中有决定意义的玻尔量子化条件，从而指明了原子内(微观现象)很有可能从波动观点得到通盘的解决。

在这个基础上建立了量子力学。在这一章中我们讲述了量子力学的基本原理和基本概念。

2. 由于电子具有波动性，因此电子的运动状态不是由坐标和动量，而是由波函数$\psi(\vec{r},t)$来描述，它描述波动过程的全部性质。这是最基本的概念

波函数由薛丁格方程(波动方程)决定：

$$i\hbar\frac{\partial}{\partial t}\psi=\hat{H}\psi\qquad(3)$$

其中$\hat{H}$是代表总能量的算符，在外界作用可以通过作用势来表达的时候，

$$\hat{H}=-\frac{\hbar^2}{2\mu}\nabla^2+U(\vec{r})\qquad(4)$$

薛丁格方程符合因果律的要求，而且保证粒子数守恒。

3. 在运动过程中，每一个力学量由一个线性自轭算符代表。

~~$L(\vec{r},\vec{p})\rightarrow\hat{L}=L(\vec{r},-i\hbar\nabla)$~~

$$\vec{r}\rightarrow\hat{\vec{r}}=\vec{r},\qquad\vec{p}\rightarrow\hat{\vec{p}}=-i\hbar\nabla$$

$$L(\vec{r},\vec{p})\rightarrow\hat{L}=L(\hat{\vec{r}},\hat{\vec{p}})\qquad(5)$$

这是经典力学中所没有的一个新概念，是电子具有波动性和用波函数描述状态所必然会引导到的结论。

在一般的状态中，某一个力学量$\hat{L}$并不具有确定的数值，但是如果波函数是$\hat{L}$的本征函数，则L就具有确定的数值(本征值)，本征函数和本征值由本征方程决定：

$$\hat{L}\psi=L\psi\qquad(6)$$

由本征方程可以求得各个力学量的量子化(或不量子化)情况。

[本征方程的"直观"来说是，在某一个状态中，力学量$\hat{L}$等于常数：

$$\hat{L}=L$$

这是一个算符的方程式，只有作用在波函数上才有意义，而作用到波函数中上，就得到本征方程］

4. 知道了波函数 ψ，可以计算各种力学量的测量结果的几率：

坐标等于 $\vec{r}$—$\vec{r}+dv$ 的几率 $= |\psi(\vec{r},t)|^2 dv$ (7)

动量等于 $\vec{p}$—$\vec{p}+d^3p$ 的几率 $= |\varphi(\vec{p},t)|^2 d^3p$ (8)

其中 $\varphi(\vec{p},t) = \int \psi_p^*(\vec{r})\, \psi(\vec{r},t)\, dv$ (9)

力学量 $\hat{L}$ 等于 L_n 的几率 $= |C_n(t)|^2$ （量子化情形） (10)

$C_n(t) = \int \psi_n^*(\vec{r})\, \psi(\vec{r},t)\, dv$ (11)

力学量 $\hat{L}$ 等于 L—$L+dL$ 的几率 $= |C_L(t)|^2 dL$ （非量子化情形） (12)

$C_L(t) = \int \psi_L^*(\vec{r})\, \psi(\vec{r},t)\, dv$ (13)

几率流密度（向量）$\vec{K} = -\frac{i\hbar}{2m}(\psi^* \vec{\nabla}\psi - \psi\vec{\nabla}\psi^*)$

$= \frac{1}{2m}(\psi^* \hat{\vec{p}}\psi + c.c.)$

$= Re\{\psi^* \frac{\hat{\vec{p}}}{m}\psi\}$ (14)

电流密度 $\vec{j} = -e\vec{K}$ (15)

5. 知道了波函数 ψ 还可以计算测量结果的平均值：

$\bar{L} = \int \psi^* \hat{L} \psi\, dv$ (16)

或 $\bar{L} = \sum_n |C_n|^2 L_n = \sum_n C_n^* L_n C_n$ (17)

或 $\bar{L} = \int |C_L|^2 L\, dL = \int C_L^* L C_L\, dL$ (18)

平方平均差：$\overline{(\Delta L)^2} = \overline{(\hat{L}-\bar{L})^2} = \overline{L^2} - \bar{L}^2$ (19)

或 $\overline{(\Delta L)^2} = \int |(\hat{L}-\bar{L})\psi|^2 dv$ (20)

6. 若力学量 L,M 的算符可以对易（$\hat{L}\hat{M}=\hat{M}\hat{L}$），则 $\hat{L},\hat{M}$ 具有共同的本征状态，而且 L,M 可以同时测量，若 $\hat{L},\hat{M}$ 不能对易，则没有共同的本征状态，不能同时测量。在任何状态中，二者的平方平均差有一个不可逾越的最低限度，即测不准关系：

$4\,\overline{(\Delta L)^2}\;\overline{(\Delta M)^2} \geq \left[i\,\overline{\hat{L}\hat{M}-\hat{M}\hat{L}}\right]^2$ (21)

特别重要的是：　$\Delta x\cdot\Delta p \geqslant \frac{\hbar}{2}$　(22)

它指明了经典力学的适用限度。

7. 由薛丁格方程和平均值公式可以导出描述力学量随时间变化的运动方程：

$$\frac{d\hat{L}}{dt}=\frac{\partial\hat{L}}{\partial t}+\frac{1}{i\hbar}(\hat{L}\hat{H}-\hat{H}\hat{L}) \quad (23)$$

或

$$\frac{d\bar{L}}{dt}=\frac{\partial\bar{L}}{\partial t}+\frac{1}{i\hbar}\overline{LH-HL} \quad (24)$$

在各种条件情况下的运动方程和守恒量在形式上和经典力学中的相应相似（或者等说是普遍的），这表明了经典力学是量子力学的极限情况。即，如不定值 Δx 和 Δp_x 均小到可以略去不计，则量子力学就过渡到经典力学。

从运动方程的形式表现(23)式，得到一个重要的概念：对易关系的计算对于研究各种力学量的性质有着头等重要的意义。

8. 在各种状态中，特别重要的是定态。在定态中，能量和某些守恒量具有确定的守恒的数值，而且任何一种几率(包括电流密度)均守恒。

定态波函数中时间和空间变数是互相分开的：

$$\psi_n(\vec{r},t)=\psi_n(\vec{r})e^{-iE_nt/\hbar} \quad (25)$$

$\psi_n(\vec{r})$ 是 $\hat{H}$(和某些守恒量)的本征函数，由定态薛丁格方程决定，和某些守恒量的本征方程共同

$$\hat{H}\psi_n(\vec{r})=E_n\psi_n(\vec{r}) \quad (26)$$

$$\hat{L}\psi_n(\vec{r})=L_n\psi_n(\vec{r}) \quad (27)$$

由于薛丁格方程的普遍解可以展开成定态波函数的叠加，

$$\psi(\vec{r},t)=\sum_n C_n\psi_n(\vec{r},t), \quad (28)$$

而解定态薛丁格方程要比解普遍的薛丁格方程容易得多，这样就提供了解薛丁格方程的一个重要途径(实际上这几乎是唯一的途径)，即，先解定态薛丁格方程，求得能级 E_n 和定态波函数 ψ_n，再加起来得到一般的波函数。由此可见，定态的研究和守恒量，在量子力学中占有头等重要的地位。

9. 一般状态用定态的展开(或用其他本征状态的展开)是态叠加原理的一项

重要应用。态叠加原理给定n个状态的线性叠加可以得到一个新的状态，这就决定了薛丁格方程必然是ψ的线性方程（只每一项均含有ψ的一次方），从而决定了量子力学方程的线性结构。

复习思考题（用自己的话回答！全面地回答！扼要地回答！）

1. 简述德布洛依假设的中心思想。
2. 力学量由算符代表，是德布洛依假设的必然结论，你如何体会这一点？
3. 如果一开始用 $\psi=Ae^{-i(kx-\omega t)}$ 表示平面波，则算符形式是什么？对于薛丁格方程的形式有无影响。对平均值有无影响。
4. 代表可观测的力学量的算符，为什么一定是自轭算符？
5. 说明§2.3，(14)式的意义。
6. 为什么要讨论各种"对易关系"？
7. 为什么说薛丁格方程满足因果律的要求？
8. 平均值公式有二种形式：$\bar{L}=\int\psi^*\hat{L}\psi dv$，$\bar{L}=\sum_n|c_n|^2L_n$，试说明后者的含义更多一些。
9. 仿照§16中的办法证明：为了保证粒子数守恒，薛丁格方程 $i\hbar\frac{\partial\psi}{\partial t}=\hat{H}\psi$ 中的算符 $\hat{H}$ 必须是自轭算符。
10. 说明电子的波动性和各种量子化现象的关系。
11. 定态问题有什么重要性，说明定态的特点。
12. 全面说明哈密顿算符 $\hat{H}$ 在量子力学中的特殊重要地位。
13. 测不准关系和粒子的波动性有何关系。为什么说测不准关系指明了经典力学的应用限度？
14. 说明本征方程的重要性，本征值的意义和本征函数的用处。

复习思考题

量子力学讲义（中）

（初稿）

錢伯初 編

兰州大学物理系
理论物理教研組

1960

第三章 简单系统的定态问题

在本章中研究几种物理上典型，数学上简单的定态问题，它们是了解原子，分子，原子核，和固体各种的基础。

§24. 简谐振子

晶体中离子在平衡位置附近的振动和分子中的振动都可以近似地当作简谐振动，原子核中核子的运动在一定程度上也可以当作简谐振动，电磁场的振动可以分解成各种频率的简谐振动。现在我们就来看看量子力学如何处理简谐振动问题。

质量为 m 的粒子（或等效粒子）在势场

$$U(x)=\frac{k}{2}x^2=\frac{1}{2}m\omega^2x^2 \qquad (1)$$

中运动时，能量算符为：

$$\hat{H}=-\frac{\hbar^2}{2m}\frac{d^2}{dx^2}+\frac{1}{2}m\omega^2x^2 \qquad (2)$$

定态薛丁格方程为：

$$\hat{H}\psi=-\frac{\hbar^2}{2m}\frac{d^2}{dx^2}\psi+\frac{1}{2}m\omega^2x^2\psi=E\psi \qquad (3)$$

下面我们来解这个方程，求出能级 E 和波函数 $\psi(x)$. (3)式可以写成：

$$\frac{d^2\psi}{dx^2}+\frac{2mE}{\hbar^2}\psi-\left(\frac{m\omega}{\hbar}x\right)^2\psi=0,$$

令

$$x_0=\left(\frac{\hbar}{m\omega}\right)^{\frac{1}{2}} \qquad (4)$$

则

$$\frac{d^2\psi}{dx^2}+\frac{2mE}{\hbar^2}\psi-\frac{x^2}{x_0^4}\psi=0,$$

乘 x_0^2，则成

$$\frac{d^2\psi}{d\left(\frac{x}{x_0}\right)^2}+\frac{2E}{\hbar\omega}\psi-\frac{x^2}{x_0^2}\psi=0.$$

令

$$\frac{2E}{\hbar\omega}=\lambda \text{（不是波长！）} \qquad (5)$$

并引入新的变数

$$\xi=\frac{x}{x_0}, \qquad (6)$$

则得
$$\frac{d^2\psi}{d\xi^2}+(\lambda-\xi^2)\psi=0 \qquad (7)$$

$\xi=\infty$ 是方程式的本性奇点，而研究清楚本性奇点附近函数的性质，常有助于问题的解决。$x\to\infty$（$\xi\to\infty$）时，$V(x)\to\infty$，粒子出现的几率应趋于0，即 $\psi\to0$，能保证波函数迅速趋于0的形式无非是 $e^{-\alpha\xi^2}$，$e^{-\alpha|\xi|}$ 之类。简单的分析表明 $\psi\sim e^{-\frac{1}{2}\xi^2}$，因此，令
$$\psi=v(\xi)e^{-\frac{1}{2}\xi^2} \qquad (8)$$

将(8)代入(7)，得：
$$v''-2\xi v'+(\lambda-1)v=0 \qquad (9)$$

$\xi=0$ 是(9)式的正常点，因此 v 可以表示成戴劳级数：
$$v=\sum_{k=0}^{\infty}a_k\xi^k \qquad (10)$$

将(10)代入(9)式，求得各个系数之间的循环公式：
$$a_{k+2}=\frac{2k+1-\lambda}{(k+1)(k+2)}a_k,\quad k=0,1,2,\cdots \qquad (11)$$

这样，由 a_0 可以求得 a_2，a_4，…　由 a_1 可以求得 a_3，a_5…　而 a_0，a_1 为任意常数。

这样求出来的波函数是否保证是有限的呢？这取决于级数(10)的渐近性质。k 很大时，
$$\frac{a_{k+2}}{a_k}=\frac{2k+1-\lambda}{(k+1)(k+2)}\to\frac{2k}{(k+1)(k+2)}$$
$$\frac{a_{2k+2}}{a_{2k}}\to\frac{4k}{(2k+1)(2k+2)}\sim\frac{1}{k+1}$$

而
$$e^{\xi^2}=1+\frac{\xi^2}{1!}+\frac{(\xi^2)^2}{2!}+\cdots+\frac{(\xi^2)^k}{k!}+\frac{(\xi^2)^{k+1}}{(k+1)!}+\cdots=\sum C_k\xi^k$$
$$\frac{C_{2k+2}}{C_{2k}}=\frac{k!}{(k+1)!}=\frac{1}{k+1}$$

由此可见，级数 $\sum a_k\xi^k$ 和 $\sum C_k\xi^k$ 的渐近性质是一样的，即：
$$v(\xi)\sim e^{\xi^2} \qquad (12)$$

则由(8)式， $\psi = v(\xi)e^{-\frac{1}{2}\xi^2} \sim e^{\frac{1}{2}\xi^2}$， $\xi\to\infty$处，ψ就$\to\infty$，这就破坏了ψ必须有限的物理要求。为了保证ψ有限，级数$v(\xi)$必须中断，变成一个多项式。设$v(\xi)$为n次多项式，即 $a_{n+2}=0$，则由(11)式可知，

i) $\lambda = 2n+1$ (12)

ii) n为奇数时，应选 $a_0=0$；v为奇函数

n为偶数时，应选 $a_1=0$；v为偶函数。

将这二个条件代入(11)式，就可以求得各个系数a_n，亦即求得波函数。将λ的数值代入(5)式，就求得~~能~~量子化能级：

$$E_n = (n+\tfrac{1}{2})\hbar\omega, \quad n=0,1,2,\cdots\cdots \tag{13}$$

$v(\xi)$是数学物理中的一种特殊函数，称厄米多项式，它的性质将在附註中说明。

由能级的公式(13)可见，简谐振子能量变化的单位是$\hbar\omega$，这(实质上)正是普朗克量子假设。另外，量子力学结果还指出简谐振动的能量最小值不是0而是$\frac{1}{2}\hbar\omega$，这称为零点能，~~零点能的存在表明有巨大的哲学意义，它有力地支持了辩证唯物论~~“运动永恒”的原理，它相当于一个最低限度的运动。这样看来，固体和分子中的原子，以及电磁场，都是在不断的运动之中，而没有绝对的静止。

微观的简谐振动(量子力学结果)和宏观的简谐振动(经典力学)有重要的差别。首先，后者能量表现为连续的，而前者则是量子化的；其次，宏观的简谐振子，只能在二个回点(见图41)之间运动，而微观简谐振子，却有一定机会可以越出回点之外。当然，这只有根据微观粒子的波动性才能理解，根据经典力学，这是无法想像的。这个问题将在§30中说明~~讨论~~。

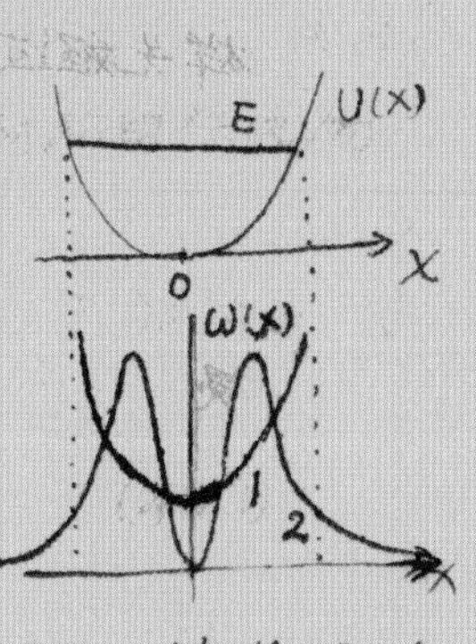

图41. 简谐振子在空间各处出现的几率(n=1)
1.经典结果 2.量子结果

[附註] 波函数的性质说明如下，

将二元函数 $W(\xi,s)=e^{2s\xi-s^2}$ 展开成 s 的幂级数：

$$W(\xi,s)=e^{2s\xi-s^2}=\sum_{0}^{\infty}H_n(\xi)\frac{s^n}{n!} \qquad (14)$$

其中 $H_n(\xi)$ 为待定系数。易见

$$H_n(\xi)=\left.\frac{\partial^n W}{\partial s^n}\right|_{s=0} \qquad (15)$$

但 $W=e^{2s\xi-s^2}=e^{\xi^2}e^{-(s-\xi)^2}$

$$\frac{\partial^n W}{\partial s^n}=e^{\xi^2}\frac{\partial^n}{\partial s^n}e^{-(s-\xi)^2}\ ~~=e^{\xi^2}\frac{d^n}{dx^n}e^{-x^2},\ x=s-\xi~~$$

$$=e^{\xi^2}\cdot(-1)^n\frac{d^n}{dx^n}e^{-x^2},\quad x=\xi-s$$

$s=0$ 时，$x=\xi$，由(15)式得：

$$H_n(\xi)=(-1)^n e^{\xi^2}\frac{d^n}{d\xi^n}e^{-\xi^2} \qquad (16)$$

这是一个 ξ 的 n 次多项式，称为厄米多项式，$W(\xi,s)$ 称为它的母函数

~~对母函数 W 微分得~~：将(14)式对 s 微分，得：

~~$\frac{\partial W}{\partial s}=2\xi W=\sum_{n=1}H_n(\xi)\frac{s^{n-1}}{(n-1)!}$~~

$$\frac{\partial W}{\partial s}=(2\xi-2s)W=\sum_{n=1}^{\infty}H_n(\xi)\frac{s^{n-1}}{(n-1)!}=\sum_{n=0}^{\infty}H_{n+1}(\xi)\frac{s^n}{n!}$$

$$\text{但 }(2\xi-2s)W=\sum_{n=0}^{\infty}2\xi H_n(\xi)\frac{s^n}{n!}-\sum_{n=0}^{\infty}2H_n(\xi)\cdot\frac{s^{n+1}}{n!}$$

$$=\sum_{n=0}^{\infty}2\xi H_n(\xi)\frac{s^n}{n!}-\sum_{n=1}^{\infty}2H_{n-1}(\xi)\frac{s^n}{(n-1)!}$$

比较二式 s^n 係数即得：

$$2\xi H_n(\xi)=H_{n+1}(\xi)+2nH_{n-1}(\xi) \qquad (17)$$

将(14)式对 ξ 微分，即得：

$$\frac{\partial W}{\partial \xi}=2sW=\sum_{n=0}^{\infty}H_n'(\xi)\frac{s^n}{n!}$$

$$\text{但 }2sW=\sum_{n=0}^{\infty}2H_n(\xi)\frac{s^{n+1}}{n!}=\sum_{n=1}^{\infty}2H_{n-1}(\xi)\frac{s^n}{(n-1)!}$$

比较二式 s^n 係数，即得

$$H_n'(\xi)=2nH_{n-1}(\xi) \qquad (18)$$

(17)，(18)[redacted]是厄米多项式的邻次关系（递推公式）。

由(17)(18)消去 $H_{n-1}(\xi)$，再对 ξ 微分，再利用(18)式消去 $H'_{n+1}(\xi)$，即得

$$H''_n(\xi)-2\xi H'_n(\xi)+2nH_n(\xi)=0 \qquad (19)$$

这称为厄米方程式。

将(14)式改写成

$$W(\xi,y)=e^{2y\xi-y^2}=\sum_{m=0}^{\infty}H_m(\xi)\frac{y^m}{m!},$$

和(14)相乘，则得：

$$\sum_{n=0}^{\infty}\sum_{m=0}^{\infty}H_n(\xi)H_m(\xi)\frac{s^n y^m}{n!m!}=e^{2s\xi-s^2+2y\xi-y^2}$$

$$=e^{\xi^2}e^{2ys}e^{-[\xi-(y+s)]^2}$$

乘 $e^{-\xi^2}$，对 ξ 积分，得：

$$\sum_{n=0}^{\infty}\sum_{m=0}^{\infty}\frac{s^n y^m}{n!m!}\int_{-\infty}^{\infty}e^{-\xi^2}H_n(\xi)H_m(\xi)d\xi=$$

$$=e^{2ys}\int_{-\infty}^{\infty}e^{-[\xi-(y+s)]^2}d\xi=e^{2ys}\int_{-\infty}^{\infty}e^{-\xi^2}d\xi$$

$$=\sqrt{\pi}e^{2ys}=\sqrt{\pi}\sum_{n=0}^{\infty}\frac{(2ys)^n}{n!}$$

比较左右二端的情况，知：

$$\boxed{\int_{-\infty}^{\infty}e^{-\xi^2}H_n(\xi)H_m(\xi)d\xi=\sqrt{\pi}2^n n!\delta_{nm}} \qquad (20)$$

这称为厄米多项式的正交性，（$e^{-\xi^2}$ 是权函数）。

由(16)可知，$H_n(-\xi)=(-1)^n H_n(\xi)$ (21)

即，n 为奇数时，$H_n(\xi)$ 为奇函数
n 为偶数时，$H_n(\xi)$ 为偶函数 } (22)

$H_n(\xi)$ 和 $v(\xi)$ 满足的方程式是一样的〔见(19)和(9)式〕，对称性也一样，故知 $v(\xi)$ 和 $H_n(\xi)$ 只相差一个常数因子。这样，它本征函数可以表示成：

$$\boxed{\psi_n(x)=A_n H_n(\xi)e^{-\frac{1}{2}\xi^2},\quad \xi=\frac{x}{x_0}} \qquad (23)$$

A_n 为归格化常数。

(20)式正好就是用定态波函数的正交归一化条件：

$$\int_{-\infty}^{\infty}\psi_n^*(x)\psi_m(x)\,dx=\delta_{nm}\tag{24}$$

由此求得归一化常数

$$A_n=\left[x_0\sqrt{\pi}\,2^n n!\right]^{-\frac{1}{2}}\tag{25}$$

由(22)(23)知，定态波函数具有下列"宇称性"：

$$\psi_n(-x)=(-1)^n\psi_n(x)=\begin{cases}\psi_n(x), & n\text{偶（偶宇称）}\\ -\psi_n(x), & n\text{奇（奇宇称）}\end{cases}\tag{26}$$

[波函数具有"宇称性"的原因是能量算符具有对称性：

$$x\to -x\text{ 时，}\hat{H}\text{不变}\tag{27}$$

（这可从(2)式直接看出），这样，若 $\psi(x)$ 满足定态薛丁格方程(3)，则 $\psi(-x)$ 也满足，这表明 $\psi(x)$ 和 $\psi(-x)$ 只相差一个常数因子]

利用邻次关系(17)，(18)，正交性(24)和宇称性(26)以及归一化常数(25)，容易证明：

$$\overline{x}=0,\quad \overline{p_x}=0\tag{28}$$

$$\overline{U(x)}=\frac{1}{2}E_n\tag{29}$$

$$\frac{1}{2m}\overline{p_x^2}=\frac{1}{2}E_n\tag{30}$$

这些结果都和经典力学的相似。

另外，还可以证明：

$$x_{nm}\equiv\int_{-\infty}^{\infty}\psi_n^*\,x\,\psi_m\,dx=\frac{x_0}{\sqrt{2}}\left[\sqrt{n+1}\,\delta_{n+1\,m}+\sqrt{n}\,\delta_{n\,m+1}\right]\tag{31}$$

即：

$$\left.\begin{aligned}&x_{n\,n+1}=x_0\sqrt{\frac{n+1}{2}}\\&x_{n\,n-1}=x_0\sqrt{\frac{n}{2}}\\&\text{其余皆 }0,\end{aligned}\right\}\tag{32}$$

这个结果以后用得着。

§25. 角动量.

粒子在中心势场中的运动，是原子、原子核和分子物理的基础。在中心力场中角动量是守恒量，研究清楚角动量的性质，将大大有助于中心力场的解决。在量子力学中，所谓力学量的性质，无非是指运动方程，本征值和本征函数（还有矩阵元素，见第四章）。在这一节中，我们主要研究角动量的本征值，附带也研究一下本征函数。

(一) 在§17中已经证明，角动量算符

$$\left.\begin{aligned}\hat{M}_x &= -i\hbar\left(y\frac{\partial}{\partial z}-z\frac{\partial}{\partial y}\right)\\ \hat{M}_y &= -i\hbar\left(z\frac{\partial}{\partial x}-x\frac{\partial}{\partial z}\right)\\ \hat{M}_z &= -i\hbar\left(x\frac{\partial}{\partial y}-y\frac{\partial}{\partial x}\right)\end{aligned}\right\}\quad(1)$$

间存在下列对易关系：

$$\begin{aligned}M_xM_y-M_yM_x &= i\hbar M_z\\ M_yM_z-M_zM_y &= i\hbar M_x\\ M_zM_x-M_xM_z &= i\hbar M_y\end{aligned}\quad(2)$$

（为简单计，算符记号略去，下同）

由(2)易证：
$$M^2M_z=M_zM^2,\ (x,y同)\quad(3)$$

M_x，M_y，M_z彼此的关系是对称的，因此它们的本征值是相同的，只要求其中一个的就行。但M_x，M_y，M_z互相不对易，不能同时测量，因此M^2的本征值并不等于三者本征值平方之和，而需要另外求出。下面我们来求M^2和M_z的本征值。

M^2和M_z既互相对易，则存在共同的本征函数，以ψ_l^m表示。由(2)或(1)式可见，M_z的量纲和$\hbar$相同，因此我们以$m\hbar$和$\lambda\hbar^2$表示M_z和M^2的本征值，则m，λ为无量纲的数。本征方程是：

$$M_z\psi_l^m=m\hbar\psi_l^m\quad(4)$$

$$M^2\psi_l^m=\lambda\hbar^2\psi_l^m\quad(5)$$

对在态 ψ_l^m 中求平均值，则得：

$$\lambda\hbar^2 = \overline{M^2} = \overline{M_x^2}+\overline{M_y^2}+\overline{M_z^2} = \overline{M_x^2}+\overline{M_y^2}+m^2\hbar^2$$

但 M_x，M_y 为自轭算符，其平方平均值必大于0，故知：

$$\boxed{\lambda \geq m^2} \qquad (6)$$

这个不等式在下面的分析中将起重要作用。

(4)式和(5)式可写成微分方程的形式求解，但这样就不能揭示角动量的特性。下面我们利用一些巧妙的办法来求本征值，同时也就揭示角动量的全部特点。

(二) 定义二个非自轭算符：

$$\boxed{M_+ = M_x + iM_y} \qquad (7)$$

$$\boxed{M_- = M_x - iM_y} \qquad (8)$$

由(2)式，容易证明：

$$M_zM_+ = M_+M_z + \hbar M_+ \qquad (9)$$

$$M_zM_- = M_-M_z - \hbar M_- \qquad (10)$$

$$M_+M_- = M^2 - M_z^2 + \hbar M_z \qquad (11)$$

$$M_-M_+ = M^2 - M_z^2 - \hbar M_z \qquad (12)$$

由(3)式易见：

$$M_+M^2 = M^2M_+ \qquad (13)$$

$$M_-M^2 = M^2M_- \qquad (14)$$

将 M_+ 作用在 ψ_l^m 上，得到一个新的函数 $M_+\psi_l^m$，我们来看这个函数有什么性质。利用(13)式，得：

$$M^2(M_+\psi_l^m) = M_+M^2\psi_l^m = M_+\lambda\hbar^2\psi_l^m = \lambda\hbar^2M_+\psi_l^m \qquad (15)$$

再，由(9)式，则得：

$$M_z(M_+\psi_l^m) = (M_+M_z + \hbar M_+)\psi_l^m = (m+1)\hbar M_+\psi_l^m \qquad (16)$$

可见，$M_+\psi_l^m$ 仍是 M^2，M_z 的共同本征函数，本征值分别为 $\lambda\hbar^2$ 和 $(m+1)\hbar$，因此，$M_+\psi_l^m$ 和 ψ_l^{m+1} 只差一个常数：

$$M_+\psi_l^m = a_l^m\psi_l^{m+1} \qquad (17)$$

a_l^m 为某个常数。

根据完全相仿的步骤，可证

$$M_-\psi_l^m = b_l^m\,\psi_l^{m-1} \tag{18}$$

b_l^m 为另一个常数。

(17)式的意义是，运算符 M_+ 作用于 M^2、M_z 的共同本征函数上的结果，得到另一个本征函数，M^2 的本征值不变，M_z 的本征值增加 $\hbar$。(18)式的意义则恰好相反。

(三) 由(6)式知 M_z 的本征值有一个上限，$m_{\text{上}} \leqslant \sqrt{\lambda}$，而由(17)式，

$$M_+\psi_l^{m_{\text{上}}} = a_l^{m_{\text{上}}}\,\psi_l^{m_{\text{上}}+1}$$

$m_{\text{上}}$ 既为 m 的上限，则 $m=m_{\text{上}}+1$ 为不可能，即 $\psi_l^{m_{\text{上}}+1}$ 是不存在的，

$$\therefore\quad M_+\psi_l^{m_{\text{上}}} = 0 \tag{19}$$

以 M_- 作用于(19)式，则得 $M_-M_+\psi_l^{m_{\text{上}}}=0$，由(12)式，

$$M_-M_+\psi_l^{m_{\text{上}}} = (M^2-M_z^2-\hbar M_z)\,\psi_l^{m_{\text{上}}} = (\lambda-m_{\text{上}}^2-m_{\text{上}})\,\hbar^2\psi_l^{m_{\text{上}}} = 0$$

$$\therefore\quad \lambda = m_{\text{上}}^2+m_{\text{上}} = m_{\text{上}}(m_{\text{上}}+1) \tag{20}$$

完全相仿地，m 有一个下限 $m_{\text{下}}$，$M_-\psi_l^{m_{\text{下}}}=0$，以 M_+ 作用之，

则得 $M_+M_-\psi_l^{m_{\text{下}}}=0$，由(11)式可得

$$M_+M_-\psi_l^{m_{\text{下}}} = (M^2-M_z^2+\hbar M_z)\,\psi_l^{m_{\text{下}}} = (\lambda-m_{\text{下}}^2+m_{\text{下}})\,\hbar^2\psi_l^{m_{\text{下}}} = 0$$

$$\therefore\quad \lambda = m_{\text{下}}^2-m_{\text{下}} = -m_{\text{下}}(-m_{\text{下}}+1) \tag{21}$$

比较(20)(21)，可知 $m_{\text{上}}=-m_{\text{下}}$，以 l 名之，则得：

$$m_{\text{上}} = l\,,\quad m_{\text{下}} = -l \tag{22}$$

$$\lambda = l(l+1) \tag{23}$$

由(18)式，以 M_- 作用於 ψ_l^l，得到 ψ_l^{l-1}，再以 M_- 作用之，得到 ψ_l^{l-2}，以此类推，可以得到一串 M_z 的本征函数，本征值依次递减 $\hbar$，即：

$$m = \frac{M_z}{\hbar} = l,\ l-1,\ l-2,\ \cdots\cdots$$

(待续)

这个数列应该终止于 $m=-l$ 处，可见 $l-(-l)$ 是正整数，

~~$l=$ 正整数 $(0,1,2\cdots)$ 或半正整数 $(\frac{1}{2},\frac{3}{2},\cdots)$ 24~~

而 l 必须是正整数或半正整数：

$$l=0,1,2\cdots\cdots \text{ 或 } \frac{1}{2},\frac{3}{2},\cdots\cdots \qquad (24)$$

(四) 综上所述，结论如下：

M^2 和 M_z 的共同本征函数为 ψ_l^m，本征值为：

$$M^2=l(l+1)\hbar^2,\quad l=0,1,2\cdots \text{ 或 } \frac{1}{2},\frac{3}{2},\cdots \qquad (25)$$

$$M_z=m\hbar,\quad m=l,l-1,l-2,\cdots -l. \qquad (26)$$

各个本征函数之间，可通过算符 M_+ 和 M_- 而互相转化，如(17)和(18)式所示。现在我们来求常数 a_l^m 和 b_l^m。(17)式从左乘 ψ_l^{*m+1}，积分，得：

$$a_l^m=\int\psi_l^{*m+1}(M_+)\psi_l^m\,d\Omega$$

（$\int\cdots d\Omega$ 表示对有关的变数积分）

取复共轭，得：

$$(a_l^m)^*=\int\psi_l^{m+1}(M_+)^*\psi_l^{*m}\,d\Omega=\int\psi_l^{*m}(M_+)^\dagger\psi_l^{m+1}\,d\Omega,$$

但 $(M_+)^\dagger=M_-$（见(7),(8)式），所以

$$(a_l^m)^*=\int\psi_l^{*m}M_-\psi_l^{m+1}\,d\Omega$$

而由(18)式，$b_l^m=\int\psi_l^{*m-1}M_-\psi_l^m\,d\Omega$，$m$ 换成 $m+1$，得

$$b_l^{m+1}=\int\psi_l^{*m}M_-\psi_l^{m+1}\,d\Omega=(a_l^m)^*$$

再由(18)式，$M_-\psi_l^{m+1}=b_l^{m+1}\psi_l^m$，以 M_+ 作用之，得

$$M_+M_-\psi_l^{m+1}=b_l^{m+1}M_+\psi_l^m=b_l^{m+1}a_l^m\psi_l^{m+1}=|a_l^m|^2\psi_l^{m+1},$$

乘 ψ_l^{*m+1}，积分，并利用(11)式，则得：

$$|a_l^m|^2=\int\psi_l^{*m+1}(M^2-M_z^2+\hbar M_z)\psi_l^{m+1}\,d\Omega$$

$$=l(l+1)-$$

再由(17)式，以 M_- 作用之，得

$$M_-M_+\psi_l^m = a_l^m M_-\psi_l^{m+1} = a_l^m b_l^{m+1}\psi_l^m = |a_l^m|^2\psi_l^m$$

利用(12)式，得：

$$M_-M_+\psi_l^m = (M^2 - M_z^2 - \hbar M_z)\psi_l^m = [l(l+1) - m^2 - m]\hbar^2\psi_l^m$$

$$\therefore\ |a_l^m|^2 = [l(l+1) - m(m+1)]\hbar^2 = (l-m)(l+m+1)\hbar^2$$

一般，取 a_l^m 为实数，则 b_l^m 亦为实数。~~我们取 $a_l^m>0$，~~

$$a_l^m = \pm\hbar\sqrt{(l-m)(l+m+1)} \tag{27}$$

$$b_l^m = a_l^{m-1} = \pm\hbar\sqrt{(l+m)(l-m+1)} \tag{28}$$

~~也有的书上取 $a_l^m<0$ 的，则(27)，(28)右端加负号~~。

至于本征函数 ψ_l^m 的具体形式，则可直接解(4)和(5)式求得，或解(19)式求得 ψ_l^l，再以 M_- 作用之，依次得到各个 ψ_l^m

(五)．从上面的叙述看到，角动量的本征值可以根据对易关系直接求得，因此，对易关系(2)反映了角动量的本质。以后，我们将称具有类似(2)式的性质的力学量为角动量。即，三个自轭算符 J_x，J_y，J_z，如彼此间存在下列对易关系：

$$\begin{aligned} J_xJ_y - J_yJ_x &= i\hbar J_z \\ J_yJ_z - J_zJ_y &= i\hbar J_x \\ J_zJ_x - J_xJ_z &= i\hbar J_y \end{aligned} \tag{29}$$

则称 $\vec{J} = (J_x, J_y, J_z)$ 为角动量。

只要重复上面的推导，我们可以求得一整套完全类似的结果。以 ψ_j^M 表示 J^2，J_z 的共同本征函数，则本征值为，

$$J^2 = j(j+1)\hbar^2,\quad j = 0, 1, 2\cdots 或 \tfrac{1}{2}, \tfrac{3}{2}, \cdots \tag{30}$$

$$J_z = M\hbar,\quad M = j, j-1, j-2, \cdots -j \tag{31}$$

以 J_+，J_- 表示 $J_x + iJ_y$ 和 $J_x - iJ_y$，则有

$$J_+ \psi_j^{M} = a_j^{M} \psi_j^{M+1} \quad (32)$$

$$J_- \psi_j^{M} = b_j^{M} \psi_j^{M-1} \quad (33)$$

$$J_+ \psi_j^{j} = 0 \,, \quad J_- \psi_j^{-j} = 0 \quad (34)$$

$$a_j^{M} = \pm\hbar\sqrt{(j-M)(j+M+1)} \quad (35)$$

$$b_j^{M} = \pm\hbar\sqrt{(j+M)(j-M+1)} \quad (36)$$

~~(为方便计，取 a, b > 0)~~

(六) 回到 M^2, M_z 的本征函数问题。在球坐标 (r, θ, φ) 中，

$$\hat{M}_z = -i\hbar\frac{\partial}{\partial\varphi} \quad (37)$$

$$\hat{M}^2 = -\hbar^2\left(\frac{1}{\sin\theta}\frac{\partial}{\partial\theta}\sin\theta\frac{\partial}{\partial\theta} + \frac{1}{\sin^2\theta}\frac{\partial^2}{\partial\varphi^2}\right) \quad (38)$$

$$\hat{M}_x = i\hbar\left(\sin\varphi\frac{\partial}{\partial\theta} + \cot\theta\cos\varphi\frac{\partial}{\partial\varphi}\right) \quad (39)$$

$$\hat{M}_y = -i\hbar\left(\cos\varphi\frac{\partial}{\partial\theta} - \cot\theta\sin\varphi\frac{\partial}{\partial\varphi}\right) \quad (40)$$

$$\hat{M}_+ = \hbar e^{i\varphi}\left(\frac{\partial}{\partial\theta} + i\cot\theta\frac{\partial}{\partial\varphi}\right) \quad (41)$$

$$\hat{M}_- = -\hbar e^{-i\varphi}\left(\frac{\partial}{\partial\theta} \mp i\cot\theta\frac{\partial}{\partial\varphi}\right) \quad (42)$$

$\hat{M}^2, \hat{M}_z$ 的共同本征函数为 θ, φ 的函数，通常以 $Y_l^m(\theta,\varphi)$（或 $Y_{lm}(\theta,\varphi)$）表示之，则

$$\hat{M}_z Y_l^m = m\hbar Y_l^m \quad (43)$$

$$\hat{M}^2 Y_l^m = l(l+1)\hbar^2 Y_l^m \quad (44)$$

前已求得（§19）$\hat{M}_z$ 的本征函数为 $f(r,\theta)\, e^{im\varphi}$，$m = 0, \pm1, \pm2, \cdots$ 今不管变数 r，则知

$$Y_{lm} = f(\theta)\, e^{im\varphi}$$

代入 (44) 式，得到 $f(\theta)$ 满足的方程式：

$$\frac{1}{\sin\theta}\frac{d}{d\theta}\left[\sin\theta\frac{df}{d\theta}\right] + l(l+1) f(\theta) - \frac{m^2}{\sin^2\theta} f(\theta) = 0$$

其解为：

$$f(\theta) = C\, P_l^m(\cos\theta)$$

P_l^m 为缔合勒让特函数，c 为規格化常数。~~函数~~

归结起来，M^2, M_z 的共同本征函数是本征值

$$Y_l^m(\theta,\varphi)=\sqrt{\frac{2l+1}{4\pi}\frac{(l-m)!}{(l+m)!}}\,P_l^m(\cos\theta)\,e^{im\varphi} \tag{44}$$

其中 $P_l^m(\cos\theta)=\frac{1}{2^l l!}(\sin\theta)^m\left(\frac{d}{d\cos\theta}\right)^{l+m}(\cos^2\theta-1)^l$ (45)

$l=0,1,2,\cdots$

$m=l,l-1,\cdots -l.$

$$M^2=l(l+1)\hbar^2,\quad M_z=m\hbar \tag{46}$$

利用 P_l^m 的正交性，容易驗明 Y_l^m 满足正交規格化条件：

$$\iint Y_{lm}^{*}(\theta\varphi)\,Y_{l'm'}(\theta\varphi)\sin\theta\,d\theta\,d\varphi=\delta_{ll'}\delta_{mm'} \tag{47}$$

也不难驗明下列二式：

$$M_+Y_l^m=-\hbar\sqrt{(l-m)(l+m+1)}\,Y_l^{m+1} \tag{48}$$

$$M_-Y_l^m=-\hbar\sqrt{(l+m)(l-m+1)}\,Y_l^{m-1} \tag{49}$$

这相当于(27)，(28)式中 a 和 b 取负值的情形。

$Y_l^m(\theta\varphi)$ 称为球函数，前几个的形式如下：

$$\left.\begin{aligned}
&Y_0^0=\sqrt{\frac{1}{4\pi}} && Y_2^0=\sqrt{\frac{5}{16\pi}}(3\cos^2\theta-1)\\
&Y_1^0=\sqrt{\frac{3}{4\pi}}\cos\theta && Y_2^1=\sqrt{\frac{15}{8\pi}}\sin\theta\cos\theta\,e^{i\varphi}\\
&Y_1^1=\sqrt{\frac{3}{8\pi}}\sin\theta\,e^{i\varphi} && Y_2^{-1}=-\sqrt{\frac{15}{8\pi}}\sin\theta\cos\theta\,e^{-i\varphi}\\
&Y_1^{-1}=-\sqrt{\frac{3}{8\pi}}\sin\theta\,e^{-i\varphi} && Y_2^2=\sqrt{\frac{15}{32\pi}}\sin^2\theta\,e^{2i\varphi}\\
& && Y_2^{-2}=\sqrt{\frac{15}{32\pi}}\sin^2\theta\,e^{-2i\varphi}
\end{aligned}\right\} \tag{50}$$

一般地，Y_l^m 和 Y_l^{-m} 之间有下列关係：

$$Y_l^{-m}=(-1)^m(Y_l^m)^* \tag{51}$$

§26. 中心力问题的一般概念

(一) 粒子在中心势场 $U(r)$ 中运动时，哈密顿算符为

$$\hat{H}=\frac{1}{2m}\hat{p}^2+U(r)=-\frac{\hbar^2}{2m}\nabla^2+U(r) \qquad (1)$$

在球坐标中，拉普拉斯算符可以表示成：

$$\nabla^2=\frac{1}{r^2}\frac{\partial}{\partial r}r^2\frac{\partial}{\partial r}+\frac{1}{r^2}\left(\frac{1}{\sin\theta}\frac{\partial}{\partial\theta}\sin\theta\frac{\partial}{\partial\theta}+\frac{1}{\sin^2\theta}\frac{\partial^2}{\partial\varphi^2}\right) \qquad (2)$$

~~其中第二项可以用角动量算符 $\hat{M}^2$ 表示出来，[见§25，(38)式]~~

则动能算符为：

$$\hat{T}=\frac{1}{2m}\hat{p}^2=-\frac{\hbar^2}{2m}\nabla^2=\hat{T}_r+\frac{\hat{M}^2}{2mr^2} \qquad (3)$$

$\hat{M}^2$ 即§25(38)的角动量算符，而

$$\hat{T}_r=-\frac{\hbar^2}{2m}\frac{1}{r^2}\frac{\partial}{\partial r}r^2\frac{\partial}{\partial r}=-\frac{\hbar^2}{2m}\frac{1}{r}\frac{\partial^2}{\partial r^2}\hat{r} \qquad (4)$$

是径向动能算符。这样，哈密顿算符可以表成：

$$\hat{H}=\hat{T}_r+\frac{\hat{M}^2}{2mr^2}+U(r) \qquad (5)$$

其中第一项相当于径向动能，第二项相当于离心势，第三项为真正的作用势。

角动量现在是守恒量。$\hat{M}_z$，$\hat{M}^2$，$\hat{H}$ 互相对易，因此存在共同的本征函数。上节已求得 $\hat{M}^2$，$\hat{M}_z$ 的共同本征状态为 $Y_l^m(\theta\varphi)$，则 $\hat{H}$，$\hat{M}^2$，$\hat{M}_z$ 的共同本征~~状态~~函数为：

$$\psi(r,\theta,\varphi)=R(r)\,Y_l^m(\theta,\varphi) \qquad (6)$$

将(6)代入 $\hat{H}$ 的本征方程

$$\hat{H}\psi=E\psi \qquad (7)$$

中，由于 Y_l^m 是 $\hat{M}^2$ 的本征函数，故 $\hat{M}^2$ 可以其本征值 $l(l+1)\hbar^2$ 代替，这样，就得到：

$$-\frac{\hbar^2}{2m}\frac{1}{r}\frac{d^2}{dr^2}rR(r)+\frac{\hbar^2}{2m}\frac{l(l+1)}{r^2}R(r)+U(r)R(r)=ER(r) \qquad (8)$$

这一般称为**径向方程**，$R(r)$ 称为**径向波函数**。

如令 $rR(r)=u(r)$ (9)

则径向方程可以简化成：

$$-\frac{\hbar^2}{2m}\frac{d^2}{dr^2}u(r)+\left[\frac{l(l+1)\hbar^2}{2mr^2}+U(r)\right]u(r)=E\,u(r) \quad (10)$$

$u(r)$ 一般也称为径向波函数。和经典力学相似，(10)式形式上~~相当于~~一个一维的问题，只是真正的能势 $U(r)$ 要由等效势

相当于

$$U_{效}=\frac{l(l+1)\hbar^2}{2mr^2}+U(r) \quad (11)$$

代替。$U_{效}$ 中第一项为离心势，已如上述。

解径向方程(10)，就可求得能级和径向波函数。

(二)．将(10)式写成

$$\frac{d^2u}{dr^2}+\left[\frac{2m}{\hbar^2}(E-U)-\frac{l(l+1)}{r^2}\right]u=0 \quad (12)$$

一般，在原子问题中，$r\to 0$ 时，$U(r)\propto\frac{1}{r}$，因此，在 $r\to 0$ 处

$$\frac{d^2u}{dr^2}\approx\frac{l(l+1)}{r^2}u \quad (13)$$

其解为 $u\approx r^{l+1}$ 或 r^{-l}

波函数应该是有限的，故应取前者。这样就得到了在 $r=0$ 附近径向波函数的级数形式：

$$u(r)=r^{l+1}(a_0+a_1r+a_2r^2+\cdots) \quad (14)$$

方程式(12)有二个奇点，$r=0$ 是正则奇点，$r=\infty$ 是本性奇点。根据线性常微分方程的一般理论，正则奇点附近的幂级数解，其收敛半径等于到最近一个奇点的距离，在现在的情况中收敛半径为 ∞。因此，(14)式对所有的 r 都是成立的。因此，径向方程的解法可归结为下：将(14)式代入(12)式，求得各个系数 $a_0,a_1,\cdots$，就求得了径向波函数。[註：在实际问题中常常先将~~[illegible]~~径向方程作 n 次变换，再求解，但那是技巧问题，它不影响这里所进行的~~普遍~~一般性讨论。] 这样求出来的波函数，

在 $r\to 0$ 处，是有限的，但是，在 $r\to\infty$ 处，是否也须是有限的呢？（根据波函数的统计解释，这是必须满足的条件！）为了回答这个问题，应该先研究一下径向波函数可能的渐近形式。

一般，以 $r\to\infty$ 处，势能 $U(\infty)$ 的数值作为计算能量的起点，即取 $U(\infty)=0$，则 $E>0$ 的状态为游离态，$E<0$ 的状态为结合态，这二种情况有本质的差别，因此有必要分开来研究。

（三）游离态（$E>0$）

令
$$k=\sqrt{\frac{2mE}{\hbar^2}}\quad(k>0)\tag{15}$$
则 $r\to\infty$ 处，(12) 式变成：
$$\frac{d^2u}{dr^2}+k^2u\approx 0\tag{16}$$
其解为
$$u\approx c_1e^{ikr}+c_2e^{-ikr}\tag{17}$$
$$R(r)\approx c_1\frac{e^{ikr}}{r}+c_2\frac{e^{-ikr}}{r}\tag{18}$$
c_1,c_2 为常数。自然，(17) 式既为 (14) 式的渐近形式，则 c_1,c_2 由 $a_0,a_1,\cdots$ 决定，而 a 们则决定于 (12) 式，亦即决定于 E，l 和 $U(r)$。因此，对于一定的 l（$l=0,1,2,\cdots$）和 $U(r)$，c_1 和 c_2 由能量 E 决定，亦即是能量的函数（注函）

~~$c_1=c_1(E)$，$c_2=c_2(E)$~~

由 (18) 式可知，无论 c_1，c_2 取什么数值，径向波函数 $R(r)$ 总是有限的，亦即对於任何能量，相应的状态总是存在的。

由此可见，游离态能量可以连续变化，没有量子化现象。

(18) 式中，第一项是发散球面波，第二项是会聚球面波（这一点，如果再乘上时间因子 $e^{-iEt/\hbar}$，就更看得清楚），它们分别代表电子从原子中脱出（如光电效应）和电子被原子俘获的情况。在稳定情况下，进、出相等，则二个球面波的振幅应该（绝对值）应该相等，即 $|c_1|=|c_2|$，这时，(18) 式变成：

$$R(r) \approx A \frac{\sin(kr+\alpha)}{r} \qquad (19)$$

这是一个球面驻波，它表示电子有进有出，有来有去，相当于经典力学中的非周期性轨道。图42画出了游离态径向波函数的形状。在$r=0$附近，$u(r)$很快上升（$u \propto r^{l+1}$），经过n次振动以后，就趋于周期性的振动。

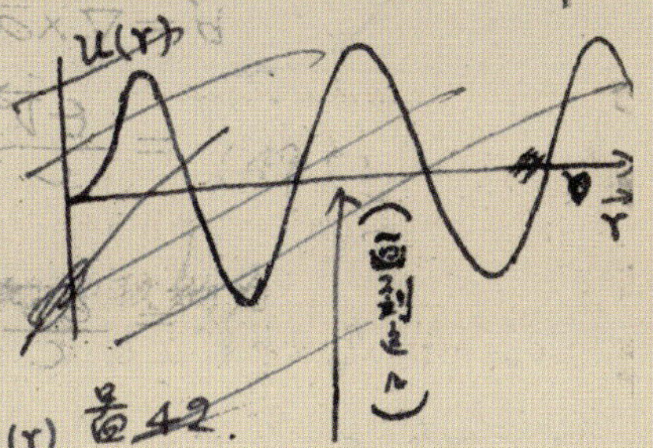

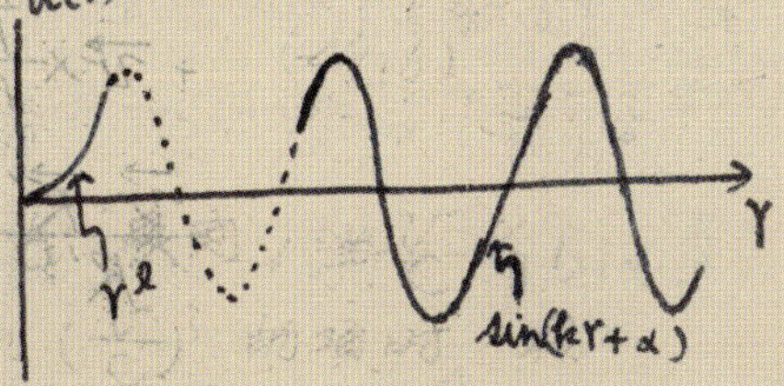

图42. 游离态径向波函数

(四) 结合态（$E<0$）

令 $\lambda=\sqrt{-\frac{2mE}{\hbar^2}}$ （不是波长！） (20)

则 $r\to\infty$ 处(12)式变成：

$$\frac{d^2u}{dr^2}-\lambda^2 u\approx 0 \qquad (21)$$

其解为 $u\approx c_3 e^{-\lambda r}+c_4 e^{+\lambda r}$ (22)

为了保证波函数有限，c_4必须等于0。但(22)式是(14)式的渐近形式，则c_3, c_4均由α们决定，而α们则决定于E, l和$U(r)$。因此c_3，c_4均由E, l和$U(r)$决定，$c_4=0$就给了能量一个限制：

$$c_4\{E, l, U(r)\}=0 \qquad (23)$$

在这个条件的限制之下，能量一般只能取不连续的值，这就是量子化能级。在这能态中，径向波函数

$$u\approx c_3 e^{-\lambda r} \qquad (24)$$

随着r的增大迅速减小，因此就保证了电子只在原子核附近出现。这相当于经典力学中的周期性轨道。结合态径向波函数的形状如图43所示。

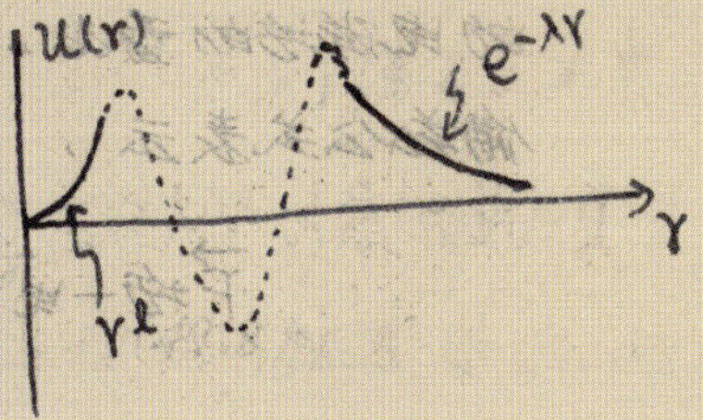

图43. 结合态径向波函数

各种势能的形式所相应的能谱为图44所示，其中横线表示量子化能级，

斜线区域表示连续能谱。

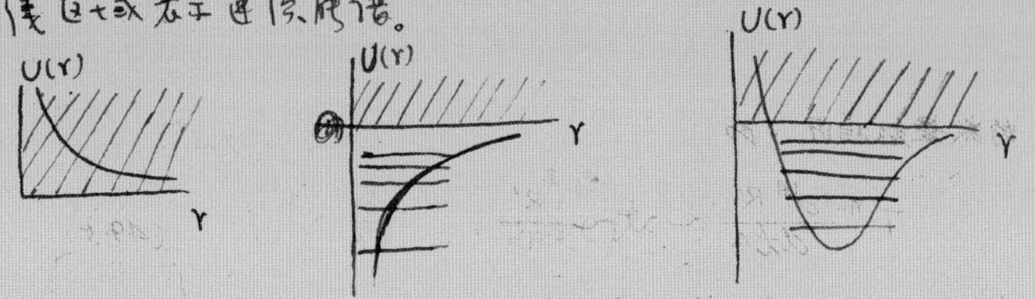

图49. 各种形式的势能和相应的能谱。[左图相当于α粒子在原子核的库仑场(斥力)中运动，中图相当于电子在原子核的吸引下运动，右图相当于分子的结合或离解。最后一种情况如果U(r)曲线太浅，也可能没有量子化能级(这时就不能形成分子)]

(五). 现在来着重讨论一下结合态能级。能级的大小首先取决于势能U(r)的形式，其次，则和量子数l有关。对于每一个l的值，有一组能级可以满足条件 $C_4=0$ [(23)式]，其中每一个能级相应于一个径向波函数。

在$r=0$附近，径向波函数 $u(r)\sim r^{l+1}$，是迅速增加的，而在$r\to\infty$处，$u(r)\sim e^{-\lambda r}$，是迅速减小的，在这中间，$u(r)$可能经历几次振动，~~可看作 u(r) 振动了~~ 因此在某几个地点，$u(r)$将等于0，这些地点，称为节点，以n_r表示节点的数目(图43中，$n_r=2$)。n_r越大，电子离原子核的平均距离越大，能量越高，因此，可以用n_r和l这二个整数，作为标志能级的量子数。但是，按照习惯，一般是用另一个量子数n代替n_r来标志能级，n的定义是

$$n = n_r + l + 1 \tag{25}$$

这样，能级由二个量子数n和l表示，记作 E_{nl}，(例如E_{31}表示$l=1$的一组能级中的第2个) ~~……~~ 按照光谱学中的习惯，称n为主量子数。(虽然一般情况下能量是由n和l共同决定的，但

l越大离心势越高，~~等效势~~ ~~越大~~ 能量也相对地高。

因此，各组能级的起点，是随着l的增加而逐渐升高的。一般讲，各组能级是不相重的，而互相交错，形成很复杂的情况。~~根据光谱实验，原子中的电子能级的次序是~~ 根据光谱学中的习惯，量子数l的数值常以字母表示：

$l=$	0	1	2	3	4	5 ……
记号：	s	p	d	f	g	h ……

以记号 2p 表示 E_{21}，3d 表示 E_{32}，等等。

根据光谱学的测定，原子中电子能级的次序是，

1s 2s 2p 3s 3p[4s 3d] 4p[5s 4d] 5p[6s 4f 5d] 6p[7s 5f 6d]……

括号[ ]中各个能级非常接近，在不同的原子中，次序也可能倒过来。

在径向方程中没有磁量子数 m，因此能量与 m 无关，其意义是能量仅与角动量大小有关，而与其取向无关。对于能级 E_{nl}，m 共有 $2l+1$ 种数值，相当于 $2l+1$ 种状态具有同样的能量，这些状态称为简併（退化）的，或者说能级 E_{nl} 的简併度为 $2l+1$

(六). 能量最低的状态称为基态。基态显然属于 $l=0$ 的情况（相应于能级 1s），因此 m 亦必须为 0，这时波函数

$$\psi = R(r)\,Y_{00} = \sqrt{\tfrac{1}{4\pi}}\;R(r)$$

是球对称的。正常情况下原子处于基态，因此呈球形。

(七). 结合态波函数的规格化条件是：

$$\int \psi^{*}\psi\, dv = 1$$

亦即 $$\iiint R^{*}(r)\,Y^{*}_{lm}(\theta\varphi)\,R(r)\,Y_{lm}(\theta\varphi)\,r^{2}dr\,\sin\theta\, d\theta\, d\varphi = 1$$

但球函数已经是对角度规格化了的，

$$\iint Y^{*}_{lm}Y_{lm}\sin\theta\, d\theta\, d\varphi = 1$$

因此，径向波函数的规格化条件是，

$$\int_{0}^{\infty} R^{2}(r)\,r^{2}dr = 1 \qquad (26)$$

或： $$\int_{0}^{\infty} u^{2}(r)\,dr = 1 \qquad (27)$$

（径向波函数是实函数，故不必写复共轭号记 *）

(八). 现在来讨论一下波函数的空间对称性(宇称性).

和能级 E_{nl} 相应的状态以 ψ_{nlm} 表示之，其中径向波函数与能量有关，故以 $R_{nl}(r)$ 表示之，

$$\psi_{nlm}(r,\theta,\varphi)=R_{nl}(r)\,Y_l^m(\theta,\varphi) \qquad (28)$$

$Y_l^m(\theta,\varphi)$ 见§25，(45)式。$R_{nl}(r)$ 的具体形式和这里的讨论无关。

当 $\vec{r}\to-\vec{r}$ 时，由图44可见：~~r,θ,φ 的变化是(图44)~~

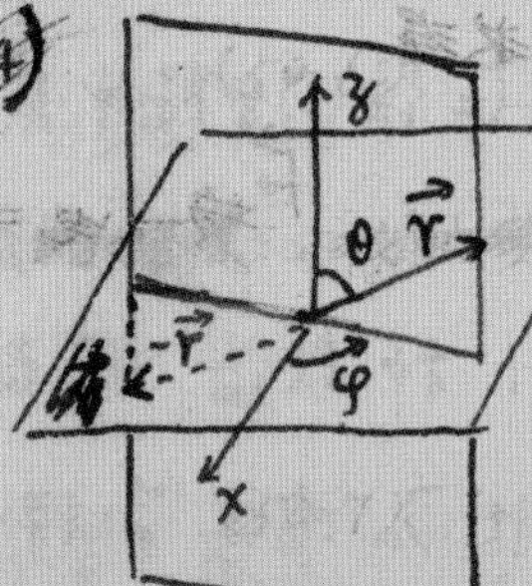

图 44.

i $r\to r$，因此 $R_{nl}(r)$ 不变。

ii ~~$\theta\to\pi-\theta$，$\varphi\to\varphi+\pi$~~

$\theta\to\pi-\theta$，$\sin\theta\to\sin\theta$

$\cos\theta\to-\cos\theta$，

$P_l^m(\cos\theta)\to(-1)^{l+m}P_l^m(\cos\theta)$

iii $\varphi\to\varphi+\pi$，$e^{im\varphi}\to(-1)^m e^{im\varphi}$

$\therefore\quad Y_l^m(\theta\varphi)\to(-1)^l\,Y_l^m(\theta,\varphi)$

$$\therefore\quad \boxed{\psi_{nlm}(-\vec{r})=(-1)^l\,\psi_{nlm}(\vec{r})=\begin{cases}\psi_{nlm}(\vec{r}), & l\ \text{偶}\ (\text{偶宇称})\\ -\psi_{nlm}(\vec{r}), & l\ \text{奇}\ (\text{奇宇称})\end{cases}}$$

波函数具有宇称性的原因是能量算符 $\hat{H}$ 的对称性，如§24中所述。利用波函数的宇称性，常常可以简化某些计算，例如利用(29)式容易知道在定态 ψ_{nlm} 中，$\bar{x}=0$，$\bar{p}_x=0$，等等。

§27. 氢原子问题（开普勒问题）

电子在原子核的库仑场中运动，作用势为

$$U(r)=-\frac{Ze^2}{r} \tag{1}$$

其中 Ze 为原子核电荷，$-e$ 为电子电荷，r 为电子和原子核间距离。

在质心坐标中，相对运动的能量（算符）为：

$$\hat{H}=\frac{1}{2\mu}\hat{p}^2+U(r)=-\frac{\hbar^2}{2\mu}\nabla^2+U(r) \tag{2}$$

其中 μ 为折合质量，即

$$\mu=\frac{mM_1}{m+M_1} \tag{3}$$

m 为电子质量，M_1 为原子核质量。

根据上节的讨论，$\hat{H},\hat{M}^2,\hat{M}_z$ 的共同本征函数是

$$\psi=R(r)Y_{lm}(\theta,\varphi)=\frac{u(r)}{r}Y_{lm}(\theta,\varphi) \tag{4}$$

径向方程为：

$$\frac{d^2u}{dr^2}+\left[\frac{2\mu E}{\hbar^2}+\frac{2\mu Ze^2}{\hbar^2}\frac{1}{r}-\frac{l(l+1)}{r^2}\right]u=0 \tag{5}$$

我们感兴趣的是结合态，即 $E<0$ 的情形。

令 $$\lambda=\sqrt{-\frac{2\mu E}{\hbar^2}}\quad(\lambda>0), \tag{6}$$

则(5)式变成：

$$\frac{d^2u}{dr^2}+\left[-\lambda^2+\frac{2\mu Ze^2}{\hbar^2}\frac{1}{r}-\frac{l(l+1)}{r^2}\right]u=0 \tag{7}$$

根据上节阐明了的径向波函数的性质，令

$$u=N\,r^{l+1}e^{-\lambda r}F(r) \tag{8}$$

（N 为规格化常数），则(7)式变成：

$$r\frac{d^2F}{dr^2}+(2l+2-2\lambda r)\frac{dF}{dr}+\left[\frac{2\mu Ze^2}{\hbar^2}-2(l+1)\lambda\right]F=0 \tag{9}$$

引入新的变数 $$\xi=2\lambda r \tag{10}$$

和常数 $$a_1=\frac{\hbar^2}{\mu e^2}=0.529\,\text{Å}\ (\text{玻尔半径}) \tag{11}$$

则得：$$\xi\frac{d^2F}{d\xi^2}+(2l+2-\xi)\frac{dF}{d\xi}-\left(l+1-\frac{Z}{\lambda a_1}\right)F=0 \tag{12}$$

这是理论物理中常见的"汇合超比方程"，其解为[注：汇合超比级数]：

$$F = F\left(l+1-\frac{Z}{\lambda a_1},\ 2l+2;\ \xi\right) \qquad (13)$$

径向波函数为：

$$R(r) = \frac{u(r)}{r} = N r^{l} e^{-\lambda r} F\left(l+1-\frac{Z}{\lambda a_1},\ 2l+2;\ 2\lambda r\right) \qquad (14)$$

当 $r\to\infty$ 处，$F\sim e^{2\lambda r}$ [见(29)式注]，因此 $R(r)$ 将趋于 ∞，为了避免这一点，汇合超比级数必须变成一个多项式，设 F 为 n_r 次多项式，则条件是[见同注]：

$$l+1-\frac{Z}{\lambda a_1} = -n_r\ ,\quad n_r = 0,1,2,\cdots \qquad (15)$$

或：

$$\frac{Z}{\lambda a_1} = n_r + l + 1 \equiv n \qquad (16)$$

则由(6)式，求得能级为：

$$E_n = -\frac{\hbar^2 Z^2}{2\mu a_1^2 n^2} = -\frac{e^2}{2a_1}\frac{Z^2}{n^2} \qquad (17)$$

(这里能量仅与 n 有关，故以 E_n 表示) 这和玻尔理论中的结果一样。

径向波函数为

$$R_{nl}(r) = N r^{l} e^{-Zr/na_1} F\left(-n_r,\ 2l+2;\ \frac{2Zr}{na_1}\right) \qquad (18)$$

其中规格化常数 N 需经复杂的运算才能求得，其值为：

$$N = \left(\frac{2Z}{na_1}\right)^{l}\left(\frac{Z}{a_1}\right)^{3/2}\frac{2}{n^2}\frac{1}{(2l+1)!}\left[(n+l)(n+l-1)\cdots(n-l)\right]^{\frac{1}{2}} \qquad (19)$$

总起来说，定态波函数是：

$$\psi_{nlm} = R_{nl}(r)\,Y_{lm}(\theta,\varphi) \sim r^{l}\cdot(r\text{的}n_r\text{次多项式})\,e^{-\frac{Zr}{na_1}}\cdot Y_l^m(\theta\varphi) \qquad (20)$$

各个量子数可取下列数值：

$n = n_r + l + 1 = 1,2,3,\cdots$	主量子数	(21)
$n_r = n-1,\ n-2,\ \cdots\cdots,\ 0$	径向量子数	
$l = 0,1,2,\cdots\ (n-1)$	轨道量子数	
$m = l,\ l-1,\ \cdots\ -l$	磁量子数	

按照玻尔理论中的名称，l 仍称为轨道量子数，但 l 的数值和玻尔理论是不一样的，特别是玻尔理论中不存在 $l=0$ 的状态，而这

恰好是最重要的状态。

由于能量与l无关，故增加了能级的简并度。对于能级E_n，l可取从0到$(n-1)$的各个数值，而对于一个l的值，又有$(2l+1)$种不同的m，故能级E_n的简并度为：

$$f_n=\sum_{l=0}^{n-1}(2l+1)=n^2 \tag{22}$$

下面研究一下电子在空间的几率分布。首先研究径向分布，以$w_{nl}(r)\,dr$表示电子在r—$r+dr$（这相当于一个球壳）间出现的几率，

则 $$w_{nl}(r)\,dr=R_{nl}^2(r)\,r^2\,dr \tag{23}$$

例如对于基态ψ_{100} $(n=1,\ l=0,\ m=0)$，由(20)式知

$$R_{10}=Ae^{-r/a_1}\quad (Z=1) \tag{24}$$

则 $$w_{10}(r)=A^2r^2e^{-2r/a_1}, \tag{25}$$

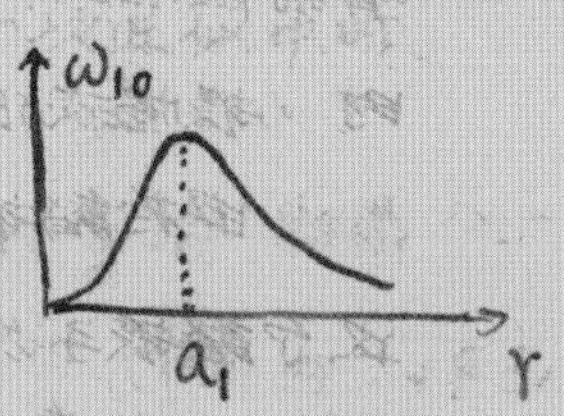

图45. 径向分布

如图45所示，几率的最大值恰好在$r=a_1$（玻尔半径）处。但在其他地点电子仍有出现的可能，不过几率较小而已。而在玻尔理论中电子只能处于$r=a_1$的圆形轨道上。

其他状态的径向几率分布可参看布洛欣采夫的书(p196)。

现在来研究电子的角分布。以$w_{lm}(\theta)\,d\Omega$表示在方向(θ,φ)附近，立体角元$d\Omega$中电子出现的几率，则

$$w_{lm}(\theta)\,d\Omega=|Y_{lm}|^2\,d\Omega\sim|P_l^m(\cos\theta)|^2\,d\Omega \tag{26}$$

例如：

$w_{00}(\theta)=\frac{1}{4\pi}$（球对称的分布）

$w_{10}(\theta)=\frac{3}{4\pi}\cos^2\theta$，$w_{11}(\theta)=w_{1,-1}(\theta)=\frac{3}{8\pi}\sin^2\theta$

以$w_{11}(\theta)$为例，它随θ的变化如下：

θ	0	30°	45°	60°	90°
$\sin^2\theta$	0	$\frac{1}{4}$	$\frac{1}{2}$	$\frac{3}{4}$	1
$w_{11}(\theta)$	0 最小				最大

画出来，则如图46所示。[图的画法是，把 $\omega(\theta)$ 的数值表在相应的方向 (θ) 上，再连成一条曲线。] 由图可见，在 $\theta=0$ 的方向上（z轴），电子出现的几率为0，而在 $\theta=90^\circ$ 的方向（x-y 平面），电子出现的几率最大。在玻尔理论中，$l=1$，$m=1$ 时，角动量在 z 轴上的投影达最大值，因此，电子轨道是在 x-y 平面内。

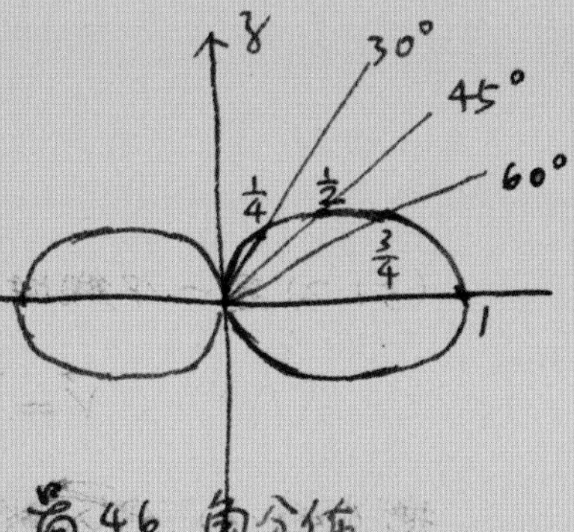

图46. 角分布

一般讲，玻尔理论的结果相当于（或接近）量子力学结果的最可几值，因此，作为一种简捷的模型，利用玻尔模型理论仍可在相当程度上阐明问题的性质。

$r\to 0$ 处，$U(r)\to -\infty$，但是量子能级的最小值却并不是 $-\infty$，而是一个有限值 E_1，这是什么原因呢。这可以由测不准关系来解释。

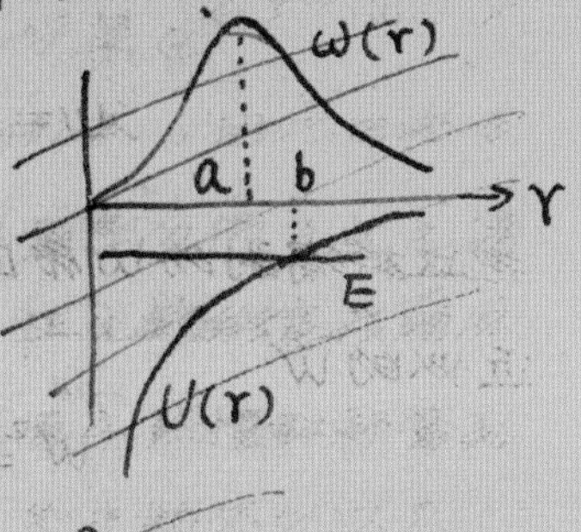

图47.

当电子处于能量为E的状态中时，~~按经典力学，电子只能在 $r\leq b$ 的范围内运动。（参见图，见图47表 $U(b)=E$）~~ 按量子力学，电子在空间各处均有出现的几率。设最可几的位置是 r_0，则 ~~见图47~~

$$E \sim U(r_0) + \frac{1}{2m}\overline{p^2}$$

若 r_0 减小，则 $U(r_0)$ 亦减少，~~$U(r)=-\frac{e^2}{r}$~~

$$U(r_0) \propto -\frac{1}{r_0}$$

但动能并不相应的减小，根据§22的讨论，平均动能是随着运动范围的缩小而增加的：

$$\frac{1}{2m}\overline{p^2} \propto \frac{1}{r_0^2}$$

这样电子和原子核的最可几距离 r_0 的减少，并不总意味着能量的降低，当r_0太小时，动能的增加将超过势能的减少，而总能反而增加。（经典力学中，动能平均值等于势能平均值绝对值的一半，因此最可几距离减少时，总能是减少的）可见，电子不会无限近地接近原子核，而将维持一个适当的（为了保持一个最小的能量）最可几距离r_0，这时，电子的运动范围大致上是在半径为$2r_0$的球内，则由§22，

$$\frac{1}{2m}\overline{p^2} \approx \frac{6\hbar^2}{\mu(4r_0)^2} = \frac{3\hbar^2}{8\mu r_0^2}$$

而

$$V(r_0) = -\frac{Ze^2}{r_0}$$

$$E \approx \frac{3\hbar^2}{8\mu r_0^2} - \frac{Ze^2}{r_0}$$

~~为最由 $\frac{\partial E}{\partial r_0}$ 求使能量~~

可由 $\frac{\partial E}{\partial r_0}=0$ 求使能量最小的r_0，则得

$$r_0 \approx \frac{3}{4}\frac{\hbar^2}{\mu e^2 Z} = \frac{3}{4}\frac{a_1}{Z}$$

$$E \approx \frac{3\hbar^2}{8\mu\left(\frac{3}{4}\frac{a_1}{Z}\right)^2} - \frac{Ze^2}{\frac{3}{4}\frac{a_1}{Z}} = -\frac{2}{3}\frac{Z^2e^2}{a_1}$$

这和基态能量 $E_1 = -\frac{e^2}{2a_1}Z^2$ 相差并不多。

由上面的分析可知，如果

$$r \to 0 \text{ 处} \quad U(r) \to -\frac{1}{r^3}\left(\text{或} -\frac{1}{r^4} \text{等等}\right)$$

则最可几距离减少时，位能的降低将超过动能的增加，而总能降低。在这种情况下，电子将无限制地接近原子核，将会落到原子核中去，而不可能存在稳定的原子。

以前，介子场论所给出来的核力势能，常具有$\frac{1}{r^3}$的形式，就这不能解释原子核的稳定存在，从而构成了介子场论的一个基本困难。近年来，这方面的工作已有很大进展，已经求得有限的核力位能，并与实验结果很好地符合。

[註] 匯合超比级数是指這样一个级数:

$$F(a,b;z)=1+\frac{a}{b}\frac{z}{1!}+\frac{a(a+1)}{b(b+1)}\frac{z^2}{2!}+\frac{a(a+1)(a+2)}{b(b+1)(b+2)}\frac{z^3}{3!}+\cdots \qquad (27)$$

其中z为变数，a和b为常数。a,b,z可以是复数，但b不能是负整数。当$a=-n_r$ ($n_r=0,1,2,\cdots$) 时，(27)式变成一个n_r次多项式，因为这时z^{n_r+1}以上各项係数均为0.

有很多特殊函数都可以表示成匯合超比级数的形式，例如指数函数:

$$e^z=1+\frac{z}{1!}+\frac{z^2}{2!}+\cdots=F(a,a;z) \qquad (28)$$

当k很大时，$\frac{a+k}{b+k}\sim 1$，因此(27)和(28)这二个级数的渐近性质是相像的，亦即:

$$F(a,b;z)\sim e^z \qquad (29)$$

[比较严格的渐近形式是:

$$F(a,b;z)\to\frac{\Gamma(b)}{\Gamma(b-a)}(-z)^{-a}+\frac{\Gamma(b)}{\Gamma(a)}z^{a-b}e^z,\ (z\to\infty) \qquad (30)$$

但这个式子证明起来相当困难。]

对(27)式逐项微分，容易証明$F(a,b;z)$满足下列方程:

$$z\frac{d^2F}{dz^2}+(b-z)\frac{dF}{dz}-aF=0 \qquad (31)$$

這就是匯合超比方程的标准形式。如果

$$a=l+1-\frac{Z}{\lambda a_1}$$

$$b=2l+2$$

$$z=2\lambda r=\xi$$

则就变成(12)式。

§28. 原子中的电流、玻尔磁子

如果原子中的电子(指最外层的价电子)处于状态

$$\psi_{n\ell m} = R_{n\ell}(r)\, Y_{\ell m}(\theta\varphi) \qquad (1)$$

中(§26),我们来计算该原子中的电流。

由§12,(14)式,电流密度为:

$$\vec{j} = \frac{ie\hbar}{2\mu}\left(\psi^* \vec{\nabla}\psi - \psi\vec{\nabla}\psi^*\right) \qquad (2)$$

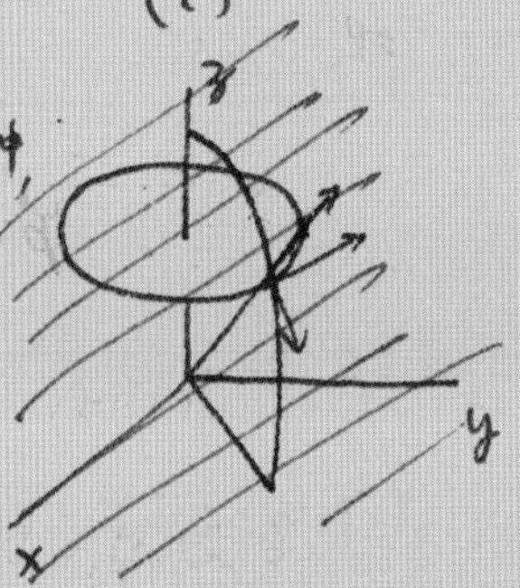

在现在的问题中,当然应该採用球坐标。在球坐标中,

$$(\vec{\nabla})_r = \frac{\partial}{\partial r},\quad (\vec{\nabla})_\theta = \frac{1}{r}\frac{\partial}{\partial\theta},\quad (\vec{\nabla})_\varphi = \frac{1}{r\sin\theta}\frac{\partial}{\partial\varphi} \qquad (3)$$

则径向电流为,

$$j_r = \frac{ie\hbar}{2\mu}\left(\psi^*\frac{\partial}{\partial r}\psi - \psi\frac{\partial}{\partial r}\psi^*\right)$$

$$= \frac{ie\hbar}{2\mu}\left|Y_{\ell m}(\theta\varphi)\right|^2\left(R^*\frac{dR}{dr} - R\frac{dR^*}{dr}\right)$$

但 $R(r)$ 为实函数,故 $j_r = 0$

同样,因为 ψ 中的 θ 部分 $P_\ell^m(\cos\theta)$ 为实函数,故 $j_\theta = 0$.

而 $$j_\varphi = \frac{ie\hbar}{2\mu}\frac{1}{r\sin\theta}\left(\psi^*\frac{\partial\psi}{\partial\varphi} - \psi\frac{\partial\psi^*}{\partial\varphi}\right)$$

ψ 中的 φ 部分为 $e^{im\varphi}$,故

$$\frac{\partial\psi}{\partial\varphi} = im\psi,\qquad \frac{\partial\psi^*}{\partial\varphi} = -im\psi^*.$$

$$\therefore\quad j_\varphi = -\frac{e\hbar}{2\mu}\frac{2m}{r\sin\theta}\psi^*\psi \quad (\text{CGSE}) \qquad (4)$$

这是在静电单位(CGSE)中,如化成电磁单位(CGSM),则应乘 $\frac{1}{c}$,

$$j_\varphi = -\frac{e\hbar}{2\mu c}\frac{2m}{r\sin\theta}\psi^*\psi \quad (\text{CGSM}) \qquad (4')$$

~~这是 $\psi^*\psi$ 与 φ 无关,~~

$\psi^*\psi$ 只是 r,θ 的函数,与 φ 无关,因此,在一个以 z 轴为对称轴的圆环上(见图47),~~电流是轴~~ j_φ 是常数。而 j_φ 是电流密度矢在 φ 增加的方向亦即圆环的切线方向上的分量。由此可知,原子中的电流形成一个个以

z轴为对称轴的环形电流。其中的一个如图47所示。

从磁的效果讲，一个（面积为A的）环形电流 i，相当于一个磁矩 $\mathfrak{M} = iA$，对于图47中的电流圆环，$A = \pi(r\sin\theta)^2$，而电流为 $di = j_\varphi d\sigma$，（$d\sigma$ 为环的截面积）则相应的磁矩是，

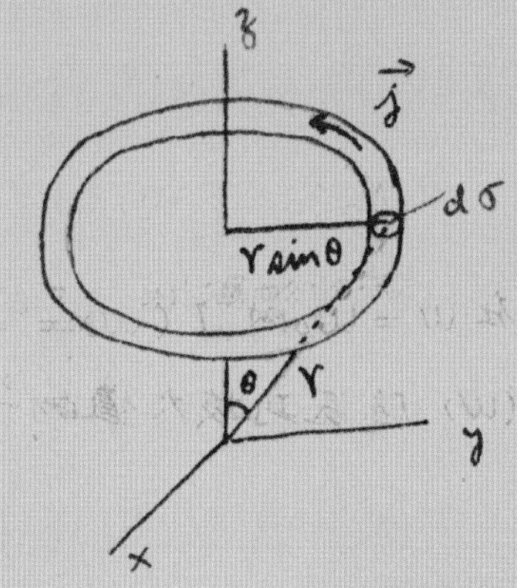

图47. 原子中的环形电流

$$d\mathfrak{M}_z = A j_\varphi d\sigma = -\frac{e\hbar}{2\mu c} m \psi^*\psi\, 2\pi r\sin\theta\, d\sigma$$

磁矩的方向和z轴重合。

原子的总磁矩为各个环形电流所生磁矩之和，即

$$\mathfrak{M}_z = \sum d\mathfrak{M}_z = -\frac{e\hbar}{2\mu c} m \sum \psi^*\psi\, 2\pi r\sin\theta\, d\sigma$$

但 $2\pi r\sin\theta\, d\sigma$ 是环的体积，对各个环求和的结果，

$$\sum \psi^*\psi\, 2\pi r\sin\theta\, d\sigma = \int \psi^*\psi\, dv = 1$$

$$\therefore \quad \mathfrak{M}_z = -m\frac{e\hbar}{2\mu c} \qquad (5)$$

即，原子的磁矩为玻尔磁子 ~~$\mathfrak{M}_0 = \frac{e\hbar}{2\mu c} \approx 0.918\times10^{-20}$ 尔格/高斯~~

$$\mathfrak{M}_0 = \frac{e\hbar}{2\mu c} \approx 0.918\times10^{-20} \text{ 尔格/高斯} \qquad (6)$$

的整数倍。

(5)式也可以写成 $\boxed{\mathfrak{M}_z = -\frac{e}{2\mu c} M_z}$ (7)

即：电子的空间运动所造成的磁矩等于角动量（所谓"轨道角动量"）的 $\frac{e}{2\mu c}$ 倍，磁矩的方向则和角动量是相反（因为电子电荷是负的）。

注意，波函数 ψ_{nlm} 是 M_z 的本征函数，而z轴是任意选的，所以在没有外磁场时，各个原子的磁矩可以指向不同的方向。一般的，可以认为原子的磁矩和角动量（由于电子的空间运动而造成的）之间具有下列关系：

$$\vec{\mathfrak{M}} = -\frac{e}{2\mu c}\vec{M} \qquad (8)$$

~~比较起来，这里所得到的关于原子磁矩的结论是和玻尔理论一致的，但(5)，(7)，(8)~~

§29. 双原子分子的转动和振动.

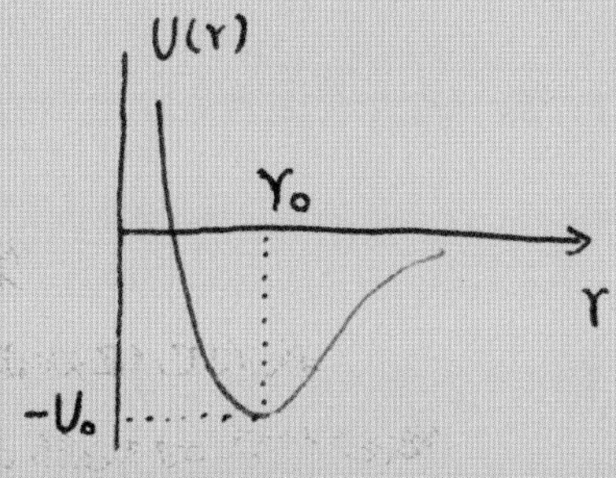

图48. 双原子分子中原子的作用能.

双原子分子中原子间的作用能 图48 为二原子核的距离 r 的函数。

以 $\psi(r,\theta,\varphi)$ 表示二原子的相对运动波函数，则它遵守薛定格方程：

$$\hat{H}\psi = E\psi \qquad (1)$$

$\hat{H}$ 为相对运动的能量算符：

$$\hat{H} = -\frac{\hbar^2}{2\mu}\nabla^2 + U(r) \qquad (2)$$

其中 μ 为折合质量。

$$\mu = \frac{m_A m_B}{m_A + m_B} \qquad (3)$$

m_A, m_B 为二个原子的质量。

由于是中心力，所以角动量守恒。如§26所指出的，$\hat{H}, \hat{M}^2, \hat{M}_z$ 存在共同的本征函数：

$$\psi = R(r)Y_{lm}(\theta,\varphi) = \frac{u(r)}{r}Y_{lm}(\theta,\varphi) \qquad (4)$$

如以 $K(K+1)\hbar^2$ 表示 M^2 的本征值（这里谈的是分子的角动量，为了避免和电子的角动量混淆，故角动量的本征值换了一个符号），则径向方程为，

$$-\frac{\hbar^2}{2\mu}\frac{d^2u}{dr^2} + \left[U(r) + \frac{K(K+1)\hbar^2}{2\mu r^2}\right]u = Eu \qquad (5)$$

$$K = 0, 1, 2, \cdots\cdots \qquad (6)$$

势能 $U(r)$ 的形状不是很简单的。如果在平衡位置 r_0 附近将 $U(r)$ 展开成泰勒级数，而作为一个粗略的近似，只取前二项，

$$U(r) \approx U_0 + \frac{1}{2}\frac{d^2U}{dr^2}\Big|_{r_0}(r-r_0)^2 \qquad (7)$$

自然，这只近似地适用于 $|r-r_0| \ll r_0$ 的情况。

(5)式中的离心势 $\frac{K(K+1)\hbar^2}{2\mu r^2}$ 来自分子的转动，一般,这是比较小的，则作为粗略的近似，可取

$$\frac{K(K+1)\hbar^2}{2\mu r^2}\approx\frac{K(K+1)\hbar^2}{2\mu r_0^2}=\frac{K(K+1)\hbar^2}{2I}=常数. \qquad (8)$$

其中 $I=\mu r_0^2$ 为分子的转动惯量。这里略去~~这项相当于由于振动而引起~~的转动惯量的变化。~~以及由于转动而引起的分子的伸长。~~

将(7)，(8)代入(5)式，并令

$$x=r-r_0 \qquad (9)$$

$$\mu\omega^2=\left.\frac{d^2U}{dr^2}\right|_{r_0} \qquad (10)$$

$$E'=E+U_0-\frac{\hbar^2}{2I}K(K+1) \qquad (11)$$

则得：

$$-\frac{\hbar^2}{2\mu}\frac{d^2u}{dx^2}+\frac{1}{2}\mu\omega^2x^2u=E'u \qquad (12)$$

这正是简谐振子的方程式，解答为（见§24）：

$$u=\psi_n(\xi),\quad \xi=\frac{x}{x_0}=\sqrt{\frac{\mu\omega}{\hbar}}(r-r_0) \qquad (13)$$

$$E'=\left(n+\frac{1}{2}\right)\hbar\omega,\quad n=0,1,2,\cdots \qquad (14)$$

由(11)式，分子的能量为

$$\boxed{E=-U_0+\left(n+\frac{1}{2}\right)\hbar\omega+\frac{\hbar^2}{2I}K(K+1)} \qquad (15)$$

其中第二项为分子的振动能，第三项为转动能。第一项并不是分子运动的能量，而是原子结合成分子时所释放的能量(U_0)。

由于零点振动的存在，分子的离解能不是 U_0 而是

$$U_0-\frac{1}{2}\hbar\omega \qquad (16)$$

对于氢分子，由分子光谱测得 $\hbar\omega\approx 8.75\times10^{-13}$ 尔格，而折合质量 $\mu=\frac{1}{2}M_H\sim 0.836\times10^{-24}$ 克，由此求得

$$x_0=\sqrt{\frac{\hbar}{\mu\omega}}=\sqrt{\frac{\hbar^2}{\mu\omega\hbar}}\sim 1.2\times10^{-9}\,\text{cm}=0.12\,\text{Å}$$

由于 $\frac{1}{2}\mu\omega^2x_0^2=\frac{1}{2}\hbar\omega$，故 x_0 相当于分子振动的振幅。

x_0 和原子间的距离 r_0（氢分子 $r_0=0.74$ Å）相比并不太小，因此

势能 $U(r)$ 的近似式(7)和实际情形是有相当差别的。

Morse 取势能的近似表示为

$$U(r) = -U_0 + U_0\left[1-e^{-\alpha(r-r_0)}\right]^2, \qquad (17)$$

对于大多数分子，这个势能和实际情形符合得相当好。[理由如下：当 $r\approx r_0$ 时，$U(r)\sim -U_0+U_0\alpha^2(r-r_0)^2$，这就是(7)式。而当 r 很大时，$U(r)$ 变化很慢；当 $r\to\infty$ 时，$U(r)\to 0$。当 $r<r_0$ 时，随着 r 的减小，$U(r)$ 迅速增大。这些都是和实际情况(见图48)符合的] 经过适当的运算，求得

~~$E = -U_0 + (n+\frac{1}{2}) \ldots + \frac{\hbar^2}{2I}K(K+1) - b\hbar\omega(n+\frac{1}{2})^2 +$~~

$$E = -U_0 + (n+\tfrac{1}{2})a - (n+\tfrac{1}{2})^2 b + \frac{\hbar^2}{2I}K(K+1) - \hbar c D K^2(K+1)^2 - d(n+\tfrac{1}{2})K(K+1) \qquad (18)$$

其中

$$\left.\begin{aligned} a &= \hbar\alpha\sqrt{\frac{2U_0}{\mu}} = \hbar\omega \\ b &= \frac{\hbar^2\omega^2}{4U_0} \\ I &= \mu r_0^2 \\ D &= \frac{\hbar^3}{4\pi c I^3\omega^2} \\ d &= \frac{3\hbar^3\omega}{4\pi I U_0}\left(\frac{1}{\alpha r_0}-\frac{1}{\alpha^2 r_0^2}\right) \end{aligned}\right\} \qquad (19)$$

(18)式和分子光谱的实验有很好的符合。其中第一、二、四项原义和(15)式同，第三项是由于势能不再是严格的简谐振子势能而引起的振动能量的修正，第五项是由于转动时分子的伸长所导致的转动能量的减少，最后一项代表振动对转动的影响。

§30. 势垒的穿透

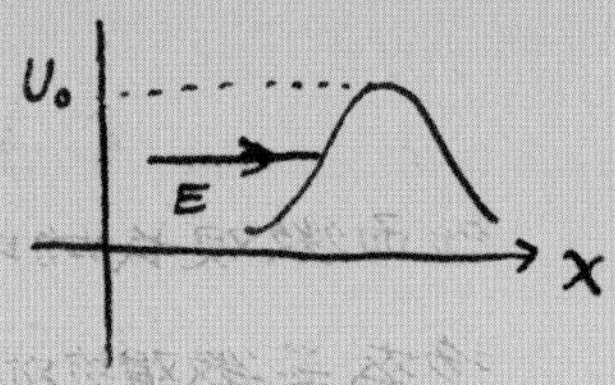

图48. 势垒

设粒子在前进途中遇到一个势垒(图48)，按经典力学，如粒子的能量 E 小于势垒的最高点 U_0，则粒子将被挡住。现在来研究一下量子力学对这个问题得出什么结论。

先从一个特殊的情况开始。设粒子遇到一个无限宽的势垒(图49)：

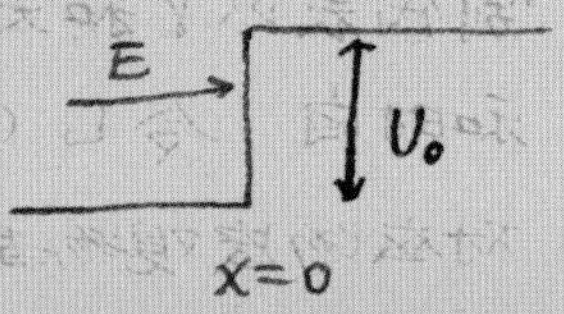

$$U(x)=\begin{cases}0, & x<0,\\ U_0, & x>0,\end{cases} \tag{1}$$

图49. 无限宽势垒

(这大致上可以代表金属中的自由电子在金属的边缘上所遇到的势垒)

我们来研究粒子的运动情况。设粒子能量为 E，显然，$E>U_0$ 和 $E<U_0$ 的情况是截然不同的，应分别讨论。

先讨论 $E>U_0$ 的情况。

粒子的运动状态由定态波函数来描述：

$$\psi=\psi(x)\,e^{-iEt/\hbar} \tag{2}$$

$\psi(x)$ 由定态薛丁格方程决定：

$$-\frac{\hbar^2}{2m}\frac{d^2}{dx^2}\psi(x)+U(x)\,\psi(x)=E\,\psi(x) \tag{3}$$

令

$$k_0=\sqrt{\frac{2mE}{\hbar^2}},\quad k=\sqrt{\frac{2m(E-U_0)}{\hbar^2}} \tag{4}$$

则(3)式可以写成：

$$\left.\begin{aligned} x\leqslant 0,\quad & \frac{d^2\psi}{dx^2}+k_0^2\psi=0\\ x\geqslant 0,\quad & \frac{d^2\psi}{dx^2}+k^2\psi=0\end{aligned}\right\} \tag{5}$$

(5)式的解是：

$$\left.\begin{aligned} x\leqslant 0,\quad & \psi(x)=Ae^{ik_0x}+Be^{-ik_0x}\\ x\geqslant 0,\quad & \psi(x)=\alpha e^{ikx}+\beta e^{-ikx}\end{aligned}\right\} \tag{6}$$

设粒子是从左边入射，则 A 项正好代表入射波，而 B 项则代表反射波。~~$e^{-ik_0x}=e^{i(-k_0)x}$，$p=-\hbar k_0$~~，α 项代替透射波，β 项按物理意义应代表~~透过~~反射波，但实际上在 $x>0$ 的区域不可能发生反射，故应取 $\beta=0$。

~~$|\psi|^2$ 代表~~

根据§12，

$$\left.\begin{aligned}&n\text{ 率密度 } \omega=\psi^*\psi\\&n\text{ 率流密度 } K=-\frac{i\hbar}{2m}\left(\psi^*\frac{d\psi}{dx}-\psi\frac{d\psi^*}{dx}\right)\end{aligned}\right\}\quad(7)$$

ω 和 K 当然必须是连续的，因此 ψ 和 $\frac{d\psi}{dx}$ 必须连续。在 $x=0$ 处应用这个条件，则得：

$$A+B=\alpha\quad(\psi\text{ 连续})\quad(8)$$

$$ik_0(A-B)=ik\alpha\quad(\psi'\text{ 连续})\quad(9)$$

令

$$n=\frac{k}{k_0}\quad(10)$$

（n 的意义为折射率，见下）则 (9) 式可以写成：

$$A-B=n\alpha\quad(11)$$

由 (8), (11) 解得：

$$\alpha=\frac{2}{1+n}A\quad(12)$$

$$B=\frac{1-n}{1+n}A\quad(13)$$

下面来研究一下常数 A, B, α 的物理意义。对于入射波

$$\psi_i=Ae^{ik_0x}\quad(14)$$

n 率流密度 $\quad K_i=\frac{\hbar k_0}{m}|A|^2\quad(15)$

这是每秒每 cm^2 通过的入射粒子数。

对于反射波

$$\psi_R=Be^{-ik_0x}\quad(16)$$

n 率流密度 $|K_R|=\frac{\hbar k_0}{m}|B^2|\quad(17)$

这是每秒每 cm^2 通过的反射粒子数。

对于透射波

$$\psi_D = \alpha e^{ikx} \tag{18}$$

概率流密度 $K_D = \frac{\hbar k}{m}|\alpha|^2$ (19)

这是每秒每单位 cm^2 通过的透射粒子数.

定义 反射系数 $R = \frac{|K_R|}{K_i}$ (20)

穿透系数 $D = \frac{K_D}{K_i}$ (21)

则

$$R = \left|\frac{B}{A}\right|^2 = \left(\frac{1-n}{1+n}\right)^2 \tag{22}$$

$$D = n\left|\frac{\alpha}{A}\right|^2 = \frac{2n}{1+n} \tag{23}$$

这和光在二介介质的分界面上透射和反射的情况完全相似（n相当于光学中的折射率）

容易证明反射系数加穿透系数等於1.

根据上面的讨论，得到的结论是：只要具有足够的能量($E>U_0$)，电子就可以逸出金属。使电子获得能量，可以用加热的方法（热电子发射），也可以用紫外光照射（光电效应）。

现在来讨论 $E<U_0$ 的情况。

这时(2)和(3)式仍然成立。可令

$$k_0 = \sqrt{\frac{2mE}{\hbar^2}}, \quad a = \sqrt{\frac{2m(U_0-E)}{\hbar^2}} > 0 \tag{24}$$

则(3)式可以写成：

$$\left.\begin{aligned} x\le 0 \quad & \frac{d^2\psi}{dx^2} + k_0^2\psi = 0 \\ x\ge 0 \quad & \frac{d^2\psi}{dx^2} - a^2\psi = 0 \end{aligned}\right\} \tag{25}$$

解为：

$$x\le 0, \quad \psi = Ae^{ik_0x} + Be^{-ik_0x} \tag{26}$$

$$x\ge 0, \quad \psi = \alpha e^{-ax} + \beta e^{+ax}$$

A项和B项意义如前，而β项，由于ψ必须有限，必须去掉.

则

$$x\ge 0, \quad \psi = \alpha e^{-ax} \tag{27}$$

利用 $x=0$ 处 ψ 和 $\frac{d\psi}{dx}$ 连续的条件，得：

$$\left.\begin{aligned} A+B &= \alpha \quad (\psi\text{连续}) \\ ik_0(A-B) &= -a\alpha \quad (\psi'\text{连续}) \end{aligned}\right\} \qquad (28)$$

解之，得：

$$\alpha = \frac{2ik_0}{ik_0-a}A \qquad (29)$$

$$B = \frac{ik_0+a}{ik_0-a}A \qquad (30)$$

现在，$x>0$ 处 $k_D=0$，故穿透係数为 0，而

$$\text{反射係数} \quad R=\left|\frac{B}{A}\right|^2=1. \qquad (31)$$

故 $E<U_0$ 的电子，均不能逸出金属，而被势垒反射回去。这个结论和经典力学的并无不同，但是量子力学对这个问题的理解却是和经典力学大不相同的。按照经典力学，~~反射完全发生在 $x=0$ 处~~ 粒子到达 $x=0$ 处，就被反射回去；而按量子力学，粒子虽然被势垒反射回去，但却仍有相当的几率可以进入势垒，$x>0$ 处 $\psi\neq0$ 就表明了这一点。(27)式表明了粒子在势垒中，亦即在 $U>E$ 的地方出现的几率：

$$|\psi_D|^2 = |\alpha|^2 e^{-2ax} \qquad (32)$$

这个几率随着进入势垒的深度而迅速减少，而势垒是无限宽的，因此粒子无法透过整个势垒。

由此可见，粒子所以被完全反射回去，是因为势垒太宽的缘故，如果势垒是有限宽的，则就有穿透的可能。设势垒宽度为 l（图50），则由(32)式，在 $x=l$ 处波的强度为

$$|\alpha|^2 e^{-2al} \qquad (33)$$

~~这也就是在 $x>l$ 处透射波的强度（因为在 $x>l$ 处是平面波，强度是常数。）把它和入射波的强度 $|A|^2$ 比较，得：~~

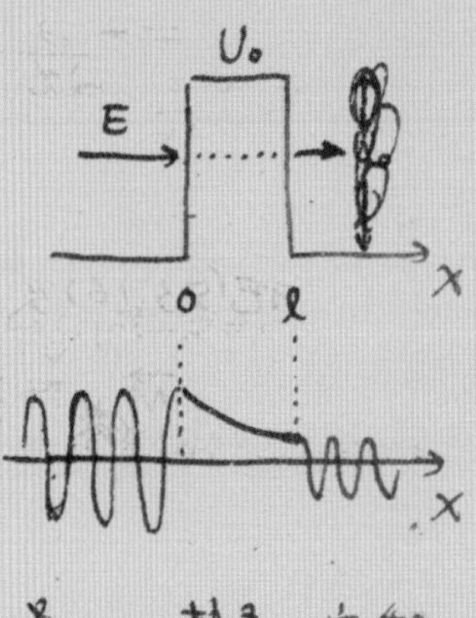

图50. 势垒的穿透

而在 $x>l$ 处的透射波是平面波：

$$\psi_D = b\,e^{ik_0 x} \qquad (34)$$

~~根据波函数的连续性,~~

$|\psi_D|^2=|b|^2$, 根据波函数的连续性, 这应该等于(33)式:

$$|b|^2 = |\alpha|^2 e^{-2al}$$

式中, 因子 $\frac{2ik_0}{ik_0-a}$ 的数量级差1, 若略去这个因子, 则

$$|b|^2 = |A|^2 e^{-2al} \qquad (35)$$

入射波 Ae^{ik_0x} 和透射波 be^{ik_0x} 仅相差系因, 则由(31)和(?)式知,

$$\text{穿透系数}\ D=\left|\frac{b}{A}\right|^2 = e^{-2al}$$

由(24), 得:

$$\text{穿透系数}\ D = e^{-\frac{2l}{\hbar}\sqrt{2m(U_0-E)}} \qquad (36)$$

如果势垒不是常数(见图51), 则应推广成:

$$\text{穿透系数}\ D = e^{-\frac{2}{\hbar}\int_{x_1}^{x_2}\sqrt{2m[U(x)-E]}\,dx} \qquad (37)$$

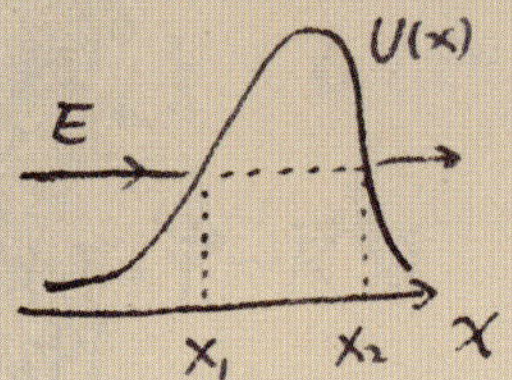

图51

这里积分是在 $U>E$ 的区域进行。

~~U(x)>E 时,~~

粒子能够穿透 $U(x)>E$ 的势垒, 这似乎是不可理解的(违反了能量守恒定律, 因而似乎)。根据经典力学, 总能量等于动能加势能:

$$E=\frac{p^2}{2m}+U(x) \qquad (38)$$

而动能必须是正的, 因此粒子不可能跑到 $U(x)>E$ 的地方去, 否则就要违反能量守恒定律。但是在量子力学中, 动能的算符 $-\frac{\hbar^2}{2m}\nabla^2$ 和势能算符不可对易, 因而它们不能同时具有确定的数值, 因此, 量子力学中根本不存在动能加势能等于总能的问题(而只有是动能算符加势能算符等于总能算符, 或动能平均值加势能平均值等于总能平均值)。经典力学中

(38)式是在粒子按轨道运动的前提下求得的（根据牛顿方程 $m\ddot{\vec{r}}=-\nabla U$），而根据量子力学，粒子的运动具有波动的性质，粒子的运动不是由牛顿方程而是由薛丁格方程 $i\hbar\frac{\partial\psi}{\partial t}=\hat{H}\psi$ 决定。在能量一定（守恒）的情况下，薛丁格方程变成定态薛丁格方程(3)。

~~我们关于粒子可以~~ ~~根据薛丁格方程~~，

由定态薛丁格方程求得的波函数，描述能量一定(E)的粒子的运动。而在 $U(x)>E$ 处，波函数一般是不等于0的。因此，粒子在 $U(x)>E$ 处出现，丝毫也不违反能量守恒定律。

在量子力学中，既然(38)式已不成立，为什么还要称 $U(x)$ 叫势能呢？为什么总能的算符等于动能的算符加势能的算符呢？前一个问题的回答是：$U(x)$ 表示外场对粒子的作用，它通过薛丁格方程影响粒子的运动，而其量纲则为能量，故称之为作用势或势能。由于在一定的状态中，粒子并无确定的位置，因此，"粒子具有势能 $U(x)$"这种说法是没有意义的；而"粒子具有能量E"的说法则是有意义的，因为在定态中，粒子的确具有确定的能量。

至于后一个问题，则并无逻辑的证明，它是非相对论量子力学的一项假定，它的正确性是由理论和实验的符合来证明的。

~~〔事实上，在相对论量子力学中并不是这样〕总能量算符是由别的途径得到，并不是由动能算符加势能算符得到的。~~

最后，我们指出，粒子穿透 $U(x)>E$ 的势垒的可能性，在宏观范围内是非常非常小~~根本不可能观察到~~的。例如：质量为1克的粒子，遇到 $U-E=1$ 尔格的势垒，而势垒宽1cm，则

$$\text{穿透系数}\ D=e^{-2\sqrt{2}/\hbar}\doteq e^{-3\times10^{27}}$$

这样小的几率，当然是完全观察不到的！

但是在微观范围内穿透系数是相当大的，例如电子

（$m \sim 10^{-27}$ 克）遇到 $U-E=1$ 电子伏 的势垒，势宽度为 1 Å，则

$$穿透係数\ D = e^{-\frac{2\times 10^{-8}}{10^{-27}}\sqrt{2\times 10^{-27}\times 1.6\times 10^{-12}}}$$

$$\approx e^{-1.1} \approx 0.33$$

这当然是不能说小的。

势垒穿透的现象，在微观领域中非常普遍，其重要性并不亚于某些量子化现象，下面举两个例子说明之。

（一）原子核的α衰变

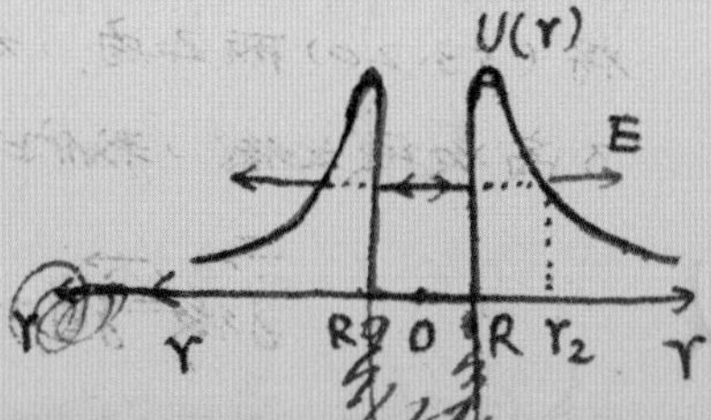

图52. 原子核的α衰变

很多原子核能放射出α粒子，根据实验的测定，α粒子的电荷为+2e，质量为6.7×10^{-24}克，（为质子质量的4倍）能量则为几个百万电子伏。由于α粒子的能量和原子核中核子的能量是同一数量级，可见它本来是存在于原子核中，由于穿透了原子核的势垒而跑出来的。α粒子和原子核的作用势如图52所示。~~在原子核外~~ 设原子核半径为R，则在$r>R$处，作用势为

$$U(r)=\frac{(Z-2)e\cdot 2e}{r} \qquad (r>R) \qquad (39)$$

而在$r\leq R$处，由于核力的作用，势能曲线很陡的下降，可以视为是垂直的下降。α粒子的运动速度 $v=\sqrt{\frac{2E}{M}}$，则每秒撞击势垒的次数为 $\frac{v}{2R}$，每撞击一次，穿透係数为D，则每秒的穿透次数为

$$\lambda=\frac{v}{2R}D \qquad (40)$$

这就是原子核的蜕变常数，$1/\lambda$为原子核的寿命。

根据(33)式，D等于

$$D=e^{-\frac{2}{\hbar}\int_R^{r_2}\sqrt{2M(U(r)-E)}\,dr} \qquad (41)$$

其中r_2由 $E=U(r_2)$ 决定。

由(39)及(41)可见，测量蜕变常数λ，可以求得原子核的半径R，

事实上这的确是测定原子核半径的一个方法。(41)式表明，蜕变常数λ随能量E的升高而迅速增大，这和实验上所观察到的情形是符合的。根据这方法求得的原子核半径约在 5×10^{-13}——10^{-12} cm，这和其他方法得到的结果是一致的。

(二) 冷发射。

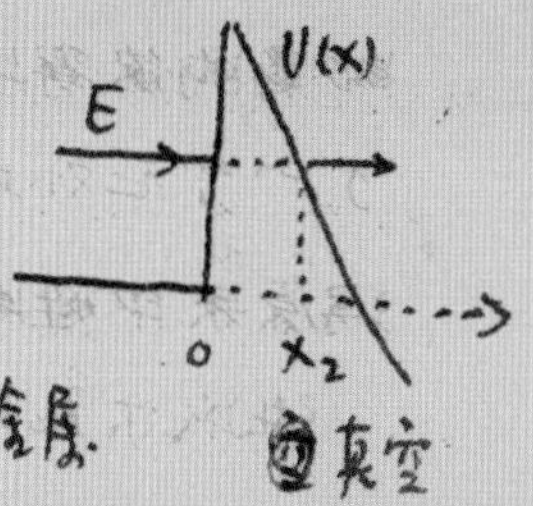

图53.

如果在金属面上加上很大的电场（金属为阴极）则金属外面势能（对电子而言）将下降如图53所示，这时金属中的自由电子就有可能穿透势叠而逸出金属，这就是所谓冷发射。

设金属外电场强度为 ε，则

$$U(x)=C-e\varepsilon x \qquad (42)$$

穿透系数 $$D=e^{-\frac{2}{\hbar}\sqrt{2m}\int_0^{x_2}\sqrt{C-E-e\varepsilon x}\,dx} \qquad (43)$$

其中 x_2 由 $U(x_2)=E$ 决定，$C-E$ 为电子的脱出功。

由(43)式容易求得

$$D=e^{-\varepsilon_0/\varepsilon},\quad \varepsilon_0=\frac{4}{3}\frac{\sqrt{2m(C-E)^3}}{e\hbar} \qquad (44)$$

由此可见，冷发射电流将随电场ε的加大而迅速增加（ε愈大，电子需要穿透的势叠愈狭窄，穿透系数愈大），这和实验上发现的情况完全一致。

(三) 氧化阴极

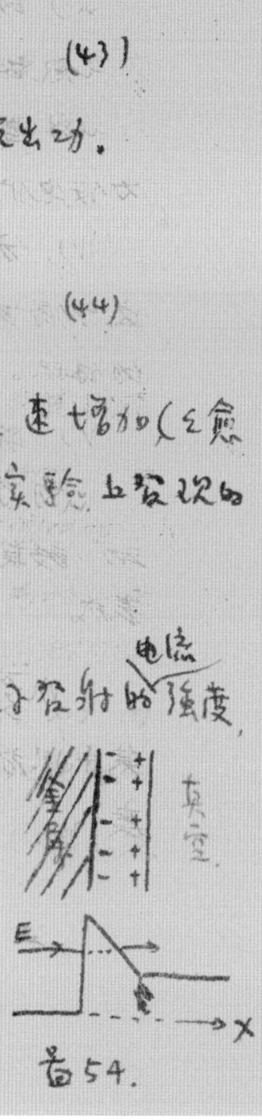

图54.

在电子管的阴极上涂上一层氧化物（半导体）常可增加热电子发射的电流强度，其原理如下：涂上一层氧化物的结果，在金属表面形成一个偶极层，因此势能曲线如图54所示。这时，电子逸出金属所需的能量，比没有氧化物时要小。因此，在一定温度下，有更多的

电子可以逸出金属，这样就导致发射电流的增加。

(四). 从势垒穿透的观点，还可以说明金属中自由电子的由来。

在原子中，电子受到原子核的吸引其势能曲线如图55左所示，这相当于无限宽的势垒，因此电子是不能逸出原子的。在金属（晶体）中，由于各个离子距离较近（数量级为1Å），结果导致势能的降低如图55右所示。这时各个原子中的电子可以透过势垒而在整个金属中运动，这就是自由电子。

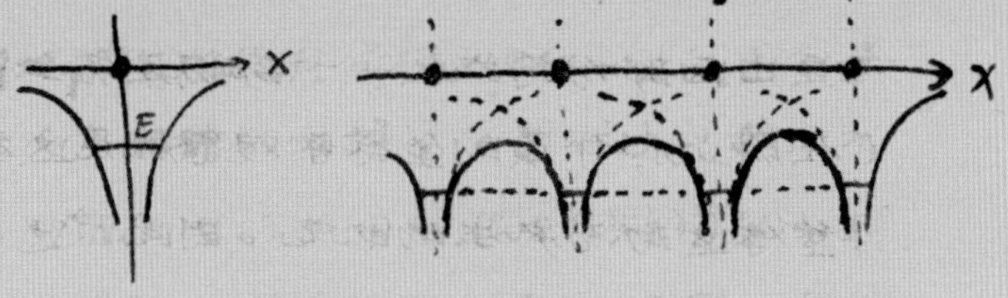

图55. 左：原子中的势能曲线

右 金属中——·——

（黑点表示离子的位置）

§31 ~~电~~粒子在周期场中的运动

~~如上节所述,金属中的"自由"电子,~~

如上节所述,金属中存在"自由"电子。如略去电子间的相互作用,则每一个自由电子可以认为是在金属点阵(离子)所产生的势场中运动。由于点阵离子的分布是周期性的,因此电子所处的势场是一种周期性的势场。我们以一维情形为例,来说明电子在这种周期性势场中运动的特点。

设电子的定态薛定格方程为:

$$-\frac{\hbar^2}{2m}\frac{d^2}{dx^2}\psi(x)+U(x)\psi(x)=E\psi(x) \qquad (1)$$

其中 $U(x)$ 为周期性势场:

$$U(x)=U(x+na),\quad n=1,2,\cdots \qquad (2)$$

a 为势场的周期(图56)

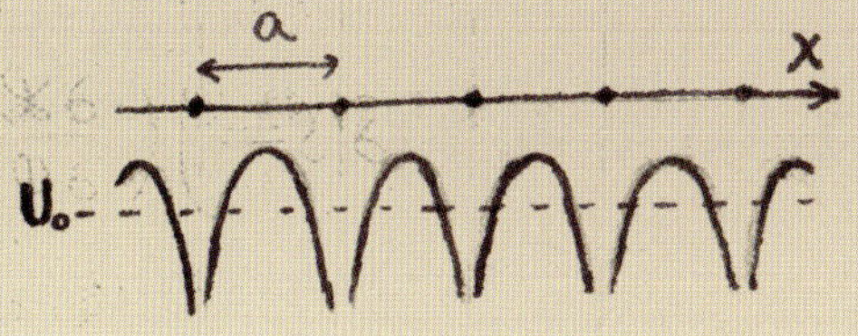

图56 周期场

作为极粗略的近似,可以势能的平均值 U_0 代替 $U(x)$,则电子的运动就成为真正自由的运动,其波函数为平面波:

$$\psi(x)=Ae^{ikx}$$

~~能量 $E=U_0+$~~

动量为 $p=\hbar k$

能量为 $E=U_0+\frac{p^2}{2m}=U_0+\frac{\hbar^2k^2}{2m}$ (3)

由于受到势场的作用,电子的运动不是完全自由的,它的波函数是一个调幅的平面波:

$$\psi_k(x)=A_k(x)e^{ikx} \qquad (4)$$

~~电子在~~

这里"振幅" A_k 是 x 的函数,它表明电子在不同的地点出现的几率是不同的。但由于势场的周期性，电子在空间出现的几率也应该周期性地变化，因此"振幅" $A_k(x)$ 应该是周期函数：

$$A_k(x) = A_k(x+na) \tag{5}$$

将(4)代入(1)，就得到 $A_k(x)$ 满足的方程式：

$$\frac{d^2}{dx^2}A_k(x) + 2ik\frac{d}{dx}A_k(x) + \frac{2m}{\hbar^2}\left[E - \frac{\hbar^2k^2}{2m} - U(x)\right]A_k(x) = 0 \tag{6}$$

我们不准备去解(6)式(那样需要 $U(x)$ 的具体形式)。但通过定性的讨论仍然可以得出某些重要的结论。

1. 由(6)式可见，一般讲 $A_k(x)$ 是复数。但 $k=0$ 时 $A_0(x)$ 是实数。如 $U(x)$ 是常数，$U(x)=U_0$，则 $A_k(x)$ 为常数，而 $E = U_0 + \frac{\hbar^2k^2}{2m}$，这就是(3)式。

2. 当 k 换成 $-k$ 时，(6)式变成：

$$\frac{d^2}{dx^2}A_{-k}(x) - 2ik\frac{d}{dx}A_{-k}(x) + \frac{2m}{\hbar^2}\left[E - \frac{\hbar^2k^2}{2m} - U(x)\right]A_{-k}(x) = 0 \quad \cdots(7)$$

而(6)式取复共轭时，

$$\frac{d^2}{dx^2}A_k^*(x) - 2ik\frac{d}{dx}A_k^*(x) + \frac{2m}{\hbar^2}\left[E - \frac{\hbar^2k^2}{2m} - U(x)\right]A_k^*(x) = 0 \tag{6'}$$

(7)和(6')是完全一样的，因此 ~~$A_{-k}(x) = A_k^*(x)$~~，

$$A_{-k}(x) = A_k^*(x) \tag{8}$$

$$E(-k) = E(k) \tag{9}$$

(9)式表明能量 E 是 k 的偶函数。

3. 当 k 增加 $2\pi/a$ 时，ψ 变为，

$$\psi_{k+\frac{2\pi}{a}}(x) = A_{k+\frac{2\pi}{a}}(x)e^{ikx}e^{i2\pi x/a} = \tilde{A}_{k+\frac{2\pi}{a}}(x)e^{ikx} \tag{10}$$

其中 $\tilde{A}_{k+\frac{2\pi}{a}}(x) = A_{k+\frac{2\pi}{a}}(x)e^{i2\pi x/a}$

由于 $A_{k+\frac{2\pi}{a}}(x)$ 是周期函数，则 $\tilde{A}_{k+\frac{2\pi}{a}}(x)$ 亦是周期函数，另外，将(10)式代入(1)式，则 $\tilde{A}_{k+\frac{2\pi}{a}}(x)$ 满足的方程式和 $A_k(x)$ 满足的(6)式完全一样。因此，

$$\boxed{E\left(k+\frac{2\pi}{a}\right)=E(k)} \qquad (11)$$

亦即 E是k的周期函数，周期 $\frac{2\pi}{a}$.

注意状态 $\psi_{k+\frac{2\pi}{a}}$ 和 ψ_k 并无任何不同。

4. 和其他定态情形一样，对于一个固定的k，由(6)式可以求得许多个解，$E_1(k)$，$E_2(k)$，……（以及相应的 $A_k(x)$）

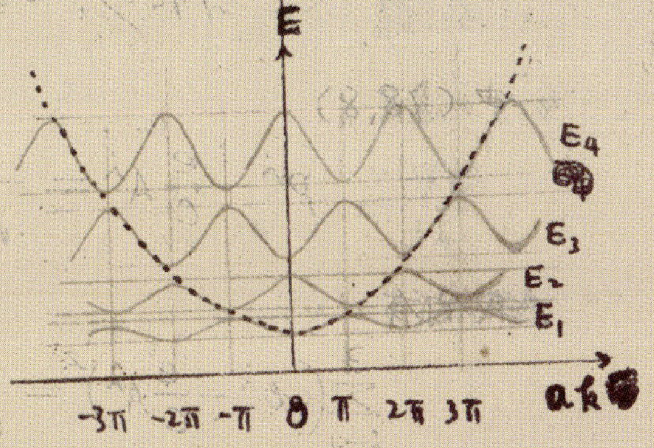

图57. 周期场中电子的能带.

E和k的关系如图57所示，其中虚线是电子自由运动时的能量[(3)式]。由图可见，容许的能量是由若干个能带组成，各个能带之间则隔着一个能量的禁区。~~在各个能带的边界上，$\frac{dE}{dk}=0$~~，

5. 研究一下电子的动量。由于受到势场的作用，具有一定能量E(k)的电子，动量是不确定的。我们来研究其平均动量。

对于电子的自由运动[(3)式]，动量为：

$$p=\hbar k=\frac{m}{\hbar}\frac{dE}{dk} \qquad (12)$$

对于波函数(4)，可以证明（注）

$$\boxed{\bar{p}=\frac{m}{\hbar}\frac{dE(k)}{dk}} \qquad (13)$$

~~在能带的中部，E(k)和k基本上是直线关系，因此 $\bar{p}$ 和k基本上是直线关系~~。在能带的边界上（$ak=0,\pm\pi,\pm2\pi,\cdots$），$\frac{dE}{dk}=0$，平均动量 $\bar{p}=0$，其原因如下：电子以波长 $\lambda=\frac{2\pi}{k}$ 的波向前推进，在每个原子(离子)处受到反射(散射)，在一般情况下，各反射波（周相不同）互相干涉抵消，电子的运动实际上不受影响，但当 $ak=n\pi$ 时，$\lambda=\frac{2a}{n}$，从各个原子上反射回来的波互相加强(注意原子间距离为a)，反射波又可以被反射，直到反射波和前进波达到平衡，形成驻波为止。而对于驻波，平均动

总是等于0的。

6. 有效质量.

我们来证明，在外场作用下，电子的运动和自由电子非常相像。电子的平均速度为

$$\bar{v} = \bar{p}/m = \frac{1}{\hbar}\frac{dE}{dk} \qquad (14)$$

设受到外力 f 的作用（对于外电场 ε，f = $-e\varepsilon$），则电子的加速度为

$$\frac{d\bar{v}}{dt} = \frac{1}{\hbar}\frac{d}{dt}\frac{dE}{dk} = \frac{1}{\hbar}\frac{d}{dk}\frac{dE}{dt}$$

但 $\Delta E = f\Delta x = f\frac{\Delta x}{\Delta t}\Delta t = f\bar{v}\Delta t$.

$$\therefore \quad \frac{dE}{dt} = f\bar{v} = \frac{f}{\hbar}\frac{dE}{dk}$$

$$\frac{d\bar{v}}{dt} = f\frac{1}{\hbar^2}\frac{d^2E}{dk^2} \qquad (15)$$

把(15)式和自由电子的运动方程

$$\frac{dv}{dt} = f/m$$

比较，知道 $\frac{1}{\hbar^2}\frac{d^2E}{dk^2}$ 相当于质量m的倒数，我们以 $1/m^*$ 表示之，则

$$\frac{d\bar{v}}{dt} = f/m^* \qquad (15')$$

$$\boxed{\frac{1}{m^*} = \frac{1}{\hbar^2}\frac{d^2E}{dk^2}} \qquad (16)$$

m^* 称为**有效质量**。这种有效质量 m^* 并非电子的真正质量，它的引入是为了强调指出电子在周期场中的运动和自由电子的运动有形式上的相似性。在能带的底部，E 极小，$\frac{d^2E}{dk^2}>0$，$m^*>0$，这种电子的行为和自由电子相像（只是质量不同）。在能带的顶部，E 极大，$\frac{d^2E}{dk^2}<0$，$m^*<0$，在电场作用下，这种电子的运动和自由电子正好相反（见(15')式），而和带正电荷的粒子（正电子）相像，这一点曾在某些金属（锌，铁，钴等）的霍尔效应中观察到。

[注] (13)式证明如下：

$$\hat{H}\,\psi_k(x) = E(k)\,\psi_k(x)$$

$$\int \psi_k^*(x)\,\hat{H}\,\psi_k(x)\,dx = E_k \int \psi_k^*(x)\,\psi_k(x)\,dx$$

对于 k 作微分，并注意到(4)式，则得：

$$\frac{dE(k)}{dk} = -i\int \psi_k^*\,(xH-Hx)\,\psi_k\,dx +$$

$$+\int \frac{\partial A_k^*(x)}{\partial k} e^{-ikx}\,\hat{H}\,\psi_k(x)\,dx + \int \psi_k^*\,\hat{H}\,\frac{\partial A_k(x)}{dk} e^{ikx}\,dx$$

第一项等于 $\hbar \overline{\frac{dx}{dt}} = \frac{\hbar}{m}\,\overline{p}$

第二项等于 $E(k)\int \frac{\partial A_k^*(x)}{\partial k} A_k(x)\,dx$

第三项可以化成：

$$\int \psi_k^*\,\hat{H}\,\frac{\partial A_k}{\partial k} e^{ikx}\,dx = \int \frac{\partial A_k}{\partial k} e^{ikx}\,\hat{H}^*\,\psi_k^*\,dx$$

$$= \int \frac{\partial A_k}{\partial k} e^{ikx}\,(E(k)\psi_k)^*\,dx = E(k)\int \frac{\partial A_k(x)}{\partial k} A_k^*(x)\,dx.$$

$$(\text{第二项})+(\text{第三项}) = E(k)\frac{\partial}{\partial k}\int A_k^* A_k\,dx = E(k)\frac{\partial}{\partial k}\cdot 1 = 0.$$

$$\therefore\ \frac{dE(k)}{dk} = \frac{\hbar}{m}\,\overline{p}.$$

此即(13)式

结语（请把反面的结语抄在这儿）

复习思考题

1. 量子力学如何得到简谐振子的能级？可以解释那些问题？
2. 为什么说零点能的存在是量子力学的必然结论？
3. 角动量本征值的量子力学结果和玻尔理论结果有何不同？
4. 中心力问题的主要结论。
5. 氢原子问题的量子力学结果和玻尔理论有何异同？
6. 量子数 n, l, m 的意义。

7. 解释下列各点：

i) 气体分子运动论中把原子当作小圆球的物理基础.

~~ii) 元素周期性起源学说的根据~~

ii) 正常状态的氢原子电偶极矩为0.

iii) 原子中虽包含许多粒子，但其热容量却为零，就像一个质点一样。

8. 势垒穿透的现象~~[illegible]~~是否违反能量守恒定律？用自己的话说明其理由.

9. 金属中的自由电子和真正的自由电子有何相似，有何不同？

10. 第二章所讲的各项基本原理，在这一章中有那些具体应用？

结語

在这一章里研究了几种典型的定态问题，它们是研究各种微观现象的基础。~~[illegible]~~中心力问题和氢原子问题的各项结论，特别重要，它们是研究物质结构的基础。势垒穿透的现象揭露了微观现象的和宏观现象截然不同的本质。量子力学在这些问题上的成功说明了它是研究微观现象的正确理论。

~~在应用量子力学去[illegible]研究更复杂的微观现象之前，有必要[illegible]在理论上再往前推进一步~~

在下一章我们要把量子力学的理论再往前推进一步，~~[illegible]~~然后再去研究更复杂的微观现象。

第四章 表象理论基础

一个物理理论,可以有各种不同的表示形式。在第二章中所展开的量子力学的基本理论,是以微分方程(波动方程)的形式表示出来的,这是最容易接受的形式,也是最常用的形式。(所谓波动力学,就是指的这种形式)在这一章里要讲的是量子力学的矩阵表示形式,也就是所谓矩阵力学,这也是一种常用的而且很方便的形式。

首先来熟悉一下这一章所用的数学工具——矩阵运算法。

§32. 矩阵及其运算规则。

矩阵是若干个同样性质的量按一定形式的组合,例如

$$\sout{a=\begin{pmatrix}0&-i&0\\i&0&-i\\0&i&0\end{pmatrix}}\qquad a=\begin{bmatrix}3&0&i&5\\4&2&1&-i\\0&0&0&0\end{bmatrix}$$

是一个三行四列的(数量)矩阵,它的第1行第3列的元素是 i,以 a_{13} 表示之。

如果矩阵的行数和列数相等,则称为方阵(有时仍称为矩阵)

如果矩阵只有一列或一行,则称为列矢量或行矢量(有时候)。为了避免混淆起见,我们将以 $[a]$ 表示一个方阵,(a) 表示一个行矢量或列矢量。

一个方阵,如果非对角线的元素(a_{ij}, $i\neq j$)统统为0,则称之为对角化的矩阵,或对角矩阵。上述种种的具体例子如下:

对角矩阵　　列矢量　　行矢量

$$[a]=\begin{pmatrix}1&0&0\\0&0&0\\0&0&-1\end{pmatrix}\qquad (a)=\begin{pmatrix}a_1\\a_2\\a_3\end{pmatrix}\qquad (a)=(1\ \ 0\ \ 0)$$

矩阵的运算规则如下:

1. 加减法.

行数或列数不同的矩阵不能相加或相减。

行数和列数相同的矩阵可以相加和相减。

二个矩阵相加(减)就是把相应的元素加起(减)起来。

$$[a\pm b]_{ij} = a_{ij} \pm b_{ij} \qquad (1)$$

二个矩阵,如果相应的元素依次相等,则称这二个矩阵相等。

如矩阵的各个元素均为0,则称矩阵等于零,以0或(0)表示之,显然,

$$[a]-[a]=[0]=0 \qquad (2)$$

2. 矩阵和数量的乘法规则是,把这个数量去乘矩阵的每一个元素,而得到一个行,列数和原矩阵相同的矩阵。即:

$$\lambda\begin{bmatrix} a_{11} & a_{12} & \cdots \\ a_{21} & a_{22} & \cdots \\ \cdots & \cdots & \end{bmatrix} = \begin{bmatrix} \lambda a_{11} & \lambda a_{12} & \cdots \\ \lambda a_{21} & \lambda a_{22} & \cdots \\ \cdots & \cdots & \end{bmatrix} \qquad (3)$$

由这定义可知, $2[a]=[a]+[a]$,等等。

3. 矩阵和矩阵的乘法。

如果[a]的列数和[b]的行数相同,则乘积[ab]有意义,并根据下式定义:

$$[ab]_{ij} = \sum_k a_{ik} b_{kj} \qquad (4)$$

例如,将[a]的第3行各个元素分别和[b]的第2列各个元素相乘,再加起来,就得到[ab]第3行第2列的元素,即$[ab]_{32}$

由定义可知,[ab]的行数和[a]的一样,列数和[b]的一样。

由定义可知,矩阵的乘法,次序是不能颠倒的,一般说$[ab]\neq[ba]$,而且,次序颠倒后,很可能就不能相乘。

量子力学中用到的矩阵只有方阵和矢量,则可以相乘的有下列各种:

[方][方] ⟶ [方]

[方](列) ⟶ (列)

(行)[方] ⟶ (行)

(列)(行) ⟶ [方]

(行)(列) ⟶ 只有一个元素的方阵(数)

根据乘法定义(4)，矩阵 $[d]=[a][bc]$ 的 i行j列 元素为：

$$d_{ij}=\sum_k a_{ik}[bc]_{kj}=\sum_k\sum_n a_{ik}b_{kn}c_{nj}$$

$$=\sum_n [ab]_{in}c_{nj}$$

这是矩阵 $[ab][c]$ 的 i行j列元素，由此可知：

$$[a][bc]=[ab][c]=[a][b][c] \qquad (5)$$

即：只要不颠倒位置，乘法的次序是可以任意组合的。

如果 $[A]$ $[B]$ 是二个对角矩阵：

$$A_{ij}=A_{ii}\delta_{ij}, \quad B_{ij}=B_{ii}\delta_{ij}$$

则 $$[AB]_{ij}=\sum_k A_{ik}B_{kj}=\sum_k A_{ii}\delta_{ik}B_{jj}\delta_{kj}$$

$$=A_{ii}B_{jj}\delta_{ij}=A_{ii}B_{ii}\delta_{ij}$$

同样，$[BA]_{ij}=B_{ii}A_{jj}\delta_{ij}$

这二个结果

$$[A]=\begin{bmatrix}A_1 & 0 & 0 & \cdots\\ 0 & A_2 & 0 & \cdots\\ 0 & 0 & A_3 & \cdots\\ \cdots\end{bmatrix} \quad [B]=\begin{bmatrix}B_1 & 0 & 0 & \cdots\\ 0 & B_2 & 0 & \cdots\\ 0 & 0 & B_3 & \cdots\\ \cdots\end{bmatrix}$$

则 $$[AB]=\begin{bmatrix}A_1B_1 & 0 & 0 & \cdots\\ 0 & A_2B_2 & 0 & \cdots\\ \cdots\end{bmatrix}=[BA] \qquad (6)$$

可知，二对角矩阵相乘，仍为对角矩阵，而且次序可以颠倒。

4. 单位矩阵和常数矩阵

如矩阵的 i行j列元素等于 δ_{ij}，则称为单位矩阵，以 $[\delta]$ 表示之。单位矩阵和任何矩阵相乘(如果可以乘的话)，有：

$$[\delta a]_{ij}=\sum_k \delta_{ik}a_{kj}=a_{ij}$$

$$[a\delta]_{ij}=\sum_k a_{ik}\delta_{kj}=a_{ij}$$

可见，在矩阵的乘法中，单位矩阵的作用和常数 1 是一样的，可以用 $[1]$ 或 1 表示之，即：

$$[\delta]=\begin{bmatrix}1&0&0&\cdots\\0&1&0&\cdots\\\cdots\end{bmatrix}=[1]=1 \qquad (7)$$

如果 $c_{ij}=c\delta_{ij}$，即

$$[c]=\begin{bmatrix}c&0&\cdots\\0&c&\cdots\\\cdots\end{bmatrix}$$

则易证 $[c]$ 在矩阵乘法中的作用和常数 c 是一样的：

$$[c][a]=[a][c]=c[a]$$

因此可以简单地表示成：

$$\begin{bmatrix}c&0&\cdots\\0&c&\cdots\\\cdots\end{bmatrix}=c \qquad (8)$$

5. 矩阵的复共轭，转置，共轭矩阵定义如下：

复共轭： $[a^*]_{ij}=a_{ij}^*$ (9)

转置： $[\tilde{a}]_{ij}=a_{ji}$ (10)

共轭： $[a^+]_{ij}=a_{ji}^*$ （$[a^+]$ 也写作 $[a]^+$） (11)

如果 $[a^+]=[a]$，则称 $[a]$ 为自轭（厄米）矩阵。显然，自轭矩阵首先必须是方阵，而且对角线元素是实数。

由定义可知 $[a^*]$ 的行列数和 $[a]$ 相同。~~$[a^+]$ 的行列数则可以和 $[a]$ 不同~~。方阵的共轭为方阵，列矢量的共轭为行矢量，行矢量的共轭为列矢量。

复共轭再复共轭，就还原（$a^{**}=a$），共轭再共轭，也还原（$a^{++}=a$）。

根据定义(4)和(11)，可以证明

$$[ab]^+=[b^+][a^+] \qquad (12)$$

［如下：$[ab]^+_{ij}=[ab]^*_{ji}=(\sum_k a_{jk}b_{ki})^*=\sum_k a_{jk}^*b_{ki}^*$

$=\sum_k [b^+]_{ik}[a^+]_{kj}=[b^+][a^+]$ 的 i 行 j 列元素］

6. 矩阵 $[a]$ 的逆矩阵以 $[a^{-1}]$ 表示之，定义为：

$$[a\,a^{-1}]=[a^{-1}a]=[1] \qquad (13)$$

~~如果 $[a^+]=[a^{-1}]$，则称 $[a]$ 为幺正矩阵。~~

~~由(13)式，可得~~ §S

如果 $[S^+S]=[1]$ (14)

则称 [S] 为幺正矩阵. 和(13)比较，知幺正矩阵的共轭矩阵等于逆矩阵：$[S^+]=[S^{-1}]$，则由(13)式又可得：

$[SS^+]=[1]$ (14′)

幺正矩阵~~[illegible]~~显然必须是方阵。

由(14)，$[S^+S]_{ij}=\sum_k [S^+]_{ik}[S]_{kj}=\sum_k S^*_{ki}S_{kj}=\delta_{ij}$

由(14′)，$[SS^+]_{ji}=\sum_k [S]_{jk}[S^+]_{ki}=\sum_k S_{jk}S^*_{ik}=\delta_{ij}=\delta_{ji}$

$$\therefore \sum_k S^*_{ki}S_{kj}=\sum_k S^*_{ik}S_{jk}=\delta_{ij} \qquad (15)$$

这是幺正矩阵的基本性质。

7. 幺正变换.

幺正变换是指通过幺正矩阵[S]将任何一个方矩阵[F]变成：

$$[F']=[S][F][S^+] \qquad (16)$$

幺正变换具有一项重要性质，如下：

如果有一个矩阵的等式：$[A][B]=[C]$，则经幺正变换后，

$[A'][B']=[S][A][S^+][S][B][S^+]=[S][A][B][S^+]=[C']$

即：任何一种矩阵的等式(方程式)在幺正变换后仍维持不变。

方阵的对角线元素之和，称为矩阵的迹，以 Sp 表示之。即，

$$Sp[F]=\sum_i F_{ii} \qquad (17)$$

容易证明，幺正变换后，迹不变。这个特性在应用中常常用到。

(如下：$Sp[F']=Sp[SFS^+]=\sum_i [SFS^+]_{ii}$

$=\sum_i\sum_j\sum_k S_{ij}F_{jk}S^+_{ki}=\sum_i\sum_j\sum_k F_{jk}S_{ij}S^*_{ik}$

$=\sum_j\sum_k F_{jk}\delta_{jk}=\sum_k F_{kk}=Sp[F]$)

§33. 状态和力学量的矩阵表示法

（一）粒子的运动状态由波函数 ψ 描述，在第二章中曾讲过波函数的三种形式：

1. $\psi = \psi(\vec{r}, t)$

$|\psi(\vec{r},t)|^2 dv$ = 测得粒子坐标为 $\vec{r}$—$\vec{r}+dv$ 间的几率

2. $\psi = \int \varphi(\vec{p},t) \frac{1}{(2\pi\hbar)^{3/2}} e^{i\vec{p}\cdot\vec{r}/\hbar} d^3p$，$\frac{1}{(2\pi\hbar)^{3/2}} e^{i\vec{p}\cdot\vec{r}/\hbar}$ 为动量的本征函数，本征值 $\vec{p}$.

$|\varphi(\vec{p},t)|^2 d^3p$ = 测得粒子的动量为 $\vec{p}$—$\vec{p}+d^3p$ 的几率 ......(1)

3. $\psi = \sum_n c_n(t) \psi_n(\vec{r})$，$\psi_n(\vec{r})$ 为某个力学量 L 的本征函数，本征值 L_n

$|c_n(t)|^2$ = 测得粒子的力学量 L 之值为 L_n 的几率 (2)

如果将 1. 改写成：

1. $\psi = \int \psi(\vec{r}', t) \delta(\vec{r}-\vec{r}') dv'$，$\delta(\vec{r}-\vec{r}')$ 为坐标的本征函数，本征值 $\vec{r}'$.

$dv'|\psi(\vec{r}',t)|^2$ = 测得粒子的坐标为 $\vec{r}'$—$\vec{r}'+dv'$ 的几率。

则这三种形式的共同特点看得很清楚，那就是：将波函数展开成某个力学量的本征函数的叠加，展开式的系数（的绝对值平方）代表该力学量的值等于某个本征值的几率。

波函数展开成某个力学量的一套本征函数的叠加，和几何中将一矢量展开成若干个基矢的叠加非常相像。

我们知道，三维空间中的一个矢量 $\vec{a}$ 可以写成三个基矢的和：

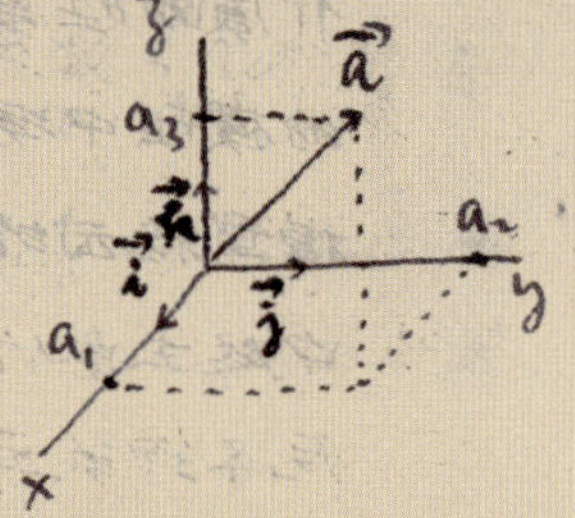

$$\vec{a} = a_1 \vec{i} + a_2 \vec{j} + a_3 \vec{k} \quad (3)$$

$\vec{i}, \vec{j}, \vec{k}$ 为 x, y, z 方向的单位矢量，即基矢。　　图59.

a_1, a_2, a_3 为 $\vec{a}$ 在三个基矢方向的投影（分量）

如果规定好，以三个基矢 $\vec{i}, \vec{j}, \vec{k}$ 的叠加式(3)来表示所有的矢量，则有了

省略起见，可以不写基矢，而仅用在基矢方向的投影来表示矢量任何一个：

$$\vec{a}=(a_1,a_2,a_3) \quad 或 \quad \vec{a}=\begin{pmatrix}a_1\\a_2\\a_3\end{pmatrix}$$

横写和竖写并无原则区别。我们采用后者，并略去矢量记号"→"，则任何一个矢量可以表示为：

$$a=\begin{pmatrix}a_1\\a_2\\a_3\end{pmatrix} \tag{4}$$

(4)式和(3)式表示的是同一个对象（矢量 $\vec{a}$），不过(4)式由于对基矢有了事先的规定，所以形式上就更简单些。在这种表示法中，基矢 $\vec{i}$ $\vec{j}$ $\vec{k}$ 本身表示的形式是：

$$\vec{i}=\begin{pmatrix}1\\0\\0\end{pmatrix} \quad \vec{j}=\begin{pmatrix}0\\1\\0\end{pmatrix} \quad \vec{k}=\begin{pmatrix}0\\0\\1\end{pmatrix}$$

如果以 ξ_1,ξ_2,ξ_3 表示这三个基矢，则

$$\xi_1=\begin{pmatrix}1\\0\\0\end{pmatrix} \quad \xi_2=\begin{pmatrix}0\\1\\0\end{pmatrix} \quad \xi_3=\begin{pmatrix}0\\0\\1\end{pmatrix} \tag{5}$$

而(4)式可以写成：

$$a=a_1\xi_1+a_2\xi_2+a_3\xi_3=\sum_n a_n\xi_n \tag{4'}$$

回到波函数，我们来研究波函数的表示方法。1,2,3三种情况本质上是一样的，所以下面只讨论第3种情形。

如果规定好永远以某个力学量L的本征函数 $\psi_1,\psi_2,\cdots\psi_n\cdots$ 等的叠加式(1)来表示所有的波函数，则在这种了解下，可以略去本征函数 $\psi_1\cdots\psi_n\cdots$ 不写，而由系数 $c_1\cdots c_n\cdots$ 来表示状态：

$$\psi=\begin{pmatrix}c_1\\c_2\\\vdots\end{pmatrix} \tag{6}$$

(6)式称为状态ψ的L表象（如L为能量，则称为能量表象，以此类推）

列矢量 $\begin{pmatrix}c_1\\c_2\\\vdots\end{pmatrix}$ 常常形象化地称为态矢量，以表明它所表示的是一个状态。

根据(2)式，$c_n^*c_n$ 的意义是：在态ψ中测得L等于 L_n 的几率。

显然，L的本征函数在L表象中表现为基矢：

$$\psi_1=\begin{pmatrix}1\\0\\0\\\vdots\end{pmatrix},\quad \psi_2=\begin{pmatrix}0\\1\\0\\\vdots\end{pmatrix},\quad \cdots \tag{7}$$

而(6)式也可写成

$$\psi=c_1\begin{pmatrix}1\\0\\0\\\vdots\end{pmatrix}+c_2\begin{pmatrix}0\\1\\0\\\vdots\end{pmatrix}+\cdots=c_1\psi_1+c_2\psi_2+\cdots=\sum_n c_n\psi_n \tag{6'}$$

这正是原来的(1)式，而形式上和(4')完全相像。

如果取(6)式的共轭：

$$\psi^+=(c_1^*\ c_2^*\ \cdots) \tag{8}$$

和(6)式相乘，则得：

$$\psi^+\psi=(c_1^*\ c_2^*\ \cdots)\begin{pmatrix}c_1\\c_2\\\vdots\end{pmatrix}=\sum_n c_n^*c_n \tag{9}$$

这和§19(33)式

$$\int\psi^*\psi\,dv=\sum_n c_n^*c_n$$

完全相似，只是现在的矩阵表示法中，省去了积分的记号，形式上变得更加简单，而这正是矩阵表示法的优点所在。

总之，在矩阵表示法中，力学量L的本征函数表现为L表象的基矢，一般的波函数ψ表现为列矢量，(波函数的共轭ψ^+)表现为行矢量。

(二) 下面我们来说明在这种表示法中，力学量由一个矩阵来表示。首先研究一下力学量(算符)$\hat{L}$在它自己的表象中的表现形式。将$\hat{L}$作用到任意波函数ψ上，则变成另一个波函数χ，

$$\hat{L}\psi=\chi$$

由(1)式，$\hat{L}\psi=\sum_n c_n\hat{L}\psi_n=\sum_n L_nc_n\psi_n=\chi$

如果用矩阵表示法，则为：

$$L\begin{pmatrix}c_1\\c_2\\\vdots\end{pmatrix}=\begin{pmatrix}L_1c_1\\L_2c_2\\\vdots\end{pmatrix}$$

根据矩阵的乘法，容易知道，L的具体形式是一个矩阵，而为了满足上式，它必须是一个对角矩阵：

$$L=[L]=\begin{bmatrix} L_1 & 0 & 0 & \cdots \\ 0 & L_2 & 0 & \cdots \\ \cdots & \cdots & \cdots & \end{bmatrix} \qquad (10)$$

可见：力学量在自己的表象中，表现为一个对角矩阵，对角线上的元素就是它的本征值。

现在来研究一般的情况，即一个力学量 A 在不是自己的表象中（例如在L表象中）的表现形式。

如将 $\hat{A}$ 作用到任意波函数 $\psi=\sum c_n\psi_n$ 上，则得到一个新的波函数 χ：

$$\underbrace{\chi}_{=\hat{A}\psi}=\hat{A}\sum_n c_n\psi_n=\sum_n c_n\hat{A}\psi_n \qquad (11)$$

χ 当然也可以展开成 ψ_n 们的叠加：

$$\chi=\sum_k b_k\psi_k \qquad (12)$$

其中 $b_k=\int\psi_k^*\chi\,dv$

但由(11)，$\int\psi_k^*\chi\,dv=\sum_n c_n\int\psi_k^*\hat{A}\psi_n\,dv=\sum_n A_{kn}c_n$，

其中 $$\boxed{A_{kn}=\int\psi_k^*\hat{A}\psi_n\,dv} \qquad (13)$$

所以，$$b_k=\sum_n A_{kn}c_n \qquad (14)$$

如果采用矩阵表示法，则(12)式可以写成：

$$\chi=\begin{pmatrix} b_1\\ b_2\\ \vdots\end{pmatrix}$$

但 $$\chi=A\psi=A\begin{pmatrix} c_1\\ c_2\\ \vdots\end{pmatrix}$$

$$\therefore\ A\begin{pmatrix} c_1\\ c_2\\ \vdots\end{pmatrix}=\begin{pmatrix} b_1\\ b_2\\ \vdots\end{pmatrix}$$

如果将(14)式用矩阵形式写出来，则为，

$$\begin{pmatrix} b_1\\ b_2\\ \vdots\end{pmatrix}=\begin{bmatrix} A_{11} & A_{12} & \cdots\\ A_{21} & A_{22} & \cdots\\ \cdots & \cdots & \end{bmatrix}\begin{pmatrix} c_1\\ c_2\\ \vdots\\ \vdots\end{pmatrix} \qquad (14')$$

$\begin{pmatrix} c_1 \\ c_2 \\ \vdots \end{pmatrix}$和$\begin{pmatrix} b_1 \\ b_2 \\ \vdots \end{pmatrix}$正是$\psi$和$\chi$的矩阵表示。由此可见，力学量A的矩阵表示为：

$$A=[A]=\begin{bmatrix} A_{11} & A_{12} & \cdots \\ A_{21} & A_{22} & \cdots \\ \cdots & \cdots & \end{bmatrix} \tag{15}$$

其中各个矩阵元素由(13)式表示。

由于A是自轭算符，则由(13)式得：

$$A_{kn}=\int\psi_k^*\hat{A}\psi_n dv=\int\psi_n\hat{A}^*\psi_k^* dv=\left(\int\psi_n^*\hat{A}\psi_k dv\right)^*=A_{nk}^*=A_{kn}^+$$

即[A]为自轭矩阵。

总而言之，在矩阵表示法中，波函数表示成列矢量，波函数的共轭表示成行矢量，力学量表示成自轭(厄米)矩阵（在自己表象中则为对角矩阵）。量子力学中的各种方程式都可以根据这个规则化成矩阵的形式。例如平均值公式，

$$\bar{A}=\int\psi^*\hat{A}\psi dv=\int\left(\sum_k c_k^*\psi_k^*\right)\hat{A}\left(\sum_n c_n\psi_n\right)dv$$

$$=\sum_k\sum_n c_k^*A_{kn}c_n=(c_1^*c_2^*\cdots)\begin{bmatrix} A_{11} & A_{12} & \cdots \\ A_{21} & A_{22} & \cdots \\ \cdots & \cdots & \end{bmatrix}\begin{pmatrix} c_1 \\ c_2 \\ \vdots \end{pmatrix} \tag{16}$$

即：

$$\boxed{\bar{A}=\psi^+A\psi} \tag{17}$$

注意，一个方阵，一个行矢量和一个列矢量只有按(16)式的次序相乘，才能变成一个数，由此可以了解到在平均值公式中一定是ψ^+在左，A在中，ψ在右。

如果在L表象中，对于任意状态ψ，求L的平均值，则得：

$$\bar{L}=\psi^+L\psi=(c_1^*c_2^*\cdots)\begin{bmatrix} L_1 & 0 & 0 & \cdots \\ 0 & L_2 & 0 & \cdots \\ \cdots & \cdots & \cdots & \end{bmatrix}\begin{pmatrix} c_1 \\ c_2 \\ \vdots \end{pmatrix}$$

$$=(c_1^*c_2^*\cdots)\begin{pmatrix} L_1c_1 \\ L_2c_2 \\ \vdots \end{pmatrix}=\sum_n c_n^*c_nL_n \tag{18}$$

这和§20(1)式完全一致。

§33 状态和力学量的矩阵表示法

(三)再来研究一下在矩阵表示法中如何求力学量的本征值和本征函数。

设已求得力学量 A 在 L 表象中的矩阵表示(15)式，则就可以解它的本征方程来求本征值和本征函数。以 λ 表示本征值，$\psi=\begin{pmatrix}c_1\\c_2\\\vdots\end{pmatrix}$ 表示本征函数，则本征方程为：

$$A\psi=\lambda\psi \tag{19}$$

即：

$$\begin{bmatrix}A_{11} & A_{12} & \cdots\\ A_{21} & A_{22} & \cdots\\ \cdots & \cdots & \end{bmatrix}\begin{pmatrix}c_1\\c_2\\\vdots\\\vdots\end{pmatrix}=\lambda\begin{pmatrix}c_1\\c_2\\\vdots\\\vdots\end{pmatrix}$$

即

$$\left.\begin{aligned}(A_{11}-\lambda)c_1+A_{12}c_2+A_{13}c_3+\cdots&=0\\ A_{21}c_1+(A_{22}-\lambda)c_2+A_{23}c_3+\cdots&=0\\ A_{31}c_1+A_{32}c_2+(A_{33}-\lambda)c_3+\cdots&=0\\ \cdots\cdots&\end{aligned}\right\}\tag{20}$$

这是一个线性方程组，如果存在不全为0的解 $c_1c_2\cdots$，则其的式的系数行列式必须为0：

$$\begin{vmatrix}A_{11}-\lambda & A_{12} & A_{13} & \cdots\\ A_{21} & A_{22}-\lambda & A_{23} & \cdots\\ A_{31} & A_{32} & A_{33}-\lambda & \cdots\\ \cdots & \cdots & & \end{vmatrix}=0 \tag{21}$$

这是一个 λ 的代数方程，从它可以求得本征值：

$$\lambda=A_1,A_2,\cdots \tag{22}$$

将 $\lambda=A_1$ 代入(20)，求出各个 c_n，就得到力学量 A 的第一个本征函数，将 $\lambda=A_2$ 代入(20)，求出各个 c_n，就得到 A 的第二个本征函数。以此类推。

这种从本征方程的矩阵形式求力学量的本征值和本征函数的方法，和从本征方程的微分方程形式求力学量的本征值和本征函数的方法，是互相补充的。~~具体的例子将在下章讲到~~。

举一个简单的例子来说明本征方程的解法：设已知在

~~§35 海森伯表象~~

(四) 状态随时间的变化由薛丁格方程决定：

$$i\hbar\frac{\partial}{\partial t}\psi = H\psi \qquad (27)$$

在某个表象中，$\psi=\begin{pmatrix}c_1\\c_2\\\vdots\end{pmatrix}$，$c_n = c_n(t)$　(28)

$$H=\begin{bmatrix}H_{11} & H_{12} & \cdots\\ H_{21} & H_{22} & \cdots\\ \cdots & \cdots & \cdots\end{bmatrix} \qquad (29)$$

(27)式变成：

$$i\hbar\frac{d}{dt}\begin{pmatrix}c_1\\c_2\\\vdots\end{pmatrix}=\begin{bmatrix}H_{11} & H_{12} & \cdots\\ H_{21} & H_{22} & \cdots\\ \cdots & \cdots & \cdots\end{bmatrix}\begin{pmatrix}c_1\\c_2\\\vdots\end{pmatrix} \qquad (30)$$

即：

$$\left.\begin{aligned} i\hbar\frac{dc_1}{dt} &= H_{11}c_1+H_{12}c_2+\cdots=\sum_k H_{1k}c_k\\ &\cdots\cdots\\ i\hbar\frac{dc_m}{dt} &= H_{m1}c_1+H_{m2}c_2+\cdots=\sum_k H_{mk}c_k\\ &\cdots\cdots \end{aligned}\right\} \qquad (31)$$

这是一组联合方程式，要想严格地求解一般是很困难的。但在某些情况下，可以用逐次近似法求得解答(见第八章)

L表象中(基矢 ψ_1,ψ_2) 力学量 A 的矩阵为

$$A=\begin{bmatrix}a & b\\ b & a\end{bmatrix} \qquad a,\ b \text{ 为实数} \qquad (23)$$

设 A 的本征值为 λ，本征函数为 $\varphi=c_1\psi_1+c_2\psi_2=\begin{pmatrix}c_1\\c_2\end{pmatrix}$，则 (20)式变成：

$$\left.\begin{aligned}(a-\lambda)c_1+bc_2&=0\\ bc_1+(a-\lambda)c_2&=0\end{aligned}\right\} \qquad (24)$$

(21)式变成：

$$\begin{vmatrix}a-\lambda & b\\ b & a-\lambda\end{vmatrix}=0,\qquad (a-\lambda)^2-b^2=0.$$

解为：$\lambda = a+b,\ a-b$，即 $A_1=a+b,\ A_2=a-b$　(25)

代入(24)，求得：$\lambda=a+b$，$c_1=c_2$，$\varphi_1=c_1(\psi_1+\psi_2)$

$\lambda=a-b$，$c_1=-c_2$，$\varphi_2=c_1(\psi_1-\psi_2)$

根据规格化条件，$\sum_n c_n^* c_n=1$，求得 $c_1=\frac{1}{\sqrt2}$，则最后结果为：

$$\begin{aligned}A=A_1=a+b,&\quad \varphi_1=\tfrac{1}{\sqrt2}(\psi_1+\psi_2)\\ A=A_2=a-b,&\quad \varphi_2=\tfrac{1}{\sqrt2}(\psi_1-\psi_2)\end{aligned} \qquad (26)$$

§33 状态和力学量的矩阵表示法

§34. 从一个表象到另一个表象的变换

~~这与在几何中的转动变换很相类似。在$\hat{A}$表象中，选取一组基矢，就等于选~~

在讨论正题以前，先来证明一个很有用的定理：

定理：设 $\psi_1, \psi_2, \cdots \psi_n, \cdots$ 为某个力学量的本征函数，

则 $\sum_n \psi_n \psi_n^+ = [1] = 1$ （任何表象） (1)

证：对于一个任意波函数 $\psi = \sum_k c_k \psi_k$，以 $\sum_n \psi_n \psi_n^+$ 乘之，

得：$\left(\sum_n \psi_n \psi_n^+\right)\psi = \sum_n \sum_k c_k \psi_n \psi_n^+ \psi_k$，考虑到 $\psi_n^+ \psi_k = \delta_{nk}$，

$= \sum_n \sum_k c_k \psi_n \delta_{nk} = \sum_k c_k \psi_k = \psi$

$\therefore \sum_n \psi_n \psi_n^+ = 1$ 证完。

现在来研究波函数从一个表象到另一个表象的变换规律。

设波函数 ψ 在$\hat{L}$表象中的表现形式为

$$\psi = \begin{pmatrix} a_1 \\ a_2 \\ \vdots \end{pmatrix}, \tag{2}$$

在$\hat{M}$表象中的表现形式为

$$\psi' = \begin{pmatrix} b_1 \\ b_2 \\ \vdots \end{pmatrix} \tag{3}$$

我们来研究一下 ψ 和 ψ' 之间的关系，亦即寻找一个变换矩阵 S，它可以把波函数由从$\hat{M}$表象变换到$\hat{L}$表象中去：

$$S\psi' = \psi \tag{4}$$

由于波函数在二个表象中都应该是规格化的，则

$$\psi^+\psi = \psi'^+\psi' \tag{5}$$

将(4)代入(5)，则得：

$$\psi^+\psi = (S\psi')^+ S\psi' = \psi'^+ S^+ S\psi' = \psi'^+\psi'$$

因此，

$$S^+ S = 1 \tag{6}$$

亦即 S 必须为幺正矩阵。以 S^+ 乘(4)，计及(6)式，则得：

$$\psi' = S^+\psi \tag{4'}$$

下面我们来寻找S的具体形式

设L表象的基矢（L的本征函数）为 $\psi_1, \psi_2, \cdots$，则(2)式可以写成

$$\psi = a_1\psi_1 + a_2\psi_2 + \cdots + a_n\psi_n + \cdots \qquad (7)$$

乘 ψ_n^+，即得：

$$\psi_n^+\psi = a_n \qquad (8)$$

设M表象的基矢（M的本征函数）为 $\varphi_1, \varphi_2, \cdots$，则(3)式可以写成：

$$\psi = b_1\varphi_1 + b_2\varphi_2 + \cdots + b_n\varphi_n + \cdots \qquad (9)$$

乘 φ_n^+，即得：

$$\varphi_n^+\psi = b_n \qquad (10)$$

如果引入一个矩阵S，它的矩阵元素由下式定义：

$$S_{nk} = \int \psi_n^* \varphi_k \, dv = \psi_n^+\varphi_k \qquad (11)$$

则 $(S\psi')_n = \sum_k S_{nk} b_k = \sum_k \psi_n^+\varphi_k\varphi_k^+\psi$，利用(1)式，

$$= \psi_n^+\psi = a_n = \begin{pmatrix}a_1\\a_2\\\vdots\end{pmatrix}_n = (\psi)_n \quad (L表象)$$

由此可见，矩阵S正是我们所要找的变换矩阵。

现在再来研究力学量从M表象到L表象的变换规律。

设力学量 $\hat{A}$ 在L表象中表现为矩阵A，在M表象中表现为矩阵A'，如果在M表象中取 $\hat{A}$ 的平均值，则得：

$$\bar{A} = \psi'^+ A' \psi'$$

利用(6)式，则得：

$$\bar{A} = \psi'^+ S^+S A' S^+S\psi' = (S\psi')^+ SA'S^+ (S\psi') = \psi^+ SA'S^+\psi,$$

但在L表象中 $\bar{A} = \psi^+ A\psi$，平均值是一个数，应不随表象而异，由此可见

$$A = SA'S^+ \qquad (12)$$

$$A' = S^+AS \qquad (12')$$

这就是力学量从一个表象到另一个表象的变换（幺正变换）

在§32中已经说明，经幺正变换后，任何一种矩阵的方程式均保持不变，因此，所有的对易关系，运动方程，等等，总之，一切量子力学的方程式，在不同的表象中，均保持不变。

§35 本征值和表象

特别有兴趣的是，把力学量$\hat{A}$从一个表象(例如L表象)变到它自己的表象中去。因为，如果完成了这个变换，A的矩阵就已经对角化，这就等于求得了它的本征值。根据上面的讨论知变换矩阵S仍由(11)式表示，而其中的φ_k则是A的第k个本征函数。如果解L表象中A的本征方程[§33(19)式]，求得了本征函数φ_k，则由(11)式就可求得变换矩阵S，由(12')式可将A对角化。反之，如果能设法找到使A对角化的变换矩阵S，则从它的矩阵元素就可以求得A的本征函数(L表象)。所以将一个厄米矩阵对角化的问题也就是求它的本征函数的问题。反之亦然。

以上节的例子[(23)和(26)式]为例，如要将A从L表象((23)式)变到它自己的表象中去，即将A对角化，则根据(11)式和§33(26)式，变换矩阵S的矩阵元素为：

$$\left.\begin{aligned}
S_{11}&=\psi_1^+\varphi_1=\psi_1^+\frac{1}{\sqrt{2}}(\psi_1+\psi_2)=\frac{1}{\sqrt{2}}(1\ \ 0)\begin{pmatrix}1\\1\end{pmatrix}=\frac{1}{\sqrt{2}}\\
S_{12}&=\psi_1^+\varphi_2=\psi_1^+\frac{1}{\sqrt{2}}(\psi_1-\psi_2)=\frac{1}{\sqrt{2}}(1\ \ 0)\begin{pmatrix}1\\-1\end{pmatrix}=\frac{1}{\sqrt{2}}\\
S_{21}&=\psi_2^+\varphi_1=\psi_2^+\frac{1}{\sqrt{2}}(\psi_1+\psi_2)=\frac{1}{\sqrt{2}}(0\ \ 1)\begin{pmatrix}1\\1\end{pmatrix}=\frac{1}{\sqrt{2}}\\
S_{22}&=\psi_2^+\varphi_2=\psi_2^+\frac{1}{\sqrt{2}}(\psi_1-\psi_2)=\frac{1}{\sqrt{2}}(0\ \ 1)\begin{pmatrix}1\\-1\end{pmatrix}=-\frac{1}{\sqrt{2}}
\end{aligned}\right\}\qquad(13)$$

$$\left.\begin{aligned}
S&=\begin{bmatrix}\frac{1}{\sqrt{2}} & \frac{1}{\sqrt{2}}\\ \frac{1}{\sqrt{2}} & -\frac{1}{\sqrt{2}}\end{bmatrix}=\frac{1}{\sqrt{2}}\begin{bmatrix}1 & 1\\ 1 & -1\end{bmatrix},\\
S^+&=\frac{1}{\sqrt{2}}\begin{bmatrix}1 & 1\\ 1 & -1\end{bmatrix}
\end{aligned}\right\}\qquad(13')$$

$$\begin{aligned}
A'=S^+AS&=\frac{1}{2}\begin{bmatrix}1 & 1\\ 1 & -1\end{bmatrix}\begin{bmatrix}a & b\\ b & a\end{bmatrix}\begin{bmatrix}1 & 1\\ 1 & -1\end{bmatrix}\\
&=\frac{1}{2}\begin{bmatrix}a+b & a+b\\ a-b & b-a\end{bmatrix}\begin{bmatrix}1 & 1\\ 1 & -1\end{bmatrix}=\frac{1}{2}\begin{bmatrix}2a+2b & 0\\ 0 & 2a-2b\end{bmatrix}\\
&=\begin{bmatrix}a+b & 0\\ 0 & a-b\end{bmatrix}=\begin{bmatrix}A_1 & 0\\ 0 & A_2\end{bmatrix}
\end{aligned}\qquad(14)$$

这正是A在自己表象中(A表象)的对角矩阵。

容易验明，在L表象中A的本征函数$\varphi_1=\frac{1}{\sqrt{2}}\begin{pmatrix}1\\1\end{pmatrix}$和$\varphi_2=\frac{1}{\sqrt{2}}\begin{pmatrix}1\\-1\end{pmatrix}$经过变换$\varphi'=S^+\varphi$((4')式)就变成A表象的基矢，即$\varphi_1'=\begin{pmatrix}1\\0\end{pmatrix}$，$\varphi_2'=\begin{pmatrix}0\\1\end{pmatrix}$

注意，从L表象到A表象的变换矩阵S就是由L表象中A的本征函数组成的，~~S中~~ 矩阵S的第一列~~[illegible]~~就是L表象中A的第一个本征函数，第二列就是L表象中A的第二个本征函数。这个结论在普遍情况下也是成立的（见(11)，(13)式）。

最后，我们指出一个简单而重要的事实：如果二个矩阵A'和B'可以经由同一个幺正变换变成对角矩阵，则A'和B'必定是互相对易的。证明很简单，如果经么正变换 $A = S A' S^+$，$B = S B' S^+$ 后，A和B都是对角矩阵：

$$A=\begin{bmatrix} A_1 & & 0 \\ & A_2 & \\ 0 & & \ddots \end{bmatrix}, \quad B=\begin{bmatrix} B_1 & & 0 \\ & B_2 & \\ 0 & & \ddots \end{bmatrix}$$

~~则根据§32(6)式，AB = BA，即 AB − BA = 0，~~

~~而 $A'B' = S^+AS\,S^+BS = S^+ABS$~~

~~$B'A' = S^+BS\,S^+AS = S^+BAS$~~

~~$A'B' - B'A' = S^+(AB-BA)S = 0$，~~

~~即A'和B'是对易的。~~

~~总之：可对易的矩阵所代表同时可测的力学量，经么正变换变到它们自己的（共同）表象中，它们就同时表现为对角矩阵。~~

则根据§32(6)式，AB = BA，而任何一个矩阵的等式经么正变换后仍维持不变（§32末），因此 A'B' = B'A'，亦即A'，B'是对易的。互相对易的厄米矩阵代表可以同时测量的力学量，那末，经过么正变换变到它们自己的~~[illegible]~~表象（以共同的本征函数作为基矢）中时，它们就~~同时表~~统统表现为对角矩阵。

§34 从一个表象到另一个表象的变换

§35. 海森堡表象和能量表象

(一) 在以上种种表象中，波函数都是随时间的函数 $\psi=\psi(t)$，$\psi(t)$ 由薛丁格方程决定：

$$i\hbar\frac{d}{dt}\psi(t)=H\psi(t) \tag{1}$$

由于波函数与时间有关，在某些运算中就要带来一些不必要的麻烦（例如平均值的计算）。如能找到一个表象，在其中波函数与时间无关，则在某些运算中就会很方便。这个表象称之为海森堡表象，它在研究力学量的运动方程时是特别有用的，为了区别于海森堡表象以前种种表象（基矢与时间无关的）一概称之为薛丁格表象。设从薛丁格表象到海森堡表象的幺正变换矩阵为 S，

$$\psi=S\psi(t) \tag{2}$$

这里 ψ 为海森堡表象中的波函数，与时间无关。则

$$i\hbar\frac{d}{dt}\psi=i\hbar\frac{dS}{dt}\psi(t)+Si\hbar\frac{d\psi(t)}{dt}=\left(i\hbar\frac{dS}{dt}+SH\right)\psi(t)=0$$

$$\therefore\quad \boxed{i\hbar\frac{dS}{dt}+SH=0} \tag{3}$$

这是 S 作为一个算符所应该满足的方程式。如果 H 与 t 有关，则要想求得 S 的具体形式是困难的。如 H 与 t 无关，则在(3)式中 H 可当作常数，从而求得：

$$\boxed{S=e^{\frac{i}{\hbar}Ht}=1+\frac{i}{\hbar}Ht+\left(\frac{i}{\hbar}Ht\right)^2/2!+\cdots} \tag{4}$$

容易验明，这是满足(3)式的。

将(4)式取共轭，考虑到 $H^+=H$，$t^+=t$，$i^+=-i$，则得：

$$\boxed{S^+=1-\frac{i}{\hbar}Ht+\left(-\frac{i}{\hbar}Ht\right)^2/2!+\cdots=e^{-\frac{i}{\hbar}Ht}} \tag{5}$$

~~(3)式也可写成~~容易验明，$S^+S=SS^+=1$，即 S 是幺正的。

(3)式可以写成：

$$\left.\begin{aligned}&i\hbar\frac{dS}{dt}=-SH\\ \text{取共轭，得：}\quad &i\hbar\frac{dS^+}{dt}=HS^+\end{aligned}\right\} \tag{6}$$

如将力学量 L 按幺正变换 SLS^+ 变到海森堡表象，则它显然与时间有关，以 L_t 表示之，则

$$\boxed{L_t = SLS^+} \quad (7)$$

这里L是力学量在薛丁格表象中的表示，L_t是海森堡表象中的表示。

如果求海森堡表象中力学量随时间的变化，则得：

$$i\hbar\frac{dL_t}{dt} = i\hbar\frac{dS}{dt}LS^+ + i\hbar S\frac{\partial L}{\partial t}S^+ + i\hbar SL\frac{dS^+}{dt},$$ 由(6)式，

$$= -SHLS^+ + i\hbar S\frac{\partial L}{\partial t}S^+ + SLHS^+$$

但 $SHLS^+ = SHS^+SLS^+ = H_tL_t$

$SLHS^+ = SLS^+SHS^+ = L_tH_t$

$S\frac{\partial L}{\partial t}S^+ = (\frac{\partial L}{\partial t})_t$

$$\therefore \quad \frac{dL_t}{dt} = (\frac{\partial L}{\partial t})_t + \frac{1}{i\hbar}(L_tH_t - H_tL_t) \quad (8)$$

一般，L不显含t，$\frac{\partial L}{\partial t}=0$，则

$$\boxed{\frac{dL_t}{dt} = \frac{1}{i\hbar}(L_tH_t - H_tL_t)} \quad (9)$$

在H不显含t时，(4)式和(5)式成立，这时S，S^+和H是对易的，则

$$H_t = SHS^+ = HSS^+ = H \quad (10)$$

与t无关，这就是能量守恒。而(9)式可以改写：

$$\frac{dL_t}{dt} = \frac{1}{i\hbar}(L_tH - HL_t) \quad (9')$$

~~(9)式和§16 (9)式形式完全一样，不过在海森堡表象中运动方程~~

(8)或(9)就是海森堡表象中的运动方程

的得到是完全自然的，不需要像§16中那样对$\frac{dL}{dt}$引入额外的定义。

由于在么正变换下一切算符的方程（包括对易关系）均保持不变，所以在海森堡表象中运动方程的形式和§18中的完全一样，只要把$L \to L_t$就行。

(二)如果以H的本征函数ψ_n（本征值E_n）作为海森堡表象的基矢，~~（相当于在薛丁格表象中以$\psi_n(t)=\psi_n e^{-\frac{i}{\hbar}E_nt}$作为基矢）~~，则H表现为

对角矩阵：

$$H = H_t = \begin{bmatrix} E_1 & & 0 \\ & E_2 & \\ 0 & & \ddots \end{bmatrix} \quad (10)$$

即 $[H_t]_{mn} = E_n \delta_{mn}$ (10′)

对于一般力学量，

$$[L_t]_{mn} = \psi_m^+ L_t \psi_n = \psi_m^+ S L S^+ \psi_n \quad (11)$$

~~但 $S^+\psi_n = \psi_n(t) =$~~

但 $H\psi_n = E_n\psi_n$，则由(5)式，

$$S^+\psi_n = e^{-\frac{i}{\hbar}E_n t}\psi_n$$

取共轭，$\psi_n^+ S = e^{\frac{i}{\hbar}E_n t}\psi_n$

$n\to m$，$\psi_m^+ S = e^{\frac{i}{\hbar}E_m t}\psi_m$

代入(11)，并令 $\omega_{mn} = (E_m - E_n)/\hbar$，(12)

则 $$[L_t]_{mn} = e^{i\omega_{mn}t}\psi_m^+ L \psi_n = L_{mn}e^{i\omega_{mn}t} \quad (13)$$

这里 $L_{mn} = \psi_m^+ L \psi_n = \int \psi_m^* L \psi_n \, dV$ (14)

是力学量在H表象（能量表象）中的矩阵元素。

(13)式对t微分，则得：

$$\frac{d}{dt}[L_t]_{mn} = L_{mn}e^{i\omega_{mn}t}\cdot i\omega_{mn} = i\omega_{mn}[L_t]_{mn}$$

但 $\frac{d}{dt}[L_t]_{mn} = \frac{d}{dt}\psi_m^+ L_t \psi_n = \psi_m^+ \frac{dL_t}{dt}\psi_n = \left[\frac{dL_t}{dt}\right]_{mn}$，

$$\therefore \left[\frac{dL_t}{dt}\right]_{mn} = \frac{d}{dt}[L_t]_{mn} = i\omega_{mn}[L_t]_{mn} \quad (14)$$

这就是力学量的矩阵元素随时间的变化规律，在实际运算中是很有用的。矩阵元素对时间的n次微商也可以用同样的办法求得。

如对(13)式求二次微商，则可得

$$\left[\frac{d^2L_t}{dt^2}\right]_{mn} = \frac{d^2}{dt^2}[L_t]_{mn} = (i\omega_{mn})^2[L_t]_{mn} \quad (15)$$

以此类推。

(三)在薛丁格表象中的力学量亦有类似的公式。根据§16 (9)式，

$$\frac{dL}{dt}=\frac{1}{i\hbar}[LH-HL] \qquad (16)$$

若以H的本征函数 ψ_n 作为基矢(能量表象)，则

$$H\psi_n=E_n\psi_n\,,\qquad \psi_n^+H=\psi_n^+E_n$$

$$\left[\frac{dL}{dt}\right]_{mn}=\frac{1}{i\hbar}\psi_m^+[LH-HL]\psi_n = ~~\frac{1}{i\hbar}(E_n-E_m)\psi~~$$

$$=\frac{1}{i\hbar}(\psi_m^+LH\psi_n-\psi_m^+HL\psi_n)=\frac{1}{i\hbar}(\psi_m^+LE_n\psi_n-\psi_m^+E_mL\psi_n)$$

$$=\frac{1}{i\hbar}(E_n-E_m)\psi_m^+L\psi_n=\frac{E_n-E_m}{i\hbar}L_{mn} ~~= i\omega_{mn}L_{mn}~~$$

即，

$$\left[\frac{dL}{dt}\right]_{mn}=i\omega_{mn}L_{mn} \qquad (17)$$

由(16)式，对t微分，得：

$$\frac{d^2L}{dt^2}=\frac{1}{i\hbar}\frac{d}{dt}[LH-HL]=\frac{1}{i\hbar}\left[\frac{dL}{dt}H-H\frac{dL}{dt}\right] \qquad (18)$$

$$\left[\frac{d^2L}{dt^2}\right]_{mn}=\frac{1}{i\hbar}\left(\psi_m^+\frac{dL}{dt}H\psi_n-\psi_m^+H\frac{dL}{dt}\psi_n\right)$$

$$=\frac{1}{i\hbar}(E_n-E_m)\psi_m^+\frac{dL}{dt}\psi_n=i\omega_{mn}\left[\frac{dL}{dt}\right]_{mn}$$

由(17)式，

$$\left[\frac{d^2L}{dt^2}\right]_{mn}=(i\omega_{mn})^2L_{mn}=-(\omega_{mn})^2L_{mn} \qquad (19)$$

依此类推。

当 $H=\frac{p^2}{2\mu}+U(\vec{r})$ 时，$p_x=\mu\frac{dx}{dt}$，则由(17)式可得，

$$[p_x]_{mn}=\mu i\omega_{mn}x_{mn} \quad (\text{见习题}) \qquad (20)$$

~~由(20)式，并利用 $xp_x-p_xx=i\hbar$，容易证明~~

利用公式 $xp_x-p_xx=i\hbar$，并利用(20)式，容易証明：

$$\sum_m \omega_{mn}|x_{mn}|^2=\frac{\hbar}{2\mu} \qquad (21)$$

(四). 作为一个例子，我们来利用(20)和(21)式研究简谐振子。~~~~

简谐振子的能量算符是

$$H=\frac{p_x^2}{2\mu}+U(x)=\frac{p_x^2}{2\mu}+\frac{1}{2}\mu\omega^2x^2 \qquad (22)$$

根据§18 (5)式，

$$\mu\frac{d^2x}{dt^2}=-\frac{\partial U}{\partial x}=-\mu\omega^2x \qquad (23)$$

设能级为 $E_0, E_1, \cdots, E_n \cdots$。(23)式取能量表象的矩阵元素，并利用(19)式，则得：

$$(\omega_{mn})^2 x_{mn} = \omega^2 x_{mn} \qquad (24)$$

(24)式表明，只有 $\omega_{mn} = \pm\omega$ 时，亦即 $E_m - E_n = \pm\hbar\omega$ 时，x_{mn} 才可能不等于0；$\omega_{mn} \neq \pm\omega$ 时，亦即 $E_m - E_n \neq \pm\hbar\omega$ 时，$x_{mn} = 0$。

如果计算在定态 ψ_n 中动能的平均值，则得：

$$\frac{1}{2\mu}[p_x^2]_{nn} = \frac{1}{2\mu}\sum_m [p_x]_{nm}[p_x]_{mn} = \frac{1}{2\mu}\sum_m |(p_x)_{mn}|^2$$

由(20)式

$$= \frac{\mu}{2}\sum_m (\omega_{mn})^2 |x_{mn}|^2 \overset{(24)式}{=\!=\!=} \frac{1}{2}\mu\omega^2 \sum_m |x_{mn}|^2$$

$$= \frac{1}{2}\mu\omega^2 \sum_m x_{nm} x_{mn} = \frac{1}{2}\mu\omega^2 [x^2]_{nn} \qquad (25)$$

(25)式表明，在任何一个简谐振子的定态中，动能平均值等于位能平均值。

这二者相加，即得 H_{nn}，也就是 E_n，因此：

$$E_n = \mu\omega^2 \sum_m |x_{mn}|^2 \qquad (26)$$

根据(24)式后面的讨论，各个能级间的距离应该是 $\hbar\omega$，则(26)中只有 $x_{n+1\,n}$ 和 $x_{n-1\,n}$ 不等于0。因此，

$$E_n = \mu\omega^2 (|x_{n+1\,n}|^2 + |x_{n-1\,n}|^2) \qquad (26')$$

同样地，(21)中也只有二项（$m = n\pm1$）不为0。考虑到

$$\omega_{n+1,n} = (E_{n+1} - E_n)/\hbar = \omega, \quad \omega_{n-1,n} = -\omega,$$

则(21)式可以写成：

$$\omega(|x_{n+1\,n}|^2 - |x_{n-1\,n}|^2) = \frac{\hbar}{2\mu},$$

亦即：

$$|x_{n+1\,n}|^2 - |x_{n\,n-1}|^2 = \frac{\hbar}{2\mu\omega} \qquad (27)$$

对于基态（$n=0$），则(27)式左端只有第一项，因此得到：

$$|x_{10}|^2 = \frac{\hbar}{2\mu\omega} \qquad (28)$$

选择各个定态波函数中规格化常数的幅角，可使 x 的各个矩阵元素 x_{mn} 均为实数，并大于(等于)0，则由(28)式得到

$$x_{10} = \sqrt{\frac{\hbar}{\mu\omega}}\sqrt{\frac{1}{2}} = x_0\sqrt{\frac{1}{2}} \qquad (28')$$

代入(27)式，就可求得各个不等于0的矩阵元素：

$$\boxed{\begin{aligned} x_{21} &= x_{12} = x_0\sqrt{\tfrac{2}{2}} \\ x_{32} &= x_{23} = x_0\sqrt{\tfrac{3}{2}} \\ &\cdots\cdots \\ x_{n+1\,n} &= x_{n\,n+1} = x_0\sqrt{\tfrac{n+1}{2}} \end{aligned}} \qquad (29)$$

代入(26′)，即得：

$$E_n=\mu\omega^2 x_0^2\left(\frac{n+1}{2}+\frac{n}{2}\right)=\left(n+\frac{1}{2}\right)\hbar\omega \qquad (30)$$

這些結果[(25),(29),(30)式]和§24中求得的完全一致。

(五). 作為应用(17)式的一个例子，我们来证明量子力学中的維里定理。

当 $H=\frac{1}{2m}p^2+U(\vec{r})$ 時，$m\frac{d\vec{r}}{dt}=\vec{p}$，$\frac{d\vec{p}}{dt}=-\vec{\nabla}U$，

$$\frac{d}{dt}\vec{r}\cdot\vec{p}=\frac{d\vec{r}}{dt}\cdot\vec{p}+\vec{r}\cdot\frac{d\vec{p}}{dt}=\frac{1}{m}p^2-\vec{r}\cdot\vec{\nabla}U=2T-\vec{r}\cdot\vec{\nabla}U$$

其中T為动能算符，$T=p^2/2m$

在任何一个定态(結合態)ψ_n中求 $\frac{d}{dt}\vec{r}\cdot\vec{p}$ 的平均值，根据(17)式，結果為0 $(\omega_{nn}=(E_n-E_n)/\hbar=0)$，因此，

$$2\overline{T}=\overline{\vec{r}\cdot\vec{\nabla}U(\vec{r})} \quad (\text{对于結合態 } \psi_n) \qquad (31)$$

几个重要的例子是：

i. 对于一维运动，(31)式变成：

$$2\overline{T}=\overline{x\frac{dU}{dx}} \qquad (32)$$

如果 $U(x)\propto x^\nu$，則 $x\frac{dU}{dx}=\nu U$，于是

$$\overline{T}=\frac{\nu}{2}\overline{U(x)} \qquad (32')$$

ii. 对于中心力场，$U=U(r)$，$\vec{r}\cdot\vec{\nabla}=r\frac{d}{dr}$，則(31)式变成

$$2\overline{T}=\overline{r\frac{dU}{dr}} \qquad (33)$$

如果 $U(r)\propto r^\nu$，則 $r\frac{dU}{dr}=\nu U$，于是

$$\overline{T}=\frac{\nu}{2}\overline{U(r)} \qquad (34)$$

iii. 特别是，在原子问題中，$U(r)\propto\frac{1}{r}$，$\nu=-1$，則得

$$\overline{T}=-\frac{1}{2}\overline{U(r)} \qquad (35)$$

$$E=\overline{T}+\overline{U}=\frac{1}{2}\overline{U(r)}=-\overline{T} \qquad (36)$$

這些結果和经典力学的結果完全相似，只是经典力学中的平均值是对于時间平均，量子力学中是对于空间平均。

结语

在這一章里，叙述了矩陣力学的基本内容和基本方法。它的优点是形式簡單，运算方便，对于普遍性的理论问题和某些本征值问题，特别是有关角动量的问题，用矩陣力学的方法处理是比較方便的。

在解决具体问题時，要針对具体情况，採取适当的表象；~~的例子将在下面二章中讲到~~。
最常用的是坐标表象(前二章用的就是坐标表象)，這是因为在非相对论情况下，粒子间的相互作用能只是坐标的函数，而薛丁格方程是形式上比較简单的二次微分方程。但是在不少问题中(特别是在某些近似方法中)也将用其他的表象，这方面的例子将在下面二章中讲到。

复习思考题

1. 比較矩陣运算法则和§15中的線性算符运算法则。
2. 在一个状态中可以对不同的力学量进行测量。试从这个角度说明波函数的各种不同的表象的意义。
3. 比較波动力学和矩陣力学中的平均值公式和本征方程的形式，分析各自的优缺点(和習題結合起来讨论)。
4. 在自己的表象中，力学量的矩陣有何特点？
5. 为什么说知道了力学量的全部矩陣元素，就等于知道了該力学量的全部性质？
6. 为什么各个不同表象间的变换一定是么正变换？么正变換有哪些重要性质？
7. 什么叫海森堡表象？有何优点？它和能量表象的关系如何？
8. 通过具体例子理解能量表象的用处。

第五章　电子的自旋

~~自旋是基本粒子的一项基本性质，是经典力学中所没有，而对于~~

自旋（的存在）是基本粒子的一项基本性质，自旋的概念是经典力学中所没有，也是无法设想的，然而它却是理解各种微观过程，研究物质结构所不可缺少的必备知识。关于自旋的理论则是表象理论的重要应用。

§36. 电子存在自旋的实验证据

(一) 史登-盖拉赫实验

玻尔的原子构造理论指出，原子的磁矩必须是玻尔磁子 $\frac{e\hbar}{2mc}$ 的整数倍，为了验证这个论断，1922年史登-盖拉赫做了下列实验。使原子束通过一个不均匀磁场，由于原子具有磁矩，因此将受到磁场的作用而运动方向发生偏转。以磁场强方向为 z 轴，设原子磁矩在磁场方向的投影为 $\mathfrak{M}_z$，则原子在磁场中得到的附加能量为

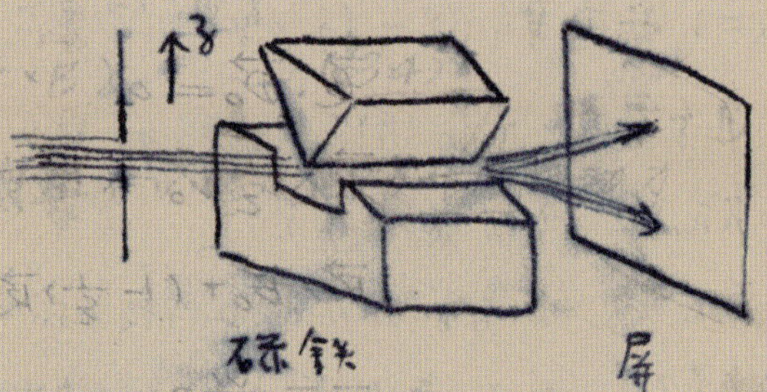

图60. 史登-盖拉赫实验简图

$$W = -\mathfrak{M}_z \mathscr{H}$$

原子受到的力为，

$$F_z = -\frac{\partial W}{\partial z} = \mathfrak{M}_z \frac{\partial \mathscr{H}}{\partial z}$$

这里 $\mathscr{H}$ 为磁场强度。在这个力作用下，原子束将发生偏转。磁场是设计好的，原子束的速度也是可以控制的，因此测定原子束的偏转可以计算出原子的磁矩 $\mathfrak{M}_z$。用锂原子和其他单价原子进行实验，发现原子束通过磁场后分成二束，这表明 $\mathfrak{M}_z$ 可取二种数值。根据测定，

$$\mathfrak{M}_z = \pm \frac{e\hbar}{2mc} = \pm \mathfrak{M}_0 \qquad (1)$$

这似乎证实了玻尔原子构造理论中关于角动量和磁矩的空间量子化的论断，但仔细分析起来，却又不尽然。按照玻尔理论，处于正

常状态(基态)的原子(这是实验中所用的原子)，角动量为 $M=\hbar$，磁矩 $m=\frac{e\hbar}{2mc}$，由于空间量子化，磁矩在磁场方向的投影应该取三个值：$m_z=\frac{e\hbar}{2mc}$，0，$-\frac{e\hbar}{2mc}$，而实验发现的只有二个。如果设想原子有可能处于激发态，则磁矩 m_z 的数值将更多($2l+1$个)。根据量子力学，则处于基态的原子角动量为0，磁矩亦为0，因此通过磁场的原子束应该不偏转，这也和实验不符。

由此可见，上述磁矩(1)并非电子的空间运动所产生，而是某种未知的运动所产生的。由于这种运动和磁矩有直接联系，则其性质应该是一种旋转运动，历史上曾设想这是电子的自转，因此名之曰自旋。

(二) 爱因斯坦-德哈斯实验

这个实验是在1915年进行的，目的是确定原子的磁矩和角动量的关系。以电流使小铁棒磁化，这时原子的磁矩顺磁场方向(z轴)排列；如改变电流方向，则铁棒磁化方向亦改变，原子的磁矩遂转至相反的方向；由于磁矩和角动量有确定的比例关系，则原子的角动量亦将改变方向，亦即获得 $2M_z$ 的角动量。

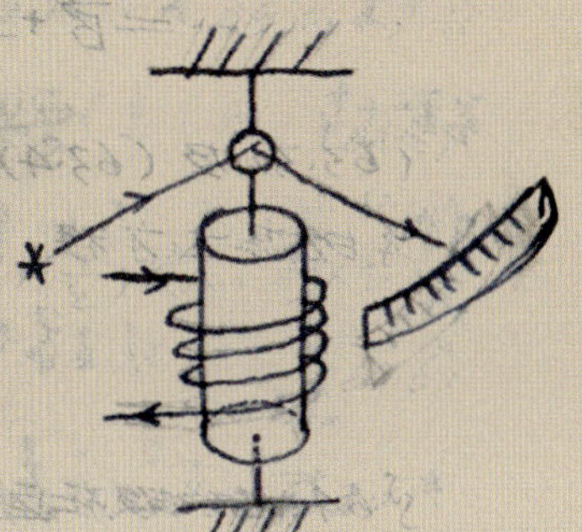

图6. 爱因斯坦-德哈斯实验

但整个铁棒并未受到外力矩，总角动量应该守恒，因此，当电铁棒改变其磁化方向时，它同时应产生一个整体的转动，以补偿原子磁矩的改变。铁棒的磁矩和整个转动角动量之比也就是每个原子的磁矩和角动量之比。铁棒的磁矩可以用电磁学方法测定，而旋转角动量则可以通过悬丝的扭力常数和旋转的角度(通过小镜测定)来测定。测量的结果表明：

$$\frac{\text{磁矩}}{\text{角动量}}=-\frac{e}{mc} \qquad (2)$$

这比预料的要大一倍。可见，造成这种磁矩的并非电子的一般空间运动，而是一种别的运动。

如果认为这二个实验中原子的磁矩具有同样的来源，即由电子的自旋所产生，则就可以得出下列结论：

i. 自旋具有角动量的性质

ii. 自旋角动量（简称自旋）在某个方向（磁场方向）的投影只能取二个数值：$\pm\frac{\hbar}{2}$

今天的实验证明这个结论是正确的。在今天，电子存在自旋，已是确定不移的事实，完全是铁磁性理论的基础。

在非相对论量子力学中，电子存在自旋是作为一个实验事实加以承认的，在相对论量子力学中，可以从理论上证明自旋之存在。但无论如何，自旋的本质到现在还没有弄清楚，只知道它不可能了解成一种机械的旋转。（如果是一种机械的旋转，即如果电子是一个高速旋转的小球，则简单的计算表明，为了获得$\frac{\hbar}{2}$的角动量，电子表面的速度应该大大地超过光速）而和电子的空间运动（所谓"轨道"运动）有本质的不同。

§36 电子存在自旋的实验证据

§37. 电子的自旋算符和自旋波函数.

将上节对于电子自旋所得到的结论和角动量的普遍理论(§25)比较，我们发现这相当于角动量量子数 $j=\frac{1}{2}$ 的情形。因此可以认为，电子的自旋算符应该满足角动量的对易关系。以 $S_x\ S_y\ S_z$ 表示自旋的三个分量，则按§25,(29)式，

$$S_xS_y-S_yS_x=i\hbar S_z\quad(\text{轮换})\qquad(1)$$

另外，由于 $S_z=\pm\frac{\hbar}{2}$，则 $S_z^2=\frac{\hbar^2}{4}$，但 x,y,z 是对称的，则

$$S_x^2=S_y^2=S_z^2=\frac{\hbar^2}{4},\quad S_z=\pm\frac{\hbar}{2}\quad(x,y\text{同})\qquad(2)$$

$$S^2=S_x^2+S_y^2+S_z^2=\frac{3}{4}\hbar^2\qquad(3)$$

这就是自旋算符的基本性质。

为了运算简单，引入算符 $\sigma_x,\sigma_y,\sigma_z$，定义为：

$$S_x=\frac{\hbar}{2}\sigma_x,\quad(y\ z\text{同})\qquad(4)$$

则(1)(2)(3)式可简化成：

$$\sigma_x\sigma_y-\sigma_y\sigma_x=2i\sigma_z\quad(\text{轮换})\qquad(5)$$

$$\sigma_x^2=\sigma_y^2=\sigma_z^2=1,\quad\sigma_z=\pm1\quad(x,y\text{同})\qquad(6)$$

$$\sigma^2=\sigma_x^2+\sigma_y^2+\sigma_z^2=3\qquad(7)$$

由(5),(6),(7)式可以导出一些在实际运算中很有用的公式，如下：

以 σ_x 从左乘(5)式， $\sigma_x^2\sigma_y-\sigma_x\sigma_y\sigma_x=2i\sigma_x\sigma_z$

以 σ_x 从右乘(5)式， $\sigma_x\sigma_y\sigma_x-\sigma_y\sigma_x^2=2i\sigma_z\sigma_x$

相加，并利用(6)式，则得：

$$\sigma_z\sigma_x+\sigma_x\sigma_z=0\quad(\text{轮换})\qquad(8)$$

这表明，$\sigma_x,\sigma_y,\sigma_z$ 是彼此反对易的。

将(8)中 $z\to x,\ x\to y$，则得 $\sigma_x\sigma_y+\sigma_y\sigma_x=0$，代入(5)，得：

$$\sigma_x\sigma_y=i\sigma_z\quad(\text{轮换})\qquad(9)$$

以 σ_z 从右乘(9)式，并计及 $\sigma_z^2=1$，则得：

$$\sigma_x\sigma_y\sigma_z=i\qquad(10)$$

~~下面来运算~~

$\sigma_x,\sigma_y,\sigma_z$ 一般就称为自旋算符。下面来运算它们的具体形式。

首先，自旋并非电子的空间运动，因此自旋算符不可能表示成 xyz 的函数或微分算符；其次，自旋算符只有二个本征值，在这种情况下採取算符的矩阵表示是很方便的。按照习惯，我们取 σ_z 表象，并规定 $\sigma_z=1$ 为第一个本征值，$\sigma_z=-1$ 为第二个本征值，则 σ_z 表现为一个二行二列的对角矩阵：因为它在自己的表象中，所以

$$\sigma_z=\begin{bmatrix}1&0\\0&-1\end{bmatrix} \quad (11)$$

~~σ_x，和 σ_y 是同样性质的量，则当然也由二行二列的方形矩阵表示，设~~

~~$\sigma_x=$~~

σ_z 表象中的基矢就是 σ_z 的本征函数，以 χ_+ 和 χ_- 表示 $\sigma_z=+1,-1$ 时的本征函数（亦即 $S_z=\frac{\hbar}{2},-\frac{\hbar}{2}$ 时的本征函数），则

$$\chi_+=\begin{pmatrix}1\\0\end{pmatrix},\quad \chi_-=\begin{pmatrix}0\\1\end{pmatrix} \quad (12)$$

［χ_+ 相当于 §25(3)中的 $\psi_{\frac{1}{2}}^{\frac{1}{2}}$ ($j=\frac{1}{2}$, $M=\frac{1}{2}$)，χ_- 相当于 $\psi_{\frac{1}{2}}^{-\frac{1}{2}}$ ($j=\frac{1}{2}$, $M=-\frac{1}{2}$)，但由于 j 恒为 $\frac{1}{2}$，故採取了简化的符号］

~~设 $\sigma_+=\sigma_x+i\sigma_y=\begin{bmatrix}a&b\\c&d\end{bmatrix}$，则由 §25~~

设 $S_+=S_x+iS_y=\hbar\begin{bmatrix}a&b\\c&d\end{bmatrix}$，则由 §25 (32)—(36) 式，有：

$$S_+\chi_+=\hbar\begin{bmatrix}a&b\\c&d\end{bmatrix}\begin{pmatrix}1\\0\end{pmatrix}=\hbar\begin{pmatrix}a\\c\end{pmatrix}=0. \quad \therefore a=c=0.$$

$$S_+\chi_-=\hbar\begin{bmatrix}0&b\\0&d\end{bmatrix}\begin{pmatrix}0\\1\end{pmatrix}=\hbar\begin{pmatrix}b\\d\end{pmatrix}=\hbar\chi_+=\hbar\begin{pmatrix}1\\0\end{pmatrix} \quad \therefore b=1,\ d=0$$

$$\therefore S_+=S_x+iS_y=\hbar\begin{bmatrix}0&1\\0&0\end{bmatrix} \quad (13)$$

$$[S_+]^\dagger=[S_x]^\dagger+[iS_y]^\dagger=S_x-iS_y \quad (\because S_x,\ S_y \text{ 为自轭算符})$$

$$\therefore S_-=S_x-iS_y=[S_+]^\dagger=\hbar\begin{bmatrix}0&0\\1&0\end{bmatrix} \quad (14)$$

(13)+(14)： $$S_x=\frac{\hbar}{2}\begin{bmatrix}0&1\\1&0\end{bmatrix} \quad (15)$$

(13)−(14)： $$S_y=\frac{\hbar}{2}\begin{bmatrix}0&-i\\i&0\end{bmatrix} \quad (16)$$

除以 $\frac{\hbar}{2}$，则得： $\sigma_x=\begin{bmatrix}0&1\\1&0\end{bmatrix}$，$\sigma_y=\begin{bmatrix}0&-i\\i&0\end{bmatrix}$

总起来说，在 σ_z 表象中的自旋算符是：

§37 电子的自旋算符和自旋波函数

$$\sigma_x=\begin{bmatrix}0&1\\1&0\end{bmatrix},\quad \sigma_y=\begin{bmatrix}0&-i\\i&0\end{bmatrix},\quad \sigma_z=\begin{bmatrix}1&0\\0&-1\end{bmatrix} \tag{11}$$

$$\sigma_x+i\sigma_y=\begin{bmatrix}0&2\\0&0\end{bmatrix},\quad \sigma_x-i\sigma_y=\begin{bmatrix}0&0\\2&0\end{bmatrix} \tag{12}$$

$$S_x=\frac{\hbar}{2}\begin{bmatrix}0&1\\1&0\end{bmatrix},\quad S_y=\frac{\hbar}{2}\begin{bmatrix}0&-i\\i&0\end{bmatrix},\quad S_z=\frac{\hbar}{2}\begin{bmatrix}1&0\\0&-1\end{bmatrix} \tag{13}$$

$$S_x+iS_y=\hbar\begin{bmatrix}0&1\\0&0\end{bmatrix},\quad S_x-iS_y=\hbar\begin{bmatrix}0&0\\1&0\end{bmatrix} \tag{14}$$

σ_z的本征函数是：

$$\left.\begin{matrix}\sigma_z=1\\ S_z=\frac{\hbar}{2}\end{matrix}\right\},\ \chi_+=\begin{pmatrix}1\\0\end{pmatrix};\qquad \left.\begin{matrix}\sigma_z=-1\\ S_z=-\frac{\hbar}{2}\end{matrix}\right\},\ \chi_-=\begin{pmatrix}0\\1\end{pmatrix} \tag{15}$$

容易验明，(11)式和(5)—(10)式是完全一致的。

在σ_z表象中，任意的一个自旋波函数（它表示电子的自旋状态）是：

$$\chi=\begin{pmatrix}c_1\\c_2\end{pmatrix} \tag{16}$$

正如表象的普遍理论所指出的，它可以展开成χ_+和χ_-的线性叠加：

$$\chi=\begin{pmatrix}c_1\\c_2\end{pmatrix}=c_1\begin{pmatrix}1\\0\end{pmatrix}+c_2\begin{pmatrix}0\\1\end{pmatrix}=c_1\chi_++c_2\chi_- \tag{17}$$

因此，常数c_1, c_2的物理意义是：$|c_1|^2$等于在自旋状态χ中测得$\sigma_z=1\ (S_z=\frac{\hbar}{2})$的几率，$|c_2|^2$等于在自旋状态$\chi$中测得$\sigma_z=-1\ (S_z=-\frac{\hbar}{2})$的几率。当然，$c_1, c_2$应该受归一化条件的限制：

$$\chi^+\chi=(c_1^*\ c_2^*)\begin{pmatrix}c_1\\c_2\end{pmatrix}=|c_1|^2+|c_2|^2=1 \tag{18}$$

注意，σ_z是自旋波函数的"变数"（正如x, y, z是空间波函数的变数一样），由于σ_z只能取二种数值±1，所以自旋波函数由二个数$c_1\ c_2$表示而不是由一个连续函数表示。

下面举一些简单的例子来具体说明自旋的基本运算方法。

例1. 求σ_x的本征值和本征函数。

解：设本征值为λ，本征函数为$\chi=\begin{pmatrix}c_1\\c_2\end{pmatrix}$，代入本征方程中，

$$\sigma_x\chi=\lambda\chi$$

$$\begin{bmatrix}0&1\\1&0\end{bmatrix}\begin{pmatrix}c_1\\c_2\end{pmatrix}=\lambda\begin{pmatrix}c_1\\c_2\end{pmatrix}$$

$$\begin{pmatrix}c_2\\c_1\end{pmatrix}=\lambda\begin{pmatrix}c_1\\c_2\end{pmatrix}$$

即 $\begin{cases} \lambda c_1 - c_2 = 0 \\ c_1 - \lambda c_2 = 0 \end{cases}$

c_1, c_2 不能全为0（否则 $\psi=0$）则系数行列式应等于0，

$$\begin{vmatrix} \lambda & -1 \\ 1 & -\lambda \end{vmatrix} = 0 \rightarrow \lambda = \pm 1$$

$\lambda=1$，$c_1 - c_2 = 0$，$c_1 = c_2$

$$\chi = \begin{pmatrix} c_1 \\ c_1 \end{pmatrix} = c_1 \begin{pmatrix} 1 \\ 1 \end{pmatrix}$$，c_1 由规格化条件决定：

$$\chi^+ \chi = |c_1|^2 (1\ 1) \begin{pmatrix} 1 \\ 1 \end{pmatrix} = 2|c_1|^2 = 1$$

$\therefore |c_1| = \frac{1}{\sqrt{2}}$，一般，取 $c_1 = \frac{1}{\sqrt{2}}$，则

$$\chi = \frac{1}{\sqrt{2}} \begin{pmatrix} 1 \\ 1 \end{pmatrix}$$

$\lambda = -1$，$-c_1 - c_2 = 0$，$c_2 = -c_1$，$\psi = \begin{pmatrix} c_1 \\ -c_1 \end{pmatrix} = c_1 \begin{pmatrix} 1 \\ -1 \end{pmatrix}$

$$\chi^+ \chi = |c_1|^2 (1\ -1) \begin{pmatrix} 1 \\ -1 \end{pmatrix} = 2|c_1|^2 = 1,\quad c_1 = \frac{1}{\sqrt{2}},$$

$$\chi = \frac{1}{\sqrt{2}} \begin{pmatrix} 1 \\ -1 \end{pmatrix}$$

答：$\sigma_x = 1$ 时，本征函数为 $\chi_1 = \frac{1}{\sqrt{2}} \begin{pmatrix} 1 \\ 1 \end{pmatrix}$

$\sigma_x = -1$ 时 ………… $\chi_2 = \frac{1}{\sqrt{2}} \begin{pmatrix} 1 \\ -1 \end{pmatrix}$ (19)

（注意，这个例子相当于 §33 (26) 式中 $a=0$，$b=1$ 的情形）

例2. 在自旋状态 $\chi_+ = \begin{pmatrix} 1 \\ 0 \end{pmatrix}$ 中，求 σ_x 的平均值和测量结果的几率.

解：$\overline{\sigma_x} = \chi_+^+ \sigma_x \chi_+ = (1\ 0) \begin{bmatrix} 0 & 1 \\ 1 & 0 \end{bmatrix} \begin{pmatrix} 1 \\ 0 \end{pmatrix} = (0\ 1) \begin{pmatrix} 1 \\ 0 \end{pmatrix} = 0$

为了求测量结果的几率，应该将 χ_+ 展开成 σ_x 的本征函数的和.

$$\chi_+ = c_1 \chi_1 + c_2 \chi_2$$

$$c_1 = \chi_1^+ \chi_+ = \frac{1}{\sqrt{2}} (1\ 1) \begin{pmatrix} 1 \\ 0 \end{pmatrix} = \frac{1}{\sqrt{2}},\quad |c_1|^2 = \frac{1}{2}$$

$$c_2 = \chi_2^+ \chi_+ = \frac{1}{\sqrt{2}} (1\ -1) \begin{pmatrix} 1 \\ 0 \end{pmatrix} = \frac{1}{\sqrt{2}},\quad |c_2|^2 = \frac{1}{2}$$

所以，在自旋状态 $\chi_+ = \begin{pmatrix} 1 \\ 0 \end{pmatrix}$ 中，测得 $\sigma_x = 1$ 的几率为 $\frac{1}{2}$，测得 $\sigma_x = -1$ 的几率为 $\frac{1}{2}$，σ_x 的平均值为0.

§37 电子的自旋算符和自旋波函数

§38. 电子的锐角动量

为了区别于自旋角动量 $\vec{S}$，常称电子的空间运动的角动量 $\vec{M}$ 为轨道角动量（但要记住电子并不是只出现在轨道上）。二者之和即为电子的锐角动量：

$$\boxed{\vec{J}=\vec{M}+\vec{S}} \qquad (1)$$

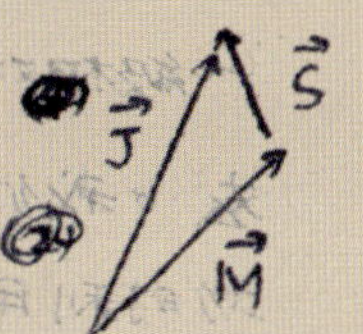

图62. 电子的自旋、轨道和锐角动量

$\vec{J}$ 的投影为：

$$J_x=M_x+S_x \quad (y,z\text{同}) \qquad (2)$$

锐角动量平方的算符为：

$$\boxed{J^2=J_x^2+J_y^2+J_z^2} \qquad (3)$$

我们先来研究一下有关锐角动量的对易关系，然后再求它的本征值和本征函数。

由(2)，

$$J_x^2=M_x^2+S_x^2+M_xS_x+S_xM_x,$$

但 $\vec{S}$ 和 $\vec{M}$ 是不同性质的量，$\vec{S}$ 仅对自旋波函数起作用，$\vec{M}$ 仅对空间波函数起作用，因此 $\vec{S}$ 和 $\vec{M}$ 是可以对易的，所以

$$J_x^2=M_x^2+S_x^2+2S_xM_x \qquad (4)$$

将(4)代入(3)，则得：

$$\boxed{J^2=M^2+S^2+2\vec{S}\cdot\vec{M}} \qquad (5)$$

或

$$\boxed{\vec{S}\cdot\vec{M}=\frac{1}{2}(J^2-M^2-S^2)} \qquad (6)$$

利用轨道角动量的对易关系

$$M_xM_y-M_yM_x=i\hbar M_z \qquad (7)$$

和自旋的对易关系 $S_xS_y-S_yS_x=i\hbar S_z$，(8)

容易证明锐角动量的三个分量间亦存在类似的对易关系：

$$\boxed{J_xJ_y-J_yJ_x=i\hbar J_z \quad (\text{轮换})} \qquad (9)$$

利用(9)式可证

$$\boxed{J^2J_z=J_zJ^2 \quad (x,y\text{同})} \qquad (10)$$

这正是一切角动量所具有的最基本性质。

M^2 和 $\vec{M}$ 的三个分量都可以对易，则由(5)式知 M^2 和 J^2 也是对易的，

$$\boxed{M^2J^2=J^2M^2} \qquad (11)$$

M^2 和 S_z, M_z 均对易，则和 J_z 当然也是对易的：

$$M^2 J_z = J_z M^2 \quad (x,y \text{同}) \qquad (12)$$

至于 S^2，它是一个常数($\frac{3}{4}\hbar^2$)，当然和所有算符都对易。

另外，$$\vec{S}\cdot\vec{J} = \vec{S}\cdot\vec{M} + S^2 \qquad (13)$$

则由(6)式得：$$\vec{S}\cdot\vec{J} = \frac{1}{2}(J^2 - M^2 + S^2) \qquad (14)$$

另外，$$M_z(\vec{S}\cdot\vec{M}) - (\vec{S}\cdot\vec{M})M_z = S_x(M_z M_x - M_x M_z) + S_y(M_z M_y - M_y M_z) = i\hbar(S_x M_y - S_y M_x)$$

即 $$M_z(\vec{S}\cdot\vec{M}) - (\vec{S}\cdot\vec{M})M_z = i\hbar[\vec{S}\wedge\vec{M}]_z \quad (x,y \text{同}) \qquad (15)$$

$\vec{S}$ 和 $\vec{M}$ 的关系是对称的，(15)式中 $\vec{S}\to\vec{M}$，$\vec{M}\to\vec{S}$，则得：

$$S_z(\vec{M}\cdot\vec{S}) - (\vec{M}\cdot\vec{S})S_z = i\hbar[\vec{M}\wedge\vec{S}]_z = -i\hbar[\vec{S}\wedge\vec{M}]_z \qquad (16)$$

(15)和(16)式也可写成向量的形式：

$$\vec{M}(\vec{S}\cdot\vec{M}) - (\vec{S}\cdot\vec{M})\vec{M} = i\hbar[\vec{S}\wedge\vec{M}] \qquad (17)$$

$$\vec{S}(\vec{S}\cdot\vec{M}) - (\vec{S}\cdot\vec{M})\vec{S} = -i\hbar[\vec{S}\wedge\vec{M}] \qquad (18)$$

相加：$$\vec{J}(\vec{S}\cdot\vec{M}) = (\vec{S}\cdot\vec{M})\vec{J} \qquad (19)$$

(17)式二边都除 $\frac{\hbar}{2}$，则得：

$$\vec{M}(\vec{\sigma}\cdot\vec{M}) - (\vec{\sigma}\cdot\vec{M})\vec{M} = i\hbar[\vec{\sigma}\wedge\vec{M}] \qquad (20)$$

由(18)式，$$\vec{S}(\vec{\sigma}\cdot\vec{M}) - (\vec{\sigma}\cdot\vec{M})\vec{S} = -i\hbar[\vec{\sigma}\wedge\vec{M}] \qquad (21)$$

再除 $\frac{\hbar}{2}$，$$\vec{\sigma}(\vec{\sigma}\cdot\vec{M}) - (\vec{\sigma}\cdot\vec{M})\vec{\sigma} = -2i[\vec{\sigma}\wedge\vec{M}] \qquad (22)$$

由(19)式，$$\vec{J}(\vec{\sigma}\cdot\vec{M}) = (\vec{\sigma}\cdot\vec{M})\vec{J} \qquad (23)$$

(17)—(23)式每一个都包含三个公式。

熟悉以上各个对易关系，对于有关自旋的运算将带来很多方便。由(5)和(15)、(16)式知，S_z 和 M_z 不能和 J^2 对易。而由(10)—(12)式，M^2, J^2, J_z 是互相对易的，因此存在共同的本征函数。下面就来探求这个共同的本征函数。

在§37中已经说明，任何与自旋有关的波函数均可写成由 χ_+, χ_-

的线性叠加：

$$\psi = c_1 \chi_+ + c_2 \chi_- = \begin{pmatrix} c_1 \\ c_2 \end{pmatrix}$$

但 ψ 还应该包含空间坐标，则 c_1, c_2 应该是 $x y z$ 的函数，

设 $\quad c_1 = \psi_1(xyz) \qquad c_2 = \psi_2(xyz)$

则 $\quad \psi = \begin{pmatrix} \psi_1 \\ \psi_2 \end{pmatrix}$，$\psi_1, \psi_2$ 为 xyz 的函数. (24)

这是计及自旋以后，波函数的普遍形式.（在坐标－σ_z 表象中）

作为 M^2, J^2, J_z 的本征函数，则 ψ_1, ψ_2 应该是 θ, φ 的函数。

设 J_z 的本征值为 $M\hbar$，则本征方程为：

$$J_z \psi = M\hbar \psi$$

但 $J_z = M_z + S_z = -i\hbar \frac{\partial}{\partial \varphi} + \frac{\hbar}{2}\begin{bmatrix} 1 & 0 \\ 0 & -1 \end{bmatrix}$，

则

$$-i\hbar \frac{\partial}{\partial \varphi}\begin{pmatrix} \psi_1 \\ \psi_2 \end{pmatrix} + \frac{\hbar}{2}\begin{bmatrix} 1 & 0 \\ 0 & -1 \end{bmatrix}\begin{pmatrix} \psi_1 \\ \psi_2 \end{pmatrix} = M\hbar \begin{pmatrix} \psi_1 \\ \psi_2 \end{pmatrix}$$

即

$$-i\hbar \begin{pmatrix} \frac{\partial \psi_1}{\partial \varphi} \\ \frac{\partial \psi_2}{\partial \varphi} \end{pmatrix} + \frac{\hbar}{2}\begin{pmatrix} \psi_1 \\ -\psi_2 \end{pmatrix} = M\hbar \begin{pmatrix} \psi_1 \\ \psi_2 \end{pmatrix}$$

即

$$\begin{cases} -i \frac{\partial \psi_1}{\partial \varphi} = (M - \frac{1}{2})\psi_1 \\ -i \frac{\partial \psi_2}{\partial \varphi} = (M + \frac{1}{2})\psi_2 \end{cases} \quad (25)$$

(25) 式和 M_z 的本征方程的形式是一样的，其解为：

$$\begin{cases} \psi_1 = A e^{i(M-\frac{1}{2})\varphi} \\ \psi_2 = B e^{i(M+\frac{1}{2})\varphi} \end{cases} \quad (26)$$

为了保证 ψ_1, ψ_2 为单值函数，$M - \frac{1}{2}$ 应该是整数：

$$M - \frac{1}{2} = m = 0, \pm 1, \pm 2, \cdots \quad (27)$$

则

$$\begin{cases} \psi_1 = A e^{im\varphi} \\ \psi_2 = B e^{i(m+1)\varphi} \end{cases}$$

这样，我们已经求得了 J_z 的本征值和本征函数：

$$J_z = M\hbar, \quad M = m + \frac{1}{2}, \quad m = 0, \pm 1, \pm 2, \cdots$$

$$\psi = \begin{pmatrix} Ae^{im\varphi} \\ Be^{i(m+1)\varphi} \end{pmatrix}, \quad A, B 与 \varphi 无关，但可以是 \theta 的函数.$$

M^2 的本征函数是 $Y_l^m(\theta\varphi)$，本征值 $l(l+1)\hbar^2$，考虑到自旋，则 M^2 的本征函数的形式是：

$$\psi = \begin{pmatrix} aY_l^m \\ bY_l^{m'} \end{pmatrix}, \quad a, b 为任意常数.$$

Y_l^m 中与 φ 有关的部分是 $e^{im\varphi}$，由此可见，J_z 和 M^2 的共同本征函数是：

$$\psi = \begin{pmatrix} aY_l^m \\ bY_l^{m+1} \end{pmatrix} \quad a, b 为任意常数.$$

我们看到 ψ 作为一个力学量 J_z 的本征函数，任意性是比较大的，作为二个力学量 J_z 和 M^2 的共同本征函数，任意性就减少。如果令 ψ 再满足 J^2 的本征方程，则我们就可以把常数 a, b 也确定出来，ψ 就完全确定了。

$$J^2 = M^2 + s^2 + 2\vec{s}\cdot\vec{M} = M^2 + \frac{3}{4}\hbar^2 + \hbar(\sigma_x M_x + \cdots)$$

$$= M^2 + \frac{3}{4}\hbar^2 + \hbar\left\{\begin{bmatrix} 0 & 1 \\ 1 & 0 \end{bmatrix} M_x + \begin{bmatrix} 0 & -i \\ i & 0 \end{bmatrix} M_y + \begin{bmatrix} 1 & 0 \\ 0 & -1 \end{bmatrix} M_z\right\}$$

设 J^2 的本征值为 $j(j+1)\hbar^2$，则本征方程为：

$$J^2\psi = M^2\begin{pmatrix} aY_l^m \\ bY_l^{m+1} \end{pmatrix} + \frac{3}{4}\hbar^2\begin{pmatrix} aY_l^m \\ bY_l^{m+1} \end{pmatrix} + \hbar\left\{ \quad \right\}\begin{pmatrix} aY_l^m \\ bY_l^{m+1} \end{pmatrix} = j(j+1)\hbar^2\begin{pmatrix} aY_l^m \\ bY_l^{m+1} \end{pmatrix}$$

乘开来即得：

$$\begin{cases} \left[l(l+1) + \frac{3}{4} + m - j(j+1)\right]\hbar^2 aY_l^m + \hbar b(M_x - iM_y)Y_l^{m+1} = 0 \\ \left[l(l+1) + \frac{3}{4} - (m+1) - j(j+1)\right]\hbar^2 bY_l^{m+1} + \hbar a(M_x + iM_y)Y_l^m = 0 \end{cases}$$

由 §25.(48),(49) 式，

$$\begin{cases} (M_x + iM_y)Y_l^m = -\hbar\sqrt{(l+m+1)(l-m)}\ Y_l^{m+1} \\ (M_x - iM_y)Y_l^{m+1} = -\hbar\sqrt{\quad \text{〃} \quad}\ Y_l^m \end{cases}$$

§38 电子的锐角动量

代入上式，则得：

$$\begin{cases} \left[l(l+1)+\frac{3}{4}+m-j(j+1)\right]a-\sqrt{\quad}\ b=0 \\ -\sqrt{\quad}\ a+\left[l(l+1)+\frac{3}{4}-(m+1)-j(j+1)\right]b=0 \end{cases} \quad (25)$$

a, b 不能全为 0，(否则 $\psi=0$) 因此 (25) 式的係数行列式應为 0：

$$\begin{vmatrix} l(l+1)+\frac{3}{4}+m-j(j+1) & -\sqrt{\quad} \\ -\sqrt{\quad} & l(l+1)+\frac{3}{4}-(m+1)-j(j+1) \end{vmatrix}=0. \quad (26)$$

~~即 $[j(j+1)]^2-\left[2l(l+1)+\frac{1}{2}\right]j(j+1)-(l+m+1)(l-m)=0$~~

這是一个 $j(j+1)$ 的二次方程。直接解比較麻烦，但容易驗明，其解为

$$j(j+1)=\left(l+\frac{1}{2}\right)\left(l+\frac{3}{2}\right),\ \left(l-\frac{1}{2}\right)\left(l+\frac{1}{2}\right)$$

即

$$j=l+\frac{1}{2},\ l-\frac{1}{2} \quad (27)$$

將 (27) 代入 (25)，求得：

$$j=l+\frac{1}{2},\quad \frac{a}{b}=-\sqrt{\frac{l+m+1}{l-m}};\quad j=l-\frac{1}{2},\ \frac{a}{b}=\sqrt{\frac{l-m}{l+m+1}}.$$

(a 或 b 的一个应該由歸一化條件决定)

這樣，我们已经求得所需要的結果：

$$j=l+\frac{1}{2},\quad \psi=\sqrt{\frac{1}{2l+1}}\begin{pmatrix}\sqrt{l+m+1}\,Y_l^m \\ -\sqrt{l-m}\,Y_l^{m+1}\end{pmatrix}$$

$$j=l-\frac{1}{2},\quad \psi=\sqrt{\frac{1}{2l+1}}\begin{pmatrix}\sqrt{l-m}\,Y_l^m \\ \sqrt{l+m+1}\,Y_l^{m+1}\end{pmatrix}$$

其中 $\sqrt{\frac{1}{2l+1}}$ 是歸一化常數，是根据下列歸一化條件定出的：

$$\iint \psi^+\psi\sin\theta\,d\theta\,d\varphi=1$$

通常以 $\Omega^{(+)}_{jlM}$ $\Omega^{(-)}_{jlM}$ 表示这二个函數，則全部結果如下：

本征值：

$$\begin{aligned} J^2&=j(j+1)\hbar^2, & j&=l\pm 1/2 \\ M^2&=l(l+1)\hbar^2, & l&=0,1,2,\cdots \\ J_z&=M\hbar=(m+\tfrac{1}{2})\hbar, & M&=j,j-1,\cdots -j \end{aligned} \quad (28)$$

(M 的數值是根据角动量的普遍理論得到的)

量子数 j 必须不小于 0，因此

$j=l+\frac{1}{2}$ 时，$l=0,1,2,\cdots$

$j=l-\frac{1}{2}$ 时，$l=1,2,\cdots$ (29)

本征函数为：

$$\Omega^{(+)}_{jlM}=\begin{pmatrix}\sqrt{\frac{l+m+1}{2l+1}}\,Y_l^m\\ -\sqrt{\frac{l-m}{2l+1}}\,Y_l^{m+1}\end{pmatrix},\quad \left(j=l+\tfrac{1}{2}\right)\qquad \Omega^{(-)}_{jlM}=\begin{pmatrix}\sqrt{\frac{l-m}{2l+1}}\,Y_l^m\\ \sqrt{\frac{l+m+1}{2l+1}}\,Y_l^{m+1}\end{pmatrix}\quad \left(j=l-\tfrac{1}{2}\right) \qquad (30)$$

容易验明，这二个函数是互相正交的。$\Omega^{(+)}$ 中，使自旋量子数和使轨道角动量量子数是相加的，这相当于 $\vec{M}$ 和 $\vec{s}$ 平行；$\Omega^{(-)}$ 则相当于 $\vec{M}$ 和 $\vec{s}$ 反平行。

最后，可以说明 2 种重要的特例。

i. 如轨道角动量为 0，即 $l=0$，则由(29) $j=\frac{1}{2}$，再由(28) $M=\pm\frac{1}{2}$。$M=\frac{1}{2}$ 时，$m=0$，$M=-\frac{1}{2}$ 时，$m=-1$。

由(30)式给出：

$$\Omega^{(+)}_{\frac{1}{2}0\frac{1}{2}}=\begin{pmatrix}Y_0^0\\0\end{pmatrix}=\sqrt{\frac{1}{4\pi}}\begin{pmatrix}1\\0\end{pmatrix},\quad \Omega^{(+)}_{\frac{1}{2}0-\frac{1}{2}}=\begin{pmatrix}0\\-Y_0^0\end{pmatrix}=-\sqrt{\frac{1}{4\pi}}\begin{pmatrix}0\\1\end{pmatrix}$$

这恰好是 s_z 的本征函数。（因为 $\vec{M}=0$ 时，$\vec{j}=\vec{s}$）

ii 如 $M=j$，则 $j=l+\frac{1}{2}$ 时，$m=l$，如 $M=-j$，则 $m=-l-1$

由(30)式给出：

$$\Omega^{(+)}_{jlj}=\begin{pmatrix}Y_l^l\\0\end{pmatrix}=Y_l^l\begin{pmatrix}1\\0\end{pmatrix},\quad \Omega^{(+)}_{jl-j}=\begin{pmatrix}0\\-Y_l^{-l}\end{pmatrix}=-Y_l^{-l}\begin{pmatrix}0\\1\end{pmatrix}$$

这恰好是 M_z 的本征函数和 s_z 的本征函数的乘积。

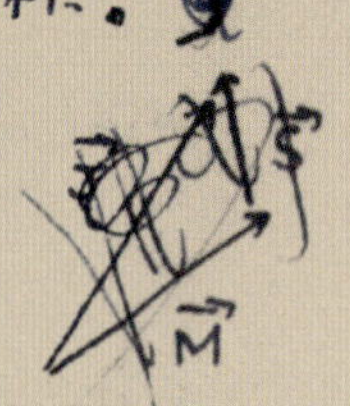

最后，自旋和轨道角动量的相加

§39. 泡里方程.

根据经典电动力学, 电子在电磁场中运动时, 哈密顿量为:

$$H_0=\frac{1}{2m}(\vec{p}+\frac{e}{c}\vec{A})^2-eV \qquad (1)$$

其中 V 为电磁场的标量势 $\vec{A}$ 为向量势, $-e$ 为电子的电荷, $\vec{p}$ 为广义动量 [$\vec{p}+\frac{e}{c}\vec{A}=m\frac{d\vec{r}}{dt}=m\vec{v}$, $\vec{v}$ 为电子的速度]

在量子力学中, 力学量由算符代表. 广义动量的算符是:

$$\hat{\vec{p}}=-i\hbar\vec{\nabla} \qquad (2)$$

则有

$$\hat{H}_0=\frac{1}{2m}(\hat{\vec{p}}+\frac{e}{c}\vec{A})^2-eV \qquad (3)$$

但是电子还存在自旋, 根据§36, 电子的自旋磁矩为,

$$\vec{\mathfrak{m}}_s=-\frac{e}{mc}\vec{S}=-\frac{e\hbar}{2mc}\vec{\sigma} \qquad (4)$$

自旋磁矩在磁场 $\vec{\mathcal{H}}$ 中得到能量

$$-\vec{\mathcal{H}}\cdot\vec{\mathfrak{m}}_s=\frac{e}{mc}\vec{\mathcal{H}}\cdot\vec{S}=\frac{e\hbar}{2mc}\vec{\mathcal{H}}\cdot\vec{\sigma}, \qquad (5)$$

则正确的哈密顿量为:

$$\hat{H}=\hat{H}_0+\frac{e\hbar}{2mc}\vec{\mathcal{H}}\cdot\vec{\sigma} \qquad (6)$$

波动方程为:

$$i\hbar\frac{\partial}{\partial t}\psi=\hat{H}\psi=\left[\frac{1}{2m}(\hat{\vec{p}}+\frac{e}{c}\vec{A})^2-eV+\frac{e\hbar}{2mc}\vec{\mathcal{H}}\cdot\vec{\sigma}\right]\psi \qquad (7)$$

这个方程称为泡里方程. 其中 ψ 是考虑到自旋以后的波函数:

$$\psi=\begin{pmatrix}\psi_1\\ \psi_2\end{pmatrix}, \quad \psi_1,\psi_2 \text{ 为坐标的函数} \qquad (8)$$

和前面相仿, 由泡里方程(7)可以写出连续性方程:

$$\frac{\partial\omega}{\partial t}+\operatorname{div}\vec{K}=0 \qquad (9)$$

其中

$$\omega=\psi^+\psi=\psi_1^*\psi_1+\psi_2^*\psi_2 \qquad (10)$$

为几率密度(指电子在空间各处出现的几率),

$$\vec{K}=-\frac{i\hbar}{2m}\left[\psi^+\nabla\psi-(\nabla\psi^+)\psi\right]+\frac{e}{mc}\vec{A}\psi^+\psi \qquad (11)$$

为几率流密度. [$\vec{K}$ 也可写成:

$$\vec{K}=-\frac{i\hbar}{2m}\left[(\psi_1^*\nabla\psi_1-\psi_1\nabla\psi_1^*)+(\psi_2^*\nabla\psi_2-\psi_2\nabla\psi_2^*)\right]+\frac{e}{mc}\vec{A}(\psi_1^*\psi_1+\psi_2^*\psi_2) \qquad (11')$$

]

以电子电荷 $-e$ 乘 ω 和 $\vec K$，即得电荷密度和电流密度：

$$\rho = -e\psi^+\psi = -e(\psi_1^*\psi_1+\psi_2^*\psi_2) \qquad (12)$$

$$\vec j = \frac{ie\hbar}{2m}[\psi^+\nabla\psi-(\nabla\psi^+)\psi] - \frac{e^2}{mc}\vec A\psi^+\psi \qquad (13)$$

[或：$\vec j = \frac{ie\hbar}{2m}[(\psi_1^*\nabla\psi_1-\psi_1\nabla\psi_1^*)+(\psi_2^*\nabla\psi_2-\psi_2\nabla\psi_2^*)] - \frac{e^2}{mc}\vec A(\psi_1^*\psi_1+\psi_2^*\psi_2)$ (13')]

(11)式的意义可以这样来了解：没有磁场时，根据§12 (11)式，几率流密度为

~~$\vec K = -\frac{i\hbar}{2m}(\psi^*\nabla\psi-\psi\nabla\psi^*) = \frac{\ }{2m}(\psi^*\frac{d\hat r}{dt}\psi$~~
~~$= \mathrm{Re}(\psi^*\frac{d\hat r}{dt}\psi)$~~

$$\vec K = -\frac{i\hbar}{2m}(\psi^*\nabla\psi-\psi\nabla\psi^*) = \mathrm{Re}(\psi^*\frac{\hat p}{m}\psi) = \mathrm{Re}(\psi^*\frac{d\hat r}{dt}\psi)$$

~~有磁场~~ $\psi^*\psi$ 为几率，$\frac{d\hat r}{dt}$ 为速度算符，故 $\vec K$ 的意义为几率流密度，有磁场时，速度算符 $\frac{d\hat r}{dt}$ 等于 $\frac{1}{m}(\hat p+\frac{e}{c}\hat A)$，即得(11)式。（这就得到）
(严格的证明可参看布洛欣采夫的书，§20和§60)

下面我们来把(3)式化成便于运算的形式。$\hat H_0$ 第一项中

$$(\hat p+\frac{e}{c}\hat A)^2 = \hat p^2+\frac{e^2}{c^2}A^2+\frac{e}{c}(\hat p\cdot\hat A+\hat A\cdot\hat p)$$

$$= \hat p^2+\frac{e^2}{c^2}A^2+\frac{e}{c}(\hat p_x\hat A_x+\hat p_y\hat A_y+\hat p_z\hat A_z)+(\hat A_x\hat p_x+\cdots)$$

~~利用公式~~ ~~$\hat p_x F$~~

$\vec A$ 为电磁场的向量势，是 x,y,z,t 的函数。利用公式

$$\hat p_x\hat F(\vec r) = \hat F(\vec r)\hat p_x - i\hbar\frac{\partial F}{\partial x} \quad [\S 17\ (7)式]$$

则 $(\hat p+\frac{e}{c}\hat A)^2 = \hat p^2+\frac{e^2}{c^2}A^2+\frac{e}{c}(2A_x\hat p_x-i\hbar\frac{\partial A_x}{\partial x}+\cdots)$

$$= \hat p^2+\frac{e^2}{c^2}A^2+\frac{2e}{c}\vec A\cdot\hat p-\frac{ie\hbar}{c}\,\mathrm{div}\vec A \qquad (14)$$

而 $\hat H_0$ 中第二项 $-eV = U(\vec r)$ （设电场为静电场）

$$\therefore\ \hat H_0 = \frac{\hat p^2}{2m}+\frac{e}{mc}\vec A\cdot\hat p+\frac{e^2}{2mc^2}A^2\cancel{-\frac{ie\hbar}{2mc}\mathrm{div}\vec A}+U(\vec r) \qquad (15)$$

或 $$H_0 = -\frac{\hbar^2}{2m}\nabla^2-\frac{ie\hbar}{mc}\vec A\cdot\nabla+\frac{e^2}{2mc^2}A^2\cancel{-\frac{ie\hbar}{2mc}\mathrm{div}\vec A}+U(\vec r) \qquad (15')$$

~~通常 $\mathrm{div}\vec A=0$~~ （考虑到 $\mathrm{div}\vec A=0$，(14)中最后一项已去掉）

下面我们来研究一种特殊而又重要的情况，即磁场为均匀的情况。

设 $A_x=-\frac{\mathcal{H}}{2}y,\ A_y=\frac{\mathcal{H}}{2}x,\ A_z=0$

则磁场 $\vec{\mathcal{H}}=\nabla\times\vec{A}=(0,0,\mathcal{H})$ (16)

这表示在 z 轴的方向有一个均匀磁场 $\mathcal{H}$，这时，

$$H_0=\frac{p^2}{2m}+U+\frac{e\mathcal{H}}{2mc}(xp_y-yp_x)+\frac{e^2\mathcal{H}^2}{8mc^2}(x^2+y^2)$$

$$=\frac{p^2}{2m}+U+\frac{e\mathcal{H}}{2mc}M_z+\frac{e^2\mathcal{H}^2}{8mc^2}(x^2+y^2) \quad (17)$$

~~$H=\frac{p^2}{2m}+U+\frac{e\mathcal{H}}{2mc}$~~

$$H=H_0+\frac{e\hbar}{2mc}\vec{\mathcal{H}}\cdot\vec{\sigma}=\frac{p^2}{2m}+U+\mathcal{H}\left(\frac{e}{2mc}M_z+\frac{e}{mc}S_z\right)+\frac{e^2\mathcal{H}^2}{8mc^2}(x^2+y^2) \quad (18)$$

H中前二项与磁场无关，后二项是原子的磁矩在磁场中获得的能量（符号）。如求H对磁场 $\mathcal{H}$ 的偏微商，则就得到磁矩，

$$\mathfrak{M}_z=-\frac{\partial H}{\partial\mathcal{H}}=\left(-\frac{e}{2mc}M_z-\frac{e}{mc}S_z\right)-\mathcal{H}\frac{e^2}{4mc^2}(x^2+y^2) \quad (19)$$

我们看到，$\mathfrak{M}_z$ 中包括一个与磁场无关的项和一个与磁场有关的项。与磁场无关的项是

$$\mathfrak{M}_z'=-\frac{e}{2mc}M_z-\frac{e}{mc}S_z \quad (20)$$

这正好是电子的轨道磁矩和自旋磁矩之和。这个磁矩在没有外磁场时也是存在的，是原子的固有磁矩。加上磁场后，$\mathfrak{M}_z'$ 将转向和磁场平行的方向，以使能量最低，因此，$\mathfrak{M}_z'$ 导致原子的顺磁性。

(19)式中与磁场有关的一项是

$$\mathfrak{M}_z''=-\mathcal{H}\frac{e^2}{4mc^2}(x^2+y^2) \quad (21)$$

它是诱导磁矩，$\mathfrak{M}_z''$ 永远取负值，即和磁场反向，因此导致逆磁性。

通常，$\mathfrak{M}_z''\ll\mathfrak{M}_z'$ [$x^2\sim10^{-16}$，M_z 和 $S_z\sim\hbar\sim10^{-27}$，则

$\frac{\mathfrak{M}_z''}{\mathfrak{M}_z'}\sim\frac{e}{\hbar c}x^2\mathcal{H}\sim10^{-9}\mathcal{H}$，而 $\mathcal{H}$ 最大不过 10^5 oe]，所以，如果原子的固有磁矩 $\mathfrak{M}_z'$ 不等于0，则原子是顺磁性的；如果原子的固有磁矩 $\mathfrak{M}_z'$ 等于零，则原子是逆磁性的。

在分子具有固有磁矩，它则只有顺磁性

~~如上的~~

如果原子只有偶数个电子，则它们的轨道角动量和自旋角动量互相抵消，原子的固有磁矩为0，因此表现出逆磁性。例如氦原子中只有二个电子，均处于 $l=0$ 的1S态，因此 $M_z=0$，这二个电子的自旋取相反方向，因此 S_z 亦为0，所以氦原子的固有磁矩为0，它是逆磁性的。由(21)式可求得其磁化率 χ，~~$\chi=\frac{\mathfrak{M}_z''}{\mathcal{H}}$~~ $\mathfrak{M}_z''=\chi\mathcal{H}$，而一克分子中有N个原子，则一克分子氦的诱导磁矩，考虑到氦原子有二个电子，~~N为阿佛加德罗常数~~

$$\mathfrak{M}_z''=-2N\mathcal{H}\frac{e^2}{4mc^2}(x^2+y^2)$$

则

$$\chi=-\frac{e^2N}{2mc^2}(x^2+y^2)$$

这里 x^2 和 y^2 应该取平均值，但在S态中 $\overline{x^2}=\overline{y^2}=\frac{1}{3}\overline{r^2}$，

$$\therefore\ \chi=-\frac{e^2N}{3mc^2}\overline{r^2} \qquad (22)$$

N为阿佛加德罗常数。根据哈脱利对氦原子的计算，$\overline{r^2}=1.19a_1^2$（a_1为玻尔半径），代入(22)式，得 $\chi=-1.87\times10^{-6}$，这和实验值 $\chi=-1.88\times10^{-6}$ 符合得很好。

至于铁磁性的理论，则要复杂得多，我们不去讨论它了。

结语

在这一章里简要地叙述了自旋的实验证据，量子力学关于电子的自旋和角动量的理论，并简单地涉及到物质的磁性。

~~自旋的发现对于理解和研究一系列的微观现象（光谱的精细结构，原子和分子的构造，等等）具有极为重要的意义~~。根据电子存在自旋的事实和量子力学关于自旋的理论，可以克服经典力学和玻尔量子论的缺点，成功地解释和研究一系列重要的微观现象（光谱的精细结构，原子和分子的构造等等）。为了处理这些复杂的问题，必须先掌握必要的工具，这就是下一章所要讲的微扰论方法。

复习思考题

1. 有什么根据认为自旋具有角动量的性质？
2. 自旋算符为什么表示成二行二列的矩阵？
   自旋波函数的二个分量有什么物理意义？
3. 电子的总角动量（J^2 和 J_z）可取哪些数值？
   $j=l\pm\frac{1}{2}$ 的物理意义。
4. $\Omega^{(+)}_{jlM}$ 中，$l=0$ 时，m 可以等于 -1，这和§25中的结论是否矛盾？
5. 量子力学如何解释物质的顺磁性和逆磁性？
6. 解释§39 (7)式中各个项目的物理意义。

第六章 定态微扰论及其应用

用量子力学处理实际问题时，中心问题是解定态薛丁格方程

$$\hat{H}\psi=\left[-\frac{\hbar^2}{2m}\nabla^2+U(\vec{r})\right]\psi=E\psi,$$

但是，只有极少数的场合这个方程才能够严格地解出来，在大多数场合，必须利用近似解法。

例如，原子如受到外界电场的作用(图63)，则作用势为

$$W(\vec{r})=e\vec{\mathscr{E}}\cdot\vec{r}\quad(\vec{\mathscr{E}}\text{为电场强度})$$

图63 处于电场中的原子

这比起原子内原子核和电子间的作用势

$$U(r)=-\frac{e^2}{r}$$

要小得多。($r\sim10^{-8}$ cm，$\frac{e}{r}\sim10^{-2}$，而外电场 $\mathscr{E}$ 最大不过 10^3，则 $e\vec{\mathscr{E}}\cdot\vec{r}\sim10^{-5}$，$\frac{W}{U}\sim10^{-3}$) 因此，外电场对于原子的状态仅产生微小的干扰，我们可以把外电场不存在时原子的状态作为基础，採取适当的近似方法来处理这问题。

在定态问题中常用的近似方法有微扰论，变分法和W.K.B近似法，变分法特别适用于基态，W.K.B近似法适用于半经典的情形，微扰论则是应用最广的一种近似方法。

§40. 非简并化微扰论

微扰论方法适用于这样的情况：运动系统的哈密顿量 H 可以分成主要部分 H_0 和微小部分 W（简称微扰），

$$H=H_0+W,\qquad W\ll H_0\tag{1}$$

而 H_0 的本征值和本征函数可以精确地求出来：

$$\left.\begin{aligned}&E_1^{(0)}\quad E_2^{(0)}\ \cdots\ E_k^{(0)}\ \cdots\\&\psi_1^{(0)}\quad \psi_2^{(0)}\ \cdots\ \psi_k^{(0)}\ \cdots\\&H_0\psi_k^{(0)}=E_k^{(0)}\psi_k^{(0)},\quad k=1,2,\cdots\end{aligned}\right\}\tag{2}$$

在这个基础上，我们来研究当微扰存在时，即 $H=H_0+W$ 时，运动系统的能级和定态波函数，亦即定态薛丁格方程

$$H\psi=(H_0+W)\psi=E\psi \qquad (3)$$

的解答。设(3)式的解为：

$$\left.\begin{aligned} E &= E_1\quad E_2\ \cdots\ E_k\ \cdots \\ \psi &= \psi_1\quad \psi_2\ \cdots\ \psi_k\ \cdots \end{aligned}\right\} \qquad (4)$$

由于微扰的存在，状态 ψ_k 将和原来的状态 $\psi_k^{(0)}$ 不同一样，相应的能量也不一样，如图64。但由于微扰很小 ($W \ll H_0$)，则 ψ_k 和 $\psi_k^{(0)}$，E_k 和 $E_k^{(0)}$ 只有微小的差别。这样，我们可以以(2)式为基础，用近似方法求(3)式的解答。

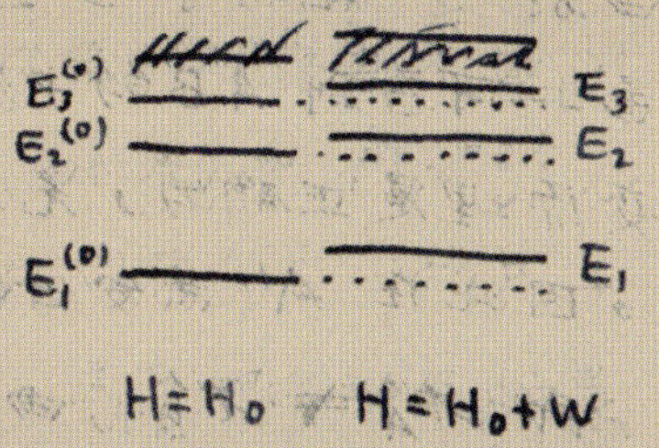

图64. 由于微扰而引起的能级变动

H_0 的本征函数 $\{\psi_k^{(0)}\}$ 组成一个正交完全函数系，所以我们可以将(4)式中的 ψ 展开成它们的线性叠加：

$$\psi = c_1\psi_1^{(0)} + c_2\psi_2^{(0)} + \cdots = \sum_n c_n\psi_n^{(0)} \qquad (5)$$

~~这样做的好处是，由于选取了 H_0 表象~~

或者，用矩阵形式表示出来：

$$\psi=\begin{pmatrix} c_1 \\ c_2 \\ \vdots \end{pmatrix} \qquad (5')$$

这样做的好处是，由于我们选取了 H_0 表象，H_0 将表现为对角矩阵：

$$H_0=\begin{bmatrix} E_1^{(0)} & & 0 \\ & E_2^{(0)} & \\ 0 & & \ddots \end{bmatrix} \qquad (6)$$

这样就大大简化了(3)式，而使求解成为可能。

在 H_0 表象中，微扰 W 的矩阵表示形式是：

$$W=\begin{bmatrix} W_{11} & W_{12} & \cdots \\ W_{21} & W_{22} & \cdots \\ \cdots & \cdots & \end{bmatrix} \qquad (7)$$

其中

$$W_{kn} = \int \psi_k^{(0)*}\, W\, \psi_n^{(0)}\, dv \qquad (8)$$

~~$\equiv \psi_k^{(0)*}\, W\, \psi_k^{(0)}$~~

这可以根据 W 的具体形式计算出来。

(6)+(7)，即得：

$$H=H_0+W=\begin{bmatrix} E_1^{(0)}+W_{11} & W_{12} & \cdots \\ W_{21} & E_2^{(0)}+W_{22} & \cdots \\ \cdots & \cdots & \end{bmatrix} \qquad (9)$$

取(3)式的矩阵的形式，得

$$[H]\begin{pmatrix}c_1\\c_2\\\vdots\end{pmatrix}=E\begin{pmatrix}c_1\\c_2\\\vdots\end{pmatrix} \qquad (3')$$

写开来,即得,

$$\left.\begin{aligned}(E_1^{(0)}-E+W_{11})c_1+W_{12}c_2+W_{13}c_3+\cdots=0\\ W_{21}c_1+(E_2^{(0)}-E+W_{22})c_2+W_{23}c_3+\cdots=0\\ \cdots\cdots\end{aligned}\right\} \qquad (10)$$

这是一个代数方程组,其中 $E_k^{(0)}$ 和 W_{kn} 是已知的,E 和 c_n 则是未知的。(10)式也可用一个统一的式子表示出来:

$$\sum_n W_{mn}c_n=(E-E_m^{(0)})c_m,\quad m=1,2,\cdots \qquad (11)$$

可以用二种方法(而本质上是一种)求解,一种是用逐步近似法解(11)式,另一种是令(10)式的系数行列式等于0(这是 $c_1\ c_2\cdots$ 不全为0,亦即 ψ 不等于0的必要条件):

$$\begin{vmatrix}E_1^{(0)}-E+W_{11} & W_{12} & \cdots\\ W_{21} & E_2^{(0)}-E+W_{22} & \cdots\\ \cdots & \cdots & \cdots\end{vmatrix}=0 \qquad (12)$$

从中解出能级 E,再代入(10)式,求 c_n。为了便于推广起见,我们采取前一种方法。

不失普遍性,我们来研究第 k 个能级($E=E_k$)和相应的本征函数($\psi=\psi_k$)(令 $k=1,2,\cdots$,就得到全部结果)。根据上述,E_k 和 $E_k^{(0)}$ 只有微小的差别,因此我们可以将 E_k 展开成一个级数:

$$E_k=E_k^{(0)}+E_k^{(1)}+E_k^{(2)}+\cdots \qquad (13)$$

其中 $\dfrac{E_k^{(1)}}{E_k^{(0)}}$ 和 $\dfrac{W}{H_0}$ 同一数量级,$\dfrac{E_k^{(2)}}{E_k^{(0)}}$ 和 $\left(\dfrac{W}{H_0}\right)^2$ 同一数量级,亦即:

$$E_k^{(0)}\gg E_k^{(1)}\gg E_k^{(2)} \qquad (14)$$

$E_k^{(0)}$ 称为(第 k 个能级的)0级能量,$E_k^{(1)}$ 称为一级能量(一级微扰能),$E_k^{(2)}$ 称为二级能量(二级微扰能)。我们的任务就是要求出 $E_k^{(1)}, E_k^{(2)},\cdots$

为了明确起见,引入一个数量级和 $\frac{W}{H_0}$ 一样的小数量入,用来区别各个项目的级别,令

$$W=\lambda w,\quad E_k^{(1)}=\lambda E^{(1)},\quad E_k^{(2)}=\lambda^2 E^{(2)} \tag{15}$$

则 ~~此~~ $H_0, w, E_k^{(0)}, E^{(1)}, E^{(2)}$ 的数量级相同，而 (13) 式变成：

$$E=E_k=E_k^{(0)}+\lambda E^{(1)}+\lambda^2 E^{(2)}+\cdots \tag{16}$$

其中 λ 项为第一级小数，λ^2 项为第二级小数，……

对于系数 C_n（即 H_0 表象的波函数）也用类似的方法展开成 λ 的级数：

$$C_m=C_m^{(0)}+\lambda C_m^{(1)}+\lambda^2 C_m^{(2)}+\cdots\quad (m=1,2\cdots) \tag{17}$$

将 (15)，(16)，(17) 代入 (11) 式，得到：

$$\sum_n \lambda w_{mn}\left(C_n^{(0)}+\lambda C_n^{(1)}+\lambda^2 C_n^{(2)}+\cdots\right) \text{~~}=\left[(E_k^{(0)}-E_m^{(1)})+\lambda E^{(1)}+\lambda^2 E^{(2)}+\cdots\right]\text{~~}$$

$$=\left[(E_k^{(0)}-E_m^{(0)})+\lambda E^{(1)}+\lambda^2 E^{(2)}+\cdots\right]\left(C_m^{(0)}+\lambda C_m^{(1)}+\lambda^2 C_m^{(2)}+\cdots\right) \tag{18}$$

按 λ 的 n 次分开来，则得：

$$\lambda^0:\quad (E_k^{(0)}-E_m^{(0)})C_m^{(0)}=0,\quad m=1,2,\cdots \tag{19}$$

$$\lambda^1:\quad (E_k^{(0)}-E_m^{(0)})C_m^{(1)}+E^{(1)}C_m^{(0)}=\sum_n w_{mn}C_n^{(0)},\quad m=1,2\cdots \tag{20}$$

$$\lambda^2:\quad (E_k^{(0)}-E_m^{(0)})C_m^{(2)}+E^{(1)}C_m^{(1)}+E^{(2)}C_m^{(0)}=\sum_n w_{mn}C_n^{(1)},\quad m=1,2,\cdots \tag{21}$$

……

(19) 式的解是：

$$\left.\begin{array}{l} m\neq k \text{ 时},\ C_m^{(0)}=0, \\ \text{但}\quad \psi=\psi_k\approx\psi_k^{(0)},\quad \therefore C_k^{(0)}=1 \end{array}\right\}\rightarrow C_m^{(0)}=\delta_{mk},\ m=1,2,\cdots \tag{22}$$

(22) 代入 (20)，得：

$$(E_k^{(0)}-E_m^{(0)})C_m^{(1)}+E^{(1)}\delta_{mk}=\sum_n w_{mn}\delta_{nk}=w_{mk},$$

$m=k$ 时，得 $\quad E^{(1)}=w_{kk}\quad$ (23)

$m\neq k$ 时，得 $\quad C_m^{(1)}=\dfrac{w_{mk}}{E_k^{(0)}-E_m^{(0)}}\quad$ (24)

(23) 式就是一级能量，(24) 式就是一级波函数（H_0 表象）。

~~将 (23) (24) 代入 (21) 式，得：~~

~~$(E_k^{(0)}-E_m^{(0)})C_m^{(2)}+\dfrac{w_{kk}w_{mk}}{E_k^{(0)}-E_m^{(0)}}$~~

(21) 式中，当 $m=k$ 时，

$$E^{(1)}C_k^{(1)}+E^{(2)}=\sum_n{}' w_{kn}C_n^{(1)}+w_{kk}C_k^{(1)}$$

（$\sum_n'$ 表示对 n 求和，但 n = k 的一项不计入内）

考虑到(23)，(24)式，可得：

$$E^{(2)} = \sum_n' \frac{W_{kn}W_{nk}}{E_k^{(0)}-E_n^{(0)}} \qquad (25)$$

我们看到，$C_m^{(1)}$ 与 $E^{(2)}$ 有关，而 $C_k^{(1)}$ 则与 $E^{(2)}$ 无关，进一步的分析表明，可令 $C_k^{(1)}=0$，对结果并无影响。

(21)式中，m ≠ k 时，可以求得

$$C_m^{(2)} = -\frac{W_{kk}W_{mk}}{(E_m^{(0)}-E_k^{(0)})^2} + \sum_n' \frac{W_{mn}W_{nk}}{(E_k^{(0)}-E_n^{(0)})(E_k^{(0)}-E_m^{(0)})} \qquad (26)$$

这就是二级波函数。

不过这在实际上并无多大用处。实际上有用的是一级能量，二级能量和一级波函数。

将(22)—(25)代入 E_k 和 C_m 的展开式中，并将 λW，$\lambda E^{(1)}$，$\lambda E^{(2)}$ 还原成 W，$E_k^{(1)}$，$E_k^{(2)}$，则得到最后的结果：

$$E_k = E_k^{(0)} + E_k^{(1)} + E_k^{(2)}$$

$$E_k^{(1)} = W_{kk} \qquad (27)$$

$$E_k^{(2)} = \sum_n' \frac{W_{kn}W_{nk}}{E_k^{(0)}-E_n^{(0)}} = \sum_n' \frac{|W_{kn}|^2}{E_k^{(0)}-E_n^{(0)}}$$

$$\psi_k = \psi_k^{(0)} + \sum_n' C_n\psi_n^{(0)}$$

$$C_n = \frac{W_{nk}}{E_k^{(0)}-E_n^{(0)}} \qquad (28)$$

在实际问题中，如果 $E_k^{(1)} \neq 0$，则只要计及一级微扰就足够了，这时，

$$E_k \approx E_k^{(0)} + W_{kk} = H_{kk} \qquad (29)$$

即：准到一级的能量等于 H 在零级波函数中的平均值。可以证明，准到二级的能量(27)等于 H 在算到一级的波函数(28)中的平均值。

我们来说明微扰论公式(27)，(28)适用的条件。根据一开始的假定，$E_k \sim E_k^{(0)}$，$\psi_k \sim \psi_k^{(0)}$，所以(27)式成立的条件是，

~~$E_k^{(1)} \ll |E_k|$，$|C_n| \ll 1$~~

$|E_k^{(1)}|$ 必须比能级间的距离 $|E_k^{(0)}-E_n^{(0)}|$ 小得多。而(28)式成立的条件是 $|C_n| \ll 1$。后者实际上包括了前者，所以，适用微扰论的条

件可以写成：

$$|W_{nk}| \ll |E_k^{(0)} - E_n^{(0)}| \qquad (30)$$

在原子问题中，对于较低的能级，能级间距离较大，这个条件一般是可以满足的；对于很高的激发能级，由于能级很密集，~~条件不一定成立~~这时就不能用微扰论。
（能可能大于能级间距离）

在上面的计算中我们假定了~~没有微~~能级E_k只对应于一个状态ψ_k，这是没有简并化的情况。原子或分子的基态，就属于这种情形。

在原子问题中，基态能量的绝对值要比激发态能量绝对值大得多（例如氢原子问题中 $E_n = -\frac{e^2}{2a_1}\frac{Z^2}{n^2} = \frac{E_1}{n^2}$，$E_1 = n^2 E_n$，$|E_1|$ 等于 $|E_2|$ 的 4 倍，$|E_3|$ 的 9倍。）如果在 (28) 式中略去 c_n 分母上的 $E_n^{(0)}$，则对于基态，我们有：

$$\psi_1 = \psi_1^{(0)} + \sum_n{}' c_n \psi_n^{(0)} \approx \psi_1^{(0)} + \frac{1}{E_1^{(0)}} \sum_n{}' W_{n1} \psi_n^{(0)}$$

但 $\sum_n{}' W_{n1}\psi_n^{(0)} = -W_{11}\psi_1^{(0)} + \sum_n \psi_n^{(0)} W_{n1} = -W_{11}\psi_1^{(0)} + \sum_n \psi_n^{(0)} \psi_n^{(0)+} W \psi_1^{(0)}$

由 §34，(1) 式 $= -W_{11}\psi_1^{(0)} + W\psi_1^{(0)} = (W - W_{11})\psi_1^{(0)}$，

$$\therefore \psi_1 \approx \psi_1^{(0)} + \frac{W - W_{11}}{E_1^{(0)}}\psi_1^{(0)} = \left(1 + \frac{W - W_{11}}{E_1^{(0)}}\right)\psi_1^{(0)} \qquad (31)$$

用这个公式计算一级波函数，要比 (28) 式容易得多。

同样地，如在 (27) 式中略去 $E_1^{(2)}$ 分母上的 $E_n^{(0)}$，则得：

$$E_1^{(2)} \approx \sum_n{}' \frac{W_{1n}W_{n1}}{E_1^{(0)}} = \sum_n \frac{W_{1n}W_{n1}}{E_1^{(0)}} - \frac{(W_{11})^2}{E_1^{(0)}}$$

但 $\sum_n W_{1n}W_{n1} = (W^2)_{11}$，所以

$$E_1^{(2)} \approx \frac{1}{E_1^{(0)}}\left\{(W^2)_{11} - (W_{11})^2\right\} \qquad (32)$$

其中 $(W^2)_{11} = \int \psi_1^{(0)*} W^2 \psi_1^{(0)} d\tau$

用 (32) 式计算二级微扰能要比 (27) 式容易得多（前者只要计算二个矩阵元素，后者要计算许多个！）。当然，(32) 式算出来的能量要比实际情况大一些。注意，(31)，(32) 只适用于原子的基态。

作为应用微扰论的一个例子，我们来研究原子在外电场中的极化问题。

按电动力学，原子在外电场 $\vec{\varepsilon}$ 的作用下产生诱导电矩 $\vec{p}$，

$$\vec{p} = \beta\vec{\varepsilon} \qquad (33)$$

比例常数β称为原子的极化系数。~~而电场对原子的作~~ 与此同时，原子获得能量

$$\Delta E=-\frac{1}{2}\beta\varepsilon^2 \tag{34}$$

我们来研究一下量子力学如何处理这个问题。

正常情况下原子中的价电子处于基态 $\psi_1^{(0)}(r)$，~~它~~是电子在空间的几率分布是球对称的，则平均位置为0：

$$\bar{z}=\int\psi_1^{(0)*}z\,\psi_1^{(0)}\,dv=z_{11}=0,\ (x,y同)$$

原子的电偶极矩为 $-e\vec{r}$，则原子的平均电矩亦为0。

~~加上电场之后，原子产生诱导电矩 p，如选电场方向为z轴，则~~

设加上电场ε，并以电场方向为z轴，则电场对原子的作用势能为

$$W=e\vec{\varepsilon}\cdot\vec{r}=e\varepsilon z \tag{35}$$

视W为微扰，则一级微扰能为：

$$E_1^{(1)}=W_{11}=e\varepsilon z_{11}=0$$

二级微扰能为：

$$E_1^{(2)}=\sum_n{}'\frac{|W_{1n}|^2}{E_1^{(0)}-E_n^{(0)}}=e^2\varepsilon^2\sum_n{}'\frac{|z_{1n}|^2}{E_1^{(0)}-E_n^{(0)}} \tag{36}$$

这就是原子在电场中获得的能量ΔE，我们看到，它的确是和 ε^2 成比例的。比较(34)和(36)，就得到原子的极化系数：

$$\boxed{\beta=2e^2\sum_n{}'\frac{|z_{1n}|^2}{E_n^{(0)}-E_1^{(0)}}} \tag{37}$$

因为 $E_1^{(0)}$ 是基态能量，所以 $E_n^{(0)}>E_1^{(0)}$，因此极化系数 $\beta>0$。

由于受到电场的作用，原子状态由 $\psi_1^{(0)}$ 变为

$$\psi_1=\psi_1^{(0)}+\sum_n{}'c_n\psi_n^{(0)},\quad c_n=\frac{W_{n1}}{E_1^{(0)}-E_n^{(0)}}=\frac{e\varepsilon z_{n1}}{E_1^{(0)}-E_n^{(0)}} \tag{38}$$

在状态 ψ_1 中原子电矩的平均值就是诱导电矩 p，~~因此~~ 由于原子的 ~~~~ 状态本来是球对称的，则诱导电矩必定和电场同方向，亦即只有 p_z 不等于0，$p_z=p$，因此，

$$p=p_z=\int\psi_1^*(-ez)\psi_1\,dv=-e\int\psi_1^*z\,\psi_1\,dv=$$

$$= -e\int \left[\psi_1^{(0)*} + \sum_n{}' c_n^* \psi_n^{(0)*}\right] z \left[\psi_1^{(0)} + \sum_n{}' c_n \psi_n^{(0)}\right] dv$$

$$= -e\left\{z_{11} + \sum_n{}' c_n^* z_{n1} + \sum_n{}' c_n z_{1n} + c_n\text{的平方之项}\right\}$$

由於 $|c_n| \ll 1$，我们可以略去最后一项，则得：

$$p = -e\sum_n{}'(c_n^* z_{n1} + c_n z_{1n})$$

$$= -e^2\varepsilon \sum_n{}' \frac{z_{n1}^* z_{n1} + z_{n1} z_{1n}}{E_1^{(0)} - E_n^{(0)}}$$

但 $z_{n1} = z_{1n}^*$，则 $z_{n1} z_{1n} = |z_{1n}|^2 = |z_{n1}|^2$，

$$\therefore \quad p = 2\varepsilon e^2 \sum_n{}' \frac{|z_{1n}|^2}{E_n^{(0)} - E_1^{(0)}} \qquad (39)$$

我们看到 p（诱导电矩）和 ε（电场）的确是成比例的。比较 (39) 和 (33) 式，得到极化係数

$$\beta = 2e^2 \sum_n{}' \frac{|z_{1n}|^2}{E_n^{(0)} - E_1^{(0)}}$$

這和 (37) 式是一致的。

对于氢原子，$\psi_1^{(0)} = \sqrt{\frac{1}{\pi a_1^3}}\, e^{-\frac{r}{a_1}}$， (40)

则由 (32) 式求得

$$E_1^{(2)} = \Delta E \approx \frac{e^2\varepsilon^2}{E_1^{(0)}}(z^2)_{11} = -2\varepsilon^2 a_1^3 \qquad (41)$$

和 (34) 比较，则得极化係数为：

$$\beta \approx 4a_1^3 \qquad (42)$$

a_1 为玻尔半径。精确的微扰论结果〔(37) 式〕为

$$\beta = 4.5\, a_1^3 \qquad (43)$$

又，由 (31) 式，极化后原子的波函数为：

$$\psi_1 = \left(1 + \frac{e\varepsilon z}{E_1^{(0)}}\right)\psi_1^{(0)} = \left(1 - \frac{2\varepsilon a_1}{e} z\right)\psi_1^{(0)} \qquad (44)$$

~~在 -z 方向（电场方向）~~

由于外电场的作用，破坏了波函数的球对称性，在 $-z$ 方向（和电场相反的方向），$|\psi_1|^2$ 的数值較大，这表示电子受到电场的吸引而趋于一定的方向。

又，在 (44) 的近似下，平均电矩等于：

$$p = \int \psi_1^*(-ez)\psi_1\, dv = \int |\psi_1^{(0)}|^2\left(1 - \frac{2\varepsilon a_1}{e} z\right)^2 (-ez)\, dv = 4\varepsilon a_1^3 \qquad (45)$$

这也可以由略去 (39) 式分母上的 $E_n^{(0)}$ 而得到。

§41. 简併化微扰论.

如果 H_0 的某个本征值 $E_k^{(0)}$ 相应于 f 个本征函数:

$$\psi_{k1}^{(0)},\ \psi_{k2}^{(0)} \cdots \psi_{kf}^{(0)} \quad (f\text{为简併度}) \qquad (1)$$

则受到外界微扰作用时,各个状态可能得到不同的微扰能,因此不但发生能级的移动,而且发生能级的分裂。例如在原子中,相应于2p能级($n=2,\ l=1$),有三种状态 $\psi_{210},\ \psi_{211},\ \psi_{21-1}$,在外场作用下,这三种状态得到不同的能量,因此2p能级分裂成3个互相接近的能级。根据本节所要讲的普遍理论,可以解释这种能级分裂的现象,并进行定量的计算.

设 H_0 的本征值和本征函数为:

$$\begin{cases} E_n^{(0)};\ \psi_{n\nu}^{(0)};\ n=1,2,\cdots k,\cdots, \quad \nu=1,2,\cdots f \\ H_0\psi_{n\nu}^{(0)} = E_n^{(0)}\psi_{n\nu}^{(0)} \end{cases} \qquad (2)$$

我们来研究当微扰存在时,即

$$H = H_0 + W = H_0 + \lambda w \qquad (3)$$

时,系统运动的能级和定态波函数,即研究定态薛丁格方程

$$(H_0+W)\psi = (H_0+\lambda w)\psi = E\psi \qquad (4)$$

的解答.

和上节一样,我们取 H_0 表象,即将 ψ 展开成 H_0 的本征函数之和:

$$\psi = \sum_n \sum_{\nu=1}^{f} C_{n\nu}\psi_{n\nu}^{(0)} \qquad (5)$$

则经过完全类似的步骤,得到 $C_{n\nu}$ 的联立方程组:

$$\sum_n \sum_{\nu=1}^{f} W_{m\beta,n\nu} C_{n\nu} = (E - E_m^{(0)}) C_{m\beta} \qquad (6)$$

$$m=1,2,\cdots, \quad \beta=1,2,\cdots f \ (E_m^{(0)}\text{的简併度})$$

其中

$$W_{m\beta,n\nu} = \int \psi_{m\beta}^{(0)*}\, W\, \psi_{n\nu}^{(0)}\, dv, \qquad (7)$$

可以根据 W 的具体形式计算出来.

和上节一样,我们来研究第 k 个能级($E=E_k$),再推广到所有能级,

令

$$E = E_k = E_k^{(0)} + E_k^{(1)} + \cdots = E_k^{(0)} + \lambda E^{(1)} + \cdots \qquad (8)$$

$$C_{n\nu} = C_{n\nu}^{(0)} + \lambda C_{n\nu}^{(1)} + \cdots \qquad (9)$$

将(8),(9)代入(6)中，并计及 $W=\lambda w$，则得：

$$\sum_n\sum_\nu \lambda w_{m\beta,n\nu}\left(C_{n\nu}^{(0)}+\lambda C_{n\nu}^{(1)}+\cdots\right)=\left(E_k^{(0)}-E_m^{(0)}+\lambda E^{(1)}+\cdots\right)\left(C_{m\beta}^{(0)}+\lambda C_{m\beta}^{(1)}+\cdots\right) \qquad (10)$$

按λ的幂次分开，则得：

$$\begin{cases} \lambda^0: \left(E_k^{(0)}-E_m^{(0)}\right)C_{m\beta}^{(0)}=0, \quad m=1,2,\cdots; \ \beta=1,2,\cdots f & (11) \\ \lambda^1: \left(E_k^{(0)}-E_m^{(0)}\right)C_{m\beta}^{(1)}+E^{(1)}C_{m\beta}^{(0)}=\sum_n\sum_\nu w_{m\beta,n\nu}C_{n\nu}^{(0)} & \\ \qquad m=1,2,\cdots, \ \beta=1,2,\cdots f & (12) \\ \cdots\cdots \end{cases}$$

由(11)式得：

$$\begin{cases} k\neq m \text{ 时}, & C_{m\beta}^{(0)}=0 \\ k=m \text{ 时}, & C_{k\beta}^{(0)}\neq 0, \ \beta=1,2,\cdots f \end{cases} \qquad (13)$$

到这里我们遇到简併化微扰论的关键所在。在非简併化情形中，属于能级 $E_k^{(0)}$ 的只有一个状态 $\psi_k^{(0)}$，因此当我们讨论第k个能级时，毫无疑问地有 $C_k^{(0)}=1$。现在，属于能级 $E_k^{(0)}$ 的有f个状态：$\psi_{k1}^{(0)}\cdots\psi_{kf}^{(0)}$，因此第k个能级的0级波函数一般地说是它们的线性组合，而各个係数 $C_{k1}^{(0)}\cdots C_{kf}^{(0)}$ 应该由(12)式决定，而不能人为地加以规定。

将(13)代入(12)中，并令 $m=k$，则得

$$E^{(1)}C_{k\beta}^{(0)}=\sum_{\nu=1}^{f} w_{k\beta,k\nu}C_{k\nu}^{(0)}, \quad \beta=1,2,\cdots f \qquad (14)$$

即

$$\begin{cases} \beta=1, & \left(w_{k1,k1}-E^{(1)}\right)C_{k1}^{(0)}+w_{k1,k2}C_{k2}^{(0)}+\cdots+w_{k1,kf}C_{kf}^{(0)}=0 \\ \beta=2, & w_{k2,k1}C_{k1}^{(0)}+\left(w_{k2,k2}-E^{(1)}\right)C_{k2}^{(0)}+\cdots+w_{k2,kf}C_{kf}^{(0)}=0 \\ \cdots\cdots \\ \beta=f, & w_{kf,k1}C_{k1}^{(0)}+w_{kf,k2}C_{k2}^{(0)}+\cdots+\left(w_{kf,kf}-E^{(1)}\right)C_{kf}^{(0)}=0 \end{cases}$$

$C_{k\beta}^{(0)}$ 不能全为0（否则0级波函数为0），则(15)式的係数行列式应等于0：

$$\begin{vmatrix} w_{k1,k1}-E^{(1)} & w_{k1,k2} & \cdots & w_{k1,kf} \\ w_{k2,k1} & w_{k2,k2}-E^{(1)} & \cdots & w_{k2,kf} \\ \cdots \\ w_{kf,k1} & w_{kf,k2} & \cdots & w_{kf,kf}-E^{(1)} \end{vmatrix}=0 \qquad (16)$$

这是 $E^{(1)}$ 的一个f次方程式，由此可以求得f个 $E^{(1)}$ 的值（也可能出现重根，则 $E^{(1)}$ 的值少于f个），亦即能级 $E_k^{(0)}$ 分裂成f个（或少于f个）互相接近的能级。将某一个 $E^{(1)}$ 代入(15)式，就可求得 $C_{k\beta}^{(0)}$，即求得0级波函数。所以，和非简併化情形不同，在简併化微扰论中，计算微扰能不但要计算矩阵元素，而且还要解一个代数方程(16)。

但是，如果一开始就选择 $\psi^{(0)}_{k\beta}$ 使微扰恰好"对角化"，

亦即 $W_{k\beta,k\nu}=0$，当 $\beta\neq\nu$ (17)

则(16)式的解答可以立刻写出：

$$E^{(1)} = W_{k1,k1},\ W_{k2,k2},\ \cdots\ W_{kf,kf}$$

亦即 $E^{(1)}_{k} = W_{k1,k1},\ W_{k2,k2}\ \cdots\ W_{kf,kf}$ (18)

满足(17)式要求的 $\psi^{(0)}_{k\beta}$ 称为正确的0级波函数，它的选择方法将通过具体的例子说明。如果已经找到了正确的0级波函数 $\psi^{(0)}_{k\beta}$ ($\beta=1,\cdots f$)，则微扰能由(18)式表示，亦即，准确到一级的能量等于H在正确的0级波函数中的平均值，这和非简并化的情形完全一样。由此可见，在简并化微扰论中，选择正确的0级波函数有着头等重要的意义。

在简并化情形，由于 $E^{(1)}_{k\beta}$ 不会全部等于0，所以一般并不需要再计算二级微扰能。至于波函数，在大多数情况只用到0级波函数，当需要一级波函数时，可以仿照非简并化的情况计算之。

总结一下，应用微扰论计算定态问题时，应该：

i) 判断没有微扰时的能级 $E^{(0)}_{k}$ 是否简并化；

ii) 如果 $E^{(0)}_{k}$ 无简并化，则根据§40 (27),(28)式计算能级和波函数；

iii) 如果 $E^{(0)}_{k}$ 简并化，则应该根据(17)式的要求选择正确的0级波函数，然后就可以根据(18)式计算一级微扰能。

iv) 如无法找出正确的0级波函数，则根据(16)式计算一级微扰能，再由(15)式求出正确的0级波函数。

---

§42. 碱金属光谱

~~多电子原子的构造，是一个复杂的问题，我们将在下一章中讲述。但是借助于某种简单的模型，仍然可以说明原子构造的某些特点，特别是光谱的特征。碱金属原子的光谱特点和氢原子光谱极为相似，光谱项的波数，也可以用二个项的差表示。所不同的是，氢原子的光谱项~~

~~(一)价电子的模型.~~

多电子原子的构造，是一个复杂的问题，我们将在下一章中讲述。但是碱金属原子的光谱特征，和氢原子光谱极为相似（§3），这暗示着碱金属原子的构造和氢原子有某种相似之处。碱金属元素在门捷列夫元素周期表中的位置，恰好在惰气（稀有气体）之后，它的原子序数（也就是原子中电子数）比惰气原子多1。惰气的化学性质极端不活泼，由于它的原子具有非常稳定的结构。而碱金属则刚好相反，它们的化学性质极其活泼（原子价+1），很容易电离（见§5，表4）。因此，我们有一切根据认为，碱金属原子的Z个电子中，有(Z−1)个电子和原子核紧密地结合在一起，形成一个稳定的"原子实"，正如一个惰气原子一样（不同的是，惰气原子是中性的，而碱金属的原子实则具有电荷+e）。最后一个电子，处于原子实之外，由于在它和原子核之间，隔着其他的(Z−1)个电子，原子核对它的吸引力大部分都被屏蔽掉，因此它和原子核的结合极为松懈，容易被激发，也容易被电离；原子的光谱特点和化学性质完全由这个电子决定，因此称之为价电子或光学电子。

价电子在原子实（原子核和(Z−1)个内层电子）的电场中运动，由于原子实中电子的分布基本上是球对称的，因此可以认为价电子是在一个中心势场中运动。只要对作用势U(r)採取适当的模型，就可以根据量子力学计算价电子的能级和光谱。

历史上曾应用玻尔理论解释碱金属光谱，获得了相当的成功，虽然从量子力学的角度来看玻尔理论有很大的缺点，但它仍然能够在相当的程度上说明问题的性质，所以我们简单採用玻尔理论对这问题的解释，简明了些。

如果设想原子实具有很小的体积，而价电子是在它外面运动，那末整个原子实产生的电场就和一个点电荷+e产生的电场一样，这时价电子受到的作用势

有
$$U(r)\approx -\frac{e^2}{r},$$
这和氢原子中电子受到的作用完全一样，因此价电子将沿着一条椭圆轨道运动。但是这还不是问题的全部，首先，价电子会反过来影响原子实，当价电子接近原子实时，将使原子实极化，排斥其负电（电子）而吸引其正电（原子核），而这样也就加强了价电子本身所受到的原子实对它的吸引力。这时，价电子受到的作用可以近似地用一个点电荷(+e)和一个电偶极子的作用来代替：

$$U(r)\approx -\frac{e^2}{r}-c\frac{e^2}{r^2} \qquad (1)$$

c为某个常数，视原子实被极化的难易而定。其次，价电子的轨道也可能贯穿进原子实中（如果轨道很扁，就有这种可能），这时，价电子将受到原子核的更强烈的吸引（由于其他电子的屏蔽作用减少）。

总而言之，价电子受到的作用势，比严格的库仑作用势 $(-\frac{e^2}{r})$ 要大一些（按绝对值讲）。因此，价电子的轨道也就不是严格的椭圆，而是某种复杂的形状，如图65所示。当然，其能级也就和氢原子的不同，而且要比氢原子的能级更低一些。

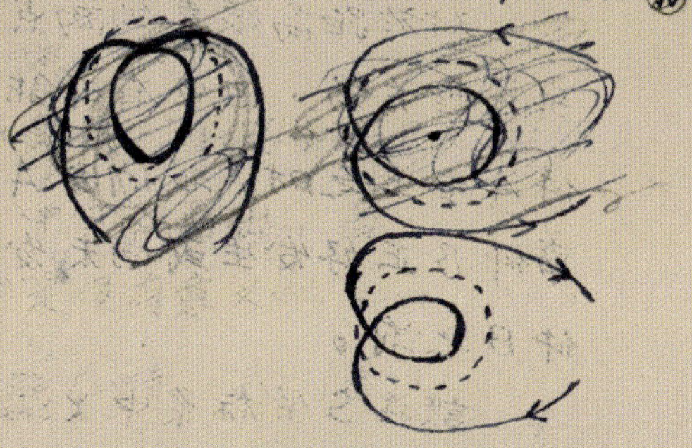

图65. 价电子轨道的……虚线表示原子实。

氢原子的能级和光谱项是：
$$E_n=-\frac{hcR}{n^2},\quad T(n)=\frac{R}{n^2},$$
n为整数。为了和氢原子光谱比较，常将碱金属原子的光谱项写成类似的形式：
$$T(n)=\frac{R}{n^{*2}} \qquad (2)$$
其中n^*是某个小于n的数，称为等效量子数，当然，n^*不再是整数。通常以"改正数"Δ表示n和n^*之差，
$$\Delta=n-n^* \qquad (3)$$
，从而碱金属的能级和光谱项可以写成
$$E_{n^*}=-\frac{hcR}{n^{*2}}=-\frac{hcR}{(n-\Delta)^2} \qquad (4)$$
$$T(n)=\frac{R}{(n-\Delta)^2} \qquad (2')$$

改正数Δ的大小和量子数l有关，亦即和轨道的形状有关。l愈大，价电子轨道愈接近圆形，对原子实的极化和贯穿愈小，改正数Δ也愈小，l愈小，价电子轨道愈扁，价电子有更多的可能接近原子实，因此对原子实的极化加大，同时对原子实的贯穿也更深，因此能级有较大的降低，改正数Δ较大。黎德堡等发现，改正数Δ基本上和主量子数n无关，但是随着轨道量子数l的增加而迅速减小。当l=3时，Δ实际上已等于0。这时，碱金属原子的能级，和氢原子的能级趋于一致，如图66所示。各种碱金属光谱的改正数Δ随l的变化列于表7中。

注意由于改正数Δ与l有关，所以碱金属原子的能级实际上是由二个量子数n和l决定，记作 E_{nl}。在图66中，每条横线表示一个能级，量子数n写在横线的左端，表示量子数l的符号S，P，D，F则写在每一列能级的顶上。

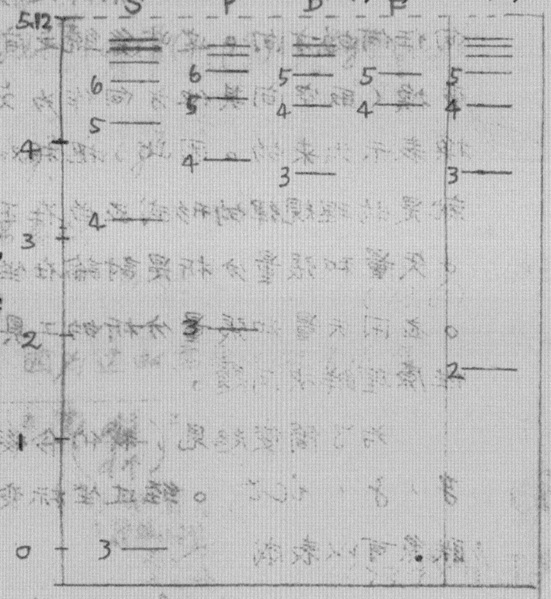

图66. 钠原子的能级图

最右边的一列是氢原子的能级，作为参考的。

5.12 eV是电离能

表7. 改正数Δ的实验数据

	s	p	d	f
Li	0.40	0.04	0.00	0.00
Na	1.35	0.85	0.01	0.00
K	2.19	1.71	0.25	0.00
Rb	3.13	2.66	1.34	0.01
Cs	4.06	3.59	2.46	0.02

由表可见，对于S态和p态，改正数Δ是很大的，以至於钠原子的3S能级比氢原子的第二个能级还低（图66）。对于钠原子的d态，改正数Δ就只有0.01，~~这时它的能级和氢原子的差不多已经重合了~~。因此4D和4F能级几乎是重合的，并和氢原子的相应能级完全一致。

正常情况下，钠原子的价电子处于3S能级（原因是，原子实中的电子占据了1S，2S和2p能级。这一点将在下章说明），离3S能级最近的激发能级是3p，它们相差2.1电子伏特，相应于3p→3S的过渡，发出λ≈5890Å的光（黄色），就是钠原子的主线。~~但是相应于4S~~其次的激发能级是4S，但是相应于4S→3S的光谱线在实验上没有发现。原因是：并不是任何二个能级之间都能相过渡，大部分能级之间的过渡是被禁止的（这里指的当然是被自然规律所禁止！）。根据光谱数据的分析，过渡只能发生在量子数l相差1的能级之间（图66中相邻的二列），即

$$\Delta l = \pm 1 . \qquad (5)$$

这称为选择定则，是纯粹从经验上总结出来的。但是根据量子力学的理论，可以证明这些选择定则，这个将在最后一章中讲到。

从各个p态（能级n p）到基态3S的过渡发出的光谱线组成钠原子的主线系。这个线系在吸收光谱特别容易观察出来，因为正常情况下钠原子处于3S态，受到激发时它只能过渡到p态。其他碱金属元素的主线系也是由各个p态到基态的过渡造成，Li，K，Rb，Cs的基态分别为2S，4S，5S，6S，（其它情况和钠原子的类似。）

碱金属光谱的其他线系是，从各个d态到最低的p态的过渡构成第一辅线系（或漫线系，因为这些线是模糊的）。从各个S态到最低的p态的过渡构成第二辅线系（或锐线系）。从f态到最低的d态的过渡构成基线系（或伯格曼线系）。

现在我们来说明从量子力学的角度如何说明碱金属能级比氢原子能级的降低问题。根据§27，如果价电子受到的是原子核的库仑作用势 $-\frac{e^2}{r}$，则能级为 $E_n=-\frac{e^2}{2a_1n^2}=-\frac{hcR}{n^2}$，只与主量子数 n 有关。但是电子并非沿轨道运动，而可以在空间各处出现，特别是当价电子在原子核附近出现时，作用势 $U\sim-\frac{Ze^2}{r}$，要比 $-\frac{e^2}{r}$ 大得多。离原子核愈远，$U(r)$ 愈接近于 $-\frac{e^2}{r}$，在一般的距离，则 $U(r)$ 介乎 $-\frac{Ze^2}{r}$ 和 $-\frac{e^2}{r}$ 之间。总的来说，$U(r)$ 要比 $-\frac{e^2}{r}$ 低些，因此能级也要比 $-\frac{hcR}{n^2}$ 低些。能级降低的程度，视价电子接近原子核的程度和几率而定。据§26，在 $r\to 0$ 处，径向波函数 $R(r)\sim r^l$，则 l 愈小，R 愈大，电子接近原子核的几率愈大，能级降低愈多。反之，l 愈大，R 愈小，能级降低愈少。由此可见，修正数 Δ 的确应随 l 的增大而迅速减小，当 l 较大时（$l\geq 3$），价电子几乎不在原子实中出现，作用势就準确地等于 $-\frac{e^2}{r}$，因此能级準确地等于 $-\frac{hcR}{n^2}$，修正数 Δ 就可以忽略不计了。这样，我们看到，量子力学和玻尔理论对这个问题的解释本质上是一样的，玻尔理论的缺点在于把问题了解得过于机械，偏于极端简化。

§43. 碱金属的双重线

较精确的实验发现，原子光谱存在着复杂的结构。如钠的主线(黄色D线)实际是二条相靠的线，其波长为5889.963Å(D_2)和5895.930Å(D_1)(前者的强度为后者的2倍，因此，当仪器的鉴别率不高时，就被误认为是一条波长为5890Å的谱线了)类似的情形在其他的谱线中也存在。光谱的这种复杂结构(或精细结构)曾经是玻尔理论的一个严重障碍，然而根据量子力学不难得到完满的解释。电子的"轨道"磁矩在空间造成磁场，而电子又具有自旋磁矩，磁矩在磁场中将获得能量W，由于自旋磁矩在磁场方向的投影只能取二种数值，因此W亦将有二种数值，这个能量附加到原子的能级E_{nl}上，造成分裂成二个很接近的能级。但是S态是例外，在S态中，电子的轨道磁矩为0，因此不产生磁场，因此W=0，亦即S态能级(E_{n0})是不分裂的。这样，从3p→3s的过渡将造成二种频率(能量)的光，这就是Na的双重线D_1和D_2。

下面我们比较深入一些地来研究这个问题。首先来研究自旋磁矩和"轨道"磁矩所产生的磁场的耦合作用(所谓"自旋-轨道耦合能")。

静止的磁矩和磁场的作用能是：

$$W=-\vec{H}\cdot\vec{M}, \tag{1}$$

运动的磁矩(电子就是如此)和磁场的作用则很复杂，为了简化，我们选这一个坐标系，在其中电子是静止的，而原子核则以速度$-\vec{v}$运动，($\vec{v}$是在原子核为静止的坐标系中电子的运动速度，见图67)它在电子所在处造成磁场

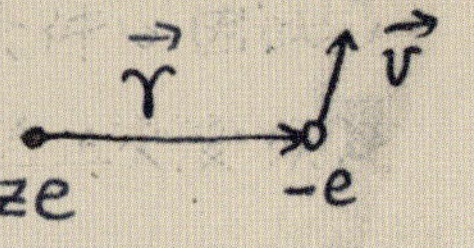

图67

$$\vec{H}=\frac{ze}{c}(-\vec{v})\wedge\frac{\vec{r}}{r} \tag{2}$$

ze为原子核的电荷，$\vec{r}$为原子核到电子的距离。电子的自旋磁矩$\vec{M}_s$在这磁场中得到能量 $W=-\vec{H}\cdot\vec{M}_s$，但$\vec{M}_s=-\frac{e}{mc}\vec{S}$，则

$$W = \frac{e}{mc}\frac{Ze}{c}\left[(-\vec{v})\wedge\frac{\vec{r}}{r^3}\right]\cdot\vec{s} = \frac{Ze^2}{m^2c^2}\frac{1}{r^3}\left[\vec{r}\wedge m\vec{v}\right]\cdot\vec{s} \quad (3)$$

弗伦克耳指出，当变换到原子核为静止的坐标系中，真正的能量等于上式的一半。注意到 $[\vec{r}\wedge m\vec{v}]$ 是电子的角动量 $\vec{M}$，并将上式中各个量换成算符，则得：

$$W = \frac{Ze^2}{2m^2c^2}\frac{1}{r^3}\hat{\vec{s}}\cdot\hat{\vec{M}} \quad (4)$$

令 $\xi(r) = \frac{Ze^2}{2m^2c^2}\frac{1}{r^3}$， (5)

则电子的自旋-轨道耦合能（算符）为

$$W = \xi(r)\,\hat{\vec{s}}\cdot\hat{\vec{M}} \quad (6)$$

［考虑到原子实中其他电子在原子核和价电子之间的屏蔽作用，ΔH 的形式与(4)稍有不同，但 ΔH 仍可写成(6)式的形式，只是 $\xi(r)$ 要换成：

$$\xi(r) = \frac{1}{2m^2c^2}\frac{1}{r}\frac{dU(r)}{dr} \quad (5')$$

这里 $U(r)$ 是价电子所处的中心力场的势能。(5′)是相对论量子力学的结果。重要的是：$\xi(r)$ 只是 r 的函数，而且 $\xi(r)>0$ ］

将(6)式加上价电子的动能算符 $\frac{\hat{p}^2}{2m}$ 和原子实对它的静电作用势 $U(r)$，就得到价电子的哈密顿量算符 $\hat{H}$：

$$H = \frac{p^2}{2m} + U(r) + \xi(r)\,\vec{s}\cdot\vec{M} \quad (7)$$

现在我们来研究一下那些力学量是守恒量，这对于决定价电子的状态是很重要的。

~~M^2 和 $\vec{M}$ 的三个分量与 p^2 是对易的，与 $U(r)$，$\xi(r)$ 也对易，~~

M^2 和 p^2 是对易的，和另外二项也对易，因此 M^2 是守恒量。

$\vec{M}$ 的三个分量和 p^2，$U(r)$ 都对易，因此 $\vec{s}\cdot\vec{M}$ 和 p^2 是对易的，则由 §38 (5)式，J^2 是守恒量。（$J^2 = M^2 + s^2 + 2\vec{s}\cdot\vec{M}$）

J_x, J_y, J_z 和 p^2 是对易的，和 $\vec{s}\cdot\vec{M}$ 也对易（§38(19)式），因此 J_x, J_y, J_z 是守恒量。而 $M_x, M_y, M_z, S_x, S_y, S_z$ 则均非守恒量，因为和 $\vec{s}\cdot\vec{M}$ 不对易。

S^2 是常数，当然是守恒的。而 H 本身，当然也是守恒的。

总起来说，守恒量是：$H, J_x, J_y, J_z, J^2, M^2, S^2$

特别值得注意的是总角动量守恒这个事实，它是经典力学中的角动量守恒定理的发展。至于 M^2, S^2 守恒而 $\vec{M}$ 和 $\vec{S}$ 不守恒，则可以这样来了解：由于自旋磁矩和轨道磁矩的耦合作用，相应的二种角动量之间就具有固定的联系，它们之间维持一定的夹角相加而成总角动量；而对于每一个磁矩来说，由于受到另一个磁矩的作用，它的方向就不是固定不变的，而是绕着总角动量的方向旋进（进动），如图68所示。

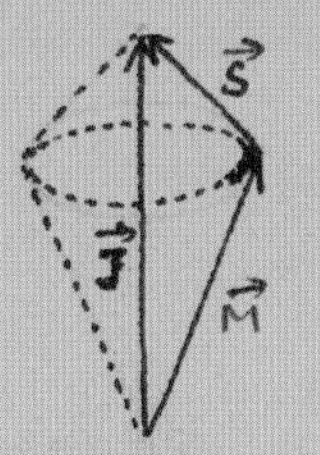

图68. 自旋和轨道角动量绕总角动量的进动。

~~注意，自旋-轨道耦合作用能 W 是很小的~~

下面我们来估计一下自旋轨道耦合作用能 W 的大小。r 是电子离原子核的距离，近似地，我们取 r 等于玻尔半径 a_1；(5)中的势能 $U(r)\sim -\frac{e^2}{r}$，

则 $\frac{dU}{dr}=\frac{e^2}{r^2}\sim\frac{e^2}{a_1^2}$，$\xi(r)\sim\frac{e^2}{2m^2c^2a_1^3}$；$\vec{S}$ 和 $\vec{M}$ 的大小都和 $\hbar$ 一样，

则 $W\sim\frac{e^2}{2a_1}\frac{\hbar^2}{m^2e^2a_1^2}=\frac{e^2}{2a_1}\frac{e^4}{\hbar^2c^2}=\frac{e^2}{2a_1}\alpha^2$，这里 $\alpha=\frac{e^2}{\hbar c}\sim\frac{1}{137}$ 称为精细结构常数。而 $\frac{e^2}{2a_1}=13.5$ eV. 则 $W\sim 10^{-3}$ eV.

对于上述钠的双线，$\lambda\sim 5890$ Å. $E=\frac{hc}{\lambda}\sim 2.1$ eV，而 $\Delta\lambda\sim 6$ Å，$\frac{\Delta\lambda}{\lambda}\sim 10^{-3}$，则 $\Delta E\sim E\times 10^{-3}\sim 2\times 10^{-3}$ eV. 这就是由于自旋轨道耦合~~相应的能量差约为 3×10^{-3} eV~~而引起的多种能级的分裂。这在数量级上和我们这里估计的大小是符合的。~~把W的估计小了~~。自旋轨道耦合作用 W 比原子能级间距离（数量级几个电子伏）要小得多。

如果我们略去自旋轨道耦合作用，则价电子的哈密顿量为

$$H_0=\frac{p^2}{2m}+U(r) \tag{8}$$

这时 H_0，$\vec{M}$，$\vec{S}$，$\vec{J}$ 均为守恒量（$M^2S^2J^2$）〔既略去自旋磁矩和轨道磁矩间的相互作用，也就略去了 $\vec{M}$ 和 $\vec{S}$ 绕 $\vec{J}$ 的进动，则 $\vec{M}$ 和 $\vec{S}$ 当然就是守恒的了〕。价电子的状态由这些守恒量中一组互相对易的量来确定。如果选波函数为 H_0, M^2, M_z, S_z 的共同本征函数，则

$$\psi=\psi_{nlm}\begin{pmatrix}1\\0\end{pmatrix}\ \text{或}\ \psi_{nlm}\begin{pmatrix}0\\1\end{pmatrix} \tag{9}$$

〔其中 ψ_{nlm} 为 M^2, M_z 和 H_0 的共同本征函数，见§26及27〕

$\psi_{nlm}=R_{nl}(r)Y_l^m(\theta\varphi)$

如果选波函数为 H_0, M^2, J^2, J_z 的共同本征函数，则

$$\psi = R_{nl}(r)\,\Omega^{(+)}_{jlM} \text{ 或 } R_{nl}(r)\,\Omega^{(-)}_{jlM} \tag{10}$$

[其中 $R_{nl}(r)$ 为径向波函数，由径向方程决定；Ω 则为 $J^2 M^2 M_z$ 的共同本征函数，见§38(30)式]

对于一定的能量 $E^{(0)}_{nl}$（H_0 的本征值），径向波函数 $R_{nl}(r)$ 是一定的，而波函数的角度部分和自旋部分则不确定，可以选择(9)和(10)中任意一种型式（而每一种又包括许多个不同的状态，相当于不同的 M_z 或 J_z 的数值）。这样，我们遇到的是能级为简併化的情形。

如果计及自旋轨道耦合能，则~~正确的0级波函数~~我们可以用微扰论来进行计算，这时(9)式或(10)式都是0级波函数。但是正确的0级波函数应该使微扰 W 对角化。W 中只有算符 $\vec{S}\cdot\vec{M}$，如果选(10)式作为0级波函数，则由于它是 $\vec{S}\cdot\vec{M}$ 的本征函数，W 当然就对角化了。由此可见，(10)式是正确的0级波函数。~~在这里，正确0级波函数代表使角动量 J^2, J_z 取确定数值的状态。~~

通常，(9)式以 ψ_{nlms_z} 表示之，$s_z=\frac{\hbar}{2}$ 代表前者，$s_z=-\frac{\hbar}{2}$ 代表后者。(10)式以 ψ_{nljM} 表示之，$j=l+\frac{1}{2}$ 代表前者，$j=l-\frac{1}{2}$ 代表后者。即：

$$\psi_{nlms_z}=\begin{cases}\psi_{nlm}\begin{pmatrix}1\\0\end{pmatrix}, & s_z=\frac{\hbar}{2},\\ \psi_{nlm}\begin{pmatrix}0\\1\end{pmatrix}, & s_z=-\frac{\hbar}{2},\end{cases}\quad M^2=l(l+1)\hbar^2,\ M_z=m\hbar,\ H_0=E^{(0)}_{nl} \tag{11}$$

$$\psi_{nljM}=\begin{cases}R_{nl}(r)\,\Omega^{(+)}_{jlM}, & j=l+\frac{1}{2},\\ R_{nl}(r)\,\Omega^{(-)}_{jlM}, & j=l-\frac{1}{2},\end{cases}$$
$$J^2=j(j+1)\hbar^2,\ J_z=M\hbar,\ M^2=l(l+1)\hbar^2,\ H_0=E^{(0)}_{nl} \tag{12}$$

(12)式同时也是 $\vec{S}\cdot\vec{M}$ 的本征函数，[因为 $\vec{S}\cdot\vec{M}=\frac{1}{2}(J^2-M^2-S^2)$] 当

$$j=l+\frac{1}{2}\text{ 时，}\vec{S}\cdot\vec{M}=\frac{l}{2}\hbar^2;\quad j=l-\frac{1}{2}\text{ 时，}\vec{S}\cdot\vec{M}=-\frac{l+1}{2}\hbar^2 \tag{13}$$

根据§41，准确到一级的能量等于 H 在正确的0级波函数中的平均值。所以，对于 ψ_{nljM} 求(7)式的平均，就得到考虑了自旋轨道耦合能以后的碱金属原子的能级：

$$E_{nl}=E^{(0)}_{nl}+E^{(1)}_{nl} \tag{14}$$

$$E_{nl}^{(1)} = \begin{cases} \frac{l}{2}\hbar^2 \overline{\xi(r)}, & j=l+\frac12 \\ -\frac{l+1}{2}\hbar^2\overline{\xi(r)}, & j=l-\frac12 \end{cases} \qquad (14)$$

其中 $\overline{\xi(r)} = \int \psi^+_{nljM}\,\xi(r)\,\psi_{nljM}\,d\tau = \int_0^\infty R_{nl}^2\cdot\xi(r)\cdot r^2dr > 0$ (15)

【这个积分的计算是很烦的，需要进行数值积分才能算出来。但在类氢原子中，由于 R_{nl} 和 $\xi(r)$ 都有简明的解析形式［见§27 (18)式和本节(5)式］，可以求得 $\overline{\xi(r)}$ 的解析表达式。

$$\overline{\xi(r)} = \frac{Z^4e^2}{2m^2c^2a_1^3}\Big/ n^3 l(l+1)(l+\tfrac12) \qquad (16)$$

利用精细结构常数

$$\alpha = \frac{e^2}{\hbar c} \sim \frac{1}{137} \qquad (17)$$

则

$$\overline{\xi(r)} = \frac{Z^4\alpha^2e^2}{2\hbar^2a_1} \qquad (16')$$

$$E_{nl}^{(1)} = Z^4\alpha^2\frac{e^2}{a_1}\frac{1}{4n^3}\times\begin{cases}1/(l+1)(l+\frac12), & j=l+\frac12\\ -1/l(l+\frac12), & j=l-\frac12\end{cases} \qquad (14')$$

这二个 $E^{(1)}_{nl}$ 之差，就是能级分裂的大小：

$$\Delta E_{nl} = E^{(1)}_{nl}(j=l+\tfrac12) - E^{(1)}_{nl}(j=l-\tfrac12) = \frac{Z^4\alpha^2}{2n^3l(l+1)}\frac{e^2}{a_1} \qquad (18)$$

这个结果对于碱金属当然并不完全适用，但它至少告诉我们下列事实：

i Z愈大，能级分裂愈大，（而且也没有考虑由于相对论效应所引起的能级分裂）

ii n, l愈大，能级分裂愈小。

这和实验上发现的情况是符合的。】

(14)式表明，由于自旋轨道耦合作用，能级 $E^{(0)}_{nl}$ 分裂为二，按照 j 的不同数值，$j=l+\frac12$ 者能量高，$j=l-\frac12$ 者能量低。（$j=l+\frac12$，自旋角动量和轨道角动量平行，则由(4)式可知自旋轨道耦合能是正的。$j=l-\frac12$，自旋和轨道角动量方向相反，耦合能是负的）。至于S态，则j只能等于½，因此S态能级是不分裂的。这样，由 3p → 3S 的过渡将产生2条光谱线，如图69所示。

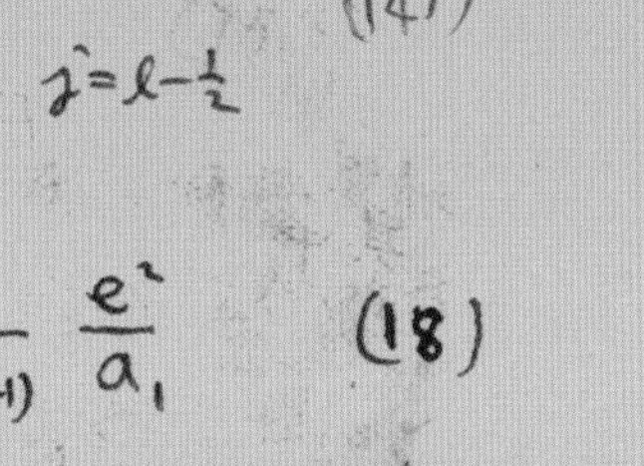

图69 碱金属双重线

注意，由于自旋轨道耦合作用，能级不仅与量子数 n, l 有关，而且与 j 有关，因此可以记作 E_{nlj}，在光谱学中，习惯上用记号 nl_j 来标记这个能级，不过量子数 l 是由符号 s, p, d, --- 来代替的，因此，$3p_{3/2}$ 代表 $n=3, l=1, j=\frac{3}{2}$ 的能级，$3s_{\frac{1}{2}}$ 代表 $n=3, l=0, j=\frac{1}{2}$ 的能级，在前 中用的就是这种表记方法。[有时还将能级的多重数写在符号 s, p, d, --- 的左上角上，例如单价原子的能级是双重的，因此能级的标记是 $3^2p_{3/2}$，$3^2s_{1/2}$ 等等。(s 态能级虽然是单重的，但因为这是一种例外，故仍标上多重数 2) 这种标记方法在多价原子的光谱中是必要的，但对于单价原子，却是不必要的。]

在光谱实验的历史发展中，也总结了量子数 j 的选择定则：

$$\Delta j = 0, \pm 1 \qquad (19)$$

亦即，跃迁只能发生在总角动量量子数 j 相差为 0 或 1 的状态之间。

钠的第一辅线系为例，它是由 D 态到 s 态的跃迁造成的，D 态，$l=2$，$j=\frac{5}{2}, \frac{3}{2}$；p 态 $l=1$，$j=\frac{3}{2}, \frac{1}{2}$，则根据选择定则 $\Delta j=0, \pm 1$，该谱线系的每一条光谱线将只有 3 重结构。(图加) 这正是实验上所观察到的。

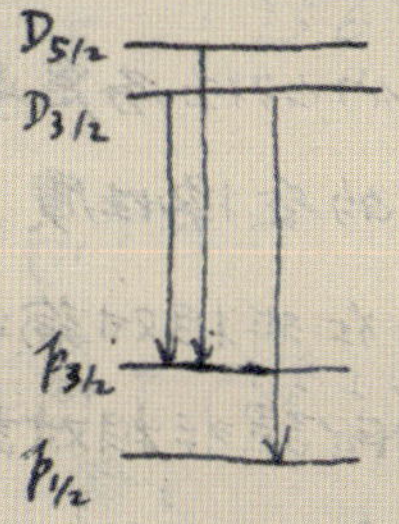

图加 第一辅线系的三重线

最后，我们来回顾一下各种情况下能级的简并化。在一般的中心力场中，能级由量子数 n, l 决定，对于不同的 M_l 和 S_z 的数值，能量是相同的 [(11)式] 因此能级的简并度为 $(2l+1)\times 2$. 在氢原子场中，由于 $U(r)\propto -\frac{1}{r}$，能级与 l 无关，仅由主量子数 n 决定，这时得到额外的"l 简并"。当考虑到价电子对原子实的贯穿和极化后，由于 $U(r)$ 不再是 $\frac{1}{r}$ 的形式，l 简并就被消除。但对于总角动量量子数 j 的 2 种数值 ($j=l\pm\frac{1}{2}$)，能量是相同的，解释是：自旋和轨道角动量的相对取向（平行或反平行）与能量无关。当考虑到自旋轨道耦合（又称 ls 耦合）时，能级与 l, s 的相对取向有关，亦即与总角动量的大小有关，因此消除了"j 简并"。但是对于不同的 J_z 的值，能量仍是相同的，这是因为一个孤立原子的能量和总角动量在空间的指向无关，这时能级简并度为 $2j+1$。如果空间存在电场或磁场，则原子的能量就将与总角动量在空间的指向有关，这时将进一步消除能级的简并化。

§44. 塞曼效应.

塞曼发现（1896年），磁场能够对原子的光谱线发生影响。当将光源放在磁场中，则每一条光谱线均分裂成相邻的若干条谱线。这种现象，称为塞曼效应。

图71是观察塞曼效应的装置（示意图）

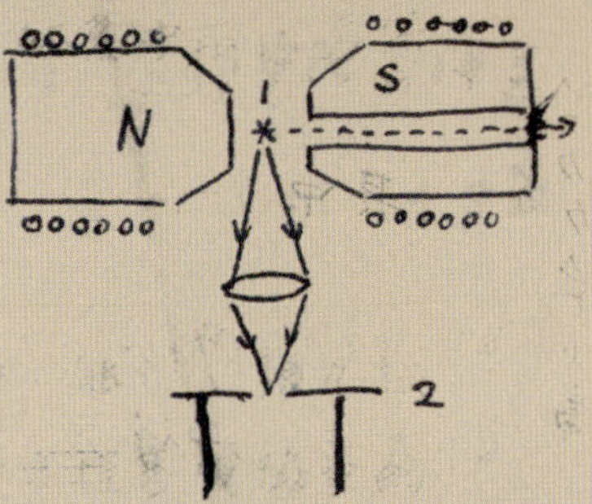

图71. 观察塞曼效应的装置
1.光源 2.摄谱仪狭缝

图72是钠的主双重线在弱磁场中的分裂现象

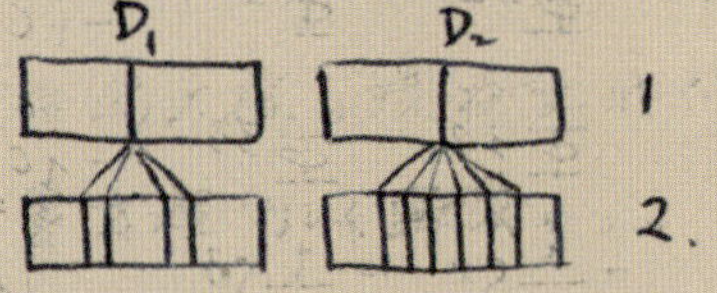

图72. 1无磁场
2弱磁场

各种谱线的分裂情况是不同的。因此，如果能建立起塞曼效应的理论，则就可以根据理论和实验的比较，利用塞曼效应来判断各条谱线的性质（所属的光谱线系，相应的光谱项，等等）

(一) 经典理论。

在历史上，洛伦兹曾试图给出塞曼效应的经典理论，如下。

考察一个沿圆轨道运行的电子。~~设磁场和轨道面垂直，则磁场对电子的作用力（洛伦兹力）为：~~

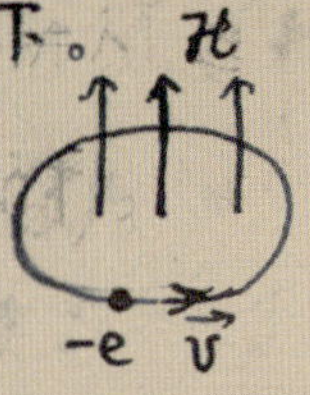

图73

设轨道半径为r，角频率ω_0，则线速度 $v_0=r\omega_0$，

向心~~加速度~~ ~~$a=r\omega_0^2$~~ 力为：

$$\frac{mv_0^2}{r} = mr\omega_0^2$$

（当然，这个向心力是靠电子和原子核间的吸引力来维持的。）

设沿轨道的法线方向加上磁场$\mathcal{H}$（图73），则磁场对电子的作用力（洛伦兹力）为：

$$\frac{e}{c}v_0\mathcal{H} = \frac{e}{c}r\omega_0\mathcal{H},$$

其方向指向圆心，因此增加（或减少）了向心力。向心力既增加，则电子的运行速度增加，角频率亦将增加。设角频率增加$\Delta\omega$，则向心力的增加为：

$$mr(\omega_0+\Delta\omega)^2 - mr\omega_0^2 \approx 2mr\omega_0\Delta\omega$$

（可以证明，轨道半径是不变的，见电动力学，拉摩进动）这应该就是洛伦兹力。于是得到：

$$\frac{e}{c} r\omega_0 \mathcal{H} = 2mr\omega_0 \Delta\omega ,$$

$$\boxed{\Delta\omega = \frac{e\mathcal{H}}{2mc}} \qquad (1)$$

这称为拉摩频率。当然，如果电子沿相反的方向运动时，则频率应该减少，即 $\Delta\omega = -\frac{e\mathcal{H}}{2mc}$。

在一般情况下，如磁场和轨道平面成任何角，则可将电子的运动分解成和磁场垂直的部分和平行的部分，前者受磁场的作用后，角频率由 ω_0 变成 $\omega_0+\Delta\omega$ 或 $\omega_0-\Delta\omega$，后者不受磁场影响，角频率仍为 ω。

按经典电动力学，电子辐射的光的频率等于电子运转的频率。设没有磁场时，光谱线的频率为 ω_0，则有磁场时，光谱线的频率将为：

$$\omega_0, \quad \omega_0+\frac{e\mathcal{H}}{2mc}, \quad \omega_0-\frac{e\mathcal{H}}{2mc} \qquad (2)$$

由是观之，每一条光谱线在磁场中均将分裂为三条（图74），裂距 $\frac{e\mathcal{H}}{2mc}$ 和磁场强度成比例）这个结论只在少数情况中被观察所证实；但是在大多数情况中实验结果要比经典理论所预言的复杂得多（见图72）；前者称为简单塞曼效应，后者称为复杂塞曼效应。［有时也称前者为正常塞曼效应，后者为反常塞曼效应，但这是一个历史性的错误名称。］

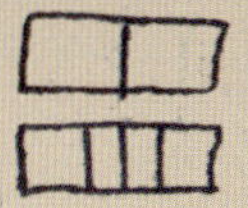

图74. 简单塞曼效应. 1. 无磁场 2. 有磁场

(二) 量子力学理论。弱磁场。

根据§39 (18)式，磁场 $\mathcal{H}$ 对电子的作用能是：

$$\mathcal{H}\left(\frac{e}{2mc}M_z+\frac{e}{mc}S_z\right)+\frac{e^2\mathcal{H}^2}{8mc^2}(x^2+y^2)$$

第一项是磁场对电子的轨道磁矩和自旋磁矩的作用能，第二项是磁场对诱导磁矩的作用能。在§39中已说明，第二项比第一项小得多，一般可以略去不计。则磁场对电子的作用能为：

$$\mathcal{H}\left(\frac{e}{2mc}M_z+\frac{e}{mc}S_z\right)=\frac{e\mathcal{H}}{2mc}(M_z+2S_z)=\frac{e\mathcal{H}}{2mc}(J_z+S_z)$$

把这个能量加到没有磁场时价电子的总能量[§43，(7)式]上，就得到在磁场中价电子的总能量(算符)：

$$H=\frac{p^2}{2m}+U(r)+\xi(r)\vec{s}\cdot\vec{M}+\frac{e\mathcal{H}}{2mc}(J_z+S_z) \qquad (3)$$

如果磁场不是太强，以致最后一项比第二项(自旋轨道耦合能)要小得多，则称为弱磁场。[例如，$\mathcal{H}=10^4$ oest 时，最后一项的数量级 $\sim\frac{4.8\times10^{-10}\times10^4}{2\times10^{-27}\times3\times10^{10}}\times10^{-27}\sim10^{-16}$ 尔格，而对于钠，自旋轨道耦合能 $\sim 2\times10^{-3}$ eV $\sim 3\times10^{-15}$ 尔格，因此，对于钠，强度为 10^4 oest 的磁场可当作弱磁场。] 在弱磁场的情况下，由外磁场引起的能级分裂要比由自旋轨道耦合能引起的能级分裂小得多，因此，可以视(3)式最后一项为微扰 W，而前三项为 H_0，即

$$\left.\begin{aligned}H_0&=\frac{p^2}{2m}+U(r)+\xi(r)\vec{s}\cdot\vec{M}\\ W&=\frac{e\mathcal{H}}{2mc}(J_z+S_z)\\ H&=H_0+W\end{aligned}\right\} \qquad (4)$$

H_0 的本征值为 E_{nlj}，本征函数为 ψ_{nljM} [见§43，但注意这里的 H_0 相当于§43中的 H]。容易证明，这是正确的 0 级波函数[它是 J_z 的本征函数，所以 J_z 是对角化的。而由§43，(12)式和§38(30)式容易证明，$(S_z)_{nljM,nljM'}=0$ (如果 $M\neq M'$)，亦即 S_z 也是对角化的]。因此，在 ψ_{nljM} 中 W 的平均值就是一级微扰能(§41)。经过简单计算，求得：

$$\left.\begin{aligned}j=l+\tfrac{1}{2},&\quad \overline{S_z}=\frac{\hbar}{2}\,\frac{2m+1}{2l+1}=\hbar\frac{M}{2l+1}=\frac{M\hbar}{2j}\\ j=l-\tfrac{1}{2},&\quad \overline{S_z}=\frac{\hbar}{2}\,\frac{-2m-1}{2l+1}=-\hbar\frac{M}{2l+1}=-\frac{M\hbar}{2(j+1)}\end{aligned}\right\} \qquad (5)$$

ψ_{nljM} 是 J_z 的本征函数，本征值 $M\hbar$，则 $\overline{J_z}=M\hbar$。因此：

$$\left.\begin{aligned}j=l+\tfrac{1}{2},&\quad \overline{W}=\frac{e\mathcal{H}\hbar}{2mc}M\left(1+\frac{1}{2j}\right)\\ j=l-\tfrac{1}{2},&\quad \overline{W}=\frac{e\mathcal{H}\hbar}{2mc}M\left(1-\frac{1}{2(j+1)}\right)\end{aligned}\right\} \qquad (6)$$

(6)式也可以用一个统一的式子写出来：

$$\overline{W} = \frac{e\mathcal{H}\hbar}{2mc} M g \qquad (7)$$

$$g = 1 + \frac{j(j+1)+s(s+1)-l(l+1)}{2j(j+1)} = \begin{cases} 1+\frac{1}{2j}, & j=l+\frac{1}{2} \\ 1-\frac{1}{2(j+1)}, & j=l-\frac{1}{2} \end{cases} \qquad (8)$$

这里 $s=\frac{1}{2}$，是自旋平方 S^2 的量子数 $\left[S^2=\frac{3}{4}\hbar^2=s(s+1)\hbar^2\right]$

因子 g 称为朗德因子，它在复杂塞曼效应中起决定性的作用。

M 是 J_z 的量子数，它可取 $2j+1$ 个数值 $(j, j-1, \cdots -j)$。

因此，(7)式告诉我们：由于磁场的作用，解除了"M 简併"，能级 E_{nlj} 分裂成 $2j+1$ 个等距离的能级，裂距为 $\frac{e\mathcal{H}\hbar}{2m}g$。这样，能级 $3S_{1/2}$ 分裂成 2 个子能级，$3P_{3/2}$ 分裂成 4 个子能级，$3P_{1/2}$ 分裂成 2 个子能级，等等。如图75所示。

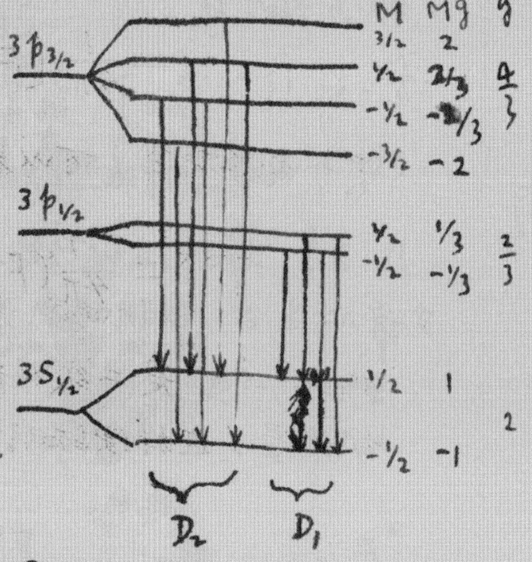

图75. 在磁场中能级的分裂

至于光谱线的分裂，则不仅决定于能级的分裂，而且受到选择定则的限制。根据实验所建立起来的选择定则是：

$$\left.\begin{aligned} \Delta l &= \pm 1 \\ \Delta j &= 0, \pm 1 \\ \Delta M &= 0, \pm 1 \end{aligned}\right\} \qquad (9)$$

则从 $3P_{3/2} \to 3S_{1/2}$ 将造成 6 条等距离的谱线，从 $3P_{1/2} \to 3S_{1/2}$ 造成 4 条不等距离的谱线，如图72所示。

朗德因子 g 是一个有理数，而 M 是半整数，因此谱线的裂距 $\Delta\omega$ 永远等于拉摩频率 $\frac{e\mathcal{H}}{2mc}$ 乘某个有理数。利用这一点根据实验结果容易确定朗德因子 g，从而确定光谱项的性质（量子数 l, j）

现在我们来研究一下朗德因子的物理意义。

原子具有磁矩，磁矩在磁场中获得能量，这就是能级分裂的原因。我们来看看原子的磁矩等于多少。原子的总磁矩等于自旋磁矩和轨道磁矩之和：

$$\vec{\mathfrak{M}} = \vec{\mathfrak{M}}_s + \vec{\mathfrak{M}}_l = -\frac{e}{mc}\vec{S} - \frac{e}{2mc}\vec{M} = -\frac{e}{2mc}(\vec{J}+\vec{S}) \qquad (10)$$

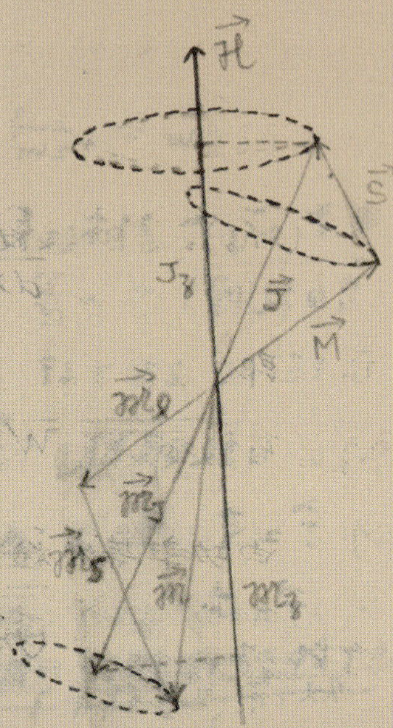

图76. 解释复杂塞曼效应的矢量模型.

在上节已经说明，在原子中，总角动量 $\vec{J}$ 守恒，而自旋角动量 $\vec{S}$ 和轨道角动量 $\vec{M}$ 是不守恒的，它们绕着 $\vec{J}$ 旋进。由于自旋磁矩和自旋角动量的比值比轨道磁矩和轨道角动量的比值大一倍，因此原子的总磁矩的方向和总角动量的方向是不一致的 [(10)式]，总磁矩 $\vec{\mathfrak{M}}$ 亦绕着 $\vec{J}$ 旋进。这样看来，原子的磁矩是不守恒的，有效磁矩是 $\vec{\mathfrak{M}}_J$，它等于 $\vec{\mathfrak{M}}$ 在 $\vec{J}$ 上的投影，

亦即：
$$\vec{\mathfrak{M}}_J = \frac{\vec{\mathfrak{M}}\cdot\vec{J}}{J}\frac{\vec{J}}{J} = \vec{\mathfrak{M}}\cdot\vec{J}\,\frac{\vec{J}}{J^2} \qquad (11)$$

将(10)代入(11)，即得：
$$\vec{\mathfrak{M}}_J = -\frac{e}{2mc}(J^2+\vec{S}\cdot\vec{J})\frac{\vec{J}}{J^2}$$，由§38(14)式，
$$= -\frac{e}{2mc}\left[J^2+\frac{1}{2}(J^2+S^2-M^2)\right]\frac{\vec{J}}{J^2}$$
$$= -\frac{e}{2mc}\left[1+\frac{J^2+S^2-M^2}{2J^2}\right]\vec{J}$$

令
$$g = 1+\frac{J^2+S^2-M^2}{2J^2} \qquad (12)$$
则
$$\vec{\mathfrak{M}}_J = -\frac{e}{2mc}g\vec{J} \qquad (13)$$

这就是原子的有效磁矩。

加上弱磁场 $\mathcal{H}$ 后，它并不影响原子的内部结构，而只是使整个原子绕 $\vec{\mathcal{H}}$ 作旋进（拉摩进动），这时，总角动量的大小仍守恒，而方向则已不固定，有效磁矩 $\vec{\mathfrak{M}}_J$ 的情况也一样。以磁场为z轴，则磁场对原子磁矩的平均作用能为：

$$\overline{W} = -\vec{\mathcal{H}}\cdot\vec{\mathfrak{M}}_J = \frac{e\mathcal{H}}{2mc}gJ_z \qquad (14)$$

~~将(13)代入(14),则得:~~

$$\overline{W} = \frac{e\mathcal{H}}{2mc} J_z \left[1 + \frac{J^2+S^2-M^2}{2J^2} \right]$$

由于 $J_z = M\hbar$,因此(14)式正是(4)式。

朗德因子 g 的意义可从(13)式了解。如以角动量以 $\hbar$ 为单位,磁矩以玻尔磁子 $\mathfrak{M}_0 = \frac{e\hbar}{2mc}$ 为单位,则朗德因子 g 代表原子的有效磁矩 $\vec{\mathfrak{M}}_J$ 和角动量 $\vec{J}$ 的比值。如轨道角动量为0,则 $\vec{J}=\vec{S}$,$g=2$,这就是自旋磁矩和自旋角动量之比;如自旋为0,则 $\vec{J}=\vec{M}$,$g=1$,这就是轨道磁矩和轨道角动量之比。

~~……则 $\vec{J}=\vec{M}$,$g=1$,这时……$\frac{e\mathcal{H}\hbar}{2mc}$,~~ 这个解释所根据的图象(看7.6)一般称为矢量模型。

(三) 强磁场。

帕邢和巴克发现(1912年),在极强的磁场中,复杂塞曼效应转化为正常塞曼效应。所谓强磁场是指在磁场中能级的分裂超过由于自旋轨道耦合所引起的能级分裂。这时,我们可以在(3)式中略去自旋轨道耦合能 $\xi(r)\,\vec{S}\cdot\vec{M}$,则

$$H = \frac{p^2}{2m} + U(r) + \frac{e\mathcal{H}}{2mc}(J_z + S_z)$$

$$= \frac{p^2}{2m} + U(r) + \frac{e\mathcal{H}}{2mc}(M_z + 2S_z) \qquad (15)$$

当然,最后一项应当作微扰。即

$$\left.\begin{aligned} H &= H_0 + W \\ H_0 &= \frac{p^2}{2m} + U(r) \\ W &= \frac{e\mathcal{H}}{2mc}(M_z + 2S_z) \end{aligned}\right\} \qquad (16)$$

为了使微扰 W 对角化,我们可以选 H_0, M_z, S_z 的共同本征函数作为零级波函数,亦即正确的零级波函数是 ψ_{nlmS_z} [§43 (11)式]。则微扰能等于:

$$S_z = \frac{\hbar}{2},\quad \overline{W} = \frac{e\mathcal{H}}{2mc}\left(m\hbar + 2\cdot\frac{\hbar}{2}\right) = \frac{e\hbar\mathcal{H}}{2mc}(m+1)$$

$$S_z = -\frac{\hbar}{2},\quad \overline{W} = \frac{e\mathcal{H}}{2mc}\left(m\hbar - 2\frac{\hbar}{2}\right) = \frac{e\hbar\mathcal{H}}{2mc}(m-1) \qquad (17)$$

对于能级 $E_{nl}^{(0)}$（H_0 的本征值），m 可取从 $l \to -l$ 一共 2l+1 个值。则对于每一种 S_z 的值，能级 $E_{nl}^{(0)}$ 均分裂成 2l+1 个等距离的能级（一共分裂成 2l+3 个子能级），相邻二个子能级的距离为 $\frac{e\mathcal{H}\hbar}{2mc}$，如图 77 所示。

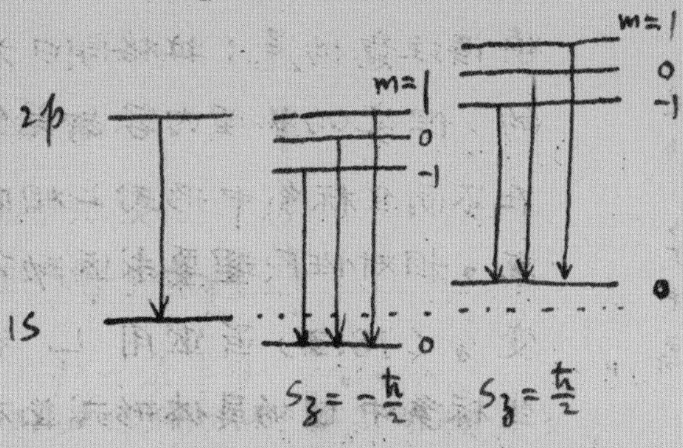

图 77. 在强磁场中能级的分裂.

至于光谱线的分裂，则不仅与能级的分裂有关，而且受选择定则的限制：

$$\left.\begin{aligned} &\Delta l = \pm 1 \\ &\Delta m = 0, \pm 1 \\ &\Delta S_z = 0 \end{aligned}\right\} \qquad (18)$$

这样每一条光谱线必定分裂成三条等距离的谱线，如图 74 所示。其中 $\Delta m=0$ 的过渡造成的谱线频率和没有磁场时一样，$\Delta m=\pm 1$ 的过渡造成的谱线则分居二旁，裂距距

$$\Delta\omega = \frac{e\mathcal{H}\hbar}{2mc}\frac{1}{\hbar} = \frac{e\mathcal{H}}{2mc} \qquad (19)$$

这正是拉摩频率。

简单塞曼效应也可以根据矢量模型而得到说明，如下：

在强磁场的作用下，破坏了自旋角动量 $\vec{S}$ 和轨道角动量 $\vec{M}$ 之间的固定联系，这时原子的总角动量不再守恒，$\vec{S}$ 和 $\vec{M}$ 独立地绕磁场旋进，因此 M_z 和 S_z 均为守恒量，如图 78 所示。

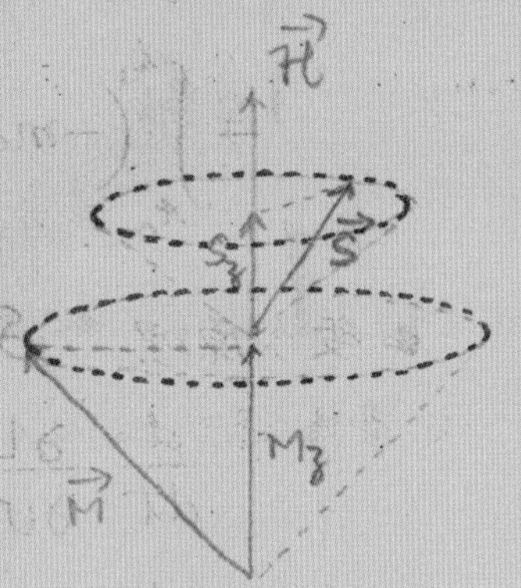

图 78. 解释简单塞曼效应的矢量模型.

磁场对原子磁矩的作用能是

$$W = -\vec{\mathcal{H}}\cdot\vec{\mathfrak{M}}_l - \vec{\mathcal{H}}\cdot\vec{\mathfrak{M}}_s = \frac{e\mathcal{H}}{2mc}(M_z + 2S_z) \qquad (20)$$

代入 M_z 和 S_z 的数值，即得(17)式。

结语 本章内容可以分成三部分。第一部分是理论，包括非简併化微扰论和简併化微扰论，其全部要点已在§41的最后作了总结。第二部分是碱金属元素（单价原子）的能级和光谱。这里主要的概念是：等效量子数，自旋轨道耦合，总角动量守恒，精细结构常数，简併化的产生和消除。第三部分是塞曼效应，即外磁场对原子能级和光谱的影响。这里主要的概念是有效磁矩和朗德g因子。

通过后面二个具体问题，我们阐明了在简併化情况下确定正确的0级波函数的方法。还说明了原子问题中的一些基本概念，如标志原子（中电子）状态的量子数，能级的符号，选择定则等。

在下一章我们将推广量子力学的理论于多粒子系统，进一步地阐明复杂原子的构造和分子的形成。

复习思考题

1. 定态微扰论的中心要点。
2. 非简併化微扰论的能量公式。
3. 单价原子的模型。等效量子数的意义。

~~4. 钠原子~~

4. 表7中，改正数Δ随原子序数Z的增加而增加，这是什么原因？
5. 扼要说明碱金属原子能级分裂的原因。
6. 精细结构常数（$\alpha=\frac{e^2}{\hbar c}\sim\frac{1}{137}$）的意义是什么？
7. 考虑了自旋轨道耦合能后，为什么"l简併"就消除了？
8. 什么叫原子的等效磁矩？什么叫朗德g因子？
9. 弱磁场和强磁场对原子的影响有何不同？
10. 在原子问题中一共有那些选择定则？

非相对论。

自由电子 $H=\frac{1}{2}m\vec{v}^2=\frac{\vec{p}^2}{2m}$

在电磁场中，$H=\frac{1}{2}m\vec{v}^2-e\phi=\frac{1}{2m}(\vec{p}+\frac{e}{c}\vec{A})^2-e\phi$

$$=\frac{1}{2m}p^2+\frac{1}{2m}\frac{e^2}{c^2}A^2+\frac{e}{2mc}(\vec{p}\cdot\vec{A}+\vec{A}\cdot\vec{p})-e\phi$$

$\frac{dx}{dt}=\frac{\partial H}{\partial p_x}=\frac{p_x}{m}+\frac{eA_x}{mc}=\frac{1}{m}(p_x+\frac{eA}{c})=v_x$ 自相符合

$$\frac{dp_x}{dt}=-\frac{\partial H}{\partial x}=-e\frac{\partial\phi}{\partial x}-\frac{e^2}{2mc^2}(2A_x\frac{\partial A_x}{\partial x}+2A_y\frac{\partial A_y}{\partial x}+2A_z\frac{\partial A_z}{\partial x})$$

$$-\frac{e}{mc}\vec{p}\cdot\frac{\partial\vec{A}}{\partial x}$$

$$=-e\cdot\mathcal{E}_x-\frac{e^2}{mc^2}\vec{A}\cdot\frac{\partial\vec{A}}{\partial x}-\frac{e}{mc}\vec{p}\cdot\frac{\partial\vec{A}}{\partial x}$$

$$=-e\mathcal{E}_x-\frac{e}{mc}(\vec{p}+\frac{e\vec{A}}{c})\cdot\frac{\partial\vec{A}}{\partial x}=-e\mathcal{E}_x-\frac{e}{c}\vec{v}\cdot\frac{\partial\vec{A}}{\partial x}$$

但 ~~$\frac{dp_x}{dt}=\frac{d}{dt}(mv_x-\frac{e}{c}A_x)$~~

$$m\frac{dv_x}{dt}=\frac{d}{dt}(p_x+\frac{e}{c}A_x)$$

而 $\frac{d}{dt}\frac{e}{c}A_x=\frac{e}{c}\frac{dA_x}{dt}=\frac{e}{c}(\frac{\partial A_x}{\partial t}+\frac{\partial A_x}{\partial x}\frac{dx}{dt}+\frac{\partial A_x}{\partial y}\frac{dy}{dt}+\frac{\partial A_x}{\partial z}\frac{dz}{dt})$

$$=\frac{e}{c}\frac{\partial A_x}{\partial t}+\frac{e}{c}\vec{v}\cdot\vec{\nabla}A_x$$

$$m\frac{dv_x}{dt}=-e\mathcal{E}_x+\frac{e}{c}(-\vec{v}\cdot\frac{\partial\vec{A}}{\partial x}+\vec{v}\cdot\vec{\nabla}A_x)$$

$$=-e\mathcal{E}_x+\frac{e}{c}(-v_x\frac{\partial A_x}{\partial x}-v_y\frac{\partial A_y}{\partial x}-v_z\frac{\partial A_z}{\partial x}+v_x\frac{\partial A_x}{\partial x}+v_y\frac{\partial A_x}{\partial y}+v_z\frac{\partial A_x}{\partial z})$$

$$=-e\mathcal{E}_x+\frac{e}{c}\left[v_y(\frac{\partial A_x}{\partial y}-\frac{\partial A_y}{\partial x})+v_z(\frac{\partial A_x}{\partial z}-\frac{\partial A_z}{\partial x})\right]$$

$$=-e\mathcal{E}_x+\frac{e}{c}(v_y(-H_z)+v_zH_y)$$

$$=-e\mathcal{E}_x-\frac{e}{c}[\vec{v}\times\vec{H}]_x$$ 洛伦兹力。

复习思考题

相对论. $x_1=x \quad x_2=y \quad x_3=z \quad x_4=ict$

四维动量 $p_1=p_x \quad p_2=p_y \quad p_3=p_z \quad p_4=\frac{iE}{c}$

四维矢势 $A_1=A_x \quad A_2=A_y \quad A_3=A_z \quad A_4=i\phi$

电场 $\vec{E}=-\nabla\phi-\frac{1}{c}\frac{\partial\vec{A}}{\partial t}$ 为明确计，设场是稳定的 $\frac{\partial\vec{A}}{\partial t}=0$.

磁场 $\vec{H}=\nabla\times\vec{A}$

分析力学：$H=H(p,q)$，$\dot{p}_i=-\frac{\partial H}{\partial q_i}$ $\quad \dot{q}_i=\frac{\partial H}{\partial p_i}$

自由电子(电荷 $-e$)

$E^2=c^2\vec{p}^2+m_0^2c^4$，即 $m_0^2c^2+\vec{p}^2+\left(\frac{iE}{c}\right)^2=0$

即 $m_0^2c^2+\sum_{\alpha=1}^{4}p_\alpha^2=0$

$\vec{p}=m\vec{v}$，$m=m_0/\sqrt{1-\frac{v^2}{c^2}}$，$p^2=\frac{m_0^2v^2}{1-\frac{v^2}{c^2}}$

$E=mc^2=m_0c^2/\sqrt{1-\frac{v^2}{c^2}}$

$E=\sqrt{m_0^2c^4+c^2p^2}=m_0c^2\sqrt{1+\frac{p^2}{m_0^2c^2}}=m_0c^2\sqrt{1+\frac{v^2/c^2}{1-\frac{v^2}{c^2}}}$

在电磁场中~~为明确计，设场是稳定的~~，

磁场之作用力 $\vec{f}=-\frac{e}{c}\vec{v}\times\vec{H}$ 与 $\vec{v}$ 丄，不作功，对能量无贡献

$E=\frac{m_0c^2}{\sqrt{1-\frac{v^2}{c^2}}}-e\phi \neq \sqrt{m_0^2c^4+c^2p^2}-e\phi$

$\left(\frac{E}{c}+\frac{e\phi}{c}\right)^2 \neq m_0^2c^2+p^2$

从对称性看应为：$m_0^2c^2+\left(\vec{p}+\frac{e}{c}\vec{A}\right)^2$

可见 $m\vec{v}=\vec{p}+\frac{e}{c}\vec{A}$

E即H. H中必须包含 A_i，否则电子运动就和磁场无关了.

量子力学讲义（下）

（初稿）

钱伯初 编

兰州大学物理系
理论物理教研组

1960

第七章 原子和分子

1

原子和分子是一个多粒子系统。我们知道，在经典力学中把单粒子的力学推广到多粒子系统并无原则性困难。因此，当玻尔量子论在氢原子问题上获得成功以后，曾试图把它推广去解释原子和分子的构成，但是这个企图没有成功。这表明原子和分子具有某些为经典运动系统所没有的特点，这就是由于粒子（电子）的完全相同而引起的特点。~~因另外，原子和分子也具有一般的多粒子系统所具有的特点，这是我们首先要来研究的。~~ 应用量子力学的理论可以阐明这些特点，成功地研究原子和分子的构造。

§45. 多粒子系统的一般概念

描述单粒子系统的量子力学（这正是前几章所讲的）可以推广到多粒子系统。设有一个由N个粒子组成的运动系统，则描述它的运动状态的波函数应该是所有粒子的坐标、自旋以及时间的函数：$\Psi=\Psi(q_1,q_2,\cdots q_N;t)$，这里$q_i$是第i个粒子的坐标$(x_i,y_i,z_i)$和自旋$(S_{zi})$的简写。波函数仍由薛定格方程决定：

$$i\hbar\frac{\partial}{\partial t}\Psi=\hat{H}\Psi \qquad (1)$$

这里H是粒子系统的哈密顿量（总能量）算符，它包括各个粒子的动能（算符），各个粒子在外场中的势能以及粒子间的相互作用能：

$$\hat{H}=\sum_{k=1}^{N}\left[\frac{1}{2m_k}\hat{p}_k^2+U_k(\vec{r}_k)\right]+\sum_{\substack{i=1\\ i>k}}^{N}\sum_{k=1}^{N}U_{ik}(\vec{r}_i,\vec{r}_k) \qquad (2)$$

（这里第二项中求和记号 $\sum_{\substack{i=1\\ i>k}}^{N}\sum_{k=1}^{N}$ 的意思是，对所有的i和k求和，但$i\neq k$，而且为了避免重复，计算了U_{21}，就不应该再计算U_{12}，因为U_{12}已经是粒子1和2之间的互相作用能。以后这个记号将简写为$\sum_{i>k}$）

(1)式形式上可以当作是一个具有4N个自由度（如不计自旋，则为3N）的粒子的运动方程，则根据§11，Ψ的统计解释是：

$\Psi^+\Psi\, dv_1dv_2\cdots dv_N$ =（在时刻t，这个多自由度的粒子处于体积元$dv_1\cdots dv_N$中的几率）=（在时刻t，粒子1处于dv_1中，粒子2处于dv_2中，…粒子N处于dv_N中的几率） …… (3)

这里$dv_i=dx_idy_idz_i$是第i粒子坐标空间的体积元。

由于在整个空间找到系统中各个粒子的几率一定是1，所以波函数应满足规格化条件：

$$\int\cdots\int\Psi^+\Psi\, dv_1\cdots dv_N=1 \qquad (4)$$

如果我们专门讨论这个系统中的第i个粒子，例如，讨论在体积元dv_i中发现第i个粒子的几率，则只要粒子i处于dv_i中，其余粒子不管处于空间何处，均

应计算在这个几率之内，因此，

$$\text{粒子}i\text{处于}dv_i\text{中的几率} = \left(\int \Psi^+\Psi \, d\Omega_i\right) dv_i \qquad (5)$$

这里 $d\Omega_i = dv_1 \cdots dv_{i-1}\, dv_{i+1} \cdots dv_N$，而 $\int \cdots d\Omega_i$ 是对除粒子 i 以外的所有粒子的坐标积分。

我们最好举一个例子来说明以上各点。考虑二个没有相互作用的粒子，则它们的运动是互相独立的，其运动状态分别由 $\psi_1(\vec r_1,t)$，$\psi_2(\vec r_2,t)$ 描述，相应的波动方程是：

$$\left.\begin{aligned} i\hbar\frac{\partial}{\partial t}\psi_1(\vec r_1,t) &= \left[\frac{1}{2m_1}\hat p_1^2 + V_1(\vec r_1)\right]\psi_1(\vec r_1,t) = \hat H_1\psi_1 \\ i\hbar\frac{\partial}{\partial t}\psi_2(\vec r_2,t) &= \left[\frac{1}{2m_2}\hat p_2^2 + V_2(\vec r_2)\right]\psi_2(\vec r_2,t) = \hat H_2\psi_2 \end{aligned}\right\} \qquad (6)$$

根据波函数的统计解释，

$$\left.\begin{aligned} |\psi_1(\vec r_1,t)|^2 dv_1 &= \text{粒子1处于}dv_1\text{中的几率} \\ |\psi_2(\vec r_2,t)|^2 dv_2 &= \text{粒子2处于}dv_2\text{中的几率} \end{aligned}\right\} \qquad (7)$$

相乘，则得：

$$|\psi_1|^2|\psi_2|^2 dv_1 dv_2 = \text{粒子1处于}dv_1\text{中，粒子2处于}dv_2\text{中的几率}$$

和(3)式比较，可见，ψ_1 和 ψ_2 的乘积就是这个二粒子系统的总波函数：

$$\boxed{\Psi = \psi_1(\vec r_1,t)\,\psi_2(\vec r_2,t)} \qquad (8)$$

由于没有相互作用，系统的总能等于二个粒子的能量之和，即

$$\hat H = \hat H_1 + \hat H_2 \qquad (9)$$

而薛丁格方程是：

$$i\hbar\frac{\partial}{\partial t}\Psi = \hat H\Psi = \hat H_1\Psi + \hat H_2\Psi \qquad (10)$$

容易验明，(8)式是满足(10)式的。另外，

$$\int \Psi^+\Psi\, d\Omega_1 = \int \Psi^+\Psi\, dv_2 = \int |\psi_1(\vec r_1,t)|^2 |\psi_2(\vec r_2,t)|^2 dv_2 = |\psi_1(\vec r_1,t)|^2$$

$$\therefore \left(\int \Psi^+\Psi\, d\Omega_1\right) dv_1 = |\psi_1(\vec r_1,t)|^2 dv_1 = \text{粒子1处于}dv_1\text{中的几率}.$$

这和(5)式是一致的。

其他的原理和公式也都和单粒子系统的情况相似。例如，定态薛丁格方程是：

$$\hat H\Psi = E\Psi \qquad (11)$$

其中 E 是系统的总能。力学量的运动方程是：

$$\frac{d\hat L}{dt} = \frac{1}{i\hbar}\left(\hat L\hat H - \hat H\hat L\right) \qquad (12)$$

这里 $\hat L$ 可以与整个系统有关（如系统的总动量），也可以只与某几个（或一个）粒子有关（如粒子 i 的角动量）。和§18完全相仿地，可以证明各种运动方程和守恒定理

和经典力学（中的完全）相似，孤立系统的总动量守恒和总角动量守恒定理。（特别是）

粒子 i 的动量算符是

$$\hat{\vec{p}}_i = -i\hbar\vec{\nabla}_i = -i\hbar\left(\frac{\partial}{\partial x_i}, \frac{\partial}{\partial y_i}, \frac{\partial}{\partial z_i}\right) \qquad (13)$$

X分量是：

$$\hat{p}_{ix} = -i\hbar\frac{\partial}{\partial x_i} \qquad (13')$$

粒子系的总动量及其分量的算符是：

$$\hat{\vec{P}} = \sum \hat{\vec{p}}_i = -i\hbar\sum\vec{\nabla}_i \qquad (14)$$

$$\hat{P}_x = \sum \hat{p}_{ix} = -i\hbar\sum_i\frac{\partial}{\partial x_i} = -i\hbar\sum_j\frac{\partial}{\partial x_j} \qquad (14')$$

我们来根据运动方程(12)研究 $\hat{P}_x$ 随时间的变化。（先研究 $\hat{P}_x$ 和 U_{ik} 的对易关系。）假定粒子间的互相作用力为中心力，亦即，

$$U_{ik} = U_{ik}(r_{ik}), \quad r_{ik} = |\vec{r}_i - \vec{r}_k| \qquad (15)$$

则

$$\frac{\partial r_{ik}}{\partial x_i} = -\frac{\partial r_{ik}}{\partial x_k}, \quad \frac{\partial U_{ik}}{\partial x_i} = -\frac{\partial U_{ik}}{\partial x_k} \qquad (16)$$

这样一来，根据(15)，(16)式，我们有：

$$\hat{P}_x\hat{U}_{ik} - \hat{U}_{ik}\hat{P}_x = -i\hbar\sum_j\frac{\partial U_{ik}}{\partial x_j} = -i\hbar\left(\frac{\partial U_{ik}}{\partial x_i} + \frac{\partial U_{ik}}{\partial x_k}\right) = 0.$$

即 $\hat{U}_{ik}$ 和 $\hat{P}_x$ 是对易的。

注意到所有的动量算符都是互相对易的，我们就得到：

$$\frac{d\hat{P}_x}{dt} = \frac{1}{i\hbar}(\hat{P}_x\hat{H} - \hat{H}\hat{P}_x) = \frac{1}{i\hbar}\sum_k(\hat{P}_x\hat{U}_k - \hat{U}_k\hat{P}_x)$$

$$= -\sum_i\sum_k\frac{\partial U_k(\vec{r}_k)}{\partial x_i} = -\sum_k\frac{\partial U_k(\vec{r}_k)}{\partial x_k} \qquad (17)$$

可以证明：

$$\frac{d\hat{\vec{P}}}{dt} = -\sum_k\vec{\nabla}_k U_k(\vec{r}_k) = \text{总外力}. \qquad (15)$$

如果 $U_k = 0$（或常数），（外力为0，即）则 $\frac{d\hat{\vec{P}}}{dt} = 0$，总动量守恒。

粒子 k 的轨道角动量及其分量算符是：

$$\hat{\vec{M}}_k = \vec{r}_k \wedge \hat{\vec{p}}_k = -i\hbar\,\vec{r}_k \wedge \vec{\nabla}_k \qquad (16)$$

$$\hat{M}_{kx} = \hat{y}_k\hat{p}_{kz} - \hat{z}_k\hat{p}_{ky} = -i\hbar\left(y_k\frac{\partial}{\partial z_k} - z_k\frac{\partial}{\partial y_k}\right) \qquad (16')$$

4

粒子系的总轨道角动量及其分量的算符是：

$$\hat{\vec{M}}=\sum\hat{\vec{M}}_k=-i\hbar\sum\vec{r}_k\wedge\vec{\nabla}_k \qquad (17)$$

$$\hat{M}_x=\sum\hat{M}_{kx}=-i\hbar\sum\left(y_k\frac{\partial}{\partial z_k}-z_k\frac{\partial}{\partial y_k}\right) \qquad (17')$$

角动量算符和动能算符是互相对易的（§17 (16)式）。我们来计算 $\hat{M}_x$ 和 $\hat{U}_k$ 的对易关系。$\hat{M}_x$ 中只有 $\hat{M}_{kx}$ 和 $\vec{r}_k$ 有关，因此，

$$\hat{M}_x\hat{U}_k-\hat{U}_k\hat{M}_x=\hat{M}_{kx}\hat{U}_k-\hat{U}_k\hat{M}_{kx}=-i\hbar\left(y_k\frac{\partial U_k}{\partial z_k}-z_k\frac{\partial U_k}{\partial y_k}\right)$$

$$\hat{M}_x\sum\hat{U}_k-\sum\hat{U}_k\hat{M}_x=-i\hbar\sum_k\left(y_k\frac{\partial U_k}{\partial z_k}-z_k\frac{\partial U_k}{\partial y_k}\right) \qquad (20)$$

我们再来计算 $\hat{M}_x$ 和 U_{ik} 的对易关系。和前面一样，仍假定粒子间的作用是中心力作用 $U_{ik}=U_{ik}(r_{ik})$，$\hat{M}_x$ 中仅 $\hat{M}_{ix}$ 和 $\hat{M}_{kx}$ 与 r_{ik} 有关，因此，

$$\hat{M}_x\hat{U}_{ik}-\hat{U}_{ik}\hat{M}_x=(\hat{M}_{ix}+\hat{M}_{kx})\hat{U}_{ik}-\hat{U}_{ik}(\hat{M}_{ix}+\hat{M}_{kx})$$

$$=-i\hbar\left(y_i\frac{\partial U_{ik}}{\partial z_i}-z_i\frac{\partial U_{ik}}{\partial y_i}+y_k\frac{\partial U_{ik}}{\partial z_k}-z_k\frac{\partial U_{ik}}{\partial y_k}\right)，由(16)式，$$

$$=-i\hbar\left[(y_i-y_k)\frac{\partial U_{ik}}{\partial z_i}-(z_i-z_k)\frac{\partial U_{ik}}{\partial y_i}\right] \qquad (21)$$

但 $r_{ik}=\left[(x_i-x_k)^2+(y_i-y_k)^2+(z_i-z_k)^2\right]^{1/2}$

$$\frac{\partial r_{ik}}{\partial y_i}=\frac{y_i-y_k}{r_{ik}},\quad \frac{\partial r_{ik}}{\partial y_k}=\frac{y_k-y_i}{r_{ik}}=-\frac{\partial r_{ik}}{\partial y_i}$$

$$\frac{\partial U_{ik}}{\partial y_i}=\frac{dU_{ik}}{dr_{ik}}\frac{\partial r_{ik}}{\partial y_i}=\frac{dU_{ik}}{dr_{ik}}\frac{y_i-y_k}{r_{ik}}$$

$$\frac{\partial U_{ik}}{\partial z_i}=\frac{dU_{ik}}{dr_{ik}}\frac{\partial r_{ik}}{\partial z_i}=\frac{dU_{ik}}{dr_{ik}}\frac{z_i-z_k}{r_{ik}} \qquad (22)$$

(22)代入(21)，即得：$\hat{M}_x\hat{U}_{ik}-\hat{U}_{ik}\hat{M}_x=0$ (21')

因此，粒子间的互相作用对总角动量的变化没有影响。

将(20)，(21')代入(12)式，即得：

~~类似地，可以证明~~

$$\frac{d}{dt}\hat{M}_x=-\sum_k\left(y_k\frac{\partial U_k}{\partial z_k}-z_k\frac{\partial U_k}{\partial y_k}\right) \qquad (23)$$

可以证明：

$$\frac{d}{dt}\hat{\vec{M}}=-\sum_k\left[\vec{r}_k\wedge\vec{\nabla}_k U_k\right]=总外力矩 \qquad (18)$$

5

如果 $U_k = U_k(r_k)$（中心力，包括 $U_k=0$ 的情形），则 $\nabla_k U_k$ 和 $\vec{r}_k$ 平行，由(18)知，$\frac{d}{dt}\hat{\vec{M}}=0$，总轨道角动量守恒（包括 M_x, M_y, M_z 的守恒）。

~~由(16)，(15)式~~ $\frac{d}{dt}M^2 = \frac{d}{dt}(\vec{M}\cdot\vec{M}) = \vec{M}\cdot\frac{d}{dt}\vec{M} + \frac{d\vec{M}}{dt}\cdot\vec{M}$，则当 $\frac{d\vec{M}}{dt}=0$ 时，$\frac{dM^2}{dt}=0$，M^2 亦守恒。

当 $\hat{H}$ 取(2)的形式时，因为 $\hat{H}$ 中不包含自旋算符，因此每个粒子的自旋 $\vec{s}_k$ 以及总自旋 $\vec{S}=\sum_k \vec{s}_k$ 都是守恒的。粒子系的总角动量为

$$\vec{J} = \sum_k(\vec{M}_k + \vec{s}_k) = \vec{M} + \vec{S} \qquad (19)$$

或

$$\vec{J} = \sum_k \vec{J}_k, \quad \vec{J}_k = \vec{M}_k + \vec{s}_k \qquad (19')$$

则当 $\vec{M}$ 和 $\vec{S}$ 守恒时，$\vec{J}$ 也是守恒的。

当考虑到自旋轨道耦合时，系统的总能量算符中应该加上各个粒子的自旋轨道耦合能：

$$\sum_k \xi_k(r_k)\,\vec{s}_k\cdot\vec{M}_k \qquad (20)$$

(20)式和 $\vec{M}_k$，$\vec{s}_k$，$\vec{M}$ 和 $\vec{S}$ 都是不对易的（参看§38或§43），因此每个粒子的自旋和总的自旋以及轨道角动量都不再守恒。但是(20)和 $\vec{J}_k$ 是对易的，因此和 $\vec{J}$ 也对易，因此，总角动量 $\vec{J}$ 仍是守恒量，当然，J^2 也守恒。这是经典力学中孤立系统的角动量守恒定理的推广。

~~在上述各个计算中……~~在上面的叙述中，我们假设了粒子间的相互作用仅与当时粒子的相对位置有关，亦即可以用一个势能来描述粒子间的相互作用。这时我们可以把整个系统当作一个具有4N自由度的粒子来处理。这样做并不总是可以的。实际上，粒子间的相互作用需要传递的时间，而且是通过场来传递的。因此，严格说，相互作用的形式不是“粒子—粒子”而是“粒子—场—粒子”；所以，严格讲，电磁场也应该包括在所研究的运动系统中，而电磁场的自由度是无穷，所以，严格说，我们要研究的是具有无限自由度的运动系统。但这样的问题已超出本课程

6 的范围，这是量子场论的课题。当粒子的运动速度远小于光速时，可以略去相互作用的传递过程，而认为粒子间的作用是瞬时作用，而用一个势能来描述。~~粒子间的相互作用实际上是可以的。~~

在原子和分子问题中，电子的运动速度一般远小于光速，上述的非相对论量子力学的方法是适用的。在一系列的高能量问题中（核子的高能量碰撞，基本粒子的产生和消灭，等等），量子力学的方法就不适用，而必须用量子场论的方法。

~~这一节不要了~~

§46. 二个粒子系统的整体运动和相对运动。

对于一个孤立系统，引用质心坐标系常能使问题简化。我们以二个粒子组成的系统为例来说明这个问题。

以 m_1, m_2 表示粒子的质量，$\vec{r}_1=(x_1,y_1,z_1)$ 表示粒子1的坐标，$\vec{r}_2=(x_2,y_2,z_2)$ 表示粒子2的坐标。则相应的动量算符为

$$\left.\begin{aligned}\vec{p}_1&=-i\hbar\nabla_1=-i\hbar\left(\frac{\partial}{\partial x_1},\frac{\partial}{\partial y_1},\frac{\partial}{\partial z_1}\right)\\ \vec{p}_2&=-i\hbar\nabla_2=-i\hbar\left(\frac{\partial}{\partial x_2},\frac{\partial}{\partial y_2},\frac{\partial}{\partial z_2}\right)\end{aligned}\right\}\qquad(1)$$

引入质心坐标 $\vec{R}=(X,Y,Z)$ 和相对坐标 $\vec{r}=(x,y,z)$ 如下：

$$\vec{R}=\frac{m_1\vec{r}_1+m_2\vec{r}_2}{m_1+m_2},\quad X=\frac{m_1x_1+m_2x_2}{m_1+m_2}\ (Y,Z\text{同})\qquad(2)$$

$$\vec{r}=\vec{r}_1-\vec{r}_2,\quad r=r_{12},\quad x=x_1-x_2\ (y,z\text{同})\qquad(3)$$

则

$$\frac{\partial}{\partial x_1}=\frac{\partial x}{\partial x_1}\frac{\partial}{\partial x}+\frac{\partial X}{\partial x_1}\frac{\partial}{\partial X}=\frac{\partial}{\partial x}+\frac{m_1}{m_1+m_2}\frac{\partial}{\partial X}\qquad(4)$$

$$\frac{\partial}{\partial x_2}=\frac{\partial x}{\partial x_2}\frac{\partial}{\partial x}+\frac{\partial X}{\partial x_2}\frac{\partial}{\partial X}=-\frac{\partial}{\partial x}+\frac{m_2}{m_1+m_2}\frac{\partial}{\partial X}\qquad(5)$$

由(4)+(5)，得：

$$\frac{\partial}{\partial x_1}+\frac{\partial}{\partial x_2}=\frac{\partial}{\partial X}$$

乘 $-i\hbar$，即得 $p_{1x}+p_{2x}=-i\hbar\frac{\partial}{\partial X}$

左端是二个粒子的总动量（x分量），则右端为总动量算符（x分量），即：

~~$P_x=-i\hbar\frac{\partial}{\partial X}$ (y, z同)~~

~~$\vec{P}=-i\hbar\nabla_R$~~ ~~(6)~~

$$\left.\begin{aligned}P_x&=p_{1x}+p_{2x}=-i\hbar\frac{\partial}{\partial X}\ (y,z\text{同})\\ \vec{P}&=\vec{p}_1+\vec{p}_2=-i\hbar\nabla_R\end{aligned}\right\}\qquad(6)$$

§45 多粒子系统的一般概念

7

又，(4)$\times\frac{1}{m_1}$ − (5)$\times\frac{1}{m_2}$，得：

$$\frac{1}{m_1}\frac{\partial}{\partial x_1}-\frac{1}{m_2}\frac{\partial}{\partial x_2}=\left(\frac{1}{m_1}+\frac{1}{m_2}\right)\frac{\partial}{\partial x}=\frac{1}{\mu}\frac{\partial}{\partial x}$$

这里，
$$\mu=\frac{m_1 m_2}{m_1+m_2} \tag{7}$$

是二粒子系统的折合质量。上式又可写成：

$$\left.\begin{aligned}\frac{1}{m_1}p_{1x}-\frac{1}{m_2}p_{2x}&=\frac{-i\hbar}{\mu}\frac{\partial}{\partial x}\\ \frac{1}{m_1}\vec{p}_1-\frac{1}{m_2}\vec{p}_2&=\frac{-i\hbar}{\mu}\nabla\end{aligned}\right\} \tag{8}$$

引入速度算符：$\vec{v}_1=\frac{1}{m_1}\vec{p}_1$，$\vec{v}_2=\frac{1}{m_2}\vec{p}_2$ (9)

相对速度 $\vec{v}=\vec{v}_1-\vec{v}_2$ (10)

质心速度 $\vec{v}_c=\vec{P}/(m_1+m_2)=\frac{m_1\vec{v}_1+m_2\vec{v}_2}{m_1+m_2}$ (11)

则(8)式左端恰好就是相对速度，因此，

$$\mu\vec{v}=\mu(\vec{v}_1-\vec{v}_2)=-i\hbar\nabla \tag{12}$$

~~引入 总质量 M=~~

~~注意，各个动量算符都是微分算符，因此是互相对易的，则各个速度算符亦互相对易。~~

~~二粒子系统的总动能算符为~~

~~$\frac{1}{2m_1}p_1^2+\frac{1}{2m_2}p_2^2=\frac{1}{2}m_1v_1^2+\frac{1}{2}m_2v_2^2$~~

又，由(10),(11)式，可将 $\vec{v}_1$ $\vec{v}_2$ 用 $\vec{v}$，$\vec{v}_c$ 表示出来，

$$\vec{v}_1=\vec{v}_c+\frac{m_2}{m_1+m_2}\vec{v}=\vec{v}_c+\frac{\mu}{m_1}\vec{v} \tag{13}$$

$$\vec{v}_2=\vec{v}_c-\frac{m_1}{m_1+m_2}\vec{v}=\vec{v}_c-\frac{\mu}{m_2}\vec{v} \tag{13'}$$

注意，各个动量算符都是微分算符，因此是互相对易的，则各个速度算符亦互相对易。

利用(13),(13')，容易得到：

$$\frac{1}{2m_1}p_1^2+\frac{1}{2m_2}p_2^2=\frac{1}{2}m_1v_1^2+\frac{1}{2}m_2v_2^2=\frac{1}{2}Mv_c^2+\frac{1}{2}\mu v^2 \tag{14}$$

这里 $M=m_1+m_2$ 是系统的总质量。由(12),(11)和(6)式，得：

$$\frac{1}{2m_1}p_1^2+\frac{1}{2m_2}p_2^2=-\frac{\hbar^2}{2M}\nabla_R^2-\frac{\hbar^2}{2\mu}\nabla^2 \tag{15}$$

二粒子间的相互作用势能为

$$U_{12}=U(r_{12})=U(r) \tag{16}$$

总能量算符为：

$$H=\frac{1}{2m_1}p_1^2+\frac{1}{2m_2}p_2^2+U(r) \tag{17}$$

8 则由(15)式，可将 H 分成质心运动和相对运动二部分：

$$H = -\frac{\hbar^2}{2M}\nabla_R^2 - \frac{\hbar^2}{2\mu}\nabla^2 + U(r) = H_c + H_i \qquad (17)$$

定态薛丁格方程是：

$$H\Psi = (H_c + H_i)\Psi = E\Psi \qquad (18)$$

这里 H_c 和 H_i 分别表示质心运动和相对运动的能量（算符），

$$H_c = -\frac{\hbar^2}{2M}\nabla_R^2 = \frac{\hat{P}^2}{2M} \qquad (19)$$

$$H_i = -\frac{\hbar^2}{2\mu}\nabla^2 + U(r) \qquad (20)$$

H_c 和 H_i 是对易的，H_c 只与质心坐标 $\vec{R}$ 有关，H_i 只与相对坐标 $\vec{r}$ 有关。故在 Ψ 中分开变数 $\vec{R}$ 和 $\vec{r}$（这在数学中相当于用分离变数法解(18)式），

$$\Psi = \Phi(\vec{R})\,\psi(\vec{r}) \qquad (21)$$

代入(18)式，则得：

$$\psi H_c\Phi + \Phi H_i\psi = E\Phi\psi$$

以 Ψ 除之，得：

$$\frac{H_c\Phi}{\Phi} + \frac{H_i\psi}{\psi} = E$$

第一项只能是 $\vec{R}$ 的函数，第二项只能是 $\vec{r}$ 的函数，因此它们应分别等于常数，即：

$$H_c\Phi = -\frac{\hbar^2}{2M}\nabla_R^2\Phi = E_c\Phi \qquad (22)$$

$$H_i\psi = \left[-\frac{\hbar^2}{2\mu}\nabla^2 + U(r)\right]\psi = E_i\psi \qquad (23)$$

$$E = E_c + E_i \qquad (24)$$

(22)的解是：

$$\Phi = \frac{1}{\hbar^{3/2}}e^{i\vec{P}\cdot\vec{R}/\hbar}, \quad E_c = \frac{P^2}{2M}$$

这是质心的自由运动的波函数（平面波）和能量。

(23)式的解 ψ 的具体形式视 $U(r)$ 的具体形式而定，ψ 是二粒子的相对运动的波函数，E_i 是二粒子的相对运动能量，亦即是系统的内能。(24)式告诉我们二粒子系统的总能等于质心运动的动能加上系统的内能，而这二者是互相独立的。

总起来说，二粒子系统的运动可以分解成质心的自由运动和二个粒子的相对运动二者互相独立。相对运动可由一个在质心坐标系中的等效粒子来代替［见(23)式］，它的质量等于折合质量 $\mu = \frac{m_1 m_2}{m_1 + m_2}$，它离质心的距离等于二粒子的相对距离 $\vec{r} = \vec{r}_1 - \vec{r}_2$，它受到的作用势就是二粒子的相互作用势 $U(r)$。我们在氢原子问题(§27)中所研究的正是原子核和电子的相对运动。

9

§51. 角动量的合成。

多电子系统(原子)的总角动量包括各个电子的自旋和轨道角动量，如何求总角动量的量子化数值是一个比较复杂的问题。~~让我们从二个角动量的相加来开始。~~

(但各种角动量有共同的特点：各种角动量算符(例如 $\vec{M}_1$ 和 $\vec{M}_2$ 或 $\vec{M}_1$ 和 $\vec{S}_1$)彼此间是互相对易的，而每一种角动量的三个分量则满足角动量的对易关系(即 $J_xJ_y-J_yJ_x=i\hbar J_z$ 等三个关系式)，因此任何二种角动量的和，仍然是角动量(参看§38 (1)—(10)式)。则根据§25，它的本征值就大体上确定了；再根据下面的分析，它的本征值就可以完全确定出来。

(一)设有二种角动量 $\vec{J}_1$ 和 $\vec{J}_2$，它们加起来合成一个总的角动量：

$$\vec{J}=\vec{J}_1+\vec{J}_2 \qquad (1)$$

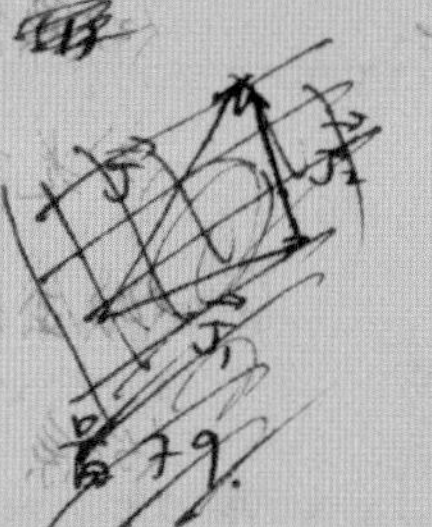

J_1^2 和 J_2^2 都是量子化的，因此 J^2 亦将是量子化的。

设已知

$$J_1^2=j_1(j_1+1)\hbar^2 \qquad (2)$$

$$J_2^2=j_2(j_2+1)\hbar^2 \qquad (2')$$

(j_1 和 j_2 是某二个整数或半整数，为明确起见，设 $j_1\geq j_2$)，问 J^2 可取那些数值？根据§25，J^2 和 J_z 的数值是：

$$J^2=j(j+1)\hbar^2 \qquad (3)$$

$$J_z=m\hbar,\quad m=j,j-1,\cdots -j \qquad (3')$$

问题是要得到 J^2 的量子数 j 的数值。由于 $\vec{J}$ 是由 $\vec{J}_1$ 和 $\vec{J}_2$ 相加而成，而 J_1^2 和 J_2^2 的数值已经限定((2)和(2'))，因此 J^2 只能在某个最大值和最小值之间变化，亦即量子数 j 有一个最大值和最小值。由(3')式知道，j 的最大值也就是 m 的最大值，因此我们将从 J_z 的量子数 m 的研究来着手。

以 $\psi_{j_1}^{m_1}$ 表示 J_1^2 和 J_{1z} 的共同本征函数(参看§25)，其中 m_1 是 J_{1z} 的量子数($J_{1z}=m_1\hbar$)，$m_1=j_1,j_1-1,\cdots -j_1$ (共 $2j_1+1$ 种)

以 $\psi_{j_2}^{m_2}$ 表示 J_2^2 和 J_{2z} 的共同本征函数，其中 m_2 是 J_{2z} 的量子数($J_{2z}=m_2\hbar$)，$m_2=j_2,j_2-1,\cdots -j_2$ (共 $2j_2+1$ 种)

由于 $J_z=J_{1z}+J_{2z}$，因此 $\psi_{j_1}^{m_1}\cdot\psi_{j_2}^{m_2}$ 就是 J_z 的本征函数，本征值为 $(m_1+m_2)\hbar$，亦即 $m=m_1+m_2$

$$\left(J_z\psi_{j_1}^{m_1}\cdot\psi_{j_2}^{m_2}=J_{1z}\psi_{j_1}^{m_1}\psi_{j_2}^{m_2}+J_{2z}\psi_{j_1}^{m_1}\psi_{j_2}^{m_2}=(m_1\hbar+m_2\hbar)\psi_{j_1}^{m_1}\psi_{j_2}^{m_2}\right)$$

10

由于 m_1 可取 $2j_1+1$ 种数值，m_2 可取 $2j_2+1$ 种数值，因此 J_z [illegible]一共有 $(2j_1+1)(2j_2+1)$ 个独立的本征函数。本征值的数目却没有这么多。m_1 的最大值为 j_1，m_2 的最大值为 j_2，因此 m 的最大值为 j_1+j_2，同样地，m 的最小值为 $-(j_1+j_2)$，因此 m 的数值是 ~~共有 $2(j_1+j_2)+1$ 种~~，

$$m = j_1+j_2,\ j_1+j_2-1,\ \cdots,\ -(j_1+j_2) \quad [\text{共 } 2(j_1+j_2)+1 \text{ 种}] \qquad (4)$$

由(3)可见，j 的最大值为 j_1+j_2，其次为 j_1+j_2-1，……

但是 j 的最小值并不一定是0，而是 j_1-j_2，理由如下：

当 $j=j_1+j_2$ 时，根据(3)，m 可取 $2j+1=2(j_1+j_2)+1$ 个数值，相应于 $2(j_1+j_2)+1$ 个 J_z 的独立的本征函数（当然这些本征函数的形式比 $\psi_{j_1}^{m_1}\psi_{j_2}^{m_2}$ 要复杂，但可以由后者叠加而成）。当 $j=j_1+j_2-1$ 时，m 可取 $2(j_1+j_2-1)+1$ 个数值，相应于另外 $2(j_1+j_2-1)+1$ 个 J_z 的独立的本征函数。……

当 $j=j_1-j_2$ 时，m 可取 $2(j_1-j_2)+1$ 个数值，相应于另外 $2(j_1-j_2)+1$ 个 J_z 的独立的本征函数。到此为止，J_z 的独立的本征函数已经有

$$\sum_{j=j_1-j_2}^{j_1+j_2}(2j+1)=(2j_1+1)(2j_2+1) \qquad (5)$$

个。由此可见，j_1-j_2 是 j 的最小值，没有比它更小的 j 的数值了。

~~$j=j_1+j_2,\ j_1+j_2-1,\ \cdots,\ j_1-j_2$~~

以上我们假设了 $j_1 \geqslant j_2$，如果 $j_2 \geqslant j_1$，则 j 的最小值当然是 j_2-j_1，因此，一般地，j 的数值是

$$j=j_1+j_2,\ j_1+j_2-1,\ \cdots,\ |j_1-j_2|$$

总结一下，通过上述分析得到的结论是：

当角动量 $\vec{J}_1$ 和 $\vec{J}_2$ 合成总角动量 $\vec{J}=\vec{J}_1+\vec{J}_2$ 时，如果

$$J_1^2=j_1(j_1+1)\hbar^2,\quad J_2^2=j_2(j_2+1)\hbar^2$$

则 $$J^2=j(j+1)\hbar^2,\quad j=j_1+j_2,\ j_1+j_2-1,\ \cdots,\ |j_1-j_2| \qquad (6)$$

这个结果可以作如下形象化的（但不是很严格的）理解：角动量 $\vec{J}_1$ 和 $\vec{J}_2$ 相加而成 $\vec{J}$，三者的长度分别为 $\sqrt{j_1(j_1+1)}\hbar$，$\sqrt{j_2(j_2+1)}\hbar$ 和 $\sqrt{j(j+1)}\hbar$，（图83），j 可取从 $j_1+j_2 \to |j_1-j_2|$（依次递减1）的各个数值，j 的数值愈大，$\vec{J}_1$ 和 $\vec{J}_2$ 愈趋于平行。j 的数值愈小，$\vec{J}_1$ 和 $\vec{J}_2$ 愈趋于反

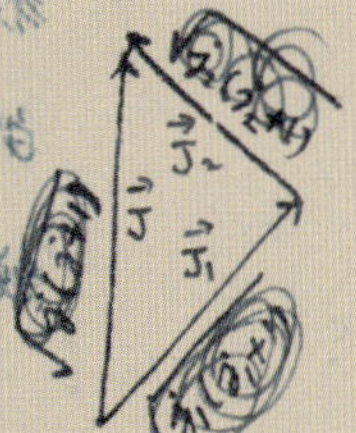

图83

§51. 角动量的相加(矢量模型)　　91

多电子系统(原子)的总角动量包括各个电子的自旋和轨道角动量,如何求总角动量的量子数是一个复杂的问题(本征函数则更复杂,这里不予备讨论),我们按照下列步骤来研究这问题。

(一). 任何二个角动量的和仍是角动量(参看§38 (1)—(10)式)。在§25中已经证明,任何一个角动量 $\vec{J}$,其本征值为:

$$J^2 = j(j+1)\hbar^2, \quad j=\frac{1}{2},\frac{3}{2},\cdots \text{ 或 } 0,1,2,\cdots \qquad (1)$$

$$J_z = m\hbar, \quad m = j, j-1, \cdots (-j) \qquad (2)$$

注意:对于任何一个 J^2 的量子数 j(表示 J^2 的大小),J_z 的量子数 m 最大可取 $+j$,最小 $-j$。j则称之本征值

(二) 设有二种角动量 $\vec{J}_1$ 和 $\vec{J}_2$,合成一个总角动量:

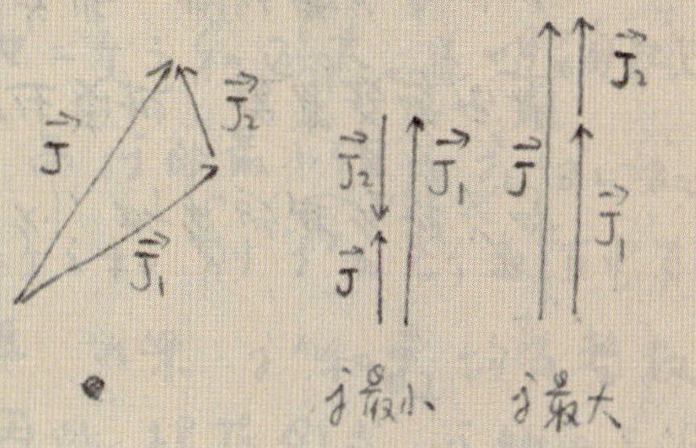

图83. 二个角动量的相加。

$$\vec{J} = \vec{J}_1 + \vec{J}_2 \qquad (3)$$

$$J_z = J_{1z} + J_{2z} \quad (x, y \text{ 同}) \qquad (4)$$

则

$$J_1^2 = j_1(j_1+1)\hbar^2$$
$$J_2^2 = j_2(j_2+1)\hbar^2 \qquad (5)$$
$$J^2 = j(j+1)\hbar^2$$

设已知 j_1 和 j_2(为明确起见,设 $j_1 \geq j_2$),求 j 的数值。由于 J_1^2 和 J_2^2 的值已经限定,则 J^2 的值(同样地,j 的值)将有一个最大,一个最小,当 $\vec{J}_1,\vec{J}_2$ 平行时,J^2 最大,亦即 j 最大(图83右);当 $\vec{J}_1,\vec{J}_2$ 反平行时,J^2 最小,亦即 j 最小(图83中)。~~但~~对于任何一个 j,J_z 的量子数 m 最大可取 j,由于 $J_z = J_{1z} + J_{2z} = (m_1+m_2)\hbar$ $(=m\hbar)$,而 m_1 最大为 j_1,~~最小为 $-j_1$~~,m_2 最大为 j_2,则由图83易见,当 $\vec{J}_1,\vec{J}_2$ 平行时,m 的最大值为 j_1+j_2,这也就是 j 的最大值,当 $\vec{J}_1,\vec{J}_2$ 反平行时,m 的最大值为 j_1-j_2,这也就是 j 的最小值。因此,~~j的数值可以是~~,结论是:

> 当角动量 $\vec{J}_1$ 和 $\vec{J}_2$ 合成总角动量 $\vec{J}=\vec{J}_1+\vec{J}_2$ 时,
> 如果 $J_1^2 = j_1(j_1+1)\hbar^2$,和 $J_2^2 = j_2(j_2+1)\hbar^2$,　　(6)
> 则 $J^2 = j(j+1)\hbar^2$,$j = j_1+j_2, j_1+j_2-1, \cdots, |j_1-j_2|$

11

平行。为了方便，以后我们将说，$\mathfrak{j}=\mathfrak{j}_1+\mathfrak{j}_2$ 时，$\vec{J}_1$ 和 $\vec{J}_2$ 平行；$\mathfrak{j}=|\mathfrak{j}_1-\mathfrak{j}_2|$ 时，$\vec{J}_1$ 和 $\vec{J}_2$ 反平行。

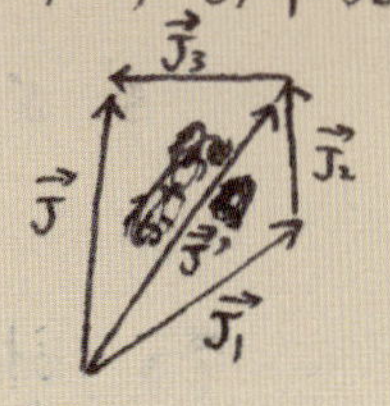

图84

(三) 现在，更进一步，来研究三个角动量的相加。

角动量 $\vec{J}_1$，$\vec{J}_2$ 和 $\vec{J}_3$ 相加成总角动量 $\vec{J}$，设已知

$$J_1^2=\mathfrak{j}_1(\mathfrak{j}_1+1)\hbar^2,\quad J_2^2=\mathfrak{j}_2(\mathfrak{j}_2+1)\hbar^2,\quad J_3^2=\mathfrak{j}_3(\mathfrak{j}_3+1)\hbar^2,$$

问 J^2 可取那些数值，亦即 J^2 的量子数 $\mathfrak{j}$ 可取那些数值？

这个问题不难依根据上面的分析得到解决。令 $\vec{J}'=\vec{J}_1+\vec{J}_2$（图84），则根据(6)式，

$$J'^2=\mathfrak{j}'(\mathfrak{j}'+1)\hbar^2,\quad \mathfrak{j}'=\mathfrak{j}_1+\mathfrak{j}_2,\ \mathfrak{j}_1+\mathfrak{j}_2-1,\cdots|\mathfrak{j}_1-\mathfrak{j}_2| \qquad (7)$$

$$\vec{J}=\vec{J}'+\vec{J}_3,\ 则\ J^2=\mathfrak{j}(\mathfrak{j}+1)\hbar^2,\ \mathfrak{j}=\mathfrak{j}'+\mathfrak{j}_3,\ \mathfrak{j}'+\mathfrak{j}_3-1,\cdots|\mathfrak{j}'-\mathfrak{j}_3|, \qquad (8)$$

即：

$$\mathfrak{j}=\mathfrak{j}_1+\mathfrak{j}_2+\mathfrak{j}_3,\ \mathfrak{j}_1+\mathfrak{j}_2+\mathfrak{j}_3-1,\ \cdots\cdots \qquad (9)$$

要得到 $\mathfrak{j}$ 的最小值，我们作如下分析。~~根据§25，$\mathfrak{j}_1,\mathfrak{j}_2,\mathfrak{j}_3$ 均只能取整数或半整数~~

i) 如果 $\mathfrak{j}_1,\mathfrak{j}_2,\mathfrak{j}_3$ 中有一个比其他二个之和还大，为明确起见设这个最大者为 $\mathfrak{j}_1$，则 $\mathfrak{j}'$ 的最小值为 $\mathfrak{j}_1-\mathfrak{j}_2$，而 $\mathfrak{j}$ 的最小值为 $\mathfrak{j}_1-\mathfrak{j}_2-\mathfrak{j}_3$.

ii) 如果 $\mathfrak{j}_1,\mathfrak{j}_2,\mathfrak{j}_3$ 中任何一个均小于其他二个之和，则 $\mathfrak{j}'$ 的各个数值中有比 $\mathfrak{j}_3$ 大的，也有比 $\mathfrak{j}_3$ 小的。~~有和 $\mathfrak{j}_3$ 相等的。~~如果 $\mathfrak{j}'$ 和 $\mathfrak{j}_3$ 均为整数或均为半整数，则 $\mathfrak{j}'$ 中必然有一个和 $\mathfrak{j}_3$ 相等，因此，根据(8)式，$\mathfrak{j}$ 的最小值为0；如果 $\mathfrak{j}'$ 为整数，$\mathfrak{j}_3$ 为半整数（或 $\mathfrak{j}'$ 为半整数，$\mathfrak{j}_3$ 为整数），则 $\mathfrak{j}'$ 和 $\mathfrak{j}_3$ 至少相差 $\frac{1}{2}$，因此根据(8)式，$\mathfrak{j}$ 的最小值为 $\frac{1}{2}$.

iii) 至于 $\mathfrak{j}'$ 的数值，如 $\mathfrak{j}_1,\mathfrak{j}_2$ 均为整数或均为半整数，则 $\mathfrak{j}'$ 为整数；如 $\mathfrak{j}_1$ 和 $\mathfrak{j}_2$ 一为整数，另一为半整数，则 $\mathfrak{j}'$ 为半整数。

总之，(9)式中 $\mathfrak{j}$ 的最小值或为 $\mathfrak{j}_1-\mathfrak{j}_2-\mathfrak{j}_3$，或为0，或为 $\frac{1}{2}$，视情况而定。

三个以上角动量的相加，依此类推。

(四) 现在来应用上述原则研究 N 个电子组成的系统（原子）的角动量量子数。

1. 一个电子的总角动量。

以 l_i 和 s_i 表示轨道角动量和自旋角动量的量子数，$\mathfrak{j}_i$ 表示总角动量之量子数。即：

$$M_i^2=l_i(l_i+1)\hbar^2,\quad S_i^2=s_i(s_i+1)\hbar^2,\quad J_i^2=\mathfrak{j}_i(\mathfrak{j}_i+1)\hbar^2$$

则根据(6)式 $\mathfrak{j}_i$ 的数值为：

$$\begin{aligned} l_i=0,&\quad \mathfrak{j}_i=s_i=\tfrac{1}{2}\\ l_i\geqslant 1,&\quad \mathfrak{j}_i=l_i+\tfrac{1}{2},\ l_i-\tfrac{1}{2}\end{aligned} \qquad (10)$$

这是大家所熟悉的。

§51 角动量的相加（矢量模型）

12

2. 总自旋.

（对于原子，N=Z）

以 $\vec{S}$, S^2 表示 N 个电子的总自旋及其平方的算符。习惯上，S^2 的本征数写成 $S(S+1)\hbar^2$（注意 S^2 一定是指算符，$S(S+1)$ 一定是指本征值）

则总自旋量子数 S 可取下列数值：

$$S = s_1+s_2+\cdots+s_N,\quad (s_1+s_2+\cdots+s_N)-1,\quad \cdots$$

$s_1, s_2, \cdots$ 是各个电子的自旋量子数，它们统统等于 $\frac{1}{2}$，因此 S 的最大值为 $\frac{N}{2}$。当 N 为偶数时，S 的最小值为 0；当 N 为奇数时，S 的最小值为 $\frac{1}{2}$。

3. 总轨道角动量.

以 l_i 表示第电子 i 的轨道角动量量子数，L 表示总轨道角动量量子数，即

$$M_i^2 = l_i(l_i+1)\hbar^2,\qquad M^2 = L(L+1)\hbar^2 \qquad (11)$$

则 L 的最大值为 $\sum_{i=1}^{N} l_i = l_1+l_2+\cdots+l_N$

如果各个 l_i 中没有特别大的（比其他各个之和还大），则 L 的最小值为 0。

4. 总角动量.

以 J 表示体系统的总角动量量子数，即

$$J^2 = J(J+1)\hbar^2 \qquad (12)$$

由§45.(19)式，$\vec{J}=\vec{M}+\vec{S}$，则根据本节(6)式，J 可取下列数值：

$$J = L+S,\ L+S-1,\ \cdots\ |L-S| \qquad (13)$$

5. 原子能级的精细结构[註]

当略去自旋轨道耦合能时，原子的总能量与 $\vec{M}, \vec{S}$ 的相对方向无关（亦即与总角动量量子数 J 的数值无关），而与轨道量子数 L 有关。计及自旋轨道耦合能以后，能量和量子数 J 亦有关系，因此造成能级的分裂（精细结构），J 大者，$\vec{M}$ 和 $\vec{S}$ 有较大程度的平行，能量较高，J 小者，能量较低（参看§43）。由(13)式可知，J 共可取 $(2S+1)$ 种数值，因此能级的多重数为 $(2S+1)$。复杂原子能级的标记方法和单价原子相似，不过表示 L 的数值的字母改用大写的，例如 $^2P_{3/2}$ 表示 $L=1$, $J=3/2$, $2S+1=2$ $(S=1/2)$；$^5D_4$ 表示 $L=2$, $J=4$, $2S+1=5$, $(S=2)$，等等。当然，首先应该说明每个电子壳层各有几个电子。

复杂原子的有效磁矩和塞曼效应的理论和单价原子的一样，不过朗德因子 g 应该换成：

$$g = 1+\frac{J(J+1)+S(S+1)-L(L+1)}{2J(J+1)} \qquad (14)$$

[註] 对于完满的壳层，各个电子的角动量互相抵消，$L=S=J=0$，因此外层电子的 L, S, J 也就是整个原子的 L, S, J。自旋轨道耦合能和能级的精细结构也是这样。

§46. ~~同类粒子组成的系统~~ 全同性原理和泡里原理.

各种基本粒子都具有一定的标志：静止质量，电荷，自旋，同位旋，奇异量子数，等等。所谓同类粒子，是指这些标志都相同的粒子，他们彼此完全相同，毫无区别。例如，所有的电子（不管其来源如何）都是完全相同的。

设有一个由同类粒子组成的运动系统（例如 N 个电子组成的系统），处于某一个状态中。设想另一个状态，它是在原来的状态中由粒子 1 和 2 交换而成。（这里粒子 1 和 2 的交换是指交换它们的全部运动状况，正如在一出戏中二个演员交换它们的角色一样。）注意到系统中所有粒子都是完全相同的，那末自然会产生下列问题：粒子 1 和 2 交换以后的状态和原来的状态是否相同？如果是在经典力学中，那末这个问题的回答是否定的，首先因为，经典力学研究的是宏观物体的运动，而宏观物体都是彼此不同的；其次，宏观物体均按一定的轨道运动，所以，即使有二个完全相同的宏观物体，我们仍然可以分别追踪其运动轨道而区别它们。而轨道 $\vec{r}(t)$ 正是经典力学中状态之描述，因此，当二个物体交换其轨道时，自然就应该认为状态已经改变，和原来的状态已经不同。但是在微观范围内却是另一种情况，由于粒子的运动具有波动性，而不是按确定的轨道运动，因此没有任何方法可以区别二个同类粒子。这样，在量子力学中提出上述问题就是可以理解的了。但是，上述分析并不能够（引导到）给所提出的问题以完全肯定的解答，因为，粒子系统的运动状态是客观的存在，交换二个同类粒子以后粒子系统的状态是否改变的问题，具有客观的性质，并不依人们主观上能否加以区别而转移。有一点是肯定的，交换（指交换二个同类粒子，下同）以后的状态，其总能量，总动量等等，均和交换以前一样。问题在于，就整个状态来讲，交换以后和交换以前是否相同。关于这个问题，量子力学中有一个基本假定，这就是所谓全同性原理：在同类粒子系统中，交换任何一对粒子，并不造成新的状态。亦即，交换前后状态一样。这个假定的正确性是由从它导出的一系列重要结论和实验的完全符合而得到证实的。

首先我们来研究一下，根据全同性原理，对于同类粒子系统的波函数将得

14

出什么结论。

设交换以前整个系统的状态的波函数是 $\Psi(q_1, q_2 \cdots q_N; t)$，则交换粒子1,2以后，波函数是 $\Psi' = \hat{P}_{12}\Psi$，这里 $\hat{P}_{12}$ 是粒子1和2的交换算符，它的作用规则是，把有关粒子1和2的各个变量统统交换过来，即：

$$\hat{P}_{12}\Psi(q_1, q_2, \cdots) = \Psi(q_2, q_1, \cdots) \qquad (1)$$

根据全同性原理，交换前后的状态是相同的，则 Ψ' 和 Ψ 顶多只能相差一个常数因子，设这个常数为 λ，则

$$\Psi' = \hat{P}_{12}\Psi = \lambda\Psi \qquad (2)$$

将(2)式二端的 q_1, q_2 再交换一次，则得

$$\hat{P}_{12}\hat{P}_{12}\Psi = \hat{P}_{12}\lambda\Psi = \lambda\hat{P}_{12}\Psi \overset{\text{由(2)}}{=\!=} \lambda^2\Psi,$$

上式左端显然仍是 Ψ（交换了二次，还原），所以 $\lambda^2=1$，$\lambda=\pm1$.

显然，上述讨论对于任何一对粒子 i, k 的交换都是同样成立的，因此，同类粒子的系统的波函数应该具有下列性质：

$$\hat{P}_{ik}\Psi = \Psi \quad \text{（波函数是对称的）} \qquad (3)$$

$$\text{或} \quad \hat{P}_{ik}\Psi = -\Psi \quad \text{（波函数是反对称的）} \qquad (3')$$

是否可能有这种情况，譬如说，波函数 Ψ 对于粒子1和2（以及1和3）的交换是对称的，而对于粒子2和3的交换却是反对称的？容易证明，这是不可能的。证明如下。为了简单起见，就考虑三个粒子的系统，并将 $\Psi(q_1, q_2, q_3)$ 简写为 $\Psi(123)$。我们用反证法来证明上述情况是不可能的。

设 $\hat{P}_{12}\Psi = \Psi$，$\hat{P}_{13}\Psi = \Psi$，$\hat{P}_{23}\Psi = -\Psi$

即 $\Psi(213) = \Psi(123)$，$\Psi(312) = \Psi(123)$，$\Psi(132) = -\Psi(123)$，

则 $\Psi(123) \overset{P_{12}}{=\!=} \Psi(213) \overset{P_{13}}{=\!=} \Psi(231)$ ~~$\therefore \Psi = -\Psi, \therefore \Psi = 0$~~

又，$\Psi(123) \overset{P_{23}}{=\!=} -\Psi(132) \overset{P_{12}}{=\!=} -\Psi(231)$

上二式是互相矛盾的，除非 $\Psi=0$，而 $\Psi=0$ 正好表示这种状态是没有的。

这就证明了，对于所有各对粒子的交换，波函数的对称性或反对称性应该是一样的。

是否可能有这种情况，在某一个时刻，波函数是对称的，而过了一段时间，波函数就~~成~~变反对称的了呢？可以证明，这也是不可能的，如下：

波函数随时间的变化由薛丁格方程决定：

$$i\hbar\frac{\partial}{\partial t}\psi=\hat{H}\psi \qquad (4)$$

$\hat{H}$是整个系统的哈密顿量算符（能量算符）。对于全同粒子系统，显然$\hat{H}$应该对于所有各对粒子的交换均保持不变（参看§45，(4)式）亦即：

~~$\hat{P}_{符}(\hat{H}\psi)=\hat{H}(\hat{P}_{符}\psi)$~~ $\hat{P}_{ik}(\hat{H}\psi)=\hat{H}(\hat{P}_{ik}\psi)$

~~或~~ ~~$\hat{P}_{符}\hat{H}=\hat{H}\hat{P}_{符}$~~ 即 $\hat{P}_{ik}\hat{H}=\hat{H}\hat{P}_{ik}$ (5)

(5)式表示，$\hat{P}_{ik}$是守恒量，如开始时~~取~~ $\hat{P}_{ik}=1$（即$\hat{P}_{ik}\psi=\psi$），则以后永远保持$\hat{P}_{ik}=1$；如开始时$\hat{P}_{ik}=-1$，则以后永远保持$\hat{P}_{ik}=-1$。我们注意，任何外界作用，均不能改变$\hat{H}$的对称性，因此~~…~~ $\hat{P}_{ik}$永远是一个守恒量，它的数值不受任何外界作用的影响，而仅仅取决于组成系统的粒子的性质。由此可见，波函数ψ的对称性或反对称性不随时间改变，也不受任何外界作用的影响，而仅仅取决于组成系统的粒子的性质。

~~实验表明，自旋是$\hbar$的整数倍（0，$\hbar$，等等）的同类粒子系统，其~~
~~在统计物理中将说明，~~

实验发现，由自旋是$\hbar$的整数倍（0，$\hbar$等等）的粒子（光子，π介子，α粒子等）所组成的同类粒子系统，其波函数是对称的；这类粒子遵守玻色-爱因斯坦统计，因而称为玻色子。由自旋是$\hbar$的半奇数倍（$\frac{\hbar}{2}$，$\frac{3\hbar}{2}$等）的粒子（电子，质子，中子，氚核等）所组成的同类粒子系统，其波函数是反对称的；这类粒子遵守费米-狄拉克统计，因而称为费米子。

~~在历史上，泡里~~

由费米子（为明确起见，不妨认为就是电子）组成的同类粒子系统，具有一项对于了解~~原子~~物质结构极其重要的性质，这就是通常所说的泡里原理：在同一个系统中，不能有二个（或二个以上）电子处于完全相同的个体状态。证明如下：

16

为简单起见，考虑二个电子组成的系统。用符号 $n_1, n_2, \cdots$（n_1 表示一组(4个)量子数，n_2 也一样）来标志电子的个体状态。设二个电子处于个体状态 ψ_{n_1} 和 ψ_{n_2} 中，则系统的总状态的波函数为 $\psi_{n_1}(q_1)\cdot\psi_{n_2}(q_2)$ 或 $\psi_{n_2}(q_1)\cdot\psi_{n_1}(q_2)$，或它们的叠加（因为二者代表的个体状态是一样的）。电子是费米子，系统的总波函数应该是反对称的，因此 Ψ 只能是：

$$\Psi_A=\frac{1}{\sqrt{2}}\left[\psi_{n_1}(q_1)\psi_{n_2}(q_2)-\psi_{n_2}(q_1)\psi_{n_1}(q_2)\right] \qquad (6)$$

或：

$$\Psi_A=\frac{1}{\sqrt{2}}\begin{vmatrix}\psi_{n_1}(q_1) & \psi_{n_2}(q_2)\\ \psi_{n_2}(q_1) & \psi_{n_2}(q_2)\end{vmatrix} \qquad (6')$$

这里下标A表示反对称波函数。$\frac{1}{\sqrt{2}}$ 是规格化常数。

如果二个电子处于同样的个体状态，即 $\psi_{n_1}=\psi_{n_2}$，则显然 $\Psi=0$，这表明这种情况是不可能的。这样就证明了泡里原理。

上述分析很容易推广到N个电子（费米子）的系统。设电子的个体状态为 $\psi_{n_1}, \psi_{n_2}, \cdots \psi_{n_N}$，则满足反对称要求的总波函数只能是：

$$\Psi_A=\frac{1}{\sqrt{N!}}\begin{vmatrix}\psi_{n_1}(q_1) & \psi_{n_1}(q_2) & \cdots & \psi_{n_1}(q_N)\\ \psi_{n_2}(q_1) & \psi_{n_2}(q_2) & \cdots & \psi_{n_2}(q_N)\\ \vdots & \vdots & & \vdots\\ \psi_{n_N}(q_1) & \psi_{n_N}(q_2) & \cdots & \psi_{n_N}(q_N)\end{vmatrix} \qquad (7)$$

（根据行列式的运算规则，当交换任意二列的位置时，行列式变号。而在 Ψ_A 中交换 q_1 和 q_2 的结果，正好是交换了行列式中第一列和第二列的位置，由此可见，由(7)式所确定的波函数是反对称的。）

如果有二个个体状态完全相同，例如 $\psi_{n_1}=\psi_{n_2}$，则行列式中第一行和第二行就完全相同，行列式为0，亦即波函数（Ψ）为0，这表明这种情况是不可能的。这就是泡里原理的普遍证明。

由玻色子组成的同类粒子系统，情况就大不相同。（以二粒子系统为例）设系统中粒子的个体状态为 ψ_{n_1}, ψ_{n_2}，由于波函数必须是对称的，因此，

$$\Psi_S=\frac{1}{\sqrt{2}}\left[\psi_{n_1}(q_1)\psi_{n_2}(q_2)+\psi_{n_2}(q_1)\psi_{n_1}(q_2)\right] \qquad (8)$$

（下标S表示对称波函数）

$\psi_{n_1}=\psi_{n_2}$ 时，$\Psi_S\neq 0$，这表明玻色子系统中，各个粒子可以处于相同的个体状态。［$\psi_{n_1}=\psi_{n_2}$ 时，(8)式应改成：

17

$$\Psi_s = \psi_{n_1}(q_1)\,\psi_{n_2}(q_2) \qquad (8')$$]

推广到N个玻色子系统，以$\psi_{n_1}, \psi_{n_2} \cdots \psi_{n_N}$表示粒子的个体状态，则系统的总波函数（对称的）为：

$$\Psi_s = \frac{1}{\sqrt{N!}} \sum_{P_{ik}} P_{ik}\left[\psi_{n_1}(q_1)\,\psi_{n_2}(q_2)\cdots\psi_{n_N}(q_N)\right] \qquad (9)$$

这里P_{ik}表示交换q_i和q_k，$\sum_{P_{ik}}$表示对各种交换求和。

最后应该指出，用个体状态的乘积〔通过(7)式或(9)式〕来表示总波函数，并不总是可以的。这是因为，系统的总能量算符中包含粒子间的相互作用势能$U_{ik}(r_{ik})$，而在r_{ik}中，$\vec{r}_i$和$\vec{r}_k$以交集的形式结合在一起（$r_{ik}=\sqrt{(x_i-x_k)^2+\cdots}$），无法将它们分开。因此，用分离变数法解薛丁格方程，在严格的意义上讲是办不到的。亦即(7)或(9)式并不能严格地满足薛丁格方程。

18 § 49. 氦原子.

以前我们已讨论过最简单的原子—氢(H)原子的定态波函数，能级和光谱，现在我们来讨论周期表(门捷列夫)中的第二个原子—氦(He)原子，并通过氦原子的讨论阐明原子论的某些重要概念，然后再研究多电子原子。

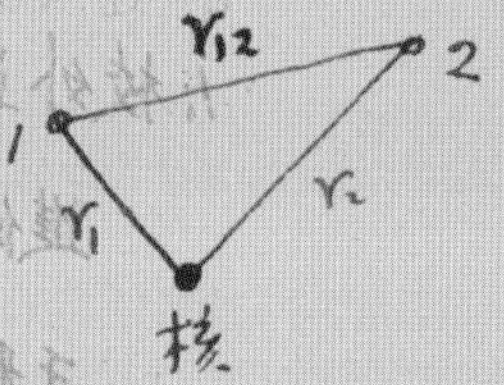

图81 氦原子.

氦原子由原子核(电荷 $2e$)和2个电子(电荷 $-e$)组成。原子核(即α粒子)的质量远大于电子的质量，因此原子的质量中心和原子核几乎是重合的，如果采用质心坐标系，我们就可以略去原子核的运动，而仅把它当作库仑力的中心。这样，我们所讨论的运动系统就是由二个电子组成的费米子系统，这二个电子各自受到一个中心吸引力，而彼此间则互相排斥。整个系统的能量算符是，

$$\hat{H} = -\frac{\hbar^2}{2m}\nabla_1^2 - \frac{\hbar^2}{2m}\nabla_2^2 - \frac{2e^2}{r_1} - \frac{2e^2}{r_2} + \frac{e^2}{r_{12}} \quad (1)$$

这里，作为初步的近似，略去了自旋轨道耦合能。

原子论的中心要点是解定态薛丁格方程($\hat{H}$的本征方程)：

$$\hat{H}\Psi = E\Psi \quad (2)$$

Ψ是系统的总波函数，它是 $\vec{r}_1, \vec{r}_2, s_{1z}, s_{2z}$ 的函数。E是系统的总能。

由于$\hat{H}$中不包含自旋算符，所以Ψ中空间变数和自旋变数是可以分开的，即：

$$\Psi = \psi(\vec{r}_1, \vec{r}_2)\,\chi(s_{1z}, s_{2z}) \quad (3)$$

其中$\psi(\vec{r}_1\vec{r}_2)$为空间波函数(轨道波函数)，$\chi(s_{1z}, s_{2z})$为自旋波函数。

Ψ应该是反对称的，$P_{12}\Psi = -\Psi$，即：

$$\psi(\vec{r}_2\vec{r}_1)\,\chi(s_{2z}s_{1z}) = -\psi(\vec{r}_1\vec{r}_2)\,\chi(s_{1z}s_{2z})$$

~~除以$\psi(\vec{r}_1\vec{r}_2)$，则得~~：

亦即：

$$\frac{\psi(\vec{r}_2\vec{r}_1)}{\psi(\vec{r}_1\vec{r}_2)} = -\frac{\chi(s_{1z}s_{2z})}{\chi(s_{2z},s_{1z})}$$

要上式成立，必须二端均等于常数，即

$$\frac{\psi(\vec{r}_2\vec{r}_1)}{\psi(\vec{r}_1\vec{r}_2)} = -\frac{\chi(s_{1z}s_{2z})}{\chi(s_{2z}s_{1z})} = c$$

亦即：$P_{12}\psi = c\psi$，$P_{12}\chi = -\frac{1}{c}\chi$.

将1,2再交换一次，则得 $c^2=1$，$c=\pm 1$. 亦即，空间波函数和自旋波函

19

数都必须是对称和反对称的。这样，(3)式实际上包括二种类型：

$$\text{正氦：}\quad \Psi_{I}=\psi_{A}(\vec{r}_1\vec{r}_2)\,\chi_{S}(s_{1z}\,s_{2z})\quad\text{（空间反对称，自旋对称）}\qquad(4)$$

$$\text{仲氦：}\quad \Psi_{II}=\psi_{S}(\vec{r}_1\vec{r}_2)\,\chi_{A}(s_{1z}\,s_{2z})\quad\text{（空间对称，自旋反对称）}\qquad(4')$$

将(4)或(4')代入(2)式，自旋波函数 χ 可从方程式二边消去，则得：

$$\hat{H}\psi=E\psi \qquad (5)$$

亦即，空间波函数是 $\hat{H}$ 的本征函数。显然，ψ_A 和 ψ_S 由于对称性不同，它们所相应的能级也将是不同的。

在利用一定的近似方法解(5)式以前，我们先要研究清楚自旋波函数的性质。由于 H 与自旋无关，因此二个电子的自旋的取向与能量无关，它们可按任何一种方式组合成总的自旋状态（但要受对称和反对称的限制）。电子1和2各有2种自旋状态：

$$\begin{aligned} s_{1z}&=\tfrac{\hbar}{2}:\ \begin{pmatrix}1\\0\end{pmatrix}_1 ;\quad s_{1z}=-\tfrac{\hbar}{2}:\ \begin{pmatrix}0\\1\end{pmatrix}_1\\ s_{2z}&=\tfrac{\hbar}{2}:\ \begin{pmatrix}1\\0\end{pmatrix}_2 ;\quad s_{2z}=-\tfrac{\hbar}{2}:\ \begin{pmatrix}0\\1\end{pmatrix}_2 \end{aligned}\qquad(6)$$

（下标1和2表明电子1和2的自旋状态），可以组合成4种独立的总自旋状态：

$$\chi=\begin{cases}\begin{pmatrix}1\\0\end{pmatrix}_1\begin{pmatrix}1\\0\end{pmatrix}_2, & S_z=\hbar\\ \begin{pmatrix}0\\1\end{pmatrix}_1\begin{pmatrix}0\\1\end{pmatrix}_2, & S_z=-\hbar\\ \begin{pmatrix}1\\0\end{pmatrix}_1\begin{pmatrix}0\\1\end{pmatrix}_2, & S_z=0\\ \begin{pmatrix}0\\1\end{pmatrix}_1\begin{pmatrix}1\\0\end{pmatrix}_2, & S_z=0\end{cases}\qquad (S_z=s_{1z}+s_{2z})\qquad(7)$$

前二种已经是对称的，后二种则既非对称，又非反对称，应该再加以组合，以得对称和反对称的自旋状态。和上节一样，后二种状态相加，就得到对称状态；相减就得到反对称状态。因此，总自旋状态有下列4种：

$$\begin{aligned} \uparrow\uparrow\quad &\chi_S^{(1)}=\begin{pmatrix}1\\0\end{pmatrix}_1\begin{pmatrix}1\\0\end{pmatrix}_2 && S_z=\hbar\\ \rightarrow\rightarrow\quad &\chi_S^{(2)}=\tfrac{1}{\sqrt{2}}\left[\begin{pmatrix}1\\0\end{pmatrix}_1\begin{pmatrix}0\\1\end{pmatrix}_2+\begin{pmatrix}0\\1\end{pmatrix}_1\begin{pmatrix}1\\0\end{pmatrix}_2\right] && S_z=0 \\ \downarrow\downarrow\quad &\chi_S^{(3)}=\begin{pmatrix}0\\1\end{pmatrix}_1\begin{pmatrix}0\\1\end{pmatrix}_2 && S_z=-\hbar \end{aligned}\ \Bigg\}\ S=1\ (S^2=1\cdot2\hbar^2)\qquad(8)$$

$$\uparrow\downarrow\quad \chi_A=\tfrac{1}{\sqrt{2}}\left[\begin{pmatrix}1\\0\end{pmatrix}_1\begin{pmatrix}0\\1\end{pmatrix}_2-\begin{pmatrix}0\\1\end{pmatrix}_1\begin{pmatrix}1\\0\end{pmatrix}_2\right]\qquad S_z=0\qquad S=0\ (S^2=0)\qquad(8')$$

容易验明，这4种状态恰好是总自旋平方 S^2 的本征函数，本征值已载明在公式中。三种自旋对称的状态总自旋量子数 $S=1$，因此它们相当于二电子的自旋平行的情形，而 S_z 的3种不同数值则相当于总自旋 $\vec{S}$ 在空间的3种指向，於(8)式左端的向量图形所示。自旋反对称的状态 χ_A 的 $S=0$，相当于二电子的自旋反平行，如(8′)式左端的向量图形所示。这些结果和§47中关于二个角动量的相加的普遍理论完全一致，并且提供了总角动量平方的本征函数的具体例子。根据§47中的普遍理论，二个自旋为½的粒子，总自旋量子数 S 只能取0和1二种数值，$S=0$ 时，S_z 只能为0，$S=1$ 时，S_z 只能取 $1, 0, -1$ 三种数值。因此，(8)和(8′)式不仅适用于氦原子的总自旋波函数，而且适用于任何二个自旋为½的粒子所组成的系统。

现在回过来研究空间(轨道)波函数 $\psi(\vec{r}_1, \vec{r}_2)$。如(5)式所表明的，$\psi$ 是总能量算符 $\hat{H}$ 的本征函数，$\hat{H}$ 的具体形式如(1)式所示。要想严格地得到 $\hat{H}$ 的本征函数是困难的，主要的障碍在于二电子的相互作用 $\frac{e^2}{r_{12}}$ 的数学形式太复杂。好在这一项的大小只有原子核对电子的作用 $-2e^2\left(\frac{1}{r_1}+\frac{1}{r_2}\right)$ 的 $\frac{1}{4}$ 光景，作为粗略的近似，我们把 $\frac{e^2}{r_{12}}$ 当作微扰，则

$$\left.\begin{aligned} H &= H_0 + W \\ H_0 &= \left(-\frac{\hbar^2}{2m}\nabla_1^2 - \frac{2e^2}{r_1}\right) + \left(-\frac{\hbar^2}{2m}\nabla_2^2 - \frac{2e^2}{r_2}\right) = H_1 + H_2 \\ W &= \frac{e^2}{r_{12}} \end{aligned}\right\} \qquad (9)$$

H_0 相当于二个独立的似氢原子($Z=2$)的能量算符之和，因此它的本征函数和本征值是(参看§45中的例子)：

$$\left.\begin{aligned} &\psi_{nlm}(\vec{r}_1)\,\psi_{n'l'm'}(\vec{r}_2) \\ \text{或}\ &\psi_{n'l'm'}(\vec{r}_1)\,\psi_{nlm}(\vec{r}_2) \end{aligned}\right\} \quad E^{(0)} = E_n + E_{n'} \qquad (10)$$

ψ_{nlm} 的具体形式见§27. E_n 的数值是

$$E_n = -\frac{e^2}{2a_1}\frac{Z^2}{n^2} \qquad (10')$$

(10)式所示，是0级空间波函数和0级能量。我们看到，~~在0级~~能级是简并化的，简并化来自二方面。一方面是，同一个主量子数 n，可有多种不同的 l 和 m 的值。另一方面，当电子交换它们的空间状态时，并不影响总能量，这称为交换简并。第一种简并可按一般的方法处理，我们对它兴趣不大，为了使问题不致过于复杂起见，在下面的讨论中将不予考虑。

如前所述，正确的空间波函数应该是对称的或反对称的。因此，我们应该把(10)式中的二个函数相加或相减，以得到~~正确的~~对称和反对称的0级波函数。~~为了符号简明起见，以 n 代表 nlm，n' 代表 $n'l'm'$，则对称和反对称的0级空间波函数是~~：

$$\left.\begin{aligned} \psi_S^{(0)} &= \frac{1}{\sqrt{2}}\left[\psi_n(1)\,\psi_{n'}(2) + \psi_{n'}(1)\,\psi_n(2)\right] \\ \psi_A^{(0)} &= \frac{1}{\sqrt{2}}\left[\psi_n(1)\,\psi_{n'}(2) - \psi_{n'}(1)\,\psi_n(2)\right] \end{aligned}\right\} \quad \begin{gathered} E^{(0)} = E_n + E_{n'} \\ (n \neq n') \end{gathered} \qquad (11)$$

21

$$\psi_S^{(0)} = \psi_n(1)\,\psi_n(2)\,, \quad E^{(0)} = 2E_n \quad (n=n') \tag{11'}$$

这里，$\psi_n(1)$ 是 $\psi_{nlm}(\vec r_1)$ 的简写，$\psi_{n'}(2)$ 是 $\psi_{n'l'm'}(\vec r_2)$ 的简写。

注意，从微扰论的角度看，对称和反对称的0级波函数恰好就是正确的0级波函数，这是因为微扰 $W=\frac{e^2}{r_{12}}$ 是二个电子坐标 $\vec r_1$ 和 $\vec r_2$ 的对称函数，所以矩阵元素 $W_{S,A}$ 和 $W_{A,S}$ 是等于0的［证明如下。以 $W_{S,A}$ 为例，

$$W_{S,A} = \iint \psi_S^{(0)*}\, W\, \psi_A^{(0)}\, dv_1 dv_2$$

这是一个数，如果对它进行 $\vec r_1$ 和 $\vec r_2$ 的互换，它当然是不变的。但右端互换 $\vec r_1$ 和 $\vec r_2$ 的结果，$\psi_S^{(0)}$ 不变，W 亦不变，而 $\psi_A^{(0)}$ 则改变符号（参看(11)式），因此，右端互换 $\vec r_1$ 和 $\vec r_2$ 以后，将变成 $-W_{S,A}$，可见 $W_{SA}=0$ ］。这样一来，在 $\psi_S^{(0)}$ 和 $\psi_A^{(0)}$ 中求 W 的平均值，就得到一级近似下的微扰能（二个电子相互作用能的平均值）。

$$W_{AA} = \iint \psi_A^{(0)*}\, W\, \psi_A^{(0)}\, dv_1 dv_2 =$$

$$= \frac{1}{2}\iint \left[\psi_n^*(1)\psi_{n'}^*(2) - \psi_{n'}^*(1)\psi_n^*(2)\right]\frac{e^2}{r_{12}}\left[\psi_n(1)\psi_{n'}(2) - \psi_{n'}(1)\psi_n(2)\right] dv_1 dv_2$$

$$= \frac{1}{2}\iint |\psi_n(1)|^2 \frac{e^2}{r_{12}} |\psi_{n'}(2)|^2 dv_1 dv_2 + \frac{1}{2}\iint |\psi_n(2)|^2 \frac{e^2}{r_{12}} |\psi_{n'}(1)|^2 dv_1 dv_2$$

$$-\frac{1}{2}\iint \psi_n^*(1)\psi_{n'}(1)\frac{e^2}{r_{12}}\psi_{n'}^*(2)\psi_n(2)\, dv_1 dv_2 - \frac{1}{2}\iint \psi_n^*(2)\psi_{n'}(2)\frac{e^2}{r_{12}}\psi_{n'}^*(1)\psi_n(1)\, dv_1 dv_2$$

第一项和第二项是相等的（将第二项中的积分变数换个名称，就是第一项），第三项和第四项亦相等。令

$$C = \iint |\psi_n(1)|^2 \frac{e^2}{r_{12}} |\psi_{n'}(2)|^2 dv_1 dv_2 \tag{12}$$

$$A = \iint \psi_n^*(1)\psi_{n'}(1)\frac{e^2}{r_{12}}\psi_{n'}^*(2)\psi_n(2)\, dv_1 dv_2 \tag{13}$$

则

$$W_{AA} = C - A \tag{14}$$

同样，

$$W_{SS} = C + A \quad (n \neq n') \tag{15}$$

$$W_{SS} = C \quad (n = n') \tag{15'}$$

把这些和 $E^{(0)}$ 加起来，就得到准确到一级近似的氦原子能级：

仲氦（空间对称态），$E_S = E_n + E_{n'} + C + A \quad (n\neq n')$ (16)

$$E_S = 2E_n + C \quad (n=n') \tag{16'}$$

正氦（空间反对称态），$E_A = E_n + E_{n'} + C - A \quad (n\neq n')$ (17)

C 和 A 的具体数值计算起来是很烦的，我们略去这个计算。但可以指出，在一般情况下 $A>0$（C 总是大于0的），因此空间对称态的能级要比空间反对称态的能级稍高一些。

我们来研究一下 C 和 A 的物理意义。

$|\psi_n(\vec{r})|^2$ 是处于状态 ψ_n 的电子在空间各处出现的几率密度，乘 $-e$，即就是电荷密度。从静电学的角度看，处于一定状态 ψ_n 的电子，相当于一个空间电荷分布，电荷密度为 $\rho_n(\vec{r}) = -e|\psi_n(\vec{r})|^2$。由(17)式可知，C 相当于二个这样的空间电荷分布彼此之间的库仑作用能，亦即，二个分别处于确定的个体状态 ψ_n 和 $\psi_{n'}$ 的电子之间的库仑作用能(平均值)。A 却并没有明显的物理解释，在经典物理中并没有与此类似的东西。形式上，A 似乎也可以看成是二个空间电荷分布之间的库仑作用能，相应的电荷密度是

$$\rho_{nn'}(\vec{r}_1) = -e\,\psi_n^*(\vec{r}_1)\,\psi_{n'}(\vec{r}_1)$$
$$\rho_{n'n}(\vec{r}_2) = -e\,\psi_{n'}^*(\vec{r}_2)\,\psi_n(\vec{r}_2) \qquad (18)$$

（注意，这里"电荷密度"只能纯粹从形式上了解，因为它们可能是复数）但是这二个空间电荷分布并不是由于电子处于确定的个体状态而来，而是由于电子的个体状态不确定而来的，或者说，由于二个电子可以交换它们的个体状态而来的，因此人们一般称 A 为交换能。但是切勿以为电子之间真的存在什么交换能量，交换能来源于电子之间的普通的静电库仑作用，这从上面的推导可以很明显的看出来的。无论如何，交换能的出现是不能在经典力学的基础上来了解的，它是量子力学所特有的结果。当我们用电子的个体状态的乘积(所谓个体近似)来表示系统的总状态时，由于波函数必须满足全同性原理的要求(对称或反对称)，它就不能简单地等于(10)式中的某一项(如果那样，就不会有交换能了)，而必须採取(11)式的形式，这样一来，虽然总的状态是由二个个体状态 ψ_n 和 $\psi_{n'}$ 组成，但是对于每一个电子讲，它并不处于确定的个体状态，它既可以处于个体状态 ψ_n 中也可以处于 $\psi_{n'}$ 中。交换能就是在这样的前提下得到的。总之，交换能是在全同性原理的要求下出现的，而全同性原理是不能从经典力学的角度来理解的，因此交换能并没有任何经典的解释。交换能在原子和分子(特别是分子)的结构中起着重要的作用，和物质的一系列性质(例如磁性)有着密切的关系。

现在我们再来讨论一下氦原子的能级，并在这个基础上说明氦原子的光谱特点。

氦原子的能级由(16)、(17)式决定。其中 C 和 A 是比较小的，能级的高低首先决定于个体状态的量子数 n 和 n'。E_n 和 $E_{n'}$ 就是氦离子中的能级(见(10)式)，n 愈小，E_n 也愈小。当 $n=n'=1$ 时，二个电子均处于能量最低的个体状态，即 1S 态，这就是氦的基态。在基态中，二个电子的空间状态是相同的(都是 ψ_{100})，因此总的空间状态是

对称的(见(11)式)，而自旋状态则是反对称的。因此，氦的基态属于仲氦。 23

在氦原子第一激发态中，有一个电子处于1S态，另一个则处于2S态(ψ_{200})，这时二个电子的空间状态是不同的，因此总的空间波函数可以是对称的，也可以是反对称的(见(11)式)。因此，激发态可以属正氦，也可以属于仲氦，但由于交换能的符号不同，仲氦的能级要比正氦的稍高一些(相差0.78 eV)。第一激发态和基态能量相差约20 eV。

在更高的激发态中，仍有一个电子留在1S能级，另一个则处于较高的能级(为什么不可能二个电子都处于较高的能级呢？这是因为使二个电子同时激发所需的能量比使一个电子游离所需的能量(即氦原子的电离能24.47 eV)要大得多，所以二个电子同时激发的可能性是非常非常小的。)这可以属于正氦，也可以属于仲氦，理由同上。激发态既然只是改变了一个电子的运动状态，这就和碱金属原子的情况很相类似，因此，虽然氦的化学性质和碱金属有天渊之别，氦的光谱却和碱金属光谱有很相似。

正氦是自旋对称的状态，总自旋量子数S=1，自旋磁矩在"轨道"运动所造成的磁场中有三种取向(相当于$S_z=\hbar,0,-\hbar$)，因此，由于自旋轨道耦合作用，正氦的能级实际上是三重的。但S态除外，它是单重的(因为自旋轨道耦合能为0)。仲氦是自旋反对称的状态，S=0，自旋轨道耦合能为0，因此仲氦的能级是单重的。

在第九章中将说明，不同的自旋状态之间的过渡是被选择定则所禁止的，因此，从正氦的能级只能过渡到正氦的能级，从仲氦的能级只能过渡到仲氦的能级。这样，氦原子的能级和光谱都分成二套，一套属于正氦，一套属于仲氦。仲氦的光谱只有单重的结构，正氦的光谱只有三重结构。正氦和仲氦的能级分布情况以及光谱体系和碱金属很相似，这在上面已经说过了。

§50. 变分法 ~~和氢原子的基态~~

基态是原子(或分子)的正常状态，原子的基态元素的许多物理的和化学的性质，都是由基态决定的，因此基态能量和基态波函数的计算在原子和分子结构的理论中有着极其重要的地位。计算基态能量和基态波函数常应用一种特殊的近似方法，即所谓变分法，利用变分法求得的结果比微扰论的结果要好得多。下面就是变分法的基本原理。

设能量算符 $\hat{H}$ 的本征值和本征函数为

$$E_1 \quad E_2 \quad \cdots \quad E_n \quad \cdots \qquad (1)$$

$$\psi_1 \quad \psi_2 \quad \cdots \quad \psi_n \quad \cdots \qquad (2)$$

(1)中能级的次序是按照它们的大小排列的，E_1 是基态能量。

由于本征函数组成一个完全正交函数系，任何波函数 ψ 可以展开成它们的线性叠加，

$$\psi = \sum c_n \psi_n = c_1\psi_1 + c_2\psi_2 + \cdots \qquad (3)$$

$$\sum |c_n|^2 = 1 \quad (\psi\text{的归格化条件}) \qquad (4)$$

为在 ψ 中求 $\hat{H}$ 的平均值，则得：

$$E = \overline{H} = \int \psi^* \hat{H} \psi \, dv = \sum |c_n|^2 E_n \quad (\text{见§20 (1)式})$$

减去基态能量 E_1，得：

$$E - E_1 = \sum |c_n|^2 E_n - E_1 = \sum |c_n|^2 E_n - E_1 \sum |c_n|^2 = \sum |c_n|^2 (E_n - E_1)$$

但 $E_n > E_1$ $\therefore$ $E \geq E_1$ (5)

亦即，$\hat{H}$ 在任何状态中的平均值永远不小于基态能量。

上面的分析提供了一个求基态能量的近似值的方法，即，当基态能量和基态波函数不能精确求得时，我们可以根据物理上的考虑，选择所估计起来和真正的基态波函数很接近的尝试波函数，对于每个尝试波函数计算 $\overline{H}$，则其中最小的就可以作为基态能量的近似值。当然，这样求得的能量要比真正的基态能量 E_1 稍大一些，但是，只要尝试波函数选得好，常常可以得到很精确的结果。

当然，如果真的选择许多尝试波函数，一个一个地试，工作量就很大。因此，这个方法的实际应用过程是这样的：选定一种尝试波函数的函数形式，而令其

中含有某些待定的常数 α, β, …，求出 E（即 $\overline{H}$）后，再求 E 的极小，即根据条件

$$\frac{\partial E}{\partial\alpha}=0,\quad \frac{\partial E}{\partial\beta}=0,\quad\cdots \qquad (6)$$

求得 α, β… 的最合适的数值，从而求得 E 的极小值，就可以作为基态能量的近似值。这种方法，就是所谓变分法。

当然，所得结果的优劣取决于尝试波函数的函数形式选得是否恰当。但是，至少可以把根据微扰论求得的 0 级或 1 级波函数的函数形式作为尝试波函数，因此，变分法求得的基态能量至少比微扰论的结果要更接近实际情况。应用变分法时，需要进行复杂的积分运算，因此，只有当十分需要定量的结果时，才用它。

作为应用变分法的一个例子，我们来计算氦原子的基态能量。

根据上节的分析，氦的基态属于仲氦，空间波函数是对称的（~~自旋波函数已经完全确定，不必再管它了~~），因此尝试波函数应该选对于 $\vec r_1$ 和 $\vec r_2$ 的交换是对称的函数。至于自旋波函数，则已经精确求得，不必再管它了。

根据上节的讨论，基态波函数的微扰论结果是，

$$\psi_{100}(\vec r_1)\psi_{100}(\vec r_2)=\frac{Z^3}{\pi a_1^3}e^{-Zr_1/a_1}e^{-Zr_2/a_1},\quad Z=2 \qquad (7)$$

根据上面的讨论，我们可选尝试波函数为

$$\psi=\frac{\alpha^3}{\pi a_1^3}e^{-\alpha r_1/a_1}e^{-\alpha r_2/a_1} \qquad (8)$$

其中 α 为待定常数。（注意：它已规格化，并且是对称的）

下一步是计算 $\hat H$ 的平均值。

$$\hat H=-\frac{\hbar^2}{2m}\nabla_1^2-\frac{\hbar^2}{2m}\nabla_2^2-\frac{2e^2}{r_1}-\frac{2e^2}{r_2}+\frac{e^2}{r_{12}}$$

$$=\frac{1}{2m}(\hat p_1^2+\hat p_2^2)-2e^2\left(\frac{1}{r_1}+\frac{1}{r_2}\right)+\frac{e^2}{r_{12}} \qquad (9)$$

$$\overline{p_1^2}=\iint\psi^*\hat p_1^2\psi\,dv_1dv_2=\left(\frac{\alpha^3}{\pi a_1^3}\right)^2\iint e^{-\alpha r_1/a_1}e^{-\alpha r_2/a_1}\hat p_1^2e^{-\alpha r_1/a_1}e^{-\alpha r_2/a_1}dv_1dv_2$$

但 $\frac{\alpha^3}{\pi a_1^3}\int(e^{-\alpha r_2/a_1})^2dv_2=1$，所以，

$$\overline{p_1^2}=\frac{\alpha^3}{\pi a_1^3}\int e^{-\alpha r_1/a_1}\hat p_1^2e^{-\alpha r_1/a_1}dv_1=\frac{\alpha^3}{\pi a_1^3}\int e^{-\alpha r/a_1}\hat p^2e^{-\alpha r/a_1}dv$$

$$=\int|\hat{\vec p}e^{-\alpha r/a_1}|^2dv\quad[§15,(23)式]=\hbar^2\int|\nabla e^{-\alpha r/a_1}|^2dv$$

$$\frac{\hbar^2\alpha^2}{a_1^2}\int e^{-2\alpha r/a_1}dv=\frac{\hbar^2\alpha^2}{a_1^2}\frac{\pi a_1^3}{\alpha^3}=\frac{\pi\hbar^2a_1}{\alpha}$$

27

~~既然，$\overline{p_2^2}=\overline{p_1^2}$，所以(9)式中第一项的平均值为：~~

~~$$\frac{1}{2m}\overline{(p_1^2+p_2^2)}=\frac{1}{m}\frac{\pi\hbar^2 a_1}{\alpha}$$~~

$$\overline{p_1^2}=\frac{\alpha^3}{\pi a_1^3}\int e^{-\alpha r_1/a_1}\hat{p}_1^2 e^{-\alpha r_1/a_1}dv_1=\frac{\alpha^3}{\pi a_1^3}\int\left|\hat{p}_1 e^{-\alpha r_1/a_1}\right|^2 dv_1 \quad [\text{§15(23)式}]$$

$$=\frac{\alpha^3}{\pi a_1^3}\int\left|-i\hbar\nabla e^{-\alpha r_1/a_1}\right|^2 dv_1=\left(\frac{\hbar\alpha}{a_1}\right)^2\frac{\alpha^3}{\pi a_1^3}\int\left|e^{-\alpha r_1/a_1}\right|^2 dv_1=\frac{\hbar^2\alpha^2}{a_1^2}$$

既然，$\overline{p_2^2}=\overline{p_1^2}$，所以，(9)式中第一项的平均值为：

$$\frac{1}{2m}\left(\overline{p_1^2+p_2^2}\right)=\frac{1}{m}\frac{\hbar^2\alpha^2}{a_1^2}=\frac{e^2}{a_1}\alpha^2 \tag{10}$$

$$\overline{\frac{1}{r_1}}=\iint\psi^*\frac{1}{r_1}\psi\,dv_1 dv_2=\frac{\alpha^3}{\pi a_1^3}\int e^{-2\alpha r_1/a_1}\frac{1}{r_1}dv_1=\frac{\alpha^3}{\pi a_1^3}4\pi\int_0^\infty e^{-2\alpha r/a_1}r\,dr$$

$$=\frac{4\alpha^3}{a_1^3}\frac{1}{\left(\frac{2\alpha}{a_1}\right)^2}=\frac{\alpha}{a_1}$$

既然，$\overline{\frac{1}{r_2}}=\overline{\frac{1}{r_1}}$，所以(9)式中第二项的平均值为

$$-2e^2\left(\overline{\frac{1}{r_1}+\frac{1}{r_2}}\right)=-\frac{e^2}{a_1}4\alpha \tag{11}$$

$\frac{e^2}{r_{12}}$的平均值，经过较复杂的计算后，得［註］

$$\overline{\frac{e^2}{r_{12}}}=\frac{5}{8}\frac{e^2}{a_1}\alpha \tag{12}$$

(10)+(11)+(12)，即得：

$$E=\overline{H}=\frac{e^2}{a_1}\left(\alpha^2-4\alpha+\frac{5}{8}\alpha\right)=\frac{e^2}{a_1}\left(\alpha^2-\frac{27}{8}\alpha\right) \tag{13}$$

$$\frac{\partial E}{\partial\alpha}=\frac{e^2}{a_1}\left(2\alpha-\frac{27}{8}\right)=0,$$

$$\therefore\ \alpha=\frac{27}{16} \tag{14}$$

(14)代入(13)，得：

$$E=-\left(\frac{27}{16}\right)^2\frac{e^2}{a_1}=-2.847\frac{e^2}{a_1} \tag{15}$$

微扰论的结果可由H在(7)式中的平均值得之，但(7)相当于(8)中$\alpha=2$的情形，所以微扰论的结果可将(13)中的α换成2得到。以E'表示基态能量的微扰论结果，则

$$E'=-\frac{11}{4}\frac{e^2}{a_1}=-2.75\frac{e^2}{a_1} \tag{16}$$

~~根据 光谱的测定，氦~~

氦原子基态能量的实验值是：[注二]

$$E_1 = -2.904\frac{e^2}{a_1} \qquad (17)$$

比较这三个结果，我们看到：i) 变分法求得的基态能量比真正的数值要大一些；ii) 变分法的结果比微扰论的结果更接近于实际情况。这是开始时就指出过的。微扰论结果与实际情形相差较多，这是因为它把电子间的相互作用$\frac{e^2}{r_{12}}$当作微扰，而实际上这并不是很小的。[如果电子间没有相互作用，则基态波函数将严格地由(7)式表示，能量则等于氦离子He^+($Z=2$)基态能量的2倍，即

$$E_1^{(0)} = -\frac{e^2}{2a_1}\frac{2^2}{1^2}\times 2 = -4\frac{e^2}{a_1} \qquad (18)$$

把这和实验值(17)相比，知电子间的平均相互作用能约为：

$$\overline{\frac{e^2}{r_{12}}} \sim E_1 - E_1^{(0)} = 1.096\frac{e^2}{a_1} \qquad (19)$$

而这个能量的微扰论结果可令(12)式中$\alpha=2$得之，即

~~$E_1' - E_1^{(0)} = 1.25\frac{e^2}{a_1}$~~

$$\overline{\frac{e^2}{r_{12}}} = \frac{5}{4}\frac{e^2}{a_1} = 1.25\frac{e^2}{a_1}$$

它比(19)式大14%。] ~~一般说来，微扰论的计算结果是不太令人满意的。~~

~~由(13)式，电子间相互作用能的变分法结果为：~~

~~$\overline{\frac{e^2}{r_{12}}} = 1.06\frac{e^2}{a}$，~~

~~我们来研究一下尝试波函数(8)的物理意义。已经说过，当电子间没有相互作用时，每个电子受到的唯一的外界作用就是原子核对它的吸引力。实际上，由于第二个电子的存在，对第~~

我们来研究一下尝试波函数的物理意义。每一个电子受到的主要的外界作用就是原子核对它的吸引力。其次，则受到另一个电子的排斥力。由于二个电子都在运动，所以精确地计算排斥力所造的实际效果是困难的。作为一种近似考虑，可以认为电子间的排斥作用的全部效果是部分地抵消(屏蔽)了原子核对它们的吸引。每一个电子受到的全部作用可由一个等效的核电荷数$Z_{效}$对它的吸引来代替。当然$Z_{效}$应该小于真正的核电荷数(原子序数)Z。在这种模型下，每一个电子的波函数仍取氢原子He^+中的波函数，不过Z要换成$Z_{效}$。这就是我们採取(8)式作为尝试波函数的根据。根据(14)式，$Z_{效} = \alpha = \frac{27}{16} = 1.62 < 2$($Z=2$)，这是和上述分析符合的。但是这种模型仍过于粗糙，所以得到的结果和实验值尚有一定距离。赫利拉斯曾选择更适当的尝试波函数，求得$E = -2.90337\frac{e^2}{a_1}$，和实验值完全一致。

§47. 原子的壳层结构和门捷列夫元素周期系

现在来研究复杂原子的结构。从原则上说，研究原子结构的彻底办法是解定态薛丁格方程

$$\hat{H}\psi = E\psi \qquad (1)$$

其中 $\hat{H}$ 是系统的能量算符。计及自旋轨道耦合能时，它等于，

$$\hat{H}=\sum_{k=1}^{Z}\left(-\frac{\hbar^2}{2m}\nabla_k^2-\frac{Ze^2}{r_k}\right)+\sum_{i>k}\frac{e^2}{r_{ik}}+\sum_{k=1}^{Z}\xi(r_k)\vec{S}_k\cdot\vec{M}_k \qquad (2)$$

这里 Z 是原子序数，m 是电子质量。(~~和氢原子问题中所说的理由一样~~，原子核不包括在我们所研究的系统之中，它被当作有心力的中心)

由于数学上的困难（4Z个变数！），严格地解(1)式事实上是不可能的，必须采用某些近似解法。

首先，自旋轨道耦合能是较小的，(它导致光谱的精细结构)，近似地，可以不考虑它。其次，实验表明，原子中电子的分布基本上是球对称的。因此，对于每一个电子，原子核和其他电子对它的作用可以近似地用一个球对称的势能 $U(r)$ 表示。这样一来，

$$\hat{H}\approx\sum_{k=1}^{Z}\left[-\frac{\hbar^2}{2m}\nabla_k^2+U(r_k)\right]=\sum_{k=1}^{Z}\hat{H}_k \qquad (3)$$

由于 $\hat{H}$ 中各个电子的变数已经分开，因此它的本征函数就是单电子个体波函数的乘积，

$$\psi_{n_1}(\vec{r}_1)\,\psi_{n_2}(\vec{r}_2)\cdots\psi_{n_Z}(\vec{r}_Z) \qquad (4)$$

其中 ψ_{n_k} 是第 k 个个体状态，由 $\hat{H}_k$ 的本征方程决定(参看§45)：

$$\left[-\frac{\hbar^2}{2m}\nabla_k^2+U(r_k)\right]\psi_{n_k}(\vec{r}_k)=E_{n_k}\psi_{n_k}(\vec{r}_k) \qquad (5)$$

而整个原子的能量

$$E\approx\sum_k E_{n_k} \qquad (6)$$

这里 n_k 表示中心力场中的一组量子数 (nlm)。~~根据§46，ψ_{n_k} 可以写成~~

~~$\psi_{n_k}(\vec{r})=R_{n_k l_k}(r)\,Y_{l_k}^{m_k}$ (4')~~

~~径向波函数 R 由径向方程决定~~

~~$-\frac{\hbar^2}{2m}\frac{1}{r}\frac{d^2}{dr^2}rR_{nl}(r)+\frac{\hbar^2}{2m}\frac{l(l+1)}{r^2}R_{nl}(r)+U(r)R_{nl}(r)=E_{nl}R_{nl}(r)$~~

~~这样，在(3)式的近似下，整个原子结构的问题就简化成解一个单电子径向方程，只要知道了 $U(r)$ 的具体形式，从(5)式就可以求得所有的单电子能级~~

29

[注] 为了计算 r_{12} 的平均值，需要计算下列积分：

~~氦原子问题中积分~~ $I=\iint_{-\infty}^{\infty} e^{-\lambda(r_1+r_2)}\frac{1}{r_{12}}dv_1\,dv_2$，其计算法如下 ~~的计算法~~.

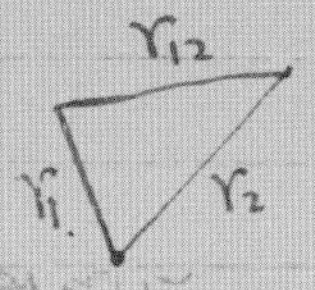

● 用球坐标，以 $d\Omega$ 表示立体角元，$dv=r^2dr\,d\Omega$，

$$I=\int_0^\infty\int_0^\infty dr_1\,dr_2\cdot r_1^2r_2^2e^{-\lambda(r_1+r_2)}\int d\Omega_2\int\frac{d\Omega_1}{r_{12}}\cdots\cdots\cdots(a)$$

如所周知，在电学中有这样的结果：在半径为 r_1 的球面上的一层均匀电荷（面电荷密度 σ，总电荷 $q=4\pi r_1^2\sigma$），在 P 点所产生的电位

$$V(P)=\begin{cases}\dfrac{q}{r_2}, & r_2\geq r_1,\ P在球外\\[2mm] \dfrac{q}{r_1}, & r_2\leq r_1,\ P在球内.\end{cases}\qquad(b)$$

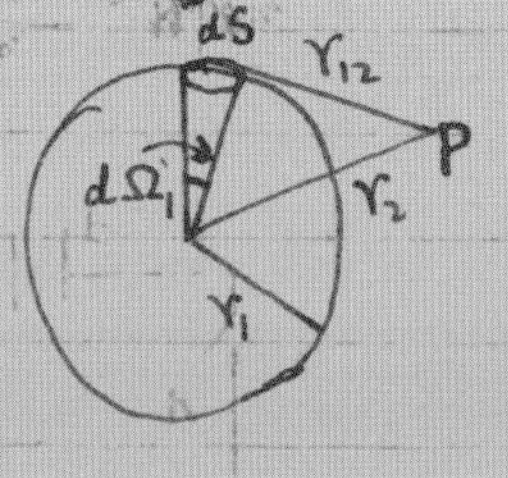

但，
$$V(P)=\int_S\frac{1}{r_{12}}\sigma dS=\int\frac{1}{r_{12}}\sigma\cdot r_1^2d\Omega_1$$
$$=\sigma r_1^2\int\frac{d\Omega_1}{r_{12}}=\frac{q}{4\pi}\int\frac{d\Omega_1}{r_{12}}.\qquad(c)$$

比较 (b)(c)，得：

$$\int\frac{d\Omega_1}{r_{12}}=\begin{cases}\dfrac{4\pi}{r_2}, & r_2\geq r_1\\[2mm] \dfrac{4\pi}{r_1}, & r_2\leq r_1\end{cases}\qquad(d)$$

如再对 $d\Omega_2$ 积分（保持 r_2 不变，改变 P 点的位置），则得：

$$\int d\Omega_2\int\frac{d\Omega_1}{r_{12}}=\begin{cases}16\pi^2/r_2, & r_2\geq r_1\\ 16\pi^2/r_1, & r_2\leq r_1\end{cases}\qquad(e)$$

将 (e) 代入 (a)，得：

$$I=\int_0^\infty\int_0^\infty dr_1\,dr_2\,r_1^2r_2^2e^{-\lambda r_1}e^{-\lambda r_2}\cdot16\pi^2\begin{cases}\dfrac{1}{r_2}, & r_2\geq r_1\\[2mm] \dfrac{1}{r_1}, & r_2\leq r_1\end{cases}$$

~~$=\int_0^\infty dr_1\,r_1^2e^{-\lambda r_1}\cdot16\pi\int_0^{r_1}dr_2\,r_2^2e^{-\lambda r_2}$~~

$$=16\pi^2\int_0^\infty dr_1\,r_1^2e^{-\lambda r_1}\left[\int_0^{r_1}dr_2\,r_2^2e^{-\lambda r_2}\frac{1}{r_1}+\int_{r_1}^\infty dr_2\,r_2^2e^{-\lambda r_2}\frac{1}{r_2}\right]$$

$$=16\pi^2\int_0^\infty dr_1\,r_1^2e^{-\lambda r_1}\left[\frac{1}{r_1}\int_0^{r_1}dr_2\,r_2^2e^{-\lambda r_2}+\int_{r_1}^\infty dr_2\,r_2\,e^{-\lambda r_2}\right]$$

以 r 代替 r_1，x 代替 λr_2，则

$$I=16\pi^2\int_0^\infty dr\cdot r^2e^{-\lambda r}\left[\frac{1}{\lambda^3r}\int_0^{\lambda r}x^2e^{-x}dx+\frac{1}{\lambda^2}\int_{\lambda r}^\infty xe^{-x}dx\right]\cdots(f)$$

~~根据~~利用分部积分，容易求得

$$\int_0^{\lambda r} x^2 e^{-x} dx = 2 - (2 + 2\lambda r + \lambda^2 r^2) e^{-\lambda r}$$

$$\int_{\lambda r}^{\infty} x e^{-x} dx = (1+\lambda r) e^{-\lambda r}$$

代入(f)，即得：

$$I = \frac{16\pi^2}{\lambda^2} \int_0^\infty dr \cdot r^2 e^{-\lambda r} \left[\frac{2}{\lambda r} - \left(\frac{2}{\lambda r} + 2 + \lambda r \right) e^{-\lambda r} + (1+\lambda r) e^{-\lambda r} \right]$$

$$= \frac{16\pi^2}{\lambda^2} \int_0^\infty \left[dr \cdot \frac{2r^2}{\lambda r} e^{-\lambda r} - dr \cdot r^2 \left(1 + \frac{2}{\lambda r}\right) e^{-2\lambda r} \right]$$

以 x 代替 λr，则得

$$I = \frac{16\pi^2}{\lambda^2} \left\{ \frac{2}{\lambda^3} \int_0^\infty e^{-x} \cdot x \cdot dx - \frac{1}{\lambda^3} \int_0^\infty e^{-2x} (x^2 + 2x) dx \right\}$$

$$= \frac{16\pi^2}{\lambda^2} \left\{ \frac{2}{\lambda^3} \times 1 - \frac{1}{\lambda^3} \left[\frac{2!}{2^3} + 2\frac{2}{2^2} \right] \right\} = \frac{20\pi^2}{\lambda^5}$$

$$\therefore \quad \boxed{I = \iint_{-\infty}^{\infty} \frac{1}{r_{12}} e^{-\lambda(r_1+r_2)} dv_1 dv_2 = \frac{20\pi^2}{\lambda^5}, \quad \lambda > 0} \quad (g)$$

而

$$\overline{\frac{e^2}{r_{12}}} = \left(\frac{\alpha^2}{\pi a_1^3}\right)^2 \iint \frac{e^2}{r_{12}} e^{-2\alpha(r_1+r_2)/a_1} dv_1 dv_2 = \left(\frac{\alpha^2}{\pi a_1^3}\right)^2 \frac{20\pi^2}{\left(\frac{2\alpha}{a_1}\right)^5} e^2 = \frac{5}{8}\frac{e^2\alpha}{a_1}$$

这就是(12)式。

[註二] 这个数值是根据氦原子的电离能求得的，如下。

为了使氦原子电离，即从处于基态的氦原子中逐出一个电子，需要能量24.45 eV（590），即 $0.904\frac{e^2}{a_1}$ $\left(\frac{e^2}{a_1} = 27.05\ \text{eV}\right)$，电离后的氦原子，只有一个电子，它处于类氢原子1s态（ψ_{100}），能量为 $-\frac{e^2}{2a_1}\frac{2^2}{1^2} = -2\frac{e^2}{a_1}$，把这个能量减去电离能，就是氦原子的基态能量。

$$E_1 = -2\frac{e^2}{a_1} - 0.904\frac{e^2}{a_1} = -2.904\frac{e^2}{a_1}$$

注意 只要知道了$U(r)$的具体形式，从(5)式就可以求得全部的单电子波函数(个体状态)和相应的能级，代入(4)和(6)就得到H的本征函数和本征值，后者就是整个原子的能量(0级近似)，由前者(4)式)组合成的反对称波函数(§48(7)式)就是整个原子的波函数(0级近似)。得到等效作用势$U(r)$的方法将在下一节讨论。单电子方程(5)的解法和一些定性的结论已在§26，27中讨论过，这里就不再重复了；我们只提起一点，这对于下面的讨论是很重要的，这就是单电子能级的次序。根据光谱分析，能级的次序是：

1s, 2s, 2p, 3s, 3p, [4s, 3d], 4p, [5s, 4d] 5p, [6s, 4f, 5d], 6p, [7s, 5f, 6d], ··· (7)

括弧中各个能级非常接近，次序不十分肯定(由于原子序数Z逐渐变化时$U(r)$的改变以及自旋轨道耦合能的影响所致)。

在正常情况下，各个电子尽可能地处于最低能级，以使整个原子的能量取极小值。但由于泡里原理的限制，电子的个体状态不能相同，因此原子中的电子并不是统统集中在最低的1s能级上，而是依次填充各个能级。处于同一能级上的电子，空间位置比较接近，构成一个电子壳层，壳层的命名和能级的命名一样，例如处于2p能级的6个电子构成2p层，等等；主量子数n相同的各个壳层，组成一个较大的层，~~按照X光谱学的习惯~~(有时称后者为壳层，前者为亚壳层或支壳层)，按照X光谱学的习惯，这些大壳层採用下列命名法：

主量子数 n ---	1	2	3	4	5	6	7
层的命名 -----	K	L	M	N	O	P	Q

依照§26，27的分析，不难知道各个壳层(能级)所能容纳的电子数。对于能级E_{nl}，磁量子数m可取$2l+1$种数值，相当于$2l+1$种不同的空间状态，而对于每一种空间状态，又有二种自旋状态，因此，相应于能级E_{nl}，一共有$2(2l+1)$种不同的状态，亦即可以容纳$2(2l+1)$个电子。而每一个大层所能容纳的电子数是

$$\sum_{l=0}^{n-1} 2(2l+1) = 2n^2 \quad \text{(参看§27(22)式)}$$

各个壳层所能容纳的电子数如下。

表8. 各个壳层所能容纳的电子数

	n	$l=0$ s	1 p	2 d	3 f	4 g	总数	累计
K	1	2			—	—	2	2
L	2	2	6		—	—	8	10
M	3	2	6	10	—	—	18	28
N	4	2	6	10	14	—	32	60
O	5	2	6	10	14	18	50	110

§47 原子的壳层结构和门捷列夫元素周期系

层	s	p	d	f	g	层	K	L	M	N
l	0	1	2	3	4	n	1	2	3	4
$2(2l+1)$	2	6	10	14	18	$2n^2$	2	8	18	32

各种元素原子的电子壳层结构如表8所示。

根据原子中电子的壳层结构，可以~~说明各种元素的化学性质~~，从理论上说明门捷列夫所发现的元素化学性质的周期性变化（元素周期系）。元素的化学性质是由原子的最后一个电子壳层的情况决定的。原子的外层电子壳层结构的重复性决定了元素化学性质的周期性。

在中性的原子中，原子核的电荷数（原子序数）等于原子中电子的数目。当原子序数Z逐渐增加时，原子中的电子亦逐渐增多，而依次填充各个壳层。氢（H）原子是最简单的原子，由电荷为1个单位的原子核（质子）和1个电子组成。在正常情况下，这个电子处于1s层。第2号元素是氦（He），~~由电荷为2个单位的~~原子核（α粒子）的电荷为2e，原子中包含2个电子，在正常情况下（基态）它们处于1s层（自旋相反）。这时1s层已经满额。1s层也就是$n=1$的K层（$n=1$时，l只能为0），因此K层只包含氢和氦二种元素，它们构成元素的第一周期。

再往下是锂（Li）原子，它具有3个电子，其中2个填充1s层，第三个填充2s层。由于1s层2个电子的屏蔽作用，2s电子和原子核的结合很松懈，电离能很小（5.37 eV），很容易失去，因此锂的原子价为+1，化学性质很活泼。继续往下是具有4个电子的原子铍（Be），它结束了2s层。硼（B）的第5个电子开始填充2p层。依次往下是碳（C）、氮（N）、氧（O）、氟（F）、氖（Ne）。氖具有10个电子，分别填满1s、2s和2p层。满额的p层具有球对称的电荷分布，结构紧密，能量极小，因此氖是惰性气体，化学性质完全不活泼，这从它的电离能具有很大的数值（21.5 eV）可以看得出来。到氖为止，$n=2$的L层已经满额，因此结束了元素的第二周期。

第11号元素是钠（Na），它的电子分布情况是，1s层2个，2s层2个，2p层6个，3s层1个。（为简单计，常表示成 $1s^2 2s^2 2p^6 3s$）它的最外一个壳层和锂完全相似（由于1s，2s和2p层电子的屏蔽，3s电子和原子核结合得很松，……），因此钠也是原子价为+1的碱金属。从钠到氩（Ar，Z=18），依次充实了3s和3p层，构成第三周期。它的8种元素和第二周期中相应元素的化学性质完全相似。

属于M层（n=3）的还有一个3d能级。但是4s能级比3d更低（原因是处于4s层的电子有相当的机率进入原子实中，所受的屏蔽比3d层受到的要少，因此能量要低些），因此钾（K）的第19个电子不是处于3d层，而是处于4s层，这就决定了钾具有和钠相似的化学性质。钙（Ca）的最后二个电子填满了4s层，化学性质和镁（Mg）相似。

从钪（Sc）起，开始填充3d层，到锌（Zn），3d层满额。以后的元素再填充4p层，氪（Kr，Z=36）填满了4p层，结束了第四周期。第四周期比前二周期多填了一个d层，因而多了10种元素，共18种元素，为长周期。3d层和4s层能量很接近，互相影响，以致相应的元素有二个活动电子层（参与化学反应的电子层），化学性质很复杂。如铬（Cr），铁（Fe），锰（Mn）等元素都有好几种原子价。

属于N层（n=4）的还有4d和4f能级，但它们比5s能级要高，因此铷（Rb，Z=37）的第37个电子填充在5s能级上，化学性质和钾一样。锶（Sr）的第38个电子也填充5s能级，因此化学性质和钙，镁相似。第39—46号元素〔钇（Y）—钯（Pd）〕充实了4d层，从银（Ag）到氙（Xe）的8个元素充实了5p层，结束了第五周期。第五周期和第四周期一样都是充实了一个s层，一个d层和一个p层，共18种元素，相应元素的化学性质完全类似。

4f能级仍旧空着。当填满了6s层以后，能级的填充出现了有趣而重要的情况。镧（La）的第57个电子占据5d能级，而第58—71号元素却不再继续填5d层，而是逐渐填充4f层。这14种元素就是所谓稀土金属，它们的外层电子壳层情况相同（而只是4f层电子数目不同），因此化学性质是非常相似的。另外，它们有三个活动电子层（6s，5d和4f），因此化学性质又是非常复杂的。

第72号元素的发现，充分证明了量子力学理论的正确性。1922年以前，这个元素还未发现，在周期表中为它保留的位置是在稀土元素之中。但是玻尔指出，第71号元素的电子已经把4f层填满，稀土元素到此应该结束，第72个元素的最后一个电子应该填在5d层上有2个电子，因此其化学性质应和锆(Zr)相似。根据这个预测，果然在锆矿中找到了这个元素，这就是铪(Hf)。

汞(Hg)的电子填满了5d层。氡(Rn)的电子填满了6p层，这是最后一种惰气。到此，第六周期就结束了。第六周期除了比第五周期多了稀土族元素以外，其他方面的性质都和第五周期相似。

第七周期元素的电子继续填充7s, 5f, 6d层，情况和第六周期相似。这个周期并未结束，天然存在的元素只到铀(U, Z=92)为止。近来用人工产生了许多超铀元素[镎(Np)，钚(Pu)，镅(Am)锔(Cm)，……]，它们的化学性质和稀土金属相似。

由上面的叙述，并结合表8（建议同学们把这个表仔细看一看），我们可以再归纳出几点：

~~惰气原子的最外(He例外)原子的最外一个壳~~

1. 惰气(He, Ne, Ar, Kr, Xe, Rn)原子的最外一个壳层是完满的p层（He例外，它刚好充满1s层），结构紧密，因此化学性质不活泼。

2. 碱金属元素(Li, Na, K, Rb, Cs, Fr)比紧密的惰气壳层多一个s电子，这个电子很易失去，因此原子价为+1，化学性质很活泼。

3. 碱土金属(Be, Mg, Ca, Sr, Ba, Ra)比紧密的惰气壳层多2个s电子，这二个s电子仍很容易失去，因此原子价为+2。

4. 卤族元素(F, Cl, Br, I, At)比惰气少一个p电子，很易夺取其他元素的电子而构成惰气的壳层，因此原子价为-1，化学性质很活泼。

5. 贵金属(Cu, Ag, Au)原子的最外层是一个s电子，因此原子价为+1，但在这个s电子里面的不是完满的p层，而是完满的d层，d层结构不甚紧密，它在原子核和s电子之间起的屏蔽作用不很完全，因此这个s电子和原子核的结合较紧密（和碱金属相比），电离能较大，因此贵金属的化学性质不很活泼。

6. 锌(Zn)，镉(Cd)，汞(Hg)，都是刚好填满(7)式中的某一个[ ]，因此化学性质相似。

上述原子的壳层结构的理论，为各种元素的X光谱所充分地証实。设由于某种外界作用（γ射线或X光的照射，电子的撞击，等等）而从原子的内部逐出一个电子，从而在某个壳层（K层或L层）中造成一个空缺；当能量较高的壳层中的电子去填补这个空缺时，~~多余的能量以光子~~ 同时释放出一个光子，其能量（$h\nu$）等于电子在这二个壳层中能量的差。~~重元~~ 对于重元素，较深的K层和L层能级的绝对值可达数千以至数万电子伏特，因此相应的光谱属于X光的区域。

原子中内层电子所受的作用，主要来自原子核，因此其能级可近似地由下式表示（§27，(17)式）：

$$E_n = -\frac{e^2}{2a_1}\frac{(Z-\sigma)^2}{n^2} \qquad (8)$$

或：

$$T(n) = -\frac{E_n}{hc} = R\frac{(Z-\sigma)^2}{n^2} \qquad (9)$$

其中 R 为黎德堡常数。σ 为某种改正数，由于其他电子对原子核电荷的屏蔽作用而来的。对于K层，$\sigma\approx 1$。

向K层的空缺的跃迁所造成的光谱线称为K系（其中 L→K 造成 K_α 线，M→K 造成 K_β 线，N→K 造成 K_γ 线，如图79所示），向L层的空缺的跃迁所造成的X光谱线称为L系，等等。性质最简单的是K系，而其中又以 K_α 线的强度最亮。K_α 线的波数可以表示成：

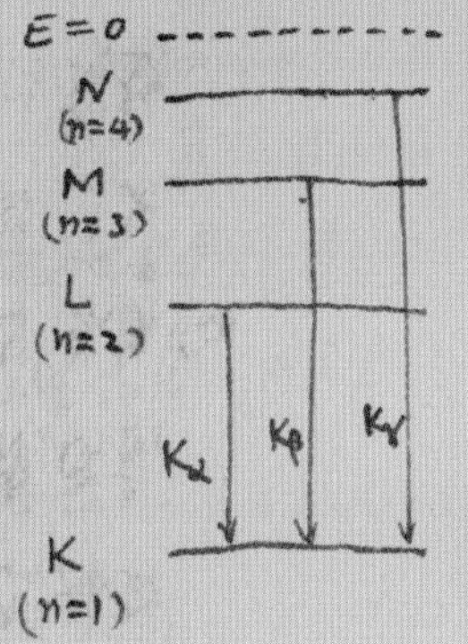

$$\tilde{\nu}_{K_\alpha} = T(1) - T(2) \approx R(Z-1)^2\left(\frac{1}{1^2}-\frac{1}{2^2}\right) \qquad (10)$$

图79.

或：

$$\left(\frac{\tilde{\nu}_{K_\alpha}}{\frac{3}{4}R}\right)^{\frac{1}{2}} \approx Z-1 \qquad (10')$$

(10')式表明，波数 $\tilde{\nu}$ 的平方根与原子序数成线性关系，这称为莫斯莱定律。

对于其他各个系，亦可得出类似的公式，如图80所示。测定 K_α 线（或其他线）的波长（$\lambda = 1/\tilde{\nu}$），根据(10')式就可确定元素的原子序数 Z，其准确程度如表10所示。

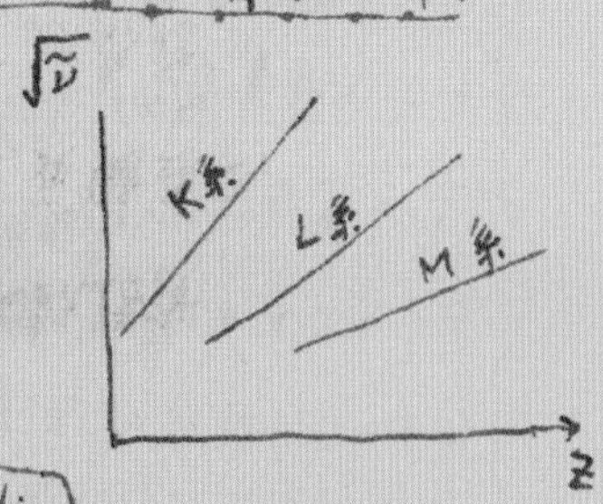

图80. 莫斯莱图.

表10.

元素	Ca	Ti	V	Cr	Mn	Fe	Co	Ni
$(\tilde{\nu}_{K_\alpha}/\frac{3}{4}R)^{1/2}$	19.00	20.99	21.96	22.98	23.99	24.99	26.00	27.04
Z	20	22	23	24	25	26	27	28

§48. 托马斯-费米 统计模型

这是一种一劳永逸的近似方法，主要是经典的方法，用来确定原子中电子的空间分布和平均势能 $U(r)$（参看§47）。应用这个方法的基础是：

i) 原子中电子的数目很多，可以用统计方法（当然，是量子统计）；

ii) 由于库仑力是长程力，因此势能 $U(r)$ 变化缓慢，在不太小的区域内，$U(r)$ 可视为常数，但其中有许多电子出现；因此在原子的局部范围内，我们可以把电子当作是自由的；

而在通常温度下，原子受到不太大的扰动时，原子内部（原子实）不受影响，只有最外层（原子的边缘部分）的电子状态发生变化；可见在原子内部局部范围内可能的能级都已填满，因此在原子内部局部范围内，可以把电子视为完全简并化的费米气体。

iii) 由于电子的波动性，每个电子都可以在原子中各处出现，因此可视原子中的电荷分布为连续的。

下面我们就来根据上述各点计算原子中的电荷分布（电荷密度）和平均势能。

在原子中一个小体积 ΔV 中，由于各个电子在其中均有出现的几率，可以认为其中包含有许多电子。设 ΔV 中电子的最大动量为 p_0，则相空间体积为 $\frac{4\pi}{3}p_0^3\Delta V$，根据量子统计物理，相空间中 h^3 的体积内可以容纳2个电子，因此 ΔV 中应该具有 $\frac{8\pi}{3h^3}p_0^3\Delta V$ 个电子。每个电子具有电荷 $-e$，因此 ΔV 中具有电荷 $-\frac{8\pi e}{3h^3}p_0^3\Delta V$，亦即，电荷密度等于：

$$\rho(r) = -\frac{8\pi e}{3h^3}p_0^3 = -\frac{e p_0^3}{3\pi^2\hbar^3} \qquad (1)$$

在体积 ΔV 中，电子的势能为 $U(r)$，但原子中电子的能量必须是负的，所以，

$$\frac{p_0^2}{2m} + U(r) = U_0 \leq 0$$

其中 U_0 是与 r 无关的常数（否则电子将趋于 U_0 小处，以使整个原子能量更降低）。但原子中能量最高的电子，其能量已接近于0，因此可取 $U_0=0$，于是

$$\frac{p_0^2}{2m} = -U(r), \qquad p_0 = [-2mU(r)]^{1/2} \qquad (2)$$

代入(1)式，即得电荷密度 $\rho(r)$ 和势能 $U(r)$ 的关系：

$$\rho(r) = -\frac{e}{3\pi^2\hbar^3}[-2mU(r)]^{3/2} \qquad (3)$$

$\frac{U(r)}{-e}$ 就是电位 $V(r)$，根据电动力学，$\nabla^2 V(r) = -4\pi\rho(r)$，因此

$$\rho(r)=-\frac{1}{4\pi}\nabla^2\frac{U(r)}{-e}=\frac{1}{4\pi e}\nabla^2 U(r)=\frac{1}{4\pi e}\frac{1}{r}\frac{d^2}{dr^2}[rU(r)] \tag{4}$$

代入(3)式，即得：

$$\frac{1}{r}\frac{d^2}{dr^2}[rU(r)]=-\frac{4e^2}{3\pi\hbar^3}[-2mU(r)]^{3/2} \tag{5}$$

这是一个非线性微分方程，如解之求出 $U(r)$，再利用(3)式就可求得 $\rho(r)$。(5)式必须用数值解法。当然首先应该简化(标准化)一下。~~(5)式的边界条件是~~：

已经说过，我们把原子中的电荷分布当作是连续的。当然，电荷只是分布在原子核附近。由于整个原子是中性的，~~因此在 $r\to\infty$ 处~~它对于∞远处的电荷无影响，因此，

$$r\to\infty \text{ 处}，\quad rU(r)\to 0 \tag{6}$$

这是(5)式的一个边界条件。在原子核近旁($r\to 0$)，电子受到的作用势主要来自原子核，因此，

$$r\to 0 \text{ 处}，\quad U(r)\to -\frac{Ze^2}{r} \tag{7}$$

这是(5)式的另一个边界条件。为了简化(5)式，我们令

$$rU(r)=-Ze^2\chi \tag{8}$$

则

$$r\to 0 \text{ 处}，\chi\to 1 \tag{7'}$$

同时，(5)式变成

$$r^{\frac{1}{2}}\frac{d^2\chi}{dr^2}=\frac{8me^3}{3\pi\hbar^3}(2mZ)^{\frac{1}{2}}\chi^{3/2} \tag{5'}$$

令

$$r=b\xi \tag{9}$$

$$b=(2mZ)^{-\frac{1}{3}}\left(\frac{8me^3}{3\pi\hbar^3}\right)^{-2/3}=0.885\,a_1 Z^{-1/3} \tag{10}$$

(a_1 是玻尔半径)

则得：

$$\xi^{\frac{1}{2}}\frac{d^2\chi}{d\xi^2}=\chi^{3/2}$$

边界条件为

$$\xi\to 0,\ \chi\to 1;\qquad \xi\to\infty,\ \chi\to 0 \tag{11}$$

索末菲曾求得(11)式的解，结果为表11和图81。

表11 $\chi(\xi)$ 的数值

ξ	χ	ξ	χ	ξ	χ	ξ	χ
0.000	1.000	0.00	1.000	0.50	0.607	2.50	0.193
		0.03	0.959	0.75	0.502	5.00	0.0788
		0.10	0.882	1.00	0.425	10.00	0.0244
		0.20	0.793	1.25	0.364	20.00	0.0058

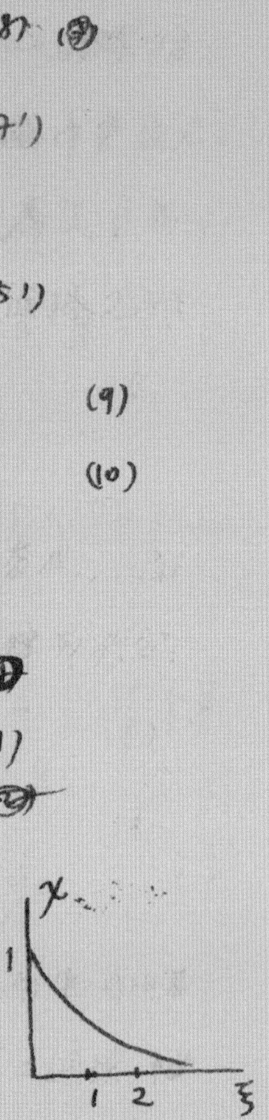

图81

(11)式与原子序数Z无关，这表示各种元素原子中电子的分布情况大致是相似的。另外，$\rho(r)\to 0$ 时，$U(r)\to 0$，$r\to\infty$，这表示原子并无严格的大小。但仍可适当定义一个原子半径来表示原子的有限大小。仔细的分析表明，在各种定义下：

i) 如定义原子半径为一个球的半径，在此球内包含有全部电子的百分之若干（例如90%），则简单的分析指出，原子半径相当于某个确定的值。由(9)和(10)式可见，原子半径将和 $Z^{1/3}$ 成反比。（Z增加一倍，原子半径~~增加一倍~~ ~~故可以认为各种元素的原子半径大致上是相同的。~~ 减少一半）

ii) 如定义原子半径为~~由原子~~原子核至某一点的距离，在那儿 $\rho(r)$ 等于某一个确定的小数值〔亦即 $U(r)$ 等于某一个确定的小数值，见(3)式〕，则原子半径和原子序数的关系较复杂。仔细的分析指出，随着原子序数Z的增加，原子半径有微弱的增加（Z增加7倍，原子半径约增加半倍）。~~因此亦可以认为，各种元素的原子半径大致上是相同的。~~

（Z变化10倍，原子半径变化约1倍）

以下，原子序数Z变化时，原子半径仅有微小的变化，因此可以认为，各种元素的原子半径大致是相同的。（注意，这个结论和原子核半径不同，由于核力是短程力，容易饱和，故原子核体积和核子数成正比，原子核半径约和 $Z^{1/3}$ 成正比。而原子核和电子之间的库仑力是长程力，不具有饱和性，大部分电子均被原子核紧紧吸引在周围，形成原子实，最外层的价电子在原子实的库仑场中运动，其情况和氢原子差不多，故各种原子的半径大致上和氢原子半径差不多大小。）

~~原子中电荷密度 $\rho(r)$ 随 r 的变化情况见附图。~~

将(11)式的解代入(8)，再代入(4)，就可得到原子中的电荷密度 $\rho(r)$，它随 r 的变化情况见下节的图。

§49. 自洽场方法.

这是哈特利发明的一种逐次逼近法，用来确定等效势能 $U(r)$ 和单电子波函数(§47)。当我们用单电子波函数的乘积 $\Psi=\psi_{n_1}(q_1)\psi_{n_2}(q_2)\cdots\psi_{n_Z}(q_Z)$ 来表示原子的总波函数时（为了公式简单起见，姑且不考虑 Ψ 必须反对称的要求，但是各个 ψ_{n_k} 必须互不相同，以符合泡里原理），$\psi_{n_k}(q_k)$ 由下式决定：

$$\left[-\frac{\hbar^2}{2m}\nabla_k^2+U_k(r_k)\right]\psi_{n_k}(q_k)=E_{n_k}\psi_{n_k}(q_k) \qquad (1)$$

其中 $U_k(r_k)$ 是原子核和其它电子对于电子k的等效作用势，亦即：

$$U_k(r_k)=-\frac{Ze^2}{r_k}+\sum_i{}'\int\psi_{n_i}^+(q_i)\psi_{n_i}(q_i)\frac{e^2}{r_{ik}}dV_i \qquad (2)$$

§49 自洽场方法

这是一种（哈特利发明的）逐次逼近法，用来确定 $U(r)$ 和单电子波函数（参看§47）

设我们用单电子波函数的乘积表示原子的总波函数：

$$\Psi = \psi_1(\vec{r}_1)\,\psi_2(\vec{r}_2)\cdots\psi_Z(\vec{r}_Z) \qquad (1)$$

为了公式简单起见，我们姑且不考虑 Ψ 必须反对称的要求，但是各个 ψ_k 必须互不相同，以符合泡里原理 [ψ_k 即§47中的 ψ_{nlm}，如果 ψ_k 中不计入自旋部分，则可以有二个单电子状态相同，例如 $\psi_1(\vec{r}_1)=\psi_2(\vec{r}_2)$，$\psi_3(\vec{r}_3)=\psi_4(\vec{r}_4)\cdots$]。

~~Ψ 应该满足定态薛丁格方程：~~

~~$$\hat{H}\Psi = E\Psi$$~~。

当忽略自旋轨道耦合能时，总能量算符是：

$$\hat{H} = \sum_k\left[-\frac{\hbar^2}{2m}\nabla_k^2 - \frac{Ze^2}{r_k}\right] + \sum_{i>k}\frac{e^2}{r_{ik}}, \qquad (2)$$

~~$$\hat{H}\Psi = \sum_k\left[-\frac{\hbar^2}{2m}\nabla_k^2 - \frac{Ze^2}{r_k}\right]\psi_1(\vec{r}_1)\psi_2(\vec{r}_2)\cdots\psi_Z(\vec{r}_Z) + \sum_{i>k}\frac{e^2}{r_{ik}}\psi_1(\vec{r}_1)\psi_2(\vec{r}_2)\cdots\psi_Z(\vec{r}_Z)$$~~

~~各个 ψ_k 的选择，应该使总能极小，亦即~~

我们知道，(1)式是近似的，它并不能严格地满足定态薛丁格方程。那末，各个单电子波函数 ψ_k 应该如何确定呢？ψ_k 应该选择得使总能 E 极小，亦即 $\overline{H}$ 极小。

$$\overline{H} = \int\cdots\int \Psi^*\hat{H}\Psi\, dv_1\cdots dv_Z =$$

$$= \int\cdots\int \psi_1^*(\vec{r}_1)\cdots\psi_Z^*(\vec{r}_Z)\left[\sum_k\left(-\frac{\hbar^2}{2m}\nabla_k^2 - \frac{Ze^2}{r_k}\right) + \sum_{i>k}\frac{e^2}{r_{ik}}\right]\psi_1(\vec{r}_1)\cdots\psi_Z(\vec{r}_Z)\, dv_1\cdots dv_Z$$

$$= \sum_k\int\psi_k^*(\vec{r}_k)\left(-\frac{\hbar^2}{2m}\nabla_k^2 - \frac{Ze^2}{r_k}\right)\psi_k(\vec{r}_k)\, dv_k +$$

$$+ \sum_{i>k}\iint\psi_i^*(\vec{r}_i)\psi_k^*(\vec{r}_k)\frac{e^2}{r_{ik}}\psi_i(\vec{r}_i)\psi_k(\vec{r}_k)\, dv_i\, dv_k \qquad (3)$$

(3)中与 ψ_k 有关的项目是

$$\int\psi_k^*(\vec{r}_k)\,\hat{H}_k\,\psi_k(\vec{r}_k)\, dv_k \qquad (4)$$

这里

$$\hat{H}_k = -\frac{\hbar^2}{2m}\nabla_k^2 - \frac{Ze^2}{r_k} + \sum_i{}'\int|\psi_i^*(\vec{r}_i)|^2\frac{e^2}{r_{ik}}\, dv_i, \qquad (5)$$

$\hat{H}_k$ 可以了解为电子 k 的哈密顿量算符，其中最后一项是其它电子对电子 k 的平均作用势。

根据变分法原理可以证明[注] 为了使(4)式极小，ψ_k 应该是 $\hat{H}_k$ 的本征函数。设本征值为 E_k，则

$$\hat{H}_k\psi_k(\vec{r}_k) = E_k\psi_k(\vec{r}_k) \qquad (6)$$

§49 自洽场方法

41

若令 $U_k(r_k) = -\frac{Ze^2}{r_k} + \sum_i{}' \int |\psi_{n_i}^*(q_i)|^2 \frac{e^2}{r_{ik}} dv_i$ (2)

则(7)式→ $\left[-\frac{\hbar^2}{2m}\nabla_k^2 + U_k(r_k)\right]\psi_k(\vec{r}_k) = E_k\psi_k(\vec{r}_k)$ (8)

对于其他的各个状态，也可以写出类似的一对方程式。这样就出现了一种微妙的情况，为了求得 ψ_{n_k}，就必须知道 U_k，但因此就要先知道其他各个 ψ_{n_i}，为了求 ψ_{n_i}，就要先知道 $U_i(r_i)$，等此又必须先知道各个 ψ_{n_j}（$j\neq i$），其中包括 ψ_{n_k} 在内。因此，必须用逐步逼近法解(1)和(2)式。选择一种近似的 U_k（例如就用托马斯—费米统计模型的结果）代入(1)式求得 ψ_{n_k} 的第一近似（用数值解法），并从类似的方程求得其他几组各个 ψ_{n_j} 的第一近似，再代入(2)式求得 U_k 的第二近似，再代入(1)求 ψ_{n_k} 的第二近似。依次进行，直到相邻二次结果一样为止。所谓"自洽"，就是这个意思。当然，这种方法的工作量较大，但一般循环二三次就可以得到很好的结果。也可以先选择一套 ψ_{n_i}，代入(2)式求 U_k，再依上述步骤进行。

苏联物理学家福克（Фок）曾推广了上述哈特利的方法，采用反对称的波函数[§46，(7)式]，再根据变分法原理求得类似于(1)和(2)的方程组。当然，这样做的时候，(方程式中出现"交换积分"，见§52)，计算起来要复杂得多，所得结果也比哈特利的方法要好些。这二种方法求得的原子中的电荷分布[注]如图82所示。

由图可见，电荷密度的哈特里结果和福克结果是差不多的，不过在原子内部福克结果要大些，原子边缘部分福克结果要小些。在很接近原子核处，二个结果是一样的。$r^2\rho(r)$ 的极大值相当于电子各个壳层的位置。托马斯—费米统计模型的结果则相当于自洽场结果的局部平均，因为它没有考虑到原子的壳层结构。

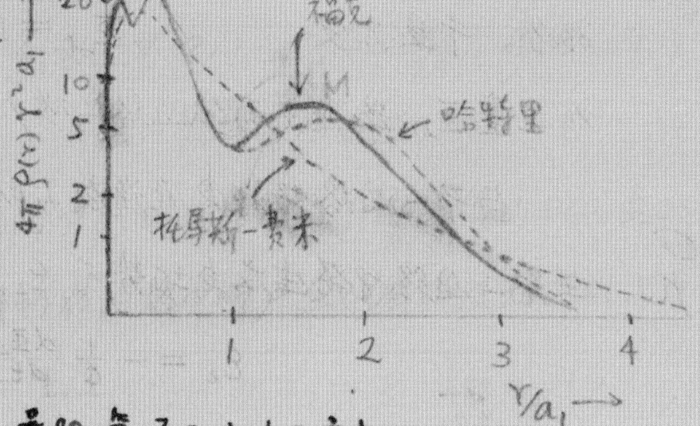

图82 氩原子中电子密度与r的关系

自洽场方法的适用范围并不限于原子，原则上也适用于分子和晶体。近年来应用这个方法计算原子核中核子的分布，也得到良好的结果。

[注] 图82中，$\rho(r)$ 是径向电荷密度，即 $\rho(r)=\sum_{k=1}^{Z} R_k(r_k)$，$R_k(r_k)$ 是 $\psi_{n_k}(q_k)$ 的径向波函数。

§55. 氢分子.

量子力学关于氢分子构造的理论，是同极化学键的量子论基础。在量子力学出现以前，曾试着在玻尔理论的基础上解释分子的形成，但没有成功。1927年，海特勒-伦敦应用量子力学的微扰论方法研究了氢分子的形成。~~其中对于氢原子所用过的微扰论方法~~。虽然所得结果在量的方面不是十分好，但它能精确地说明氢分子构造的本质，海特勒-伦敦方法给出清楚的物理图象。下面就是海特勒-伦敦的理论。

氢分子中包括二个原子核（质子）和二个电子，如图85所示。其中a，b表示原子核，1，2表示电子。

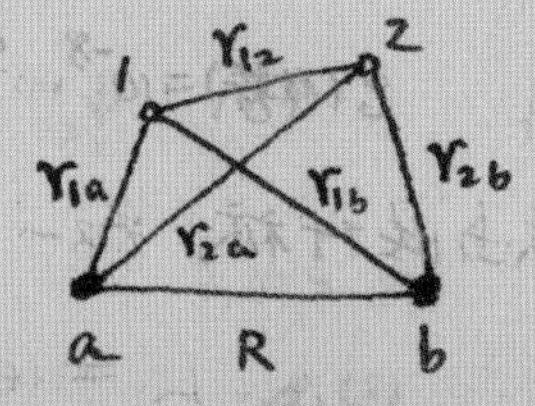

图85.

电子的运动速度比原子核的振动快得多，作为第一级近似，可以视原子核为静止的。因此可以只把二个电子作为所考虑的运动系统，而把原子核仅仅当作库仑力中心（但是原子核间的库仑能也是分子能量的一部分，应该包括到系统中去），因此，系统的哈密顿量为：

$$\hat{H}=-\frac{\hbar^2}{2m}\nabla_1^2-\frac{\hbar^2}{2m}\nabla_2^2-\frac{e^2}{r_{1a}}-\frac{e^2}{r_{1b}}-\frac{e^2}{r_{2a}}-\frac{e^2}{r_{2b}}+\frac{e^2}{r_{12}}+\frac{e^2}{R} \qquad (1)$$

$\hat{H}$如此复杂，要想严格地解定态薛丁格方程是不可能的。必须用近似方法。我们用微扰法。如果二个原子核间距离$R \gg a_1$（玻尔半径），那时当然可以认为整个分子是由二个独立的原子组成的，我们就可以用二个氢原子基态波函数的乘积作为分子的0级波函数。实际上$R\sim 0.74\text{Å}\sim 1.4a_1$，图85中二个距离是差不多大小的，每一个电子都同时受到二个原子核的作用，二个电子彼此间的作用也不容忽略。但是，为了计算简单起见，我们仍旧采用二个独立氢原子波函数的乘积作为分子的0级波函数。当然，这样做不免影响到结果的精确性，但是~~较完全的经验，可以预料这样做~~也还不至于产生根本性的错误。

设电子1和原子核a组成一个氢原子，电子2和原子核b组成一个氢原子，则分子的零级波函数为：

$$\psi_a(1)\,\psi_b(2) \qquad (2)$$

这里$\psi_a(1)$是$\psi_{100}(r_{1a})$的简写，$\psi_b(2)$是$\psi_{100}(r_{2b})$的简写。

如电子1和原子核b组成一个氢原子，电子2和原子核a组成一个氢原子，则0级波函数为

$$\psi_b(1)\,\psi_a(2) \qquad (2')$$

实际上，这二种情形都有可能，因此真正的0级波函数应该是它们的某种组合。~~按波函数~~

由于 $\hat{H}$ 中不含自旋算符，总波函数中空间变数和自旋变数可以分开。由于反对称的要求，波函数的可能形式是（参看§49 (4)式以前的讨论）：

$$\Psi_{\mathrm{I}} = \psi_A \chi_S \ , \quad \Psi_{\mathrm{II}} = \psi_S \chi_A \qquad (3)$$

其中 χ_S 和 χ_A 是对称和反对称的自旋波函数〔§49 (8),(8′)式〕，ψ_S 和 ψ_A 是对称和反对称的空间波函数。在0级近似下，ψ_S 和 ψ_A 由(2)和(2′)组成：

$$\psi_S^{(0)} = c_S\left[\psi_a(1)\psi_b(2) + \psi_b(1)\psi_a(2)\right] \qquad (4)$$

$$\psi_A^{(0)} = c_A\left[\psi_a(1)\psi_b(2) - \psi_b(1)\psi_a(2)\right] \qquad (4')$$

注意，(2)和(2′)是不正交的，因此归格化常数 c_S 和 c_A 不等于 $\frac{1}{\sqrt{2}}$。

$$\frac{1}{c_S^2} = \iint \left|\psi_a(1)\psi_b(2) + \psi_b(1)\psi_a(2)\right|^2 dv_1 dv_2$$

$$= \iint |\psi_a(1)|^2 |\psi_b(2)|^2 dv_1 dv_2 + \iint |\psi_b(1)|^2 |\psi_a(2)|^2 dv_1 dv_2 +$$

$$2\iint \psi_a(1)\psi_b(1)\psi_a(2)\psi_b(2)\, dv_1 dv_2$$

（注意 ψ 为实数！）第一项和第二项显然均为1，第三项中二个积分是相等的。为令

$$\alpha = \int \psi_a(1)\psi_b(1)\, dv_1 = \frac{1}{\pi a_1^3}\int e^{-r_a/a_1} e^{-r_b/a_1} dv_1 = \frac{1}{\pi a_1^3}\int e^{-(r_a+r_b)/a_1} dv$$

$$= \frac{1}{\pi a_1^3}\int e^{-(r_a+r_b)/a_1} dv = \left[1 + \frac{R}{a_1} + \frac{1}{3}\left(\frac{R}{a_1}\right)^2\right] e^{-R/a_1} \qquad (5)$$

$$\alpha = \int \psi_a(1)\psi_b(1)\, dv_1 = \int \psi_{100}(r_a)\psi_{100}(r_b)\, dv \qquad (5)$$

则得：

$$c_S = 1\Big/\sqrt{2(1+\alpha^2)} \qquad (6)$$

同样

$$c_A = 1\Big/\sqrt{2(1-\alpha^2)} \qquad (6')$$

α 的数值介于0和1之间，当 $R = 1.4a_1$ 时，$\alpha = 0.72$。

〔将氢原子波函数代入(5)式，可以把 α 算出来，但计算相当烦。结果是：

$$\alpha = \left(1 + \rho + \frac{1}{3}\rho^2\right)e^{-\rho}, \quad \rho = R/a_1 \qquad (7)$$

$$\rho \to 0,\ \alpha \to 1;\quad \rho \to \infty,\ \alpha \to 0;\quad \rho = 1.4,\ \alpha = 0.72$$
〕

在 $\psi_S^{(0)}$ 和 $\psi_A^{(0)}$ 中求 $\hat{H}$ 的平均值，就得到準到一级的能量。结果为：

$$E_S = 2E_1 + \frac{C+A}{1+\alpha^2}, \quad E_A = 2E_1 + \frac{C-A}{1-\alpha^2} \qquad (8)$$

其中 $C = \iint |\psi_a(1)|^2 |\psi_b(2)|^2 \left(\frac{e^2}{R} + \frac{e^2}{r_{12}} - \frac{e^2}{r_{1b}} - \frac{e^2}{r_{2a}} \right) dv_1 dv_2 \qquad (9)$

$$A = \iint \psi_a^*(1)\psi_b(1)\psi_b^*(2)\psi_a(2) \left(\frac{e^2}{R} + \frac{e^2}{r_{12}} - \frac{e^2}{r_{1b}} - \frac{e^2}{r_{2a}} \right) dv_1 dv_2 \qquad (10)$$

[计算完全仿照§49 W_{AA}的计算，但是要注意到，

$\left(-\frac{\hbar^2}{2m}\nabla_1^2 - \frac{e^2}{r_{1a}}\right)\psi_a(1) = E_1\psi_a(1)$，$E_1$为氢原子的基态能级，

同样地有 $\left(-\frac{\hbar^2}{2m}\nabla_2^2 - \frac{e^2}{r_{2a}}\right)\psi_a(2) = E_1\psi_a(2)$ 等等]

我们来研究一下(8)中各项的物理意义。$2E_1$是二个独立的氢原子的能量，E_S和E_A中的第二项来自二个氢原子之间的相互作用。C和A的意义和氢原子分子中的差不多。如以 $\rho_a(1) = -e|\psi_a(1)|^2$ 表示电子1和原子核a组成氢原子时的空间电荷密度，$\rho_b(2) = -e|\psi_b(2)|^2$ 表示电子2和原子核b组成氢原子时的空间电荷密度，则C可以写成：

~~$C = \frac{e^2}{R} + \int \rho_a(1) \frac{1}{r_{12}} \rho$~~

$$C = \frac{e^2}{R} + \iint \frac{\rho_a(1)\rho_b(2)}{r_{12}} dv_1 dv_2 + \int \frac{e\rho_a(1)}{r_{1b}} dv_1 + \int \frac{e\rho_b(2)}{r_{2a}} dv_2 \qquad (9')$$

第一项为二原子核间的库仑能，第二项为二个氢原子的空间电荷间的库仑能，第三项和第四项为一个原子中的空间电荷和另一个原子的原子核间的库仑能，如图 所示。

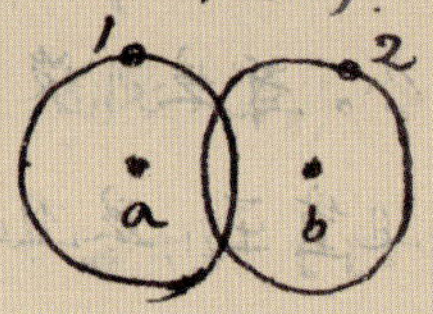

图

总之，C的意义是二个原子核各自占有一个确定的电子时二个原子间的库仑作用能，这从经典物理的角度也是能理解的。

A的意义则是交换能。如引入交换"电荷密度" $\rho_{ab}(1) = -e\psi_a^*(1)\psi_b(1)$ 和 $\rho_{ba}(2) = -e\psi_b^*(2)\psi_a(2)$，则A可以写成，

$$A = \alpha^2 \frac{e^2}{R} + \iint \frac{\rho_{ab}(1)\rho_{ba}(2)}{r_{12}} dv_1 dv_2 + \int \frac{\alpha e \rho_{ab}(1)}{r_{1b}} dv_1 + \int \frac{\alpha e \rho_{ba}(2)}{r_{2a}} dv_2 \qquad (10')$$

第一、二、三项为二原子核间的库仑能（确切地说，C中第一项和A中第一项合起来是二原子核间的库仑能），第二项是由于二个电子的状态不确定（不是被一个固定的原子核所占有）而造成的交换"电荷密度"之间的作用能。第三项

是电子1的交换"电荷密度"和原子核 b 的作用能（和原子核 a 的作用能是一样的），其中常数 αe 是考虑到电子2的交换"电荷密度"在电子1和原子核之间起了屏蔽作用，以使原子核的有效电荷。第四项意义相同。

~~换言之，A是交换能，它的出现是由于~~

交换"电荷"密度的来由是，每一个电子并不是被一个固定的原子核所占有，它可以在原子核 a 附近出现~~（组成原子），也可以在原子核 b 附近出现（组成原子）~~（波函数 ψ_a），也可以在原子核 b 附近出现（波函数 ψ_b），亦即是由于电子的个体状态不确定而来的。下面将说明，交换能对分子的形成有决定性意义。因此在分子中电子并不是被某一个原子核所占有，而是为二个原子核所共有的。

回到(8)式。E_S（或 E_A）是整个系统（二个互相作用着的氢原子）的能量，如从其中减去二个独立的氢原子的能量 $2E_1$，则得二个原子间的作用能 $U(R)$：

$$U_S = E_S - 2E_1 = \frac{C+A}{1+\alpha^2}, \qquad U_A = E_A - 2E_1 = \frac{C-A}{1-\alpha^2} \tag{11}$$

二个原子是否能结合成分子，取决于 U_S 或 U_A 是否小于0，亦即取决于 C 和 A 的大小和符号。和氢原子不同，现在 C 和 A 的符号（正或负）不是很容易看出来的。C 和 A 中既有正的项，又有负的项。~~C 的大小决定于二原子核的距离 R（见图　）。当 $R\to\infty$ 时，(9)式中的四个距离均趋于∞，因此 $C\to 0$。当 $R\to 0$ 时，~~ ~~原子核间斥力 $\frac{e^2}{R}$ 成为主要的~~ 由(9)和图　可知 C 的大小取决于原子核间距离 R，A 的大小取决于原子核间距离 R 和交换电荷密度 ρ_{ab} 的大小，后者取决于 $\psi_a(1)$ 和 $\psi_b(1)$ 重叠的程度，而终究是取决于 R 的大小。

对于很大的 R，交换"电荷密度" $\rho_{ab}\to 0$，(9)式中的四个距离则和 R 同样大小，因此 C 和 A 均趋于0，亦即原子间的作用能 $U(r)\to 0$。

对于很小的 R，$a\to b$，~~$\psi_a\to\psi_b$，因此 $A\to C$，而 C 中~~起决定性作用的是原子核间的斥力 $\frac{e^2}{R}$，~~因此 $U(R)\to\frac{e^2}{R}$~~ 此时二原子强烈地互相排斥，$U(r)\to\frac{e^2}{R}$。

对于中等的 R（$R\sim$ 玻尔半径 a_1），情况很复杂。~~计算表明，交换~~ 我们先来看 C，(9′)中前二项是正的（第二项略小），后二项是负的（第三项等于第四项）。第三项是电子1围绕原子核 a 运动时（波函数 $\psi_a(1)\propto e^{-r_{1a}/a_1}$）$\frac{-e^2}{r_{1b}}$ 的平均值，由图　可见这个平均值和 $\frac{-e^2}{R}$ 是差不多大小的。计算表明，当 $R\sim a_1$ 时，C 是负的，但绝对值很小，如图　所示。A 就不同。当电子1很接近原子核 b 时，即 r_{1b} 很小时，交换"电荷密度" $\rho_{ab}(1)$ 的数值最大 ~~[illegible]~~ [$\rho_{ab}(1) = -e\psi_a(1)\psi_b(1) \propto e^{-(r_{1a}+r_{1b})/a_1}$，当 47
$r_{1b}\to 0$ 时，$r_{1a}+r_{1b}\to R$，$\rho_{ab}(1)$ 最大]。因此，(10) 中 第二项（负的）的贡献是主要的，亦即 A 是负的。而且，$|A|>|C|$。因此，对于中等的 R，(11) 式中 U_S 是负的，U_A 是正的，如图 所示。由图可见，

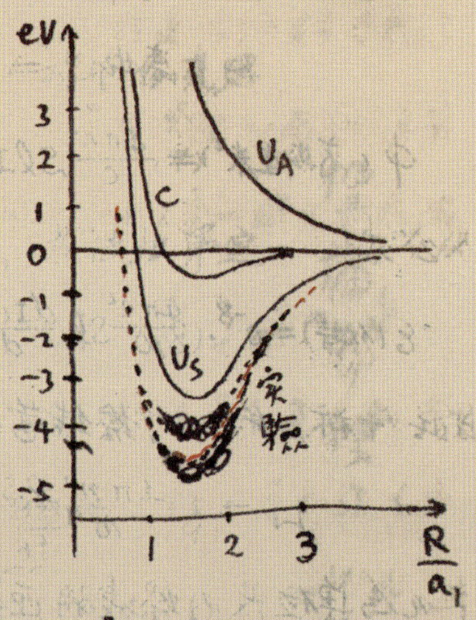

~~原子间作用能 U(R) 取极小值的 [illegible] R 值，就是分子中二原~~

U_A 始终是正的，不能组成分子。U_S 有负的极小值，可以组成分子。U_S 的极小值就是分子的离解能，R 的相应的值 R_0，就是二原子组成分子的平衡距离。根据 $U_S(R)$ 的形状可以求得在平衡距离 R_0 附近分子的振动频率 ω_0，理论结果和实验结果（根据分子光谱测得）的比较见表 。理论值和实验之间，特别是离解能，符合程度并不太好，这是因为 0 级波函数太粗糙的缘故。王守竞曾改进了海特勒-伦敦的方法，他仍採取形如 (4) 和 (4') 的 0 级波函数，但令

$$\psi_\alpha(i) = \frac{z'^3}{\pi a_1^3} e^{-z' r_{i\alpha}/a_1} \qquad (12)$$

$(\alpha = a, b;\quad i = 1, 2)$

表 氢分子的数据

方法	平衡距离 R_0（Å）	离解能（电子伏）	振动频率 ω_0（秒$^{-1}$）
海特勒-伦敦	0.80	3.2	9.0×10^{14}
王守竞	0.76	3.76	
詹姆斯-库里奇	0.74	~~4.698~~ 4.722±0.013	
实验值	0.7395	4.73±0.04	

其中 z' 为变分参数。根据变分法计算，他求得 ~~[illegible]~~ 如表 所列结果（$z'\approx 1.166$）R_0 的数值和实验符合得相当好，而离解能尚差 1 eV。詹姆斯和库里奇採用了更普遍的尝试波函数，求得了和实验完全一致的结果（见表 ）。可见，根据量子力学可以完全成功地研究分子构造，所要根据物理的情况採取合适的数学方法。

~~我们再来回顾一下二个氢原子形成分子的条件，并得出适当的结论。~~

根据上述分析，当二个原子中电子的自旋是平行时（$^3\Sigma$ 态），空间波函数是反对称的，原子间的作用是排斥的，不能形成分子；当二个电子的自旋反平行时（$^1\Sigma$ 态），空间波函数是对称的，二原子互相吸引，形成分子。交换能对分子的形成有着决定性的意义，因此分子的形成是一种量子力学现象，不能由经典力学来解释的。

为什么二个电子的波函数是对称(反对称)的时候，二个原子之互相吸引(排斥)的呢？这是因为，对于对称的波函数ψ_S，电子比较集中地出现于二原子核之间，而电子和原子核是互相吸引的，因而造成了二个原子之互相吸引。对于反对称函数ψ_A，电子在原子核之间出现的几率较小，这时二个原子之间主要的作用就是原子核之间的排斥力，因而二个原子是互相排斥的。~~$\psi_A(\vec r_1,\vec r_2)=-\psi_A(\vec r_2,\vec r_1)$，当$\vec r_1=\vec r_2$时，$\psi_A=0$，而当电子在二原子核之间出现时，$r_1\sim r_2$~~（这可从$\psi_S$和$\psi_A$的具体形式看出来，

$$\psi_A^{(0)}=C_A\left[\psi_a(1)\psi_b(2)-\psi_b(1)\psi_a(2)\right]=C_A\left[\psi_{100}(r_{1a})\psi_{100}(r_{2b})-\psi_{100}(r_{1b})\psi_{100}(r_{2a})\right]$$

当电子在二原子核之间出现时，$r_{1a}\sim r_{1b}$，$r_{2a}\sim r_{2b}$，因此$\psi_A^{(0)}\sim 0$，亦即电子在二原子核之间出现的几率是很小的。ψ_S则不然，

$$\psi_S^{(0)}=C_S\left[\psi_{100}(r_{1a})\psi_{100}(r_{2b})+\psi_{100}(r_{1b})\psi_{100}(r_{2a})\right]$$

$$\propto\left[e^{-(r_{1a}+r_{2b})/a_1}+e^{-(r_{1b}+r_{2a})/a_1}\right]$$

当电子在原子核之间出现时，四个距离有可能都较小；反之，则至少有二个距离是较大的。可见，电子在二原子核之间出现的几率是较大的。）~~这时，电子并不~~

总起来说，当二个电子的自旋状态是反对称时，电子比较集中地出现于二原子核之间（这时它已不属于某一个原子，而为二个原子核所共有）这时二原子互相吸引，形成分子。当二个电子的自旋状态是反对称时，电子在二原子核之间出现的几率较小（这时电子基本上是在某一个原子核附近运动），这时二原子互相排斥，不能形成分子。

注意，氢分子中二个电子的~~自旋磁矩是反平行的~~轨道磁矩为0，如它们的自旋是反平行的，则自旋磁矩亦为0，因此分子没有固有磁矩；如二个电子的自旋是平行的，则分子将具有固有磁矩。而实验表明，氢分子的确没有固有磁矩，这可算是上述理论的正确性的一个佐证。

最后，值得指出的是，在西方流行着一种"共振论"，它不去切实研究分子的构造，而是以某些虚构的图象，强加于真实的分子。以氢分子为例，我们以(4)式作为氢分子~~的近似描述~~的"轨道波函数"，但这是近似的，因为我们是以二个独立的原子的波函数~~的乘积~~的乘积(2)和(2')作为基础，再组合成符合全同性原理要求的分子波函数。

以美国化学家鲍林为首的"共振论者"却不适当地夸大了这种方法，不顾这种

49

方法的近似性，而且不顾全同性原理，武断地认为，(2) 或 (2) 就是氢分子的真实状态，氢分子是在这二种状态间"共振"，迅速地由一种换到另一种。对于复杂分子，他们也根据简单的模型，规定了一些可能的状态，认为分子真实的就是在这些状态之间"共振"，而分子的能量则是这几种状态的能量的某种平均。这样做的结果，在量子化学中输入了表面的繁荣，而实则妨碍了科学的发展。化学"共振论"在哲学上是以马赫主义的思维经济原理作为指导思想，因而是极其反动的。从量子力学的观点看，"共振论"~~也是根本错误的，这是因~~不适当地夸大了个体近似方法的准确性，无视全同性原理对波函数的反对称限制，而且无根据地设想分子不是处于某种稳定状态，而是在几种状态之间"共振"，因而这是一种很错误的理论。

§56. 化学键.

50

(一) 化学键的种类.

原子和分子中的作用力都来源于带电粒子间的库仑作用。但按其表现形式，可分下列几种机构：

1. 离子键——由于正负离子的静电吸引而形成分子或晶体。
2. 范德瓦尔力——由于原子互相极化而造成的吸引力。
3. 同极键（共价键）——由于价电子比较集中地出现在二原子之间而造成原子间的吸引，形成分子。
4. 金属键——自由电子在原子（离子）间流通，产生键合作用，与同极键类似。

前二种是非重叠力，原子间距离较大，各原子的电子云基本上不相重叠。这二种力是可以从经典物理的角度来理解的。后二种是重叠力，由于电子云在原子间的重叠而来的，这种力与交换能有关，本质上是一种量子力学的效应。

当然，这种分类不会是很严格的，实际情况常常介乎二者之间，如 HCl 分子，既有离子键的成份，又有同极键的成份。

在这一节中着重讨论同极键，附带地讨论离子键。

(二) 离子键.

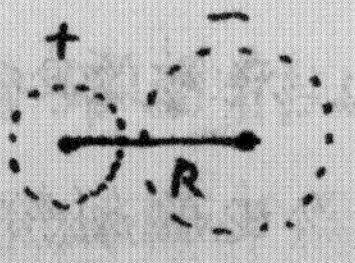

图

正离子和负离子（如 Na^+ 和 Cl^-）互相吸引，形成分子或晶体。由于库仑吸引力而得到的能量

$$W_c = -\frac{e^2}{R} \quad (1)$$

但原子间既然保持一个平衡距离，则原子间必定还有排斥力，这个排斥力在远距离是不重要的，在近距离应超过吸引力，这样原子间才能维持适当的平衡。这个排斥力是由于在近距离时二个原子的电子云互相排挤，原子发生形变而产生的（原子发生形变，则意味着电子不完全处于基态，而有部分的几率处于激发态，要造成这种情况，需要付出能量，亦即需要克服某种排斥力）。排斥势能可由经验公式

$$U = b/R^n, \quad b>0, \ (n\sim 9) \quad (2)$$

表示之（更准确些则为 $U=ae^{-R/b}$）。

原子间作用能的总和为

$$W(R)=W_c+U=-\frac{e^2}{R}+\frac{b}{R^n} \quad (3)$$

平衡时，$R=R_0$，$\left.\frac{\partial W}{\partial R}\right|_{R_0}=0$，由(3)得到：

$$\frac{e^2}{R_0^2}-\frac{nb}{R_0^{n+1}}=0,\quad \frac{b}{R_0^n}=\frac{1}{n}\frac{e^2}{R_0}.$$

代入(3)，得：

$$W(R_0)=-\frac{e^2}{R_0}\left(1-\frac{1}{n}\right) \quad (4)$$

这就是以离子键形成的分子的结合能的半经验公式。它与实验有相当好的符合（5—15%）

以离子键形成的分子具有电偶极矩，$p=eR_0$，数量级为 5×10^{-20}

(三) 共价键及其饱和性。

上节所讨论的 H_2 分子是以共价键结合的分子的典型例子。在这种分子中，二个价电子自旋相反，组成一个电子对，其空间波函数是对称的，因而在二原子核之间出现的几率较多，结果造成二原子之间的吸引而形成分子。

如二电子自旋平行，则原子间的作用力是排斥的，这在上节已经说过了。

共价键的最显著的特点是，它具有饱和性。（而离子键没有这种性质）这是经典物理所最难于理解的。经典物理即使能说明原子间具有形成分子的[illegible]吸引力，也还不能说明为什么已经形成分子的二个氢原子不能再和第三个原子结合成一个更大的分子，正如许多离子互相吸引而形成很大的分子——晶体一样。量子力学既然揭示了共价键的本质，也就不难说明共价键的饱和性。设想第三个氢原子接近一个氢分子（前者），当前者的电子和后者的一个电子自旋反平行时，二者发生吸引；平行时，发生排斥，但由于：

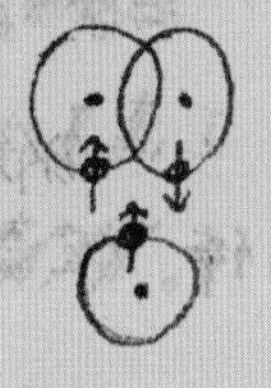

前

i，二个电子组成自旋平行（对称）的状态的几率是三，组成自旋反平行（反对称）的状态的几率是一（见§49）；

ii，自旋平行时原子间的排斥力大于自旋反平行时原子间的吸引力（见§55 (11)式，$|U_A|>|U_S|$）；

iii，第三个原子中的电子和分子中的二个电子之一自旋反平行时，和另一电子必然自旋平行；

第三个原子必然被排斥开去。这就说明了共价键的饱和性。当然，由于涉及到电子自旋的相对取向，因此这是不能根据经典力学来说明的。

(四) 同极键的方向性。

多原子分子中各个原子的相对位置不是任意的，而必须按照一定的方向结合成分子。这个事实可以根据量子力学得到解释。

已经说过，键（我们指同极键）的形成是由于二个原子的价电子云在某个方向（键的方向）重叠的结果（其必要条件是电子的自旋反平行）。如果价电子在原子中处于 s 态（如氢原子），则其空间几率分布是球对称的各向同性的。另一原子可以从任何方向去接近它而形成分子（图 ）。这种情况下形成的键没有方向性。

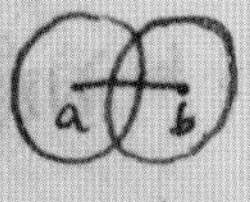

图 二个s电子的结合

如价电子在原子中处于 p 态（$l=1$）或 d 态（$l=2$），则其空间几率分布有方向性，各个不同的角度电子出现的几率不同（参看§2?），例如处于 ψ_{n10} 的电子，其波函数为 $f(r)\cos\theta$，按量子化学习惯，以 ψ_{pz} 表示之，则

$$\psi_{n10}=\psi_{pz}=f(r)\cos\theta=f(r)\frac{z}{r}=zF(r) \qquad (5)$$

电子云的形状（电子的空间几率分布）如图 所示。另外二个 p 态是 ψ_{n11}，ψ_{n1-1}，如组合成实函数，则成：

$$\left.\begin{aligned}\psi_{px}&=\frac{1}{\sqrt{2}}(\psi_{n11}+\psi_{n1-1})=x\,F(r)\\ \psi_{py}&=\frac{1}{\sqrt{2}}(\psi_{n11}-\psi_{n1-1})=y\,F(r)\end{aligned}\right\} \qquad (5')$$

图 p电子的几率云（ψ_{pz}）

几率的极大值是在 x 轴和 y 轴的方向。

这样看来，当价电子分别处于 p 态和 s 态的二个原子结合成分子时，键的方向（原子核的联线）是沿着 p 电子几率云的极大方向，如图 所示。

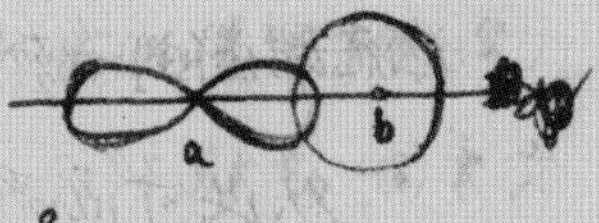

图 p电子和s电子的结合

举二个例来说明键的这种方向性。H_2O（水）分子由二个氢原子和一个氧原子组成。氧原子中参加键的电子是二个 2p 电子，它们的电子云的极大方向相互成 90° 角。这二个电子分别和氢原子的处于 1s 态的电子结合成电子对，形成键（则二键的夹角应是90°）。但二个电子对互相之间自旋的取向是任意的，则根据（三）中所述的理由，二个电子对（键）互相排斥。当然，由于不同电子对中的电子云重叠得很少，因此二个电子对之间的排斥是较小的，结果，二个键之间形成 105° 的角，如图 所示。造成

图 水分子中各原子的相对位置

二个键互相排斥的另一个原因是，O−H键具有部分离子键的性质，二个氢原子(离子)之间有静电排斥作用。

NH_3(氨)分子由氮原子和三个氢原子组成。氮原子参加键之三个2p电子，其电子云互成90°角，这三个p电子分别和一个氢原子中处于1S态的电子组成键，则三个键应互成90°角。实际上，由于三个键的互相排斥，键角增加到108°，结果氨分子具有四面体的形状，N原子位于其中的一个角上，而在其余的构成等边三角形的三个角上则是三个H原子，如图　所示。

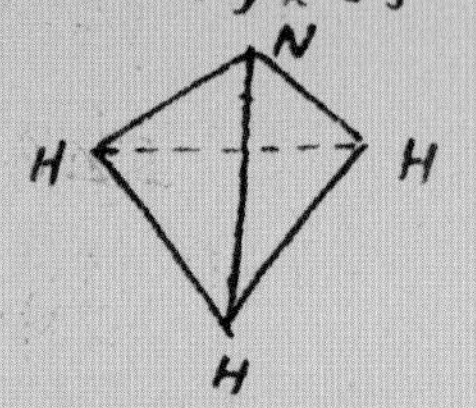

图　氨分子

(五) σ键和π键

上述ss键和sp键都属于所谓σ键。其特点是，其电子云在它的极大方向发生重叠，构成键的原子，绕键的方向旋转一个角度时，电子云的分布和互相作用都均不变(见图　和　)。

~~属于这种σ键的，还有如图　所示的pp键。~~

二个p电子云按图　的方向重迭时，亦造成σ键。

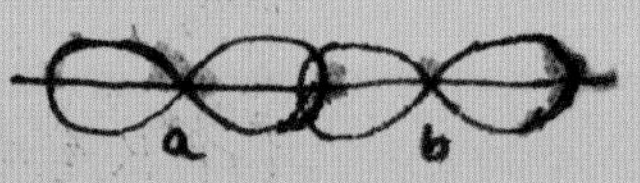

图　二个p电子的结合

但是二个p电子云也可以按另一种方式重叠，而形成所谓π键，这种键发生在原子的多价结合中。以N_2(氮)分子为例。每个氮原子均以三个2p电子参加键，三个2p电子云互相垂直。有一对电子(图　中的1)按图　的方式结合为σ键。其余二对电子云(2和3)只有少部分的重叠，而且重叠的方向不是在电子云的极大方向，这样形成的键称为π键。π键的结合能比σ键小，容易被打断。具有π键的分子容易形变，极化率和折光率都较大。

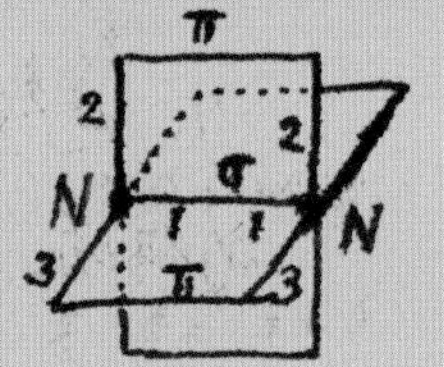

图　氮分子中键的排列

(六) 键的杂化。

严格讲，参加键的电子，由于受到邻近原子的影响，其状态已和原来的不同。特别是，由于邻近原子的存在，破坏了作用势的球对称性，价电子常常不再具有确定的角动量，它的状态可能是s，p，d态的混合。以CH_4(甲烷)分子为例，碳原子有四个电子参加键，在原子中，这四个电子的状态是2s和2p，参构成键时，它们均处于s和p态的混合状态。对于这种杂化过的状态，电子云比较集中于某一个方向，因此更有利于键的形成。[以s电子和p电子的混合为例

53

令 $\psi = a\psi_s + b\psi_{pz} = af(r) + bzF(r)$，

在正z轴方向(z>0) ψ 的值要大些，在负z轴方向(z<0) ψ 的值要小些（假定 a>0，b>0），因此在正z轴方向电子云密度要大些，如图所示。一般地，如果

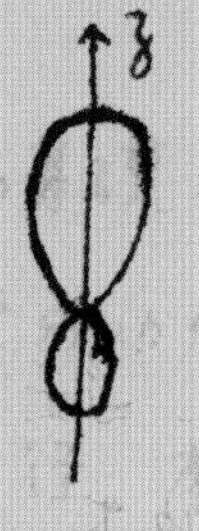

图

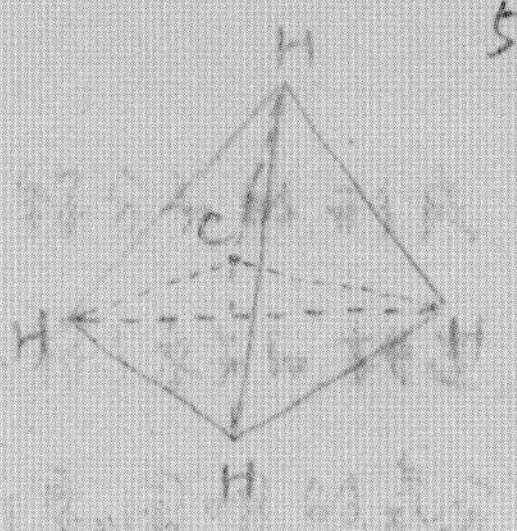

图 甲烷分子

$$\psi = a\psi_s + b\psi_{px} + c\psi_{py} + d\psi_{pz} \quad (6)$$

则电子云的极大方向可以在任意方向，视 a, b, c, d 的数值而定。

碳的4个价电子，分别处于由(6)式表示的状态中，计算表明，4个电子云互成109°.5角，这是从正四面体的中心和四个顶角的联线相互间的夹角。因此，CH_4 分子中，C 原子位于四面体的中心，4个 H 原子则处于4个顶角上。

§52. 氢分子.

在量子力学出现以前,曾试图在玻尔理论的基础上解释分子的形成,但是没有成功。量子力学产生后,~~为研究分子的~~不但成功地解释了原子的构造,而且为分子构造的研究开辟了一条新的,成功的途径。本节所要阐明的氢分子构造的理论,是化学键的量子理论的基础,是分子构造理论的基本知识。

(一). 自旋状态

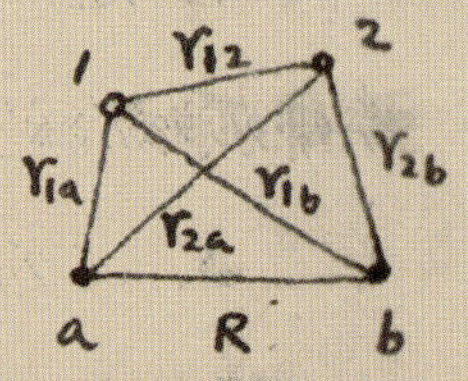

图 85

氢分子中包括二个原子核(质子)和二个电子,如图85所示。其中 a,b 为原子核(电荷 +e),1,2 为电子(电荷 −e)。

电子的运动速度比原子核的振动快得多,作为初步的近似,可以视原子核为静止的。因此可以只把二个电子作为所考虑的运动系统,而把原子核仅仅当作库仑力的中心(但是原子核间的库仑能 e^2/R 也是分子能量的一部分,应该包括到总能 H 中去)。其次,我们略去自旋轨道耦合能。这样,分子的总能量算符等于:

$$\hat{H} = -\frac{\hbar^2}{2m}\nabla_1^2 - \frac{\hbar^2}{2m}\nabla_2^2 - \frac{e^2}{r_{1a}} - \frac{e^2}{r_{1b}} - \frac{e^2}{r_{2a}} - \frac{e^2}{r_{2b}} + \frac{e^2}{r_{12}} + \frac{e^2}{R} \tag{1}$$

波函数则为 $\Psi(\vec{r}_1, \vec{r}_2, S_{1z}, S_{2z})$,它应该满足定态薛丁格方程。

$$\hat{H}\Psi = E\Psi \tag{2}$$

由于 $\hat{H}$ 中不包含自旋算符,此 Ψ 中空间变数和自旋变数可以分开,即

$$\Psi = \psi(\vec{r}_1, \vec{r}_2)\,\chi(S_{1z}, S_{2z}) \tag{3}$$

其中 ψ 为空间波函数("轨道"波函数),χ 为自旋波函数。

Ψ 应该是反对称的(§46),则 ψ 和 χ 必须一为对称,一为反对称。以下标 S 表示对称状态,A 表示反对称状态,则 Ψ 有二种可能的形式:

$$\Psi_I = \psi_A \chi_S\ ,\quad \Psi_{II} = \psi_S \chi_A \tag{4}$$

我们首先来研究自旋状态 χ_S(对称的)和 χ_A(反对称的)。

电子1和2各有二种自旋状态:

$$\begin{aligned} &\text{电子1:}\quad \chi_+(1) = \begin{pmatrix}1\\0\end{pmatrix}_1,\ S_{1z} = \frac{\hbar}{2}\ ;\quad \chi_-(1) = \begin{pmatrix}0\\1\end{pmatrix}_1,\ S_{1z} = -\frac{\hbar}{2} \\ &\text{电子2:}\quad \chi_+(2) = \begin{pmatrix}1\\0\end{pmatrix}_2,\ S_{2z} = \frac{\hbar}{2}\ ;\quad \chi_-(2) = \begin{pmatrix}0\\1\end{pmatrix}_2,\ S_{2z} = -\frac{\hbar}{2} \end{aligned} \tag{5}$$

(下标1和2是用来表明电子1和2的)

—25—

由它们可以组合成四种独立的总自旋状态：

$$\chi=\begin{cases}\chi_+(1)\chi_+(2)=\begin{pmatrix}1\\0\end{pmatrix}_1\begin{pmatrix}1\\0\end{pmatrix}_2, & S_{1z}=\frac{\hbar}{2},\ S_{2z}=\frac{\hbar}{2},\ S_z=\hbar\\ \chi_-(1)\chi_-(2)=\begin{pmatrix}0\\1\end{pmatrix}_1\begin{pmatrix}0\\1\end{pmatrix}_2, & S_{1z}=-\frac{\hbar}{2},\ S_{2z}=-\frac{\hbar}{2},\ S_z=-\hbar\\ \chi_+(1)\chi_-(2)=\begin{pmatrix}1\\0\end{pmatrix}_1\begin{pmatrix}0\\1\end{pmatrix}_2, & S_{1z}=\frac{\hbar}{2},\ S_{2z}=-\frac{\hbar}{2},\ S_z=0\\ \chi_-(1)\chi_+(2)=\begin{pmatrix}0\\1\end{pmatrix}_1\begin{pmatrix}1\\0\end{pmatrix}_2, & S_{1z}=-\frac{\hbar}{2},\ S_{2z}=\frac{\hbar}{2},\ S_z=0\end{cases}\tag{6}$$

$$(S_z=S_{1z}+S_{2z})$$

其中前二种已经是对称的。后二种则既非对称，又非反对称，但如将它们相加和相减，则就得到对称和反对称的状态（参看§46）。因此，对称的总自旋状态共有3种，反对称的1种，如下：

$$\begin{aligned}&\uparrow\ \chi_S^{(1)}=\chi_+(1)\chi_+(2) && S_z=\hbar\\ &\rightarrow\ \chi_S^{(2)}=\frac{1}{\sqrt2}\left[\chi_+(1)\chi_-(2)+\chi_-(1)\chi_+(2)\right] && S_z=0\quad\Big\}\ S=1 \quad (7)\\ &\downarrow\ \chi_S^{(3)}=\chi_-(1)\chi_-(2) && S_z=-\hbar\\ &\uparrow\downarrow\ \chi_A=\frac{1}{\sqrt2}\left[\chi_+(1)\chi_-(2)-\chi_-(1)\chi_+(2)\right] && S_z=0\quad S=0 \quad (7')\end{aligned}$$

容易验明，这4种状态恰好是总自旋平方算符 $\hat{S}^2$ 的本征状态，本征值 $S(S+1)\hbar^2$，对于 χ_S，（总自旋量子数）$S=1$，因此，对称的自旋状态 χ_S 相当于二个电子的自旋平行的状态，而 S_z 的3种数值则相当于总自旋在空间的3种指向，如(7)式左端的向量图形所示。反对称的自旋状态 χ_A，总自旋量子数 $S=0$，相当于二个电子的自旋反平行，如(7')式左端所示。这些结果和上节关于角动量相加的普遍理论完全一致（根据普遍理论，二个自旋为 $\frac{\hbar}{2}$ 的粒子，总自旋量子数 S 只能取0或1，$S=0$ 时，$S_z=0$，$S=1$ 时，$S_z=\hbar,0,-\hbar$）。当然，总自旋波函数(7)和(7')不仅适用于氢分子，而且也适用于任何二个自旋为 $\frac{\hbar}{2}$ 的粒子所组成的系统。

（二）海特勒-伦敦方法

将(3)式代入(2)式中，消去自旋波函数 χ，得到

$$\hat{H}\psi=E\psi\tag{8}$$

即空间波函数 ψ 应该是 $\hat{H}$ 的本征函数。但 $\hat{H}$ 如此复杂，要想严格地求解是不可能的，必须用近似方法。我们采用海特勒-伦敦的方法。这个方法

—26—

求得的结果在量的方面并不十分好，但是它能够精辟地说明分子构造的本质，给出清楚的物理图象。

可以这样来设想分子的形成：二个独立的原子，当它们接近时，由于相互作用而使它们结合起来，形成分子。作为初步的近似，我们将把二个氢原子的基态波函数的乘积作为分子的0级波函数，而把二个氢原子之间的相互作用当作微扰。（如果原子核 a, b 的距离 R 比玻尔半径 a_1 大得多，这样做当然是可以的，但实际上 $R \sim 0.74\text{Å} \sim 1.4 a_1$，图85中各个距离是差不多大小的，亦即原子间的相互作用是很强烈的，把它当作微扰，在量的方面将产生一定的误差。） 设电子1和原子核 a 组成一个氢原子，电子2和原子核 b 组成另一个氢原子（图86左），则分子的0级波函数为

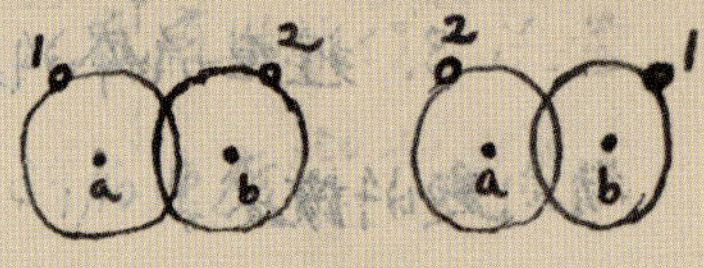

图86 二个相互作用的原子

$$\psi_a(1)\,\psi_b(2), \tag{9}$$

这里 $\psi_a(1)$ 是 $\psi_{100}(r_{1a})$ 的简写，$\psi_b(2)$ 是 $\psi_{100}(r_{2b})$ 的简写，即：

$$\psi_a(1)=\left(\frac{1}{\pi a_1^3}\right)^{\frac{1}{2}} e^{-r_{1a}/a_1}, \quad \psi_b(2)=\left(\frac{1}{\pi a_1^3}\right)^{\frac{1}{2}} e^{-r_{2b}/a_1} \tag{10}$$

这时，0级能量算符和微扰能为：

$$\hat{H}_0=-\frac{\hbar^2}{2m}\nabla_1^2-\frac{e^2}{r_{1a}}-\frac{\hbar^2}{2m}\nabla_2^2-\frac{e^2}{r_{2b}}$$

$$\hat{W}=\frac{e^2}{r_{12}}+\frac{e^2}{R}-\frac{e^2}{r_{1b}}-\frac{e^2}{r_{2a}}, \tag{9'}$$

~~$\hat{H}\psi_a(1)\psi_b(2)=(\hat{H}_0+\hat{W})\psi_a(1)\psi_b(2)=(2E_1+W)\psi_a(1)\psi_b(2)$ (12)~~

~~其中 $E_1=-\frac{e^2}{2a_1}$ 是氢原子的基态能量。~~

设电子1和原子核 b 组成一个氢原子，电子2和原子核 a 组成一个氢原子（图86右），则分子的0级波函数为

$$\psi_b(1)\,\psi_a(2), \tag{11}$$

0级能量算符和微扰能为：

$$\hat{H}_0=-\frac{\hbar^2}{2m}\nabla_1^2-\frac{e^2}{r_{1b}}-\frac{\hbar^2}{2m}\nabla_2^2-\frac{e^2}{r_{2a}}$$

$$\hat{W}=\frac{e^2}{r_{12}}+\frac{e^2}{R}-\frac{e^2}{r_{1a}}-\frac{e^2}{r_{2b}} \tag{11'}$$

~~$\hat{H}\psi_b(1)\psi_a(2)=(2E_1+W)\psi_b(1)\psi_a(2)$ (15)~~

正确的分子波函数应该是对称的或反对称的，亦即ψ应该是(9)式和(11)式的组合：

对称的： $\psi_S = c_S[\psi_a(1)\psi_b(2)+\psi_b(1)\psi_a(2)]$ (12)

反对称的： $\psi_A = c_A[\psi_a(1)\psi_b(2)-\psi_b(1)\psi_a(2)]$ (13)

c_S和c_A是规格化常数，由规格化条件决定：

$$\int\psi_S^*\psi_S\,dv_1\,dv_2=1,\quad \int\psi_A^*\psi_A\,dv_1\,dv_2=1.$$

注意：(9)式和(11)式是不正交的，因此c_S^2和c_A^2并不等于$\frac{1}{2}$，它们的数值如下：

$$\int\psi_A^*\psi_A\,dv_1\,dv_2 = c_A^2\Big\{\int|\psi_a(1)|^2|\psi_b(2)|^2\,dv_1\,dv_2+\int|\psi_b(1)|^2|\psi_a(2)|^2\,dv_1\,dv_2$$
$$-\int\psi_a^*(1)\psi_b(1)\psi_b^*(2)\psi_a(2)\,dv_1\,dv_2-\int\psi_b^*(1)\psi_a(1)\psi_a^*(2)\psi_b(2)\,dv_1\,dv_2\Big\}$$

{ }中第一项和第二项等于1，第三项和第四项相等，等于下式的平方：

$$\alpha=\int\psi_a^*(1)\psi_b(1)\,dv_1=\frac{1}{\pi a_1^3}\int e^{-(r_a+r_b)/a_1}\,dv$$
$$=\left(1+\frac{R}{a_1}+\frac{1}{3}\frac{R^2}{a_1^2}\right)e^{-R/a_1} \qquad (14)$$

[(14)式的证明相当烦，我们略去这个证明。但可以指出两种极端情况：

$\frac{R}{a_1}\to 0,\ \alpha\to 1$； $\frac{R}{a}\to\infty,\ \alpha\to 0$； $\frac{R}{a_1}\approx 1.4,\ \alpha\approx 0.72$]

因此， $c_A^2=1/2(1-\alpha^2)$ (15)

同样， $c_S^2=1/2(1+\alpha^2)$ (15′)

注意，如略去原子间的作用能W，则(9)式和(11)式相应于同样的能量($2E_1$，即两个氢原子基态能量)~~这种简化是由于~~ 事实上，当2个电子交换它们的个体状态时，(9)式就变成(11)式，而它的能量不变。~~能量的~~这种简併化称为交换简併。(12)和(13)式，由于已经满足了全同性原理的要求，因此就是正确的0级波函数。在(12)或(13)式中计算相互作用算符$\hat{W}$的平均值，就得到这二种情况下原子间的作用能。以U_S和U_A表示这个作用能，则

~~$U_S=\int\psi_S^*\hat{W}\psi_S\,dv_1\,dv_2=c_S^2\int\psi_a^*(1)\psi_b^*(2)\hat{W}\psi_a(1)\psi_b(2)\,dv_1\,dv_2$~~

$$U_s = \iint \psi_s^* \hat{W} \psi_s \, dv_1 dv_2$$

$$= c_s^2 \Big[\iint \psi_a^*(1)\psi_b^*(2) \hat{W} \psi_a(1)\psi_b(2)\, dv_1 dv_2 + \iint \psi_b^*(1)\psi_a^*(2) \hat{W} \psi_b(1)\psi_a(2)\, dv_1 dv_2$$

$$+ \iint \psi_a^*(1)\psi_b^*(2) \hat{W} \psi_b(1)\psi_a(2)\, dv_1 dv_2 + \iint \psi_b^*(1)\psi_a^*(2) \hat{W} \psi_a(1)\psi_b(2)\, dv_1 dv_2 \Big]$$

第一项和第四项中，$\hat{W}$应该用(9′)式，第二项和第三项中，$\hat{W}$用(11′)式。第一项中如把积分变数$\vec{r}_1$换成$\vec{r}_2$，$\vec{r}_2$换成$\vec{r}_1$，就变成第二项，因此，前二项的数值是相等的；同样，后二项亦相等。因此，U_s等于：

$$U_s = 2c_s^2 (C + A) = \frac{C+A}{1+\alpha^2} \qquad (16)$$

其中 $$C = \iint \psi_a^*(1)\psi_a(1)\ \psi_b^*(2)\psi_b(2) \left(\frac{e^2}{r_{12}} + \frac{e^2}{R} - \frac{e^2}{r_{1b}} - \frac{e^2}{r_{2a}} \right) dv_1 dv_2 \qquad (17)$$

$$A = \iint \psi_a^*(1)\psi_b(1)\ \psi_b^*(2)\psi_a(2) \left(\frac{e^2}{r_{12}} + \frac{e^2}{R} - \frac{e^2}{r_{1b}} - \frac{e^2}{r_{2a}} \right) dv_1 dv_2 \qquad (18)$$

同样地，$$U_A = 2C_A^2 (C - A) = \frac{C-A}{1-\alpha^2} \qquad (19)$$

我们来研究一下C和A的物理意义。~~C中，$-e\psi_a^*(1)\psi_a(1)$ 是~~

C中，$-e\psi_a^*(1)\psi_a(1)$是电子1和原子核a组成原子时的空间电荷密度，以$\rho_a(1)$表示之；$-e\psi_b^*(2)\psi_b(2)$是电子2和原子核b组成原子时的空间电荷密度，以$\rho_b(2)$表示之。考虑到$\int \rho_a(1)\,dv_1 = \int \rho_b(2)\,dv_2 = -e$，则C可以写成：

$$C = \frac{e^2}{R} + \iint \frac{\rho_a(1)\rho_b(2)}{r_{12}} dv_1 dv_2 + \int \frac{e\rho_a(1)}{r_{1b}} dv_1 + \int \frac{e\rho_b(2)}{r_{2a}} dv_2 \qquad (17')$$

第一项是二个原子核间的库仑能，第二项是二个原子(a,1)和(b,2)的空间电荷(电子)间的库仑能，第三项是原子(a,1)的空间电荷(电子)和原子核b间的库仑能，第四项是原子(b,2)的空间电荷(电子)和原子核a间的库仑能。总之，C的物理意义是二个原子核各自占有一个确定的电子时，二个原子间的库仑作用能(量86左)。这从经典物理的角度也是能理解的。

项目A则没有经典的解释。形式上，我们仍旧可以引入二个"电荷密度"

$$\rho_{ab}(1) = -e\psi_a^*(1)\psi_b(1), \quad \rho_{ba}(2) = -e\psi_b^*(2)\psi_a(2), \qquad (20)$$

则A可以写成(注意(14)式！)：

$$A = \alpha^2 \frac{e^2}{R} + \iint \frac{\rho_{ab}(1)\rho_{ba}(2)}{r_{12}} dv_1 dv_2 + \int \frac{\alpha e \rho_{ab}(1)}{r_{1b}} dv_1 + \int \frac{\alpha e \rho_{ba}(2)}{r_{2a}} dv_2 \qquad (18')$$

"电荷密度"$\rho_{ab}(1)$和$\rho_{ba}(2)$并不是由于电子处于确定的原子状态而造成的，而似乎是由于二个电子可以交换它们的个体状态而造成的[见(20)式，$\rho_{ab}(1)$表示电子1可以处于原子a中，也可以处于原子b中，$\rho_{ba}(2)$则恰好相反]，因此，它们称为交换密度。利用交换密度的概念，A的形式上的意义可以解释为下：(18')中第一项~~是原子核~~(和C中第一项合在一起)是原子核间的库仑能，第二项是二个电子由于状态不确定而造成的"交换密度"之间的作用能，第~~二和第四项是电子1的交换密度和原子核b~~三和第四项是电子的交换密度和原子核间的作用能，其中αe是考虑到另一个电子的屏蔽作用以后原子核的有效电荷。因此，A一般称为交换能。当然，"交换能"A和"库仑能"C都是来源于原子间的库仑作用，电子间并不存在什么"交换作用"；但是"交换密度"是全同性原理（坐标对称）的必然结果，没有经典的解释，因此，交换能的出现，是量子力学的特有结论，是经典力学所不能理解的。

回到(16)和(19)式。二个原子是否能结合成分子，取决于作用能U_S或U_A是否小于0，亦即取决于C和A的大小，正负。C和A中各有二个正的项，二个负的项，它们的大小和正负和原子核间距离R有关，要进行仔细的分析才看得出来。~~对于很大的R ($R>>a_1$)~~，

交换密度

$$\rho_{ab}(1) = -e\,\psi_a^*(1)\,\psi_b(1) = \frac{-e}{\pi a_1^3}\,e^{-(r_{1a}+r_{1b})/a_1}, \qquad (21)$$

$$\rho_{ba}(2) = -e\,\psi_b^*(2)\,\psi_a(2) = \frac{-e}{\pi a_1^3}\,e^{-(r_{2a}+r_{2b})/a_1} \qquad (21')$$

对于很大的R ($R>>a_1$)，由图(86)可见 $r_{1a}+r_{1b} \sim R \sim r_{2a}+r_{2b}$，因此交换密度趋于0，因此$A\to 0$；(17)中四个距离均和R同数量级，因此$C\to 0$，总之，当$R>>a_1$时，原子间的相互作用$U_S$或$U_A$均趋于0.

对于很小的R ($R<<a_1$)，$a\to b$，这时起决定作用的是原子核间的斥力$\frac{e^2}{R}$，因此$U_S \sim U_A \sim \frac{e^2}{R}$，二个原子强烈地排斥。

对于中等的R ($R\sim a_1$)，情况很复杂。先来研究"库仑能"C，(17)中四个距离差不多大小，因此四项都$\sim\frac{e^2}{R}$，但前二项为正，后二项为负，所以，C的(和e^2/R相比)绝对值很小（计算指出，C是负的），如图87所示。交换能A就不同。~~一般~~，以(18')中第一项作为标准，如果r_{12}，r_{1b}，r_{2a}均代之以R，则四项就一样大小。但r_{12}是电子间的距离，它的平均值不会比R小，因此第二项是较小的。第三项中，$\rho_{ab}(1)$由(21)式表示，由图85可见，一般$r_{1a}+r_{1b}>R$，但当$r_{1b}\to 0$时(即电子处于原子核近旁时)，$r_{1a}+r_{1b}\to R$，$\rho_{ab}(1)$最大，对积分的贡献较多，因此第三项的数值将超过第一项。第四项和第三项相等。

这样，对于中等的 R ($R\sim a_1$)，交换能 A 是负的，而且 $|A|>|C|$。由(16)和(19)式可知，$U_S<0$，$U_A>0$。~~总起来说，二个氢原子间的作用能随~~

总起来说，二个氢原子间的作用能随原子间距离 R 的变化是：

对称状态 ψ_S：$R\to 0$，$U_S\to \frac{e^2}{R}$；$R\to\infty$，$U_S\to 0$；$R\sim a_1$，$U_S<0$

反对称状态 ψ_A：$R\to 0$，$U_A\to \frac{e^2}{R}$；$R\to\infty$，$U_A\to 0$；$R\sim a_1$，$U_A>0$，

画出来，如图87所示。

表12　氢分子的数据

方法	平衡距离 R_0 (Å)	离解能 (eV)
海特勒-伦敦	0.80	3.2
王守竞	0.76	3.76
詹姆斯-库里奇	0.74	4.722±0.013
实验值	0.7395	4.73±0.04

$\frac{e^2}{R}\sim\frac{e^2}{1.4a_0}\sim 19.4\ \text{ev}$.

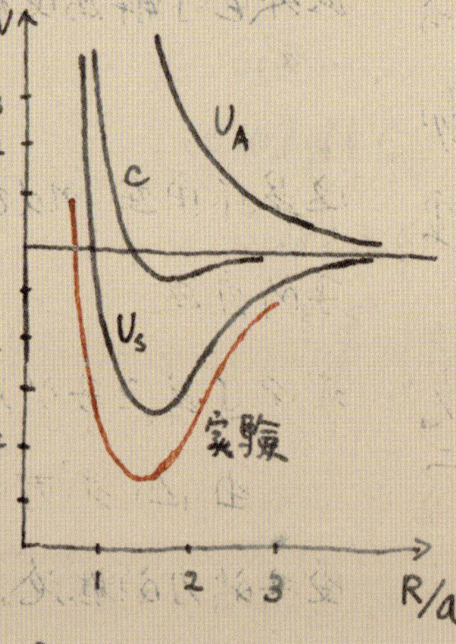

图87. 原子间的作用能

由图可见，对于反对称状态 ψ_A，原子间作用能 U_A 始终是正的，不能组成分子；对于对称状态 ψ_S，原子间作用能 U_S 有负的极小值，可以组成分子。U_S 的极小值就是分子的离解能，相应的 $R=R_0$ 就是二个原子组成分子的平衡距离（键长）。理论结果和实验的比较如表12所示。理论值和实验值（特别是离解能）符合得并不太好，这是因为0级波函数不够好的缘故。王守竞曾改进了海特勒-伦敦的方法，他仍采取(12)和(13)形式的0级波函数，但令

$$\psi_\alpha(i)=\frac{z'^3}{\pi a_1^3}e^{-z'r_{i\alpha}/a_1}\quad(\alpha=a,b;\ i=1,2)\qquad(22)$$

其中 z' 为变分参数，根据变分法的计算，求得表12的结果（$z'=1.166$），R_0 的数值和实验相当符合，而离解能尚相差1 eV。詹姆斯和库里奇采用了更普遍的尝试波函数，用变分法求得了和实验完全一致的结果。可见，根据量子力学可以完全成功地研究分子的构造，只是要根据物理情况的分析采取合适的数学方法。

注意，氢分子中二个电子均处于 s 态，轨道磁矩为0，如它们的空间波函数是对称的，则自旋是反平行的（$S=0$），自旋磁矩为0，因此分子没有固有磁矩；如二个电子的自旋是平行的（$S=1$），空间波函数是反对称的，则分子将具有固有磁矩。实验发现，氢分子固有磁矩为0，这也证明了间接地全同性原理的正确性。

(三)、共价键(同极键)的特点.

~~上面的分析表明,对于对称的空间状态 ψ_s,原子间的作用力是吸引的,因此形成分子(图87);反对称状态 ψ_A,原子间的作用力是排斥的,不能形成分子。这是什么原因呢?~~

氢分子是典型的共价键分子,通过上述对氢分子的研究,我们可以说明共价键的一些特点。

原子核之间的作用是排斥的,电子和原子核之间的作用是吸引的,如果电子有较多的机会在二个原子核之间出现,则吸引力就超过排斥力,这时就能够形成分子;反之,如果电子只有较少的机会在二个原子核之间出现,则排斥力就超过吸引力,這时就不能形成分子。对称状态(這里是指空间状态)ψ_s 代表的正是前一种情形,反对称状态 ψ_A 代表的正是后一种情形。[註] 而為了组成空间对称的状态,二个电子的自旋必须反平行(反对称);当二个电子的自旋是平行(对称)时,空间状态是反对称的。因此,共价键的一个特点是:参加键的一对电子,自旋反平行,空间状态对称,因而有较多的机会出现于二原子之间,產生键合(结合)作用。其次,参加键的电子,已不复為某一个原子所单独占有,而是為二个原子所共有(这可从(12)式直接看出来)。另外,还可以说明共价键的一项重要性质,这就是经典力学所无法解释的饱和性.

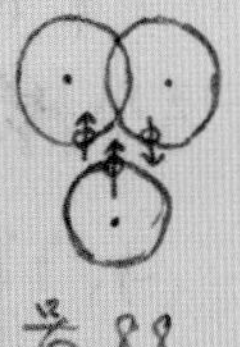
图 88

设有第三个氢原子接近一个氢分子,则由于:i,第三个原子中的电子和分子中的(二个)电子的自旋取向并无固定的联系,既有平行的机会,也有反平行的机会(图87);ii,自旋平行的机会是3/4,反平行的机会是1/4 [见(7)和(7')式];iii,自旋平行时,被排斥,反平行时,被吸引;结果第三个原子将被排斥开去。因此,氢分子只能由二个原子组成,這就是共价键的饱和性。当然,由于问题涉及到自旋,因此这是经典力学所无法解釋的。

[註] 在对称状态 ψ_s 中,某一个电子(例如电子1)在空间各处出现的几率密度是(参看§45 (5)式):

$$\int \psi_s^* \psi_s \, dv_2 = c_s^2 \left[|\psi_a(1)|^2 + |\psi_b(1)|^2 + 2\alpha \psi_a(1) \psi_b(1) \right]$$

$$= \frac{c_s^2}{\pi a_1^3} \left[e^{-2r_{1a}/a_1} + e^{-2r_{1b}/a_1} + 2\alpha e^{-(r_{1a}+r_{1b})/a_1} \right] \tag{23}$$

在二原子核之间,r_{1a}, r_{1b} 有可能二者都较小,几率密度要大些（特别是第三项）。反之，在反对称状态 ψ_A 中，电子1的几率密度是：

$$\int \psi_A^* \psi_A \, dV_2 = C_A^2\left[|\psi_a(1)|^2+|\psi_b(1)|^2-2\alpha\,\psi_a(1)\psi_b(1)\right]$$

$$=\frac{C_A^2}{\pi a_1^3}\left[e^{-2r_{1a}/a_1}+e^{-2r_{1b}/a_1}-2\alpha\, e^{-(r_{1a}+r_{1b})/a_1}\right] \qquad (23')$$

在二原子核之间的（r_{1a}，r_{1b} 较小），第三项较大，故几率密度要小些。

（四）化学"共振论"的错误.

应该指出，上述海特勒-伦敦方法只是一种近似方法，它以二个独立原子（每个原子核占有一个电子）的波函数的乘积［(9)式和(11)式］作为基础，再组合成符合全同性原理的、反对称的分子波函数。实际上，每一个电子都同时受到二个原子核的作用，而为二个原子核所共有，因此，分子中电子的原子状态只有近似的意义。亦即，(12)式只是真实分子状态的粗略近似。

以美国化学家鲍林为首的"共振论"者却不适当地夸大了这种方法，不顾这种方法的近似性，而且不顾全同性原理，武断地认为(9)式或(11)式就是氢分子的真实状态，认为氢分子是在这二种状态之间"共振"，迅速地由一种换到另一种。他们把这种错误观点用到有机化学，对于各种复杂的分子，都根据某种简单的模型，规定了一些"可能的"状态，认为真实的分子是在这些状态之间"共振"，而分子的能量则是这些状态的能量的某种平均。

这种化学"共振论"，不去切实地研究分子的结构，而是以各种虚构的图象，强加于真实的分子。这样做的结果，虽然在量子化学中输入了表面的繁荣，实则妨害了化学的发展。"共振论"在哲学上是以马赫主义的"思维经济原理"作为指导思想，因而是极其反动的。在物理上，"共振论"不适当地夸大了个体近似方法的准确性，虚构出一些分子状态，而且毫无根据地设想分子不是处于某种稳定状态，而是在几种状态之间"共振"，因而是一种错误的理论。

结語 在这一章里应用量子力学原理於多粒子系统，研究了原子和分子的结构。内容大致上可以分成五个方面：1）§45-46，叙述了多粒子系统的一般概念，同类粒子系统的全同性原理和费米子（电子）系统的泡里原理，以及处理多粒子问题的基本方法——个体近似。2）§51，多粒子系统角动量的本征值的研究。3）§47，原子结构，根据泡里原理研究了原子中电子的壳层结构，和元素的化学性质，X光谱等。

4，§48－50，说明了研究多粒子问题的三种主要计算方法。5，§52，通过氢分子的研究，阐明了分子构造的一些基本概念；同时也是各种方法的综合应用。

全同性原理是研究原子、分子等问题的指导原则，其数学表现形式就是统波函数的反对称性（$P_{ik}\psi=-\psi$）。当应用个体近似，即用个体状态（单电子状态）的乘积近似地表示总状态时，全同性原理进一步表现为泡里原理。就是用个体近似时，每一个电子也并不是处于确定的个体状态，而是可以处于各种个体状态，这是氢分子问题中交换能的来由。交换能的概念是量子力学所特有的，它与物质的许多性质（如铁磁性）有密切的关系，对其来由应该有清晰的了解。共价键的特点要有所了解。

角动量的研究是量子力学的一个重要方面（它和中心力问题密切联系！）角动量相加的矢量模型应该很好地掌握和量子数的确定方法。

对于§47－50，首先要了解原子的壳层结构，它是进一步研究物质结构（分子、固体等）的基础。其次，对于处理原子问题的各种方法，要有一个全貌的了解，由于篇幅和时间的限制，我们未能深入地讲解这些方法，也不要求同学们深入地去钻研这些方法。

复习思考题

1. 什么是多体问题中的个体近似方法？在原子问题中应用个体近似的物理基础是什么？
2. 全同性原理、个体近似和泡里原理的关系。全同性原理、个体近似和交换能的关系。
3. 原子的壳层结构和化学性质的关系，壳层结构和X光谱的关系。
4. 研究原子结构时，最关键的一步是什么？
5. 统计模型和自洽场方法的相互关系。
6. 应用变分法的成败关键。变分法和微扰论的关系。
7. 关于二个电子系统的自旋波函数，有那些主要结论？
8. 交换能的来由，及其在分子问题中的地位。
9. 共价键的特点。
10. 学了这一章，对第二章中各项原理有何新的体会？对中心力问题的重要性，有何认识？

第八章 量子跃迁的理论及其应用.

量子力学中的问题大体上可以分成三类:

1. 计算各种力学量的本征值(可能值)和本征函数,特别是能级和定态波函数。
2. 计算在某个状态ψ中测得某个力学量L的数值等于某个本征值L_n的几率。
3. 计算量子系统(粒子,原子)在外界作用下从一个状态跃迁到另一个状态的几率。

以前各章研究的问题大体上属于前二类,这一章所要研究的弹性散射,光的吸收和辐射等问题则属于后一类。

§53. 跃迁几率

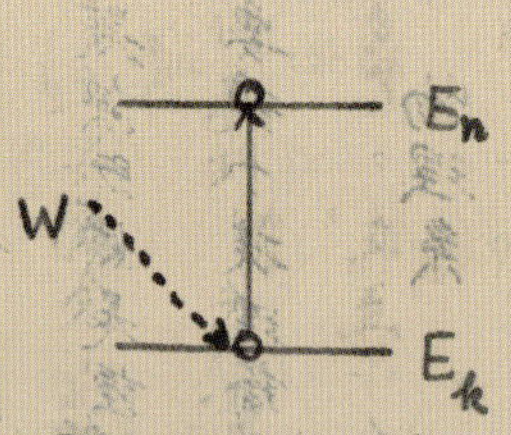

图88. 量子跃迁

设开始时($t=0$)粒子(或粒子系统,如原子)处于能量为E_k的状态(定态)ψ_k,如果受到外界的作用(例如光的照射),则其状态和能量将发生变化。我们需要解决的问题是:在外界作用(微扰W)的影响下,粒子从定态ψ_k变(跃迁)到ψ_n的几率,亦即从能级E_k跃迁到E_n的几率。ψ_k称为初态,有时也写成ψ_i,ψ_n称为终态,有时也写成ψ_f.

(一) 含时间的微扰论

设未受外界作用时,粒子(或粒子系统)的能量算符为$\hat{H}_0$,本征值(能级)和本征函数(定态波函数)为

$$\begin{cases} E_1 \quad E_2 \quad \cdots \quad E_n \quad \cdots \\ \psi_1(\vec{r}) \quad \psi_2(\vec{r}) \quad \cdots \quad \psi_n(\vec{r}) \quad \cdots \end{cases},$$

$$\hat{H}_0\psi_m(\vec{r}) = E_m\psi_m(\vec{r}) \quad , \quad m=1,2,\cdots n,\cdots \tag{1}$$

设$t=0$以前,粒子处于定态ψ_k,$t=0$以后,受到外界作用,作用能$W(\vec{r},t)$,则在$t=0$以后,状态$\psi(\vec{r},t)$由下式决定:

$$i\hbar\frac{\partial}{\partial t}\psi = \hat{H}\psi = (\hat{H}_0+\hat{W})\psi, \tag{2}$$

附有初始条件: $t=0$时,$\psi=\psi_k(\vec{r})$

根据本节一开始所提出的问题,我们显然应该採取H_0表象,即将ψ展开成$\hat{H}_0$的本征函数ψ_m们的叠加:

$$\psi(\vec{r},t) = \sum_m c_m(t)\,\psi_m(\vec{r})\,e^{-iE_mt/\hbar} \tag{3}$$

（其中 $e^{-iE_mt/\hbar}$ 是为了运算方便而引入的） 根据§33 (2)式，在时刻 t，状态 $\psi(\vec r,t)$ 中，测得粒子的能量（即 H_0 的值）为 E_n 的几率等于

$$|c_n(t)e^{-iE_nt/\hbar}|^2=|c_n(t)|^2$$

这也就是在外界作用 W 的影响下，到时刻 t 为止，粒子已经从能级 E_k 跃迁到 E_n 的几率，亦即从状态 ψ_k 跃迁到 ψ_n 的几率。一般感兴趣的是每秒从 $\psi_k\to\psi_n$ （$E_k\to E_n$）的跃迁几率，以 $w_{k\to n}$ 表示之，则

$$w_{k\to n}=\frac{d}{dt}|c_n(t)|^2 \tag{4}$$

为了求 $c_n(t)$，可将(3)式代入(2)式，并考虑到(1)式，则得：

$$i\hbar\sum_m\frac{dc_m}{dt}\psi_m(\vec r)e^{-iE_mt/\hbar}=\sum_m c_m\hat W\psi_m(\vec r)e^{-iE_mt/\hbar}$$

乘 $\psi_n^*(\vec r)$，积分，并计及 ψ_n 们的正交性（$\int\psi_n^*\psi_m dv=\delta_{nm}$），则得

$$i\hbar\frac{dc_n}{dt}=\sum_m W_{nm}(t)\cdot c_m(t)e^{+i\omega_{nm}t} \tag{5}$$

其中

$$\omega_{nm}=(E_n-E_m)/\hbar, \tag{6}$$

$$W_{nm}(t)=\int\psi_n^*(\vec r)\,\hat W(\vec r,t)\,\psi_m(\vec r)\,dv \tag{7}$$

（这些线不要了）

$W_{nm}(t)$ 是外界作用 $W(\vec r,t)$ 在 H_0 表象中的矩阵元素。(5)式实际上就是§33 (31)式。

到(5)式为止，是严格的。如果外界作用可以当作微扰，则 c_m 是比较小的，我们可以求(5)式的近似解。$t=0$ 时，$\psi=\psi_k(\vec r)$，由(3)式，

$$c_k(0)=1;\quad c_m(0)=0,\quad m\neq k.$$

~~设如果 $W\ll H_0$，或~~

如果外界作用很小（$W\ll H_0$），而作用的时间 t 又不太长，则波函数的变化是较小的，作为0级近似，可取

$$c_k(t)\approx 1;\quad c_m(t)\approx 0,\quad m\neq k \tag{8}$$

将(8)式代入(5)式右端，得到：

$$i\hbar\frac{dc_n}{dt}=W_{nk}(t)e^{i\omega_{nk}t}$$

$$c_n(t)\doteq\frac{1}{i\hbar}\int_0^t W_{nk}(t)e^{i\omega_{nk}t}dt,\quad (n\neq k) \tag{9}$$

这就是 $c_n(t)$ 的一级近似。如将(9)式再代入(5)式右端，就可求得 $c_n(t)$ 的二级近似，但在大多数情况下，一级近似已经够了。(9)式表明，从初态 ψ_k 到终态 ψ_n 的跃迁几率决定于二者的能量差（$E_n-E_k=\hbar\omega_{nk}$）和微扰 $W(\vec r,t)$

的矩陣元素： $W_{nk}(t) = \int \psi_n^*(\vec r)\,\hat W(\vec r,t)\,\psi_k(\vec r)\,dv$ (7')

~~(三) 单频的微扰.~~

~~這是一种極端情况(理想情况)~~

有一点值得注意。如果初态為ψ_n，终态為ψ_k，则每秒从$\psi_n\to\psi_k$的跃迁几率為 $w_{n\to k} = \frac{d}{dt}|c_k(t)|^2$，而$c_k(t)$的数值等于(9)式中n换成k，k换成n，這恰好是(9)式的复共軛再乘-1，而其绝对值则和(9)式相等。由此可知，在同一个外界微扰的作用下，从$\psi_k\to\psi_n$和从$\psi_k\to\psi_n$的跃迁几率是相等的，即 $w_{k\to n}=w_{n\to k}$。為了明确起見，在下面的讨论中，如無特别的说明，我们将假定 $E_n>E_k$，即 $\omega_{nk}>0$

(二) 单频的微扰

這是一种极端情况(理想情况)，原子受到单色光的作用而发生的跃迁，就属于這种情况。

设微扰 $\hat W(\vec r,t)$ 随时间t的变化是单频的，则

$$W(\vec r,t)=W(\vec r)\cdot 2\cos\omega t = W(\vec r)(e^{i\omega t}+e^{-i\omega t}) \qquad (10)$$

代入(7')式，得： $W_{nk}(t)=W_{nk}(e^{i\omega t}+e^{-i\omega t})$ (7'')

其中 $W_{nk}=\int\psi_n^*(\vec r)\,W(\vec r)\,\psi_k(\vec r)\,dV$ (11)

代入(9)式，则得

$$c_n(t) = \frac{W_{nk}}{i\hbar}\int_0^t \left[e^{i(\omega_{nk}+\omega)t}+e^{i(\omega_{nk}-\omega)t}\right]dt$$

$$=\frac{W_{nk}}{i\hbar}\left[\frac{e^{i(\omega_{nk}+\omega)t}-1}{i(\omega_{nk}+\omega)}+\frac{e^{i(\omega_{nk}-\omega)t}-1}{i(\omega_{nk}-\omega)}\right]$$

在光的情况下，ω可达10^{15}，因此[ ]中第一项可以略去不计(第二项由于分母有可能接近于0，数值较大)。考虑到

$$e^{i\theta}-1 = e^{i\frac{\theta}{2}}\left(e^{i\frac{\theta}{2}}-e^{-i\frac{\theta}{2}}\right) = e^{i\frac{\theta}{2}}\cdot 2i\sin\frac{\theta}{2},$$

$$|e^{i\theta}-1|^2=4\sin^2\frac{\theta}{2},$$

则得：

$$|c_n(t)|^2=\frac{4}{\hbar^2}|W_{nk}|^2\frac{\sin^2\left(\frac{(\omega_{nk}-\omega)t}{2}\right)}{(\omega_{nk}-\omega)^2}$$

代入(4)式，并考虑到

$$\frac{d}{d\theta}\sin^2\frac{\theta}{2}=\frac{1}{2}\cdot2\sin\frac{\theta}{2}\cos\frac{\theta}{2}=\frac{1}{2}\sin\theta,$$

则得：

$$w_{k\to n}=\frac{2}{\hbar^2}|W_{nk}|^2\frac{\sin(\omega_{nk}-\omega)t}{(\omega_{nk}-\omega)} \qquad (12)$$

或：

$$w_{k\to n}=\frac{2\pi}{\hbar}|W_{nk}|^2\frac{\sin[(E_n-E_k-\hbar\omega)t/\hbar]}{\pi(E_n-E_k-\hbar\omega)} \qquad (12')$$

(12′)式表明，只有当矩阵元素 $W_{nk}\neq 0$ 时，从 $\psi_k\to\psi_n$ 的跃迁才成為可能。其次，当终态能量

$$\boxed{E_n\approx E_k+\hbar\omega} \qquad (13)$$

时，跃迁几率 $w_{k\to n}$ 有极大值；当 E_n 逐渐偏離 $E_k+\hbar\omega$ 时，跃迁几率迅速减少，如图89所示。

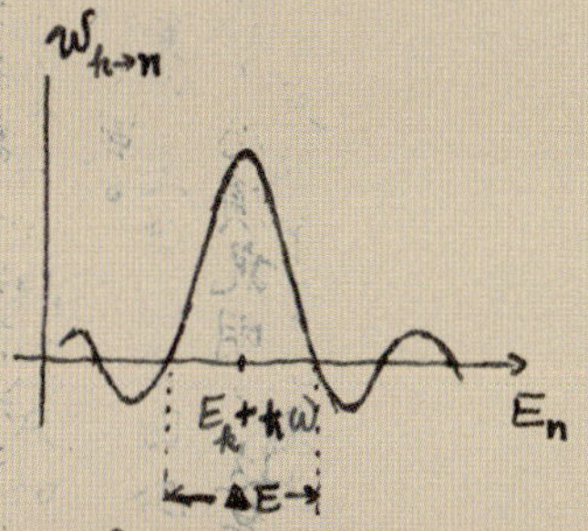

图89

由图可见，只有终态能量在 ΔE 的范围中时，跃迁几率才顯著地不等於0，ΔE 称為终态的能量分佈，它的数值由下式确定：$\sin\frac{\Delta E\cdot t}{2\hbar}=0$，$\frac{\Delta E\cdot t}{2\hbar}=\pi$，亦即：

$$t\Delta E=h \qquad (14)$$

(12′)式来自(4)和(9)式，而(9)式成立的条件是 $C_k(t)\approx 1$，而 $|C_k(t)|^2$ 是粒子留在初态能级 E_k 的几率。由于受到外界作用，粒子并不能永远留在初态，设初态的寿命為 τ（τ 的意义是，到 $t=\tau$ 时，粒子基本上已经不再处于初态，已经跃迁到终态去了。）则(9)式成立的条件是 $t<\tau$，代入(14)式，则得到初态寿命 τ 和终态能量分佈 ΔE 之间的关係

$$\boxed{\tau\,\Delta E>h} \qquad (15)$$

一般，ΔE 远小於能级间的距离 (E_n-E_k)，可以忽略不计，亦即可以认為(13)式是严格成立的。注意，$\hbar\omega$ 是微扰（光）的量子的能量，处于初态（能量 E_k）的粒子，受到光（外界微扰）的作用，吸收了一个光量子（能量 $\hbar\omega$），跃迁到终态（能量 E_n），(13)式正好表明跃迁能量守恒。

只要 t 不太小（$\omega t\gg 1$），则当 $E_n\neq E_k+\hbar\omega$ 时，可以认為 $(E_n-E_k-\hbar\omega)t/\hbar$ 等於 ∞，如果注意到

$$\lim_{n\to\infty}\frac{\sin nx}{\pi x}=\delta(x) \qquad (16)$$

则 $\sin[(E_n-E_k-\hbar\omega)t/\hbar]/\pi(E_n-E_k-\hbar\omega)$ 可以用 $\delta(E_n-E_k-\hbar\omega)$ 代替，(12′)式就可以寫成：

$$w_{k\to n} \doteq \frac{2\pi}{\hbar}|W_{nk}|^2\,\delta(E_n-E_k-\hbar\omega) \qquad (17)$$

和(13)式一样，(17)式中的 δ-函数正是能量守恒定律的具体表现。同时应该记得，终态实际上具有能量分布 ΔE（这并不意味着违反能量守恒，见下）。

终态能量分布 ΔE 有二个来源。首先，~~虽然我们假定微扰W是单频的~~我们指出，一个严格的单频率振动，在时间上必须是无限的，任何一个时间上有限的过程，决不可能是单频的，~~过程存在的时间~~亦即其能量不会是完全确定的，（波动）能量分布 ΔE 和过程存在的时间（寿命）τ 之间有下列关系：$\tau\Delta E\sim\hbar$ 〔这可从测不准关系 $\Delta x_i\Delta p_i\sim\hbar$ 来了解，如果我们认为这个关系在相对论情况下也成立，则因 $|x_4|=ict$，$|p_4|=\frac{E}{c}$，就有 $\Delta x_4\Delta p_4=\Delta t\Delta E\sim\hbar$，$\Delta t$ 为时间不定值，即寿命 τ〕。初态虽然是一个能量确定的定态，但由于它只存在有限的时间 τ，因此实际上它的能量是并不完全确定的，其能量不定值仍由公式 $\tau\Delta E\sim\hbar$ 决定，因而 ΔE 也称为初态的能级宽度。同样，虽然我们假设微扰是单频的，但因它只作用有限的时间 τ，因此实际上它有频率分布，其量子的能量就有能量分布(ΔE)。~~由同样的公式决定。~~这样，终态具有能量分布就不足为奇了。

(三). 终态能量为连续的情形

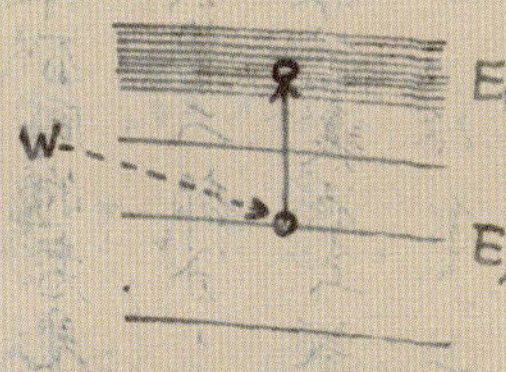

图90 跃迁到连续能谱

实际问题中常常遇到这种情况（如在光电效应中电子从结合态跃迁到游离态）。能量连续的情况可以认为是能级很密集的情况的极限。设初态能量为 E_k，微扰的频率为 ω，终态能级为 E_n，$E_n\approx E_k+\hbar\omega$。设在 $E_n\approx E_k+\hbar\omega$ 附近，能量间隔 dE_n 中状态的数目为 $\rho(E_n)\,dE_n$，$\rho(E_n)$ 称为状态密度，~~由于终态~~它表明终态能级密集的程度。由于终态能级很密集，严格地区分各个终态能量在实际上既无必要，亦无可能，实际有意义的是，计算从初态 ψ_k 跃迁到各个终态的总几率，以 w 表示这个几率（每秒从初态→终态的跃迁几率），则 w 等于 $w_{k\to n}$ 乘终态的数目，即

$$w=\sum_n w_{k\to n}=\int w_{k\to n}\,\rho(E_n)\,dE_n$$

以(17)式代入上式，即得每秒从初态跃迁到终态的总几率为：

$$w=\frac{2\pi}{\hbar}|W_{nk}|^2\rho(E_n),\quad E_n=E_k+\hbar\omega \qquad (18)$$

注意，如果初态是游离态，上面的讨论仍旧是成立的。

（四）微扰具有频率分布的情形。

实际上，微扰不可能是严格的单频振动（这里振动二字应按广义地了解），而具有一定的频率分布。设频率在 ω—$\omega+d\omega$ 间的微扰的数目为 $g(\omega)d\omega$（假设各个微扰的 $W(\vec{r})$ 相同），则在这些微扰的作用下，粒子从初态 ψ_k 到终态 ψ_n（图88）的每秒跃迁几率等于(17)式乘频率在 $\omega=(E_n-E_k)/\hbar$ 附近的微扰总数，即

$$w_{k\to n}=\int\frac{2\pi}{\hbar}|W_{nk}|^2\delta(E_n-E_k-\hbar\omega)\,g(\omega)\,d\omega$$

即

$$w_{k\to n}=\frac{2\pi}{\hbar^2}|W_{nk}|^2 g(\omega),\quad \omega=(E_n-E_k)/\hbar \qquad (19)$$

§54. 弹性散射

以一个粒子（入射粒子）去冲击另一个粒子（靶子），结果可能两者都变质（如正、负电子相碰，两者同时消灭，化为光子）；也可能仅仅发生能量、动量的交换。后者称为散射。如散射过程中并无能量的传递而仅有动量的交换，则称为弹性散射。在靶子很重的情况下发生的散射（如 α 粒子被重原子核散射，电子被原子散射），一般都是弹性散射。通过弹性散射，可以研究入射粒子和靶子间作用力的性质，也可以研究原子和分子中的电荷分布。

（一）散射截面。

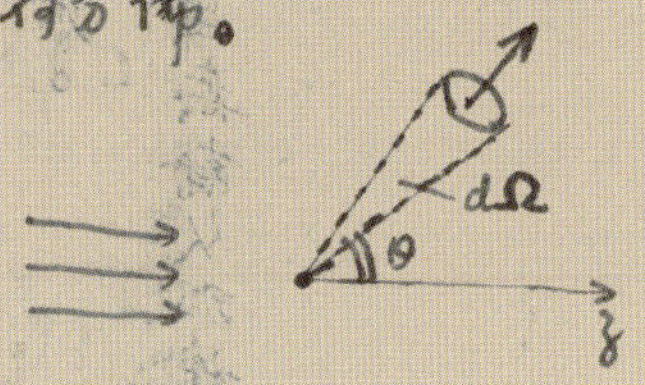

图91. 散射.

通常，以靶子的位置作为坐标系的原点，以入射粒子的入射方向作为 z 轴，以 N 表示每秒通过每 cm^2 的入射粒子数，以 dN 表示每秒散射到立体角 $d\Omega$ 中去的粒子数。显然，dN 和 N 成正比，和 $d\Omega$ 成正比，另外，dN 和方向有关，因此，

$$dN=N\sigma(\theta,\varphi)\,d\Omega \qquad (1)$$

每秒被散射到各个方向的粒子总数为

$$N'=\int dN=N\int\sigma(\theta,\varphi)\,d\Omega=NQ \qquad (2)$$

其中　$$Q = \int \sigma(\theta,\varphi)\, d\Omega \qquad (3)$$

$Q = \frac{N'}{N}$，其量纲为面积，因此称为总有效散射截面，其意义为：靶子的总效果相当于一块屏板，面积 Q，入射粒子碰上它就被散射（显然，每秒碰上这块假想的屏板的粒子数目是 NQ）。$\sigma(\theta,\varphi)$ 则称为微分有效散射截面（有时简称微分截面），它决定散射到方向 (θ,φ) 去的粒子数。

微分截面 $\sigma(\theta,\varphi)$ 和总截面 Q 决定于入射粒子的能量，质量，以及它和靶子之间的作用势 $U(\vec{r})$，因此，在实验上测量 σ 和 Q（测量的方法是纪录散射到各个方向的粒子数），再和散射的理论比较，就可以推测或计算作用势 $U(\vec{r})$。在许多情况下，入射粒子和靶子间的作用是中心力，则 $U=U(r)$，这时，散射将是对于 z 轴对称的（图91），微分截面仅与 θ 有关，即 $\sigma = \sigma(\theta)$

（二）波恩近似公式

这是计算微分截面的近似公式，也是上节(18)式的具体应用。

散射只是在靶子附近发生，在散射前后，粒子的运动是自由的。粒子的初态（入射波）为

$$\psi_k = e^{i\vec{k}\cdot\vec{r}}/h^{3/2} \qquad (4)$$

当入射粒子行近靶子时，受到靶子的作用[作用势 $U(\vec{r})$]而散射，因此微扰就是：

$$W(\vec{r},t) = U(\vec{r}) \qquad (5)$$

这相当于微扰频率为0的情形，即

$$W(\vec{r}) = U(\vec{r}),\quad \omega = 0 \qquad (5')$$

因此终态能量将和初态相等，这就是弹性散射。我们来计算每秒被散射到立体角 dΩ（图91）中去的粒子数，亦即每秒从初态 ψ_k 跃迁到终态的动量的方向在 dΩ 间的几率。设终态动量为 $\vec{p}=\hbar\vec{k}$ 的终态波函数为

$$\psi_n = e^{i\vec{p}\cdot\vec{r}/\hbar}/h^{3/2} = \psi_{\vec{p}}(\vec{r}) \qquad (6)$$

散射以后，总的散射波为 $\int c(\vec{p})\,\psi_{\vec{p}}(\vec{r})\,d^3p$（这里的 $c(\vec{p})$ 即§13中的 $\varphi(\vec{p})$），根据波函数的解释，$|c(\vec{p})|^2 d^3p$ 是散射粒子的动量在 d^3p 间隔中的几率，因此，

$$d^3p = \text{动量在 } d^3p \text{ 间隔中的状态数} \qquad (7)$$

在球坐标中，$d^3p = p^2\,dp\,d\Omega$，但自由粒子的动量和能量间有下列关系：

$$E = p^2/2m$$
$$dE = p\,dp/m$$

（m是入射粒子的质量）

则 $d^3p = mp\,d\Omega\,dE$ = 动量的方向在 $d\Omega$ 中，能量在间隔 dE 中的状态数，

亦即，终态的状态密度为：

$$\rho(E) = mp\,d\Omega \qquad (8)$$

另外，从初态~~到终态~~跃迁（散射）到终态的矩阵元素为，

$$W_{nk} = \frac{1}{\hbar^3}\int U(r)\, e^{i(kz-\vec{k}\cdot\vec{r})}\,dv \qquad (9)$$

将(8)和(9)式代入§53(18)式，即得

$$w = \frac{2\pi}{\hbar}\frac{1}{\hbar^6}\left|\int U(\vec{r})\, e^{i(kz-\vec{k}\cdot\vec{r})}\,dv\right|^2 mp\,d\Omega \qquad (10)$$

这就是每秒散射到 $d\Omega$ 中去的粒子数，亦即 dN

入射波的强度为 $|\psi_k|^2 = 1/\hbar^3$，这相当于每 cm^3 中有 $1/\hbar^3$ 个粒子，因此每秒每 cm^2 通过的入射粒子数为

$$N = \frac{1}{\hbar^3}\frac{p}{m} \qquad (11)$$

将(10)，(11)和(1)式比较，即得微分截面的公式：

$$\sigma(\theta,\varphi) = \frac{4\pi^2 m^2}{\hbar^4}\left|\int U(\vec{r})\, e^{i(kz-\vec{k}\cdot\vec{r})}\,dv\right|^2 \qquad (12)$$

这一般称为玻恩近似公式。

为了化简(12)式，以 $\vec{k}_0$ 表示入射波的波矢量（$|\vec{k}_0| = k$），并令

$$\vec{K} = \vec{k}_0 - \vec{k} \qquad (13)$$

如图 92 所示。

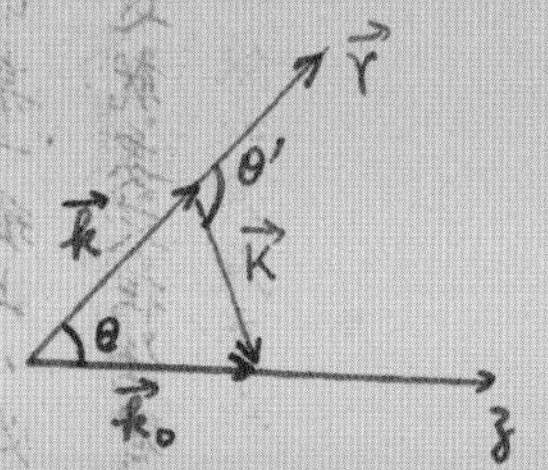

图 92

~~$K = |\vec{K}| = 2k\sin\frac{\theta}{2}$~~

~~这样~~，(12)式可以写成：（因为 $kz = \vec{k}_0\cdot\vec{r}$）

$$\sigma(\theta,\varphi) = \left|\frac{2\pi m}{\hbar^2}\int U(\vec{r})\, e^{i\vec{K}\cdot\vec{r}}\,dv\right|^2 \qquad (12')$$

~~如果是中心力散射，则 $U=U(r)$，这时可以把(12')中对于角度的积分先积出来，暂时以 $\vec{K}$ 作为极轴，则 $\vec{K}\cdot\vec{r}=$~~

~~$\int U(r)e^{i\vec{K}\cdot\vec{r}}$~~

积分时 $\vec{K}$ 应该当作常数向量。

如果是中心力散射，则 $U=U(r)$，(12')中对于角度的积分可以结出来。积分时暂时以 $\vec{K}$ 作为极轴（z轴），以 θ' 表示 $\vec{K}$，$\vec{r}$ 的夹角，则

$$\vec{K}\cdot\vec{r} = Kr\cos\theta', \qquad dv = r^2\,dr\,\sin\theta'\,d\theta'\,d\varphi'$$

$$\int e^{i\vec{K}\cdot\vec{r}}\sin\theta' d\theta' d\varphi' = 2\pi\int_0^\pi e^{iKr\cos\theta'}\sin\theta' d\theta',$$ 令 $\mu=\cos\theta'$

$$= 2\pi\int_{-1}^{1} e^{iKr\mu}d\mu = \frac{2\pi}{iKr}\left(e^{iKr}-e^{-iKr}\right) = \frac{4\pi}{Kr}\sin Kr,$$

代入(12′)即得：

$$\sigma(\theta) = \left|\frac{2m}{\hbar^2}\int_0^\infty U(r)\frac{\sin Kr}{Kr}r^2 dr\right|^2 \qquad (14)$$

其中K是$\vec{K}$的绝对值，由图92易见，

$$K = 2k\sin\frac{\theta}{2} = \frac{2p}{\hbar}\sin\frac{\theta}{2} \qquad (13')$$

(三) 卢瑟福散射.

α粒子被重原子散射时，散射主要发生在原子核近旁(10^{-11}–10^{-12} cm处)，故 $U(r)\approx\frac{Ze\cdot 2e}{r}=\frac{2Ze^2}{r}$，考虑到在远处(原子外面)由于原子中电子对核电荷的屏蔽作用，U(r)应更快地趋于0，可以取

$$U(r) = \frac{2Ze^2}{r}e^{-r/\alpha} \qquad (15)$$

α为某个数量级等于玻尔原子半径的数值。

将(15)式代入(14)式，即得

$$\sigma(\theta) = \left|\frac{2m}{\hbar^2}\frac{2Ze^2}{K}\int_0^\infty \sin Kr\, e^{-r/\alpha}dr\right|^2$$

$$= \left|\frac{4mZe^2}{\hbar^2K^2}\int_0^\infty \sin x\, e^{-\beta x}dx\right|^2, \quad (x=Kr,\ \beta=1/K\alpha)$$

但 $$\int_0^\infty \sin x\, e^{-\beta x}dx = \frac{1}{1+\beta^2} = \frac{1}{1+\frac{1}{K^2\alpha^2}} = \frac{K^2\alpha^2}{1+K^2\alpha^2}$$

$$\therefore\quad \sigma(\theta) = \left(\frac{4mZe^2}{\hbar^2K^2}\right)^2\left(\frac{K^2\alpha^2}{1+K^2\alpha^2}\right)^2 \qquad (16)$$

~~以(13′)代入，并注意到 p=mv，v为α粒子的速度，则得：~~

~~$\sigma(\theta)=\left(\frac{Ze^2}{mv^2}\right)^2\csc^4\frac{\theta}{2}$~~

对于高速度α粒子，$k\sim10^{13}\,\mathrm{cm}^{-1}$，因此，对于不太小的角度θ，$K\alpha\gg1$，(16)式中最后一个因子可以略去，再考虑到 p=mv (v为α粒子速度)，则得

$$\sigma(\theta) = \left(\frac{Ze^2}{mv^2}\right)^2\Big/\sin^4\frac{\theta}{2} \qquad (17)$$

这就是卢瑟福公式。如所周知，实验证实了这个公式。~~但对于很小的角度~~

~~对于很小的角度 Kα 不能略(Kα≈1时)(Kα接近于1)，(16)式的结果比(17)式要小，这和实验情况是符合的。~~

核子（质子或中子）和核子间的作用力在一定程度上可以表示成：

$$U(r) = A e^{-r/r_c}/r \qquad (18)$$

其中A为某个常数，r_c为核力的力程，数量级10^{-13} cm。(18)式和(15)式形式完全相像，因此核子-核子散射的微分截面可以（近似地）表示为：

$$\sigma(\theta) = \left(\frac{2mA}{\hbar^2K^2}\right)^2\left(\frac{K^2r_c^2}{1+K^2r_c^2}\right)^2 = \left(\frac{2mAr_c^2}{\hbar^2}\right)^2\left(\frac{1}{1+4k^2r_c^2\sin^2\frac{\theta}{2}}\right)^2 \qquad (19)$$

由于kr_c的数量级为1，因此对于小角度（$\theta \ll 1$），最后一个因子可以略去不计，这时$\sigma(\theta)$=常数，并且与能量无关，这和实验情况也是符合的。

§54 光的吸收和辐射

原子受到光的作用，可以发生三种过程：1. 光的吸收，原子吸收一个光子后，跃迁到较高的能级；2. 光的辐射，原子从较高的能级跃迁到较低的能级，同时放出一个光子；3. 光的散射，原子先吸收一个光子，再放出一个光子。~~光的散射将在最后一节研究~~。由于光被吸收和辐射的同时，发生原子状态的跃迁，因此原子从初态到终态的跃迁几率，也就是光的吸收或辐射的几率。光的散射我们不予讨论。

（一）诱导吸收和诱导辐射

为确定起见，研究可见光或紫外光对单价原子的作用，在这种情况下，只发生价电子状态的改变，原子的内层电子并不参与整个过程。以原子核作为坐标系的原点，$\vec r$表示价电子的位置，$\vec{\mathcal{E}}$和$\vec{\mathcal{H}}$表示光波（电磁波）的电场强度和磁场强度，则光波的电场对于价电子的作用（亦即对于原子电矩的作用）为：

$$W(\vec r,t) = e\vec r\cdot\vec{\mathcal{E}}(\vec r,t) \qquad (1)$$

光波的磁场对于原子磁矩的作用为：

$$W'(\vec r,t)=\frac{e}{2mc}(\vec M+2\vec S)\cdot\vec{\mathcal{H}}(\vec r,t) \qquad (2)$$

$\vec{\mathcal{E}}$和$\vec{\mathcal{H}}$的绝对值是相等的，$\vec r$的大小为玻尔半径$a_1=\frac{\hbar^2}{me^2}$，$\vec M$和$\vec S$的大小为$\hbar$，因此，

$$\frac{W'}{W}\sim\frac{e\hbar/mc}{e\hbar^2/me^2}=\frac{e^2}{\hbar c}\sim\frac{1}{137} \qquad (3)$$

作为初步的近似，可以略去光对原子磁矩的作用 W'。其次，可见光（或紫外光）的波長 $\lambda \sim 10^{-5}$ cm，比原子半径大得多，因此可以略去在原子范围内光波的电场 $\mathcal{E}$ 的变化，而认为 $\vec{\mathcal{E}} = \vec{\mathcal{E}}(t)$。设~~电场的方向~~光的偏振方向（即电场 $\vec{\mathcal{E}}$ 的方向）单位向量为 $\vec{\ell}$，~~则 $\vec{\mathcal{E}} = \vec{\ell}\,\mathcal{E}(t)$，代入(1)式即得~~，频率为 ω，振幅为 $\mathcal{E}_0$，则

$$\vec{\mathcal{E}}(t) = \vec{\ell}\,\mathcal{E}_0 \cos\omega t \quad \text{~~} = \vec{\ell}\,\frac{\mathcal{E}_0}{2}\left(e^{i\omega t} + e^{-i\omega t}\right)\text{~~} \tag{4}$$

~~$\mathcal{E}_0$ 为振幅~~，代入(1)式，即得：

$$W(\vec{r},t) = e\,\mathcal{E}_0\,\vec{r}\cdot\vec{\ell}\,\cos\omega t = W(\vec{r})\left(e^{i\omega t} + e^{-i\omega t}\right) \tag{5}$$

$$W(\vec{r}) = \frac{1}{2} e\,\mathcal{E}_0\,\vec{r}\cdot\vec{\ell} \tag{5'}$$

设在这个偏振光的作用下，价电子从初态 ψ_k 跃迁到终态 ψ_n（图 88），则 $W(\vec{r})$ 的矩阵元素为：

$$W_{nk} = \frac{1}{2} e\,\mathcal{E}_0 (\vec{\ell}\cdot\vec{r})_{nk}, \tag{6}$$

$$|W_{nk}|^2 = \frac{e^2}{4}\mathcal{E}_0^2 \left|(\vec{\ell}\cdot\vec{r})_{nk}\right|^2。 \tag{6'}$$

单位体积（cm^3）中光波的能量（时间平均值）等于：

$$u(\omega) = \frac{1}{4\pi}\left|\vec{\mathcal{E}}(t)\right|^2_{\text{平均}}, \quad \text{由(4)式,}$$

$$= \frac{1}{4\pi}\mathcal{E}_0^2 (\cos^2\omega t)_{\text{平均}} = \frac{1}{8\pi}\mathcal{E}_0^2$$

代入(6)式，

$$|W_{nk}|^2 = 2\pi e^2 u(\omega)\cdot\left|(\vec{\ell}\cdot\vec{r})_{nk}\right|^2 \tag{7}$$

(7)中 $u(\omega)$ 是偏振方向为 $\vec{\ell}$，频率为 ω 的光波的能量密度（1 cm^3 中的能量）。实际的光波总有一定的频率分布，能够引起原子从 ψ_k 跃迁到 ψ_n 的是频率在 $\omega = (E_n - E_k)/\hbar$ 附近的光波。设在频率间隔 $d\omega$ 中光波的数目（电磁振动的数目）为 $g(\omega)d\omega$，则在这些光波的作用下，原子从 $\psi_k \to \psi_n$ 的每秒跃迁几率为（§53(19)式）：

$$w_{k\to n} = \frac{4\pi^2}{\hbar^2} e^2 u(\omega)\, g(\omega) \left|(\vec{\ell}\cdot\vec{r})_{nk}\right|^2 \tag{8}$$

這里假定光波有确定的偏振方向 $\vec{\ell}$，如果光波的偏振方向不确定，则(8)式应该对于各种偏振方向平均，如果有几种偏振光同时作用于原子，则(8)式应该对于各种偏振光求和。

如以 $\rho(\omega)d\omega$ 表示频率间隔 $d\omega$ 中各种光波的能量密度的和，即

$$\rho(\omega)d\omega = u(\omega)\, g(\omega)\, d\omega \tag{9}$$

则(8)式变成

$$w_{k\to n}=\frac{4\pi^2}{\hbar^2}e^2\rho(\omega)\left|(\vec{e}\cdot\vec{r})_{nk}\right|^2 \qquad (8')$$

这里……求和。

(8')式表明，在光的作用下，原子从初态到终态的跃迁几率和光波的能量密度成正比，这种跃迁，称为诱导跃迁（从光的吸收和辐射来说，就是诱导吸收和诱导辐射），意思是，这种跃迁是在光的诱导之下发生的，如果没有光的作用，原子将永远停留在某个定态，不发生变化。（当然，如果受到别的作用，状态仍要变化。）~~根据§52第(一)段末的讨论，$w_{k\to n}=w_{n\to k}$~~

(二) 自发辐射

实验指出，当原子处于激发态时，即使没有光波的诱导，原子自己也能从激发态跃迁到基态或任何能量较低的状态，同时辐射一个光子。这种过程，称为自发跃迁或自发辐射。事实上，原子发光，大部分是自发辐射；从原子核中辐射出来的γ射线，则来自核子的自发辐射。根据量子力学，如无外界作用，则原子的能量不变（守恒），原子将永远处于某个定态。那末产生自发跃迁的原因又是什么呢？原因是，当光波的能量为0时，即没有光子时，电磁场的运动（振动）~~仍然存在~~并未停止，电磁场"真空"对于原子仍会产生一定的作用，它导致原子的"自发"跃迁。当然由于电磁场中没有光子，原子不能从电磁场"真空"取得能量，而只能释放出能量，因此只有自发辐射，而没有自发吸收。

严格处理这个问题需要用到量子电动力学，在这里我们将叙述爱因斯坦关于自发辐射的半现象性理论。

考虑许多个原子和电磁场处于热平衡状态，则各个能级所具有的原子数目将保持不变。设处于能级E_k的原子数目为N_k，处于能级E_n的原子数目为N_n，$E_n>E_k$，根据量子统计物理，

$$\frac{N_k}{N_n}=\frac{e^{-E_k/kT}}{e^{-E_n/kT}}=e^{(E_n-E_k)/kT}=e^{\hbar\omega/kT} \qquad (10)$$

其中$\hbar\omega=E_n-E_k$，T为绝对温度，k为玻尔兹曼常数。

由于受到电磁波的诱导，原子可以从能级E_k跃迁到E_n，则每秒从$E_k\to E_n$的原子数为$N_kw_{k\to n}$。反之，每秒从$E_n\to E_k$的原子数为$N_n(w_{n\to k}+A_{n\to k})$，$A_{n\to k}$为原子从$\psi_n\to\psi_k$的每秒自发跃

迁几率。热平衡时，从 $E_n\to E_k$ 的原子数应该等于从 $E_k\to E_n$ 的原子数，

$$N_k w_{k\to n}=N_n(w_{n\to k}+A_{n\to k}),$$

$$\frac{N_k}{N_n}=1+\frac{A_{n\to k}}{w_{k\to n}},$$

$$A_{n\to k}=\left(\frac{N_k}{N_n}-1\right)w_{k\to n}=\left(e^{\hbar\omega/kT}-1\right)w_{k\to n}\qquad(11)$$

其中 $w_{k\to n}$ 是由于热辐射的作用而引起的原子从 $\psi_k\to\psi_n$ 的诱导跃迁几率。根据量子统计物理，1cm³中频率在 $d\omega$ 间（即 $d\nu$ 间）的热辐射能量为：

$$\rho(\omega)d\omega=\rho(\nu)d\nu=\frac{8\pi\hbar\nu^3d\nu}{c^3}\Big/\left(e^{\hbar\nu/kT}-1\right)$$

考虑到 $\omega=2\pi\nu$，$d\omega=2\pi d\nu$，则得：

$$\rho(\omega)=\frac{\hbar\omega^3}{\pi^2c^3}\Big/\left(e^{\hbar\omega/kT}-1\right)\qquad(12)$$

这个 $\rho(\omega)$ 应该代入(8′)式。另外，由于热辐射没有固定的偏振方向，(8′)中的 $|(\vec{e}\cdot\vec{r})_{nk}|^2$ 应该对于各种可能的偏振方向平均，即对于各种 $\vec{e}$ 的方向平均。设 $\vec{e}$ 的方向余弦为 α,β,γ，即 $\vec{e}=(\alpha,\beta,\gamma)$，$\alpha^2+\beta^2+\gamma^2=1$，则

$$\vec{e}\cdot\vec{r}=\alpha x+\beta y+\gamma z$$

$$(\vec{e}\cdot\vec{r})_{nk}=\alpha x_{nk}+\beta y_{nk}+\gamma z_{nk}$$

$$|(\vec{e}\cdot\vec{r})_{nk}|^2=\alpha^2|x_{nk}|^2+\beta^2|y_{nk}|^2+\gamma^2|z_{nk}|^2+\alpha\beta x_{nk}y_{nk}^*+\cdots$$

当 $\vec{e}$ 历经各种方向时，α,β,γ 均经历 $+1$ 到 -1 的各个数值，则 $\alpha\beta$ 的平均值为0，α^2,β^2 和 γ^2 的平均值相等，各为 $\frac{1}{3}$。因此，

$$|(\vec{e}\cdot\vec{r})_{nk}|^2_{平均}=\frac{1}{3}\left(|x_{nk}|^2+|y_{nk}|^2+|z_{nk}|^2\right)=\frac{1}{3}|\vec{r}_{nk}|^2\qquad(13)$$

将(12)、(13)代入(8′)式，再代入(11)式，即得原子从 $\psi_n\to\psi_k$ 的每秒自发跃迁几率为

$$A_{n\to k}=\frac{4}{3}\frac{\omega^3e^2}{\hbar c^3}|\vec{r}_{nk}|^2=\frac{4}{3}\frac{\omega^3e^2}{\hbar c^3}\left(|x_{nk}|^2+|y_{nk}|^2+|z_{nk}|^2\right)\qquad(14)$$

其中

$$x_{nk}=\int\psi_n^*x\psi_k\,d\tau,\qquad\omega=(E_n-E_k)/\hbar$$

(14)式乘之以能量 $\hbar\omega$，即得原子从 $\psi_n\to\psi_k$ 的每秒自发辐射能量：

$$\left(\frac{dE}{dt}\right)_{n\to k}=\frac{4}{3}\frac{\omega^4e^2}{c^3}|\vec{r}_{nk}|^2,\quad\omega=(E_n-E_k)/\hbar\qquad(15)$$

如果能量比 E_n 低的状态不止一个，则计算原子从能级 E_n 自发跃迁到所有较低能级的总几率时，应对于各种可能的终态（能量小于 E_n）求和，计算自发辐射能量时也一样。注意自发跃迁几率 $A_{n\to k}$ 仅取决原子的初态和终态的性质，与电磁场能量密度 $\rho(\omega)$ 无关。

估计一下 $A_{n\to k}$ 的数量级。设原子辐射出可见光，$\lambda\sim6000\,\text{Å}$，则 $\omega=\frac{2\pi c}{\lambda}\sim10^5\cdot c$；$\vec{r}_{nk}$ 的数量级是原子半径，约为 1Å，代入(14)式，$A_{n\to k}\sim3\times10^7$/秒。考虑到可能有几种终态，则可以认为原子从激发能级到较低能级的自发跃迁几率约为每秒 10^8 次。这个几率的倒数，就是激发态的寿命，$\tau\sim10^{-8}$ 秒。注意，电子绕原子核的运行周期约为 10^{-15} 秒，即电子在它的"轨道"上约运行 10^7 周以后，才降落到能量较低的轨道上去。又，由 §53 (15)式，$\tau\Delta E\sim\hbar$，则激发态的能级宽度为 $\Delta E\sim6\times10^{-27}/10^{-8}=6\times10^{-19}$ 尔格 $\sim4\times10^{-7}$ 电子伏特。这比能级间的距离要小得多。

在一般温度下（不超过几万度），$\hbar\omega$ 比 kT 大得多，则由(11)式可知，$A_{n\to k}\gg W_{k\to n}$，原子从高能级到低能级的跃迁主要是自发跃迁。

最后，我们注意，(15)式和经典电动力学的结果非常相像。根据电动力学，一个电荷为 e（或 $-e$），振幅为 $2r_0$、频率为 ω 的偶极振子（$\vec{r}=2\vec{r}_0\cos\omega t$），每秒辐射的能量为（电磁制度）

$$\frac{dE}{dt}=\frac{4}{3}\frac{\omega^4}{c^3}e^2r_0^2 \qquad (15')$$

因此，(15)式的经典解释为：就光的辐射来讲，一个处于激发态(n)的原子相当于一组经典偶极振子，每一种可能的自发跃迁相当于一个固有频率为 $\omega=(E_n-E_k)/\hbar$ 的振子，相应的矩阵元素($\vec{r}_{nk}$)则相当于振子的振幅的一半($\vec{r}_0$)。由于原子的激发能级的数目是 ∞，可能的自发跃迁的数目也就是 ∞，也就是说，一个由有限个粒子组成的原子，却具有无限多个"振动自由度"，这从经典物理的观点是完全不能理解的。

§55 原子光谱的选择定则

在量子力学出现以前，在原子光谱的实验研究中发现，并非所有状态（能级）间均能彼此跃迁，跃迁只能发生在轨道量子数 l 相差为 1（$\Delta l=1$）的状态间，这个规律在当时未能得到解释，因此称为选择定则。在塞曼效应的研究中，又发现了磁量子数的选择定则（$\Delta m=0,\pm1$）。现在我们来说明这些选择定则的量子力学根据。

已经说明，原子光谱是由自发辐射产生的。原子自发辐射的跃迁几率由 §54 (14)式表示，由(14)式易见，如果矩阵元素 x_{nk}, y_{nk}, z_{nk} 有一个不等于0，则从 $\psi_n \to \psi_k$ 的跃迁就是可能的；如三者均为0，则从 $\psi_n \to \psi_k$ 的跃迁就是不可能的，亦即是"被禁止"的。据此，可以说明各种选择定则。

忽略自旋轨道耦合能时，价电子状态由4个量子数 n, l, m, s_z 表示，亦即上述 ψ_n, ψ_k 中的 n 和 k 实际上代表4个量子数。由于微扰[§54(1)式]与自旋无关，因此自旋(s_z)是守恒量，跃迁前后 s_z 不变。于是我们得到 s_z 的选择定则，

$$\Delta s_z = 0 \qquad (1)$$

有此了解后，我们对于电子的自旋状态将不再讨论。

研究从初态 $\psi_{n'l'm'}$ 到终态 ψ_{nlm} 的跃迁。相应的矩阵元素为

图93.

$$z_{n'l'm',\,nlm} = \int \psi^*_{n'l'm'}\, z\, \psi_{nlm}\, dv, \qquad (2)$$

y, x 类似。根据§27，ψ_{nlm} 的具体形式是，

$$\psi_{nlm} = R_{nl}(r)\, Y_l^m(\theta, \varphi) \qquad (3)$$

$$Y_l^m(\theta,\varphi) = c\, P_l^m(\cos\theta)\, e^{im\varphi} \qquad (4)$$

而 $x = r\sin\theta\cos\varphi,\quad y = r\sin\theta\sin\varphi,\quad z = r\cos\theta,\quad x \pm iy = r\sin\theta\, e^{\pm i\varphi}$

$P_l^m(\cos\theta)$ 具有下列性质：

$$\cos\theta\, P_l^m(\cos\theta) \longrightarrow P_{l+1}^m(\cos\theta),\ P_{l-1}^m(\cos\theta)$$

$$\sin\theta\, P_l^m(\cos\theta) = (1-\cos^2\theta)^{\frac{1}{2}} P_l^m(\cos\theta) \longrightarrow \begin{cases} P_{l+1}^{m+1}(\cos\theta), & P_{l-1}^{m+1}(\cos\theta) \\ P_{l+1}^{m-1}(\cos\theta), & P_{l-1}^{m-1}(\cos\theta) \end{cases}$$

因此，对于 Y_l^m，就有：

$$\begin{aligned} \frac{z}{r} Y_l^m &= \cos\theta\, Y_l^m = a_1 Y_{l+1}^m + a_2 Y_{l-1}^m \\ \frac{x+iy}{r} Y_l^m &= \sin\theta\, e^{i\varphi} Y_l^m = b_1 Y_{l+1}^{m+1} + b_2 Y_{l-1}^{m+1} \\ \frac{x-iy}{r} Y_l^m &= \sin\theta\, e^{-i\varphi} Y_l^m = c_1 Y_{l+1}^{m-1} + c_2 Y_{l-1}^{m-1} \end{aligned} \qquad (5)$$

其中 $a_1, a_2, b_1, b_2, c_1, c_2$ 为常数。

由于 $x = \frac{1}{2}[(x+iy)+(x-iy)]$，$y = \frac{1}{2i}[(x+iy)-(x-iy)]$，

则

$$\begin{aligned} x_{n'l'm',\,nlm} &= \frac{1}{2}\left[(x+iy)_{n'l'm',\,nlm} + (x-iy)_{n'l'm',\,nlm}\right] \\ y_{n'l'm',\,nlm} &= \frac{1}{2i}\left[\quad 〃 \quad - \quad 〃 \quad\right] \end{aligned} \qquad (6)$$

如果先求出$(x+iy)$和$(x-iy)$的矩阵元素,再代入(6)式,即得x,y的矩阵元素。由(5)式,并考虑到 $dv = r^2 dr\, d\Omega$, $d\Omega = \sin\theta\, d\theta\, d\varphi$,则得:

$$(x+iy)_{n'l'm',nlm} = \int_0^\infty R_{n'l'} R_{nl} r^3 dr \int Y_{l'}^{m'*}(b_1 Y_{l+1}^{m+1} + b_2 Y_{l-1}^{m+1})\, d\Omega$$

$$(x-iy)_{n'l'm',nlm} = \int_0^\infty R_{n'l'} R_{nl} r^3 dr \int Y_{l'}^{m'*}(c_1 Y_{l+1}^{m-1} + c_2 Y_{l-1}^{m-1})\, d\Omega$$

$$z_{n'l'm',nlm} = \int_0^\infty R_{n'l'} R_{nl} r^3 dr \int Y_{l'}^{m'*}(a_1 Y_{l+1}^{m} + a_2 Y_{l-1}^{m})\, d\Omega$$

考虑到球函数 Y_l^m 的正交性:

$$\int Y_{l'}^{m'*} Y_l^m\, d\Omega = \delta_{ll'}\delta_{mm'},$$

马上得到:

$$\begin{aligned} &(x+iy)_{n'l'm',nlm} \neq 0, \text{ 必须 } l'=l\pm1,\ m'=m+1 \\ &(x-iy)_{n'l'm',nlm} \neq 0, \text{ 必须 } l'=l\pm1,\ m'=m-1 \\ &z_{n'l'm',nlm} \neq 0, \text{ 必须 } l'=l\pm1,\ m'=m \end{aligned} \tag{7}$$

再由(6)式易见,为了x,y,z的矩阵元素至少有一个不等于0,初态和终态的轨道量子数和磁量子数必须具有下列关系:

$$\begin{aligned} &l'=l\pm1, \quad \text{即 } \Delta l=\pm1 \\ &m'=m,\ m\pm1, \quad \text{即 } \Delta m=0,\pm1 \end{aligned} \tag{8}$$

这就是原子光谱的选择定则。主量子数n的变化不受限制,没有选择定则。

原子发生自发跃迁时,放出一个光子。跃迁前后原子的角动量量子数(l)变化为1,则根据角动量守恒定律和角动量相加的法则(§51)易知,光子带走的角动量量子数为1(投影则为1,0,−1),这正好是光子的自旋。因此,根据这里的简单讨论,我们得到一个重要结论:光子的自旋为$\hbar$(这句话的意思是,光子自旋量子数 $s=1$, $s^2=1\cdot2\hbar^2$, $s_z=\hbar,0,-\hbar$)。当然,因此光子服从玻色统计。

最后应该指出,以上的计算中略去了光对原子磁矩的作用,略去了光波的电场在原子范围内的变化,结果光和原子的相互作用为(5)式,这是光和原子的电偶极矩的作用,因此相应的跃迁称为电偶极跃迁,相应的矩阵元素(见(8)和(14)式)称为电偶极跃迁的矩阵元素,相应的选择定则((16)和(23)式)称为电偶极跃迁的选择定则。

结語 这一章研究了三个问题：量子跃迁的一般理论(§53)，原子对于光的吸收和辐射(§54)，原子光谱的选择定则(§55)。在§53中，根据含时间的一级微扰论，研究了各种情况下的跃迁几率公式，主要的概念是，初态和终态，跃迁几率，跃迁过程能量守恒，初态的寿命和能级宽度，终态的能量分布，状态密度。主要的公式是(4)，(9)，~~(13)~~，(15)，(17)和(18)式，特别是(18)式。在§54中，应用§53的理论解决光的吸收和辐射问题，对于诱导跃迁，主要结果是(8')式及其讨论；对于自发跃迁，主要结果是(14)和(15)式；各个量的数量级的分析也很重要。跃迁几率正比于相应的矩阵元素的平方，据此，我们导出了原子光谱的选择定则〔§55(8)式〕。这个方法当然也适用于分子光谱或原子核光谱。

最后，应该指出，在§54，55的计算中，略去了光对原子磁矩的作用，略去了光波的电场在原子范围内的变化，结果导致§54(5)式，这是光和原子的电偶极矩的作用，因此相应的跃迁称为电偶极跃迁，矩阵元素称为电偶极矩的矩阵元素(§54(8'),(14),(15)式)，相应的跃迁几率和选择定则称为电偶极跃迁的几率和选择定则。

当初态和终态的 $\Delta l\neq\pm1$ 时，电偶极跃迁被禁止，这时就应该考虑磁偶极矩跃迁和电四极矩跃迁，前者来自光和原子磁矩的作用，后者来自光波的电场在原子范围内的变化。~~以磁偶极跃迁为例~~，比较§54(1)和(2)式可知，磁偶极跃迁的几率公式可将电矩 $e\vec{r}$ 换成磁矩 $\frac{e}{2mc}(\vec{M}+2\vec{S})$ 而得到。由(3)式可知，磁偶极跃迁的几率约为电偶极跃迁几率的 $\left(\frac{1}{137}\right)^2\sim10^{-4}$ 倍（当然，这是指没有被禁止的情况而言）。磁偶极跃迁的选择定则是 $\Delta l=0$，~~$\Delta S_z=0,\pm$~~ $\Delta m=0,\pm1$，$\Delta S_z=0,\pm\hbar$（条件是原子磁矩的矩阵元素不等于0）。电四极跃迁几率约为电偶极跃迁几率的 10^{-6} 倍，选择定则是 $\Delta l=0,\pm2$，$\Delta m=0,\pm1,\pm2$，$\Delta S_z=0$.（条件是，原子的电四极矩的矩阵元素不为0）

对于原子，磁偶极和电四极跃迁是不重要的，对于原子核，电偶极跃迁常被禁止，磁偶极和电四极跃迁就很重要。

结语

复习思考题

1. 什么叫量子跃迁？什么叫跃迁几率？
2. 跃迁几率，初态寿命和能级宽度的相互关係。
3. §53 (18)中各个项目的物理意义。
4. §54 (81)式中各个项目的物理意义。
5. 产生自发辐射的原因
6. x,y,z的矩阵元素有何物理意义？
7. 量子力学如何解释原子光谱的选择定则？选择定则的物理意义是什么？
8. 什么叫电偶极跃迁？

后记

Epilogue

新中国成立初期，高校各专业使用的教材大部分是苏联教材，兰州大学也基本如此。到20世纪60年代，高校自编教材资源仍旧非常匮乏。钱伯初先生看到这个情况，针对兰州大学物理系的学生，编写了包括《量子力学》《数学物理方法》《力学》等在内的一系列手写讲义。2014年，钱先生所编的《量子力学》在高等教育出版社出版，主讲的“量子力学”课程被评为国家级精品课程。至今钱先生编写的《量子力学》仍是国内高等院校物理学专业的经典教材。

因工作的关系，我们有幸见到了钱伯初先生于20世纪60年代编写的《量子力学》《数学物理方法》等手稿。由于年代久远，手稿都已发黄变脆，但却难掩钱先生工整隽秀的字迹。一个个原理阐释和一道道公式推导，反映了教材开创之艰辛，先生授课之精心。

在阅览这些承载着岁月沧桑的手稿的过程中，我们萌发了将钱先生手稿整理出版的念头，希望让更多人目睹手稿芳华的同时，领略老一辈学者严谨治学的风范；也希望通过这一珍贵资料，让后人更加了解作为国家级精品课程的“量子力学”课程和相应教材的形成过程。为此，把手稿付梓出版便成为编者心心念的事情。

适逢兰州大学党委宣传部设立“名师名家旧稿影存项目”，先生手稿出版项目得以立项，后又得到兰州大学物理科学与技术学院及图书馆的大力支持，又经钱伯初先生之女钱秉中女士的授权，手稿出版项目得以成形，付梓终于有了眉目。

在整理手稿的过程中，我们发现钱先生的这些手稿多写在当时刻版油印试卷的背面，并线装成册，足以反映当时条件之艰苦。经过岁月的洗礼，试卷的文字和公式往往会透印过来。为了呈现手稿的真实状况，我们未加修饰，保持了手稿原貌。

手稿得以顺利出版，得到了各单位的大力支持。衷心感谢钱秉中女士对手稿的授权与支持，感谢北京大学曾谨言先生为钱先生手稿撰写序言。感谢兰州大学党委宣传部安俊堂部长、赵文瑞副部长和辛江龙老师，感谢物理科学与技术学院罗洪刚院长、李星波副院长、王建波副院长、刘占伟副教授和孙志峰副教授，感谢兰州大学出版社李永春书记、雷鸿昌社长和张国梁主任，感谢兰州大学图书馆田中禾馆长、刘映琦书记、王勇副馆长、宋戈副馆长和张继忠主任，感谢他们在手稿出版过程中的鼎力支持。此外，还要特别感谢刘翔教授研究组陈侃、罗肆强、王利明等研究生们的协助。

纸墨书笺的背后，是老先生师德师风的生动体现。谨以此书，来铭记他们一丝不苟、严谨求实的科学精神和精益求精、无私奉献的师德风范。

编委会

2021年1月